地震成像基础

孙小东　曲英铭　编著

ZHEJIANG UNIVERSITY PRESS
浙江大学出版社

图书在版编目(CIP)数据

地震成像基础/孙小东，曲英铭编著．—杭州：浙江大学出版社，2021.6
ISBN 978-7-308-20847-5

Ⅰ．①地…　Ⅱ．①孙…　②曲…　Ⅲ．①地震层析成像—教材　Ⅳ．①P631.4

中国版本图书馆 CIP 数据核字(2020)第 237761 号

地震成像基础
孙小东　曲英铭　编著

责任编辑　吴昌雷
责任校对　王　波
封面设计　周　灵
出版发行　浙江大学出版社
(杭州市天目山路 148 号　邮政编码 310007)
(网址：http://www.zjupress.com)
排　　版　杭州朝曦图文设计有限公司
印　　刷　杭州高腾印务有限公司
开　　本　787mm×1092mm　1/16
印　　张　17.5
字　　数　415 千
版 印 次　2021 年 6 月第 1 版　2021 年 6 月第 1 次印刷
书　　号　ISBN 978-7-308-20847-5
定　　价　49.00 元

浙江大学出版社市场运营中心联系方式：0571—88925591；http://zjdxcbs.tmall.com

前　言

地震成像是地震勘探的关键环节，高精度的地震成像是地震、地质解释及储层预测的保障。地震偏移成像技术是当前地震数据处理过程中的三大基本技术之一，其本质是利用数学方法将地表或井中观测到的地震波场记录并进行逆向传播，消除地震波的传播效应并获取地下地质结构图像。地震偏移成像技术是油气勘探、地球物理学以及计算机软硬件技术等相关领域飞速发展推动的结果。它经历了从手工偏移到电子计算机数字偏移，从时间偏移到深度偏移，从叠后偏移到叠前偏移，从二维偏移到三维偏移的发展阶段。随着人们认识程度的提高和各方面条件的成熟，弹性介质、各向异性介质成像也开始进入地震偏移的研究范畴。

本书包括两部分，第一部分为经典成像理论，主要包括五章：第一章为野外采集观测系统；第二章为动校正、叠加、速度分析和DMO；第三章为静校正；第四章为叠后偏移；第五章为波动方程叠前保幅偏移。随着地震勘探的逐步深入，勘探深度逐步从浅部向深部或超深部油气储层过渡，勘探目标由简单构造向复杂构造过渡，独特的山地、高原、戈壁、山前带等复杂地表地震地质条件造成叠前地震资料信噪比低、深层信号弱，给地震成像带来了巨大挑战。现代地震成像的技术难点主要表现在：断裂发育、断块众多，导致地层产状变化大且部分地区发育高陡地层，地震波场极其复杂；地震反射波能量弱，保幅成像难度大；地震资料信噪比低、成像精度低、圈闭落实难；孔隙型、裂缝型、溶洞-裂缝型、孔隙-裂缝型等异常发育，储集层与非储集层的反射特征差异小，准确成像困难。经典成像理论往往难以精确成像，因此本书在第二部分介绍现代成像理论，主要包括十章：第六章为共反射面元理论及应用；第七章为高斯束方法基本原理；第八章为逆时偏移成像；第九章为基于反演理论的最小二乘偏移成像；第十章为起伏地表成像；第十一章为弹性波成像；第十二章为地震特殊波成像；第十三章为复杂介质成像；第十四章为全波形反演；第十五章为基于压缩感知和人工智能的地震成像探索。

本书的第一部分主要由孙小东执笔编写，第二部分主要由曲英铭执笔编写，最后由孙小东完成了全书的统稿。在编写过程中得到了中国石油大学(华东)地震波传播与成像实验室师生们的大力支持。

由于作者数理和地球物理专业水平有限，书中难免有不妥之处，望专家和同行批评指正。

编者

目　　录

第一部分　经典成像理论

第二部分 现代成像理论

第一部分

PART 1

经典成像原理

第一章

野外采集观测系统

反射地震勘探的基本设备包括产生脉冲声波的震源、检波器和多通道波形显示系统。通常，测线沿着地表布置。它也可能沿着勘探船的行进路径布置，这种情况下检波器也被称为水听器。每隔一定距离，震源被激发，同时在附近记录回声。回声可能来自不同方向，但声波震源和检波器几乎没有方向性调谐能力。对地震数据的处理解释需要地球物理学家和地质学家共同参与。其中地球物理学家的主要任务，即本书的主要内容，是利用回声对地球内部做高质量的成像。

第一节　二维采集观测系统

沿着水平 x 轴，定义两个点：s 代表震源（或炮点）的位置；g 代表检波器（或水听器）的位置。然后，定义炮点和检波点之间的中点 y，并将半偏移距 h 定义为炮点和检波点之间横向距离的一半：

$$y=\frac{g+s}{2} \tag{1-1}$$

$$h=\frac{g-s}{2} \tag{1-2}$$

使用半偏移距 h，可以使许多后续方程得到简化并保持形式的对称性。偏移距用 $g-s$ 而不是 $s-g$ 来定义，意味着正偏移距表示波沿着 x 轴正向传播。在海上，正偏移距表示船带着拖缆沿 x 轴负向航行。

地震数据在 (s,g) 炮点检波点空间中定义，借助方程(1-1)和(1-2)可以变换到 (y,h) 中心点半偏移距空间。中心点半偏移距空间对地震数据处理和解释特别有用。另外，地震数据也是关于旅行时 t 的函数。对三维数据体，通常以切片的方式进行显示。

$(y,h=0,t)$ 零偏移距剖面

$(y,h=h_{\min},t)$ 近偏移距剖面

$(y,h=\text{const},t)$ 共偏移距剖面

$(y,h=h_{\max},t)$ 远偏移距剖面

$(y=\text{const},h,t)$ 共中心点道集

$(s=\text{const},g,t)$ 野外记录（或共炮点道集）

$(s, g=\mathrm{const}, t)$共检波点道集

$(s, g, t=\mathrm{const})$时间切片

$(h, y, t=\mathrm{const})$时间切片

(s, g)空间和(y, h)空间如图 1-1 所示。图 1-2 显示了数据体中的三个切片。注意：在第二种显示模式中，虽然切片数据显示在数据体的表面上，但切片本身是从数据体的内部取出的。切片之间彼此相交的部分用暗线表示。

图 1-3 和 1-4 显示了典型的海上和陆上地震记录(共炮点道集)。在陆上数据中，采用了人工可控震源，震源两侧都有检波器，被称为双边排列。在海上数据中，采用了空气枪震源，可以明显看到两到三个首波。这些野外数据分别被约 120 个检波器记录。

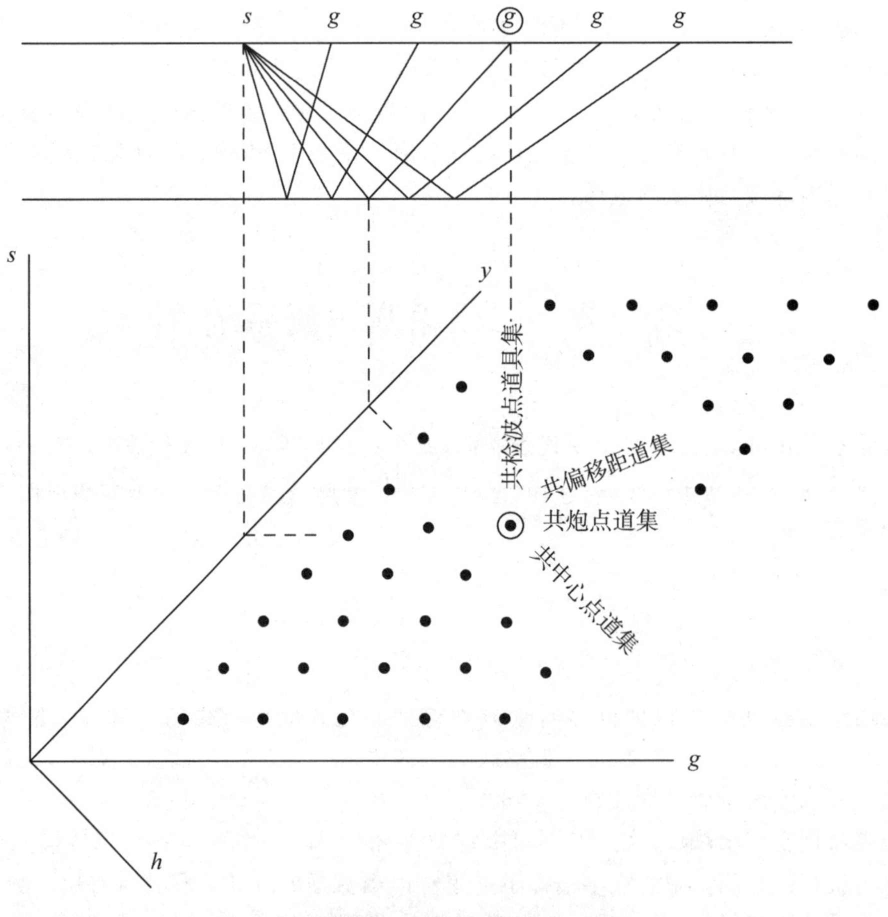

图 1-1 地震观测示意图

上半图显示了从炮点位置 s 到检波点位置 g 的海上地震观测，地下有一个水平反射层。下半图显示了平面上的每个点代表一道地震记录，时间轴在该平面之外。

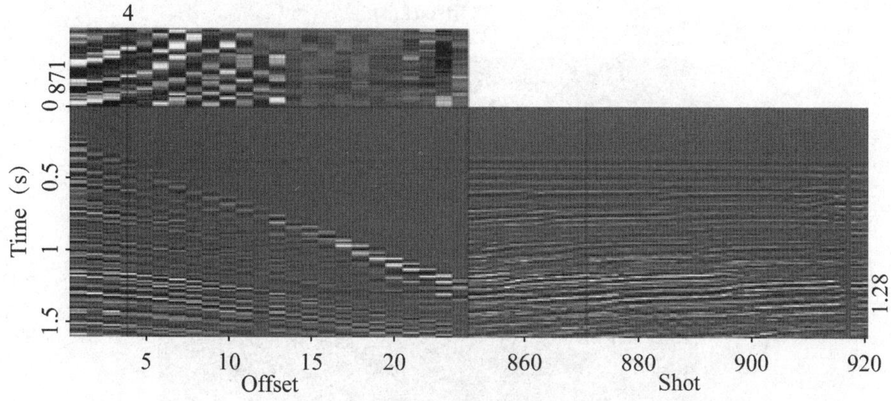

(a)工程制图显示模式

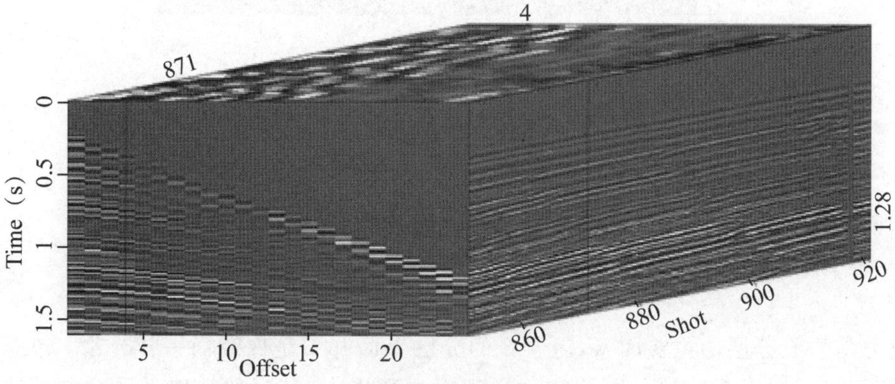

(b)透视图显示模式

图 1-2 数据立方体内的切片显示

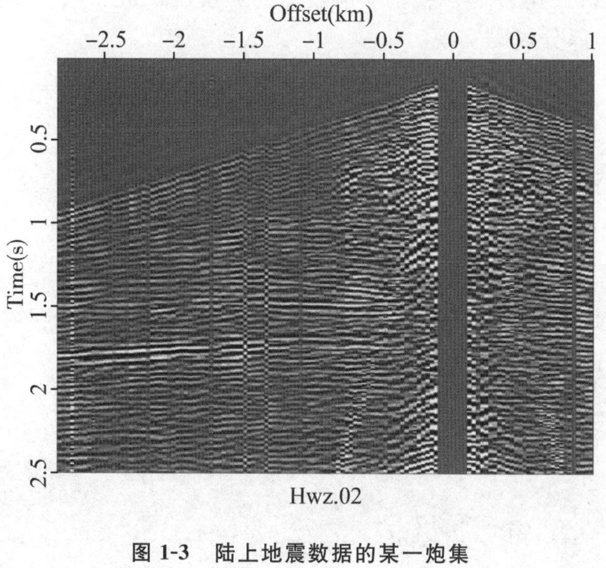

图 1-3 陆上地震数据的某一炮集

图中有一个缺口，表示炮点附近没有布置检波器，可以看到对应三种不同速度的同相轴。

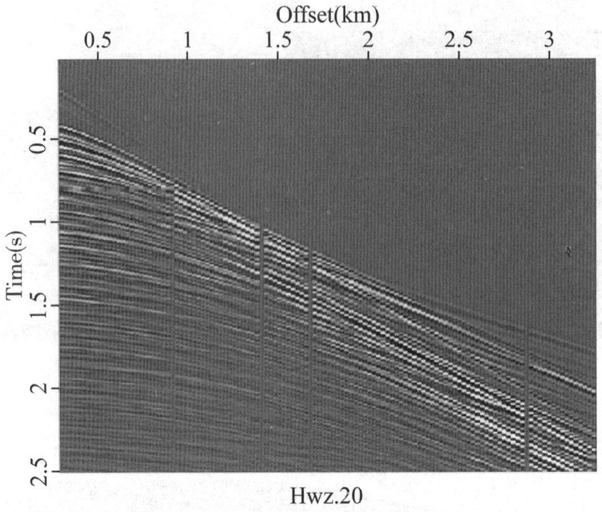

图 1-4　海上地震数据的某一炮集

第二节　二维地震数据的数值模拟

重力是岩石分层的主要因素，但岩石的分层界面并不是像镜面一样光滑。在海洋环境中，沉积过程缓慢而均匀。即使在这样理想的环境中，基底的反射系数也是横向变化的。横向变化认为是随机函数，但不一定具有白谱特性。下面看看模拟数据的情况。

地球介质的随机性作为中心点 y 和深度 z 的随机函数被引入。随机函数通过子程序 synmarine()的前半部分代码实现。

user/gee/Msynmarine. c

```
for (iz=0; iz < nz; iz++) {
    depth[iz] = random0()*nt; /* reflector depth */
    layer =  2.*random0()-1.; /* reflector strength */
    for (iy=0; iy < ny; iy++) {
/* texture on layer */
        refl[iy][iz] = (random0()+1.)*layer;
    }
    }

for (is=0; is < ny; is++) {      /* shots */
    for (ih=0; ih < nh; ih++) { /* down cable h = (g-s)/2 */
    for (it=0; it < nt; it++) {
            data[it] = 0.;
        }
```

```
    for (iz=0; iz < nz; iz++) { /* Add hyperbola */
            iy = (ny-1-is)+(ih-1);  /* y = midpoint */
            iy = (iy+1)%ny;          /* periodic midpoint */
            it = hypotf(depth[iz],5.*ih);
            if (it < nt) data[it] += refl[iy][iz];
    }
    sf_floatwrite(data,nt,out);
  }
}
```

子程序 synmarine()后半部分代码的功能是扫描所有炮点、检波点的位置和深度，计算炮检中点以及该中点的反射系数，并将其添加到地震数据中相应的双曲旅行时处。需注意两点：首先，由于船拖着挂载检波器的长电缆向左行进，因此记录的地震数据以炮号 s 降序排列，具体可参阅图 1-1；其次，利用少量帧制作连续动画，要求中心点变量做周期循环，即当计算的 iy 值超出最大值 ny 时，帧数就回退 ny 的整数倍。

利用该程序生成一个理想海洋环境下的模拟地震数据，并以动画形式显示，如图 1-5 所示。

受非规则的土壤层的影响，陆上采集的反射地震数据经常带有随机性。地震检波器因数量太多，无法像震源一样进行深埋。对于大多数陆上数据，由非规则近地表引起的随机性超过了地下反射层引起的随机性。

作为验证，假定一个理想的模型。反射层是水平的，没有横向变化。地震检波器的记录仅受随机的几个采样点时间延迟的影响。这种类型的时间延迟称为静态时移。震源具有随机的能量。对于该动画显示，每帧的数据都是共中心点道集，如图 1-6 所示。也就是每一帧显示了某一特定中心点 y 处(h,t)空间的数据。利用连续的帧显示一系列共中心点道集。在实际情况中，振幅和时间的随机性与震源和检波器的位置都有关系。

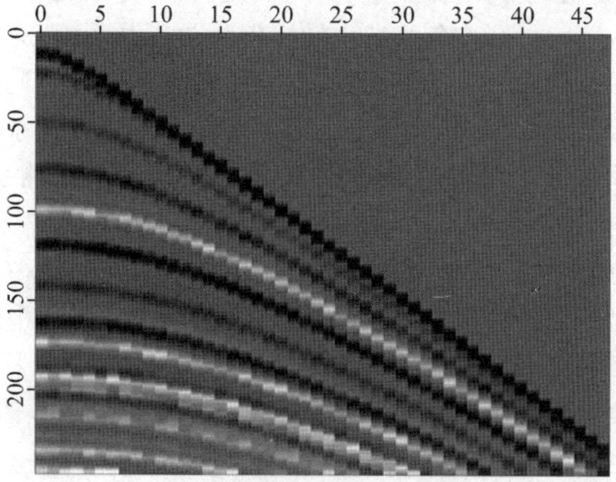

图 1-5　模拟的海上数据

这是子程序 synmarine()的输出结果（在 t 轴方向做了时间域滤波）。

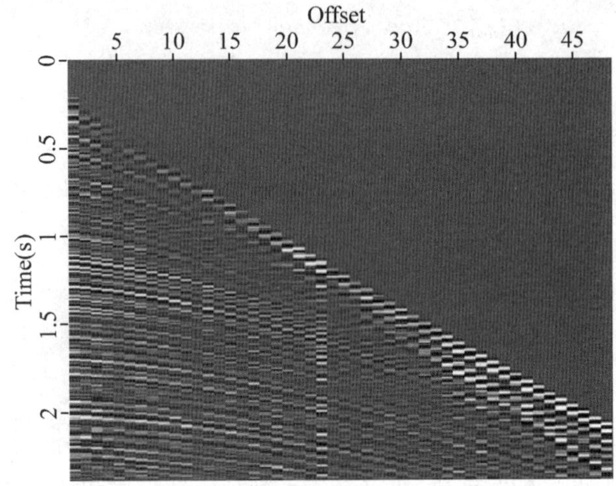

图 1-6　模拟的陆上数据

第三节　三维观测系统设计的考虑因素

观测系统的科学合理性是获得丰富地下地质信息的地震数据体的基础，它是接收系统的主要内容。目前，常规地震勘探主要以三维反射纵波勘探为主，其观测系统要素主要以观测类型、空间采样率、最大炮检距和覆盖次数的设计为基础。

二维地震勘探多次覆盖观测系统一般可分为单边、双边、中间激发三种基本观测系统形式。在实际应用中，观测系统形式的选择主要是由仪器最大带道能力和外设资源所决定的。受设备资源限制，可采用单边和双边观测系统，其中，双边观测系统可以提高覆盖次数及对复杂构造的有效信息的接收；在资源允许的情况下，应采用中间激发方式，它可以充分接收地下反射信息，节约勘探成本（相同覆盖次数，炮数比单边观测系统少一半），另外有利于对复杂构造的成像，避免或减少勘探盲区。其中，中间激发观测系统又可分为中间对称和中间不对称观测系统。为确保速度分析精度和避免空间假频，在高陡构造区应采用下倾激发、上倾接收的方式，但由于山地山前带地下构造复杂，无法准确确定下倾激发、上倾接收的具体位置，因此应采用中间激发的方式，具体观测系统方式应根据地下模型和观测系统参数论证结果进行灵活选取。

从二维观测系统拓展到三维观测系统后，应当具体考虑以下几个方面内容：

(1)观测系统类型的选择。由于速度的横向变化，同一面元内不同方位角的 CMP 道集视速度差异大，考虑到目前的资料处理中受到三参量速度分析影响，还不能实现全三维处理，而使炮检距分布呈近于线性分布的窄方位观测将更有利于速度分析、DMO 处理，因此选择窄方位观测系统是复杂山地三维观测系统设计的总思路。

在采用窄方位观测的同时，为尽可能多地采集地下地质信息，并提高复杂地表区的三维速度分析精度，在设计时应考虑使炮检距和方位角分布均匀，同时重复一半以上排列，以利于三维静校正量的耦合。结合山地山前带的地表条件特点，从实际可应用性角度考虑，一般采用常规束状、砖墙式、锯齿状观测系统。

(2)观测方向的选择。采用沿构造倾向观测，有利于速度分析，可使绕射波正确收敛，对准确落实构造形态更有利，使反映的地层信息更符合实际属性(断点真实位置、地层真倾角等)，因此三维的排列布设多为垂直构造走向。

(3)面元尺寸的选择。为保证三维资料的叠加和偏移质量及分辨率，面元大小的选择是非常重要的一个环节。根据获得的二维地震资料及钻井成果，分析预测出勘探目标的尺度、最大倾角，考虑目标尺度倾角影响的最高无混叠频率和横向分辨率等因素通过论证来确定面元边长。在存在地下复杂地质体的情况下，一般采用较小面元，提高空间采样，以达到精细控制地下构造变化的目的。

(4)最大炮检距的选择。三维地震采集中最大炮检距的选择与二维基本相同，主要考虑动校拉伸要求和速度鉴别的精度以及反射系数稳定等。

(5)覆盖次数的选择。覆盖次数的选择直接影响压制干扰波的效果、影响有效波能量，即直接影响资料的信噪比。为保证丰富的反射信息和资料处理的方便性，覆盖次数的选择应考虑到横测线方向自动剩余静校正及速度分析精度，在尽量使纵、横向覆盖次数相对比较均衡同时要保证纵向具有一定的覆盖次数。选择覆盖次数的另一重要因素就是根据原该区二维地震资料的信噪比高低，三维覆盖次数一般采用信噪比较高的二维地震覆盖次数的 1/2—2/3，资料品质可以得到保证。

(6)接收线距的选择。在地下构造复杂的地区，速度纵横向变化大。因此，从有利于精确的速度分析、AVO 分析及 DMO 分析角度考虑，应使方位角变化小，也就是说要采用较小的接收线距。从地震波绕射理论角度考虑，接收线距不大于地震波垂直入射时的菲涅尔带半径。

(7)最大非纵距的选择。在复杂构造区采用窄方位观测的原则之一就是要保证三维资料同一面元内不同非纵距及方位角在整个道集内能同相叠加，相应地要对最大非纵距进行一定的限制。

(8)观测系统选择和分析。利用有关三维论证软件，对选择观测系统的设计方案进行分析，分析内容包括覆盖次数、炮检距分布、方位角分布，确定所设计的观测系统是否符合设计思路，观测系统炮检距分布基本上呈线性的，方位角分布在一个很小的角度范围内，实现了窄方位观测的设想；而且覆盖次数分布均匀稳定，设计满覆盖区域达到预期目标。

第四节　三维观测系统设计的实例

以某山前带地区地震采集为例，三维观测系统采用了较窄方位(横纵比 0.245)、小面元(20m×40m)，长排列(最大炮检距为 5539m)，多道(270 道×8 线＝2160 道)，较高覆盖次数(4 次×15 次)。

该观测系统的优点在于炮检距、方位角均匀，窄方位观测，且纵横向覆盖次数分布合理确保了速度分析精度。如图1-7、1-8所示。

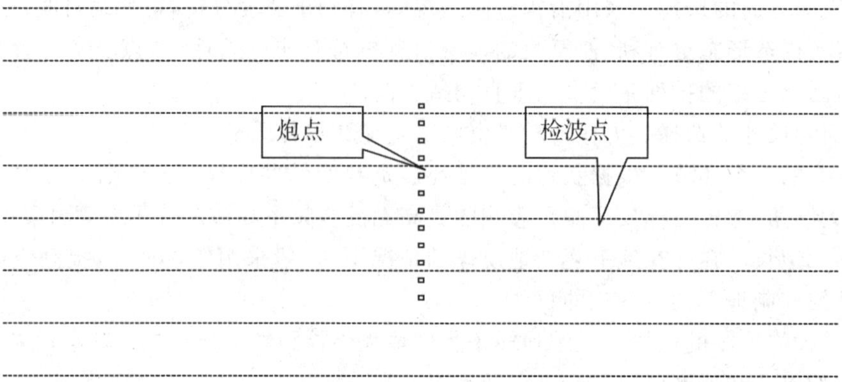

图1-7　基本观测系统

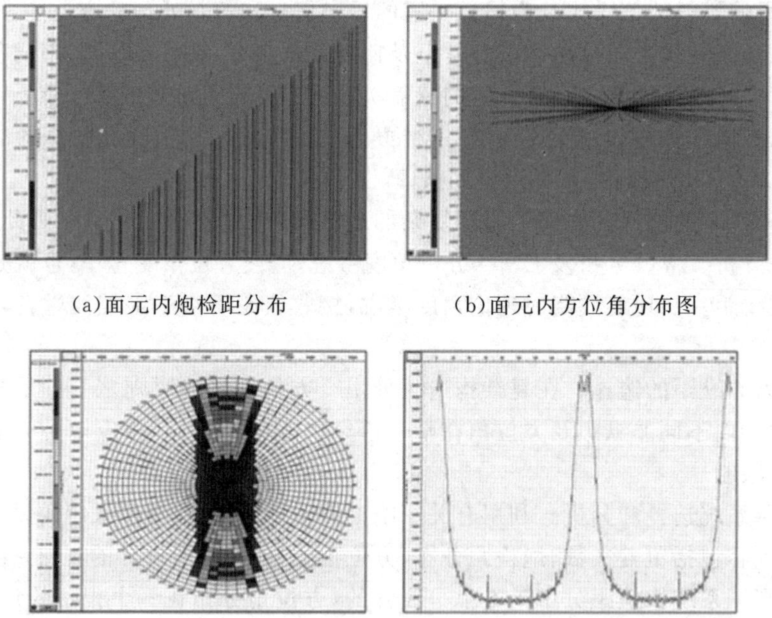

(a)面元内炮检距分布　(b)面元内方位角分布图

(c)统计方位角炮检距综合图　(d)统计方位角分布图

图1-8　观测系统炮检距、方位角分布图

另外，针对山地复杂地形，采用规则与不规则观测系统相结合进行变观，填补资料空白。通过利用变观对该区的有效覆盖次数进行弥补，保证该区的资料品质。图1-9为一个局部变观图，把炮检点展示在卫星照片中，并进行了覆盖次数计算。图1-9(a)为按照正常点布设时的情形，存在大量的空炮、空道，图1-9(b)为通过变观实际布设的炮检点，其覆盖次数由原来最低的19次上升到42次。

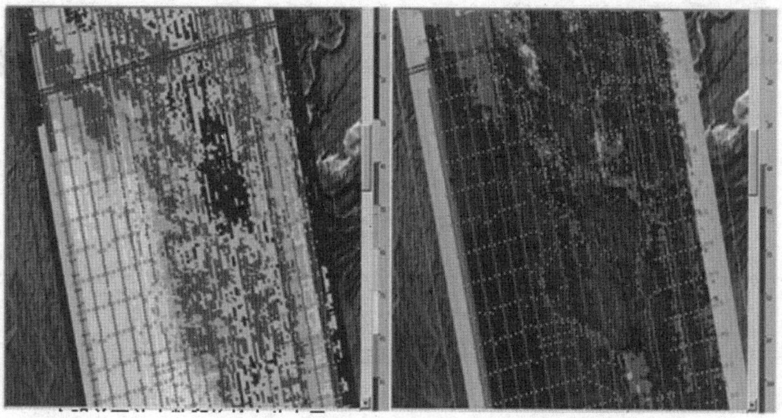

(a)变观前　　　　　　(b)变观后

图 1-9　三维覆盖次数和炮检点分布图

所得的地震剖面品质较以往二维地震有了明显的提高，同相轴连续性好，断点清晰、背斜特征明显，如图 1-10 所示。

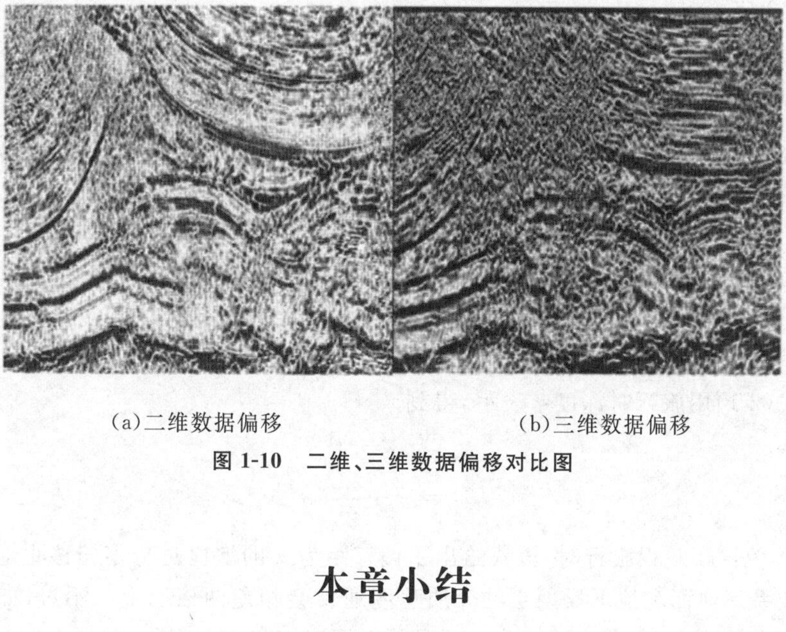

(a)二维数据偏移　　　　　　(b)三维数据偏移

图 1-10　二维、三维数据偏移对比图

本章小结

(1)二维、三维地震勘探多次覆盖观测系统的设计应根据地下模型、观测系统参数论证结果及经济成本等进行灵活选取。具体需要考虑观测系统类型、观测方向、面元尺寸、最大炮检距、覆盖次数、接收线距、最大非纵距等因素。

(2)在实际野外地震采集中，常常需要采用规则与不规则观测系统相结合，填补资料空白。在现实可行的情况下，尽可能地保证地下照明度分布均匀，避免采集脚印及信息缺失。高品质地震资料是后续处理成像的基础。

第二章

动校正、叠加、速度分析和 DMO

在本章中，基于地下水平层状介质的假设做数据处理。在地下层状介质模型中，速度是深度的函数，通常随深度增加而增大。对来自地下反射层的反射波，做正常时差校正(NMO)处理并通过 NMO 算子估算随深度变化的介质速度。对数据进行叠加可实现对含水平、倾斜地层地下介质的成像。另外，针对层状介质模型的处理方法也可以很好地应用于非层状介质的成像中。

第一节　动校正

以二维为例，以速度 v 呈圆形扩散的波的方程为

$$v^2t^2=x^2+z^2 \tag{2-1}$$

假设 t 是给定值，即取一波场快照，公式(2-1)表示了该时刻的圆形波前。

如果假定 z 是常数，公式(2-1)表示了 (x,t) 平面中的双曲线。如果在 (t,x,z) 数据体中考虑，公式(2-1)则表示了一锥体。不同时刻的切片是不同尺寸的圆圈。不同深度 z 的切片是不同尺寸的双曲线。

将公式(2-1)用旅行时深度 τ 表示，得到

$$v^2t^2=z^2+x^2 \tag{2-2a}$$

$$t^2=\tau^2+\frac{x^2}{v^2} \tag{2-2b}$$

其中，τ 是零偏移距双程旅行时，该式给出了偏移距为 x 的炮检对与零偏移距炮检对的旅行时相对关系。地面和地下反射层的介质速度通常会相差两倍以上。不过，如果用平均速度代替所有层速度，这个简单的公式还是可以解决许多实际问题。

地震记录道是指在某 x 位置处记录的时间域信号 $d(t)$。可以通过将 t 映射到 τ 的方式把地震道转换为零偏移距对应的信号 $m(\tau)=d(t)$。该过程称为正常时差校正(NMO)。图 2-1 显示了某海上数据利用水速做动校正前后的炮集。可见，在原始数据中海底反射产生的波组具有恒定的宽度。但在 NMO 校正后，波形明显变宽，这种现象称为“动校拉伸”。

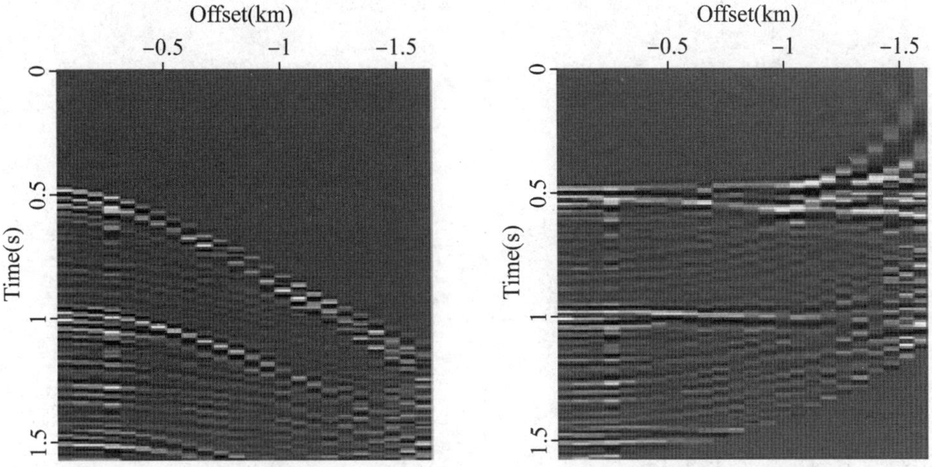

(a) 动校正前　　　　　(b) 动校正后

图 2-1　利用水速做动校正前后的海上数据

NMO 变换中使用的算子矩阵 $\boldsymbol{N}$ 可表示为(τ, t)平面内的方阵。它除了沿双曲线分布的插值算子外都是零值。将输入信号 d_t 放入向量 $\boldsymbol{d}$ 中，输出向量为 $\boldsymbol{m}$，即 NMO 校正后的信号。经计算，向量 $\boldsymbol{m}$ 为$(d_6, d_6, d_6, d_7, d_7, d_8, d_8, d_9, d_{10}, 0)$。在这个例子中下标只有 10 个，但在如图 2-1 所示的实际资料里下标可高达几千个。

$$
\boldsymbol{m}=\boldsymbol{N}\boldsymbol{d}=\begin{bmatrix} m_1 \\ m_2 \\ m_3 \\ m_4 \\ m_5 \\ m_6 \\ m_7 \\ m_8 \\ m_9 \\ m_{10} \end{bmatrix}=\begin{bmatrix} \cdot & \cdot & \cdot & \cdot & \cdot & 1 & \cdot & \cdot & \cdot & \cdot \\ \cdot & \cdot & \cdot & \cdot & \cdot & 1 & \cdot & \cdot & \cdot & \cdot \\ \cdot & \cdot & \cdot & \cdot & \cdot & 1 & \cdot & \cdot & \cdot & \cdot \\ \cdot & \cdot & \cdot & \cdot & \cdot & \cdot & 1 & \cdot & \cdot & \cdot \\ \cdot & \cdot & \cdot & \cdot & \cdot & \cdot & 1 & \cdot & \cdot & \cdot \\ \cdot & \cdot & \cdot & \cdot & \cdot & \cdot & \cdot & 1 & \cdot & \cdot \\ \cdot & \cdot & \cdot & \cdot & \cdot & \cdot & \cdot & 1 & \cdot & \cdot \\ \cdot & \cdot & \cdot & \cdot & \cdot & \cdot & \cdot & \cdot & 1 & \cdot \\ \cdot & \cdot & \cdot & \cdot & \cdot & \cdot & \cdot & \cdot & \cdot & 1 \\ \cdot & \cdot & \cdot & \cdot & \cdot & \cdot & \cdot & \cdot & \cdot & \cdot \end{bmatrix}\begin{bmatrix} d_1 \\ d_2 \\ d_3 \\ d_4 \\ d_5 \\ d_6 \\ d_7 \\ d_8 \\ d_9 \\ d_{10} \end{bmatrix} \tag{2-3a}
$$

可以认为，这个方阵有一个水平的 t 轴和一个垂直的 τ 轴。矩阵中为 1 的元素沿一双曲线 $t^2=\tau^2+x_0^2/v^2$ 排列。转置矩阵则是利用 $\boldsymbol{m}$ 计算 $\tilde{d}$，即基于零偏移距（或叠加）数据模拟出了非零偏移距数据 $\tilde{d}$，表示为：

$$
\tilde{d} = \mathbf{N}'\boldsymbol{m} = \begin{bmatrix} \tilde{d}_1 \\ \tilde{d}_2 \\ \tilde{d}_3 \\ \tilde{d}_4 \\ \tilde{d}_5 \\ \tilde{d}_6 \\ \tilde{d}_7 \\ \tilde{d}_8 \\ \tilde{d}_9 \\ \tilde{d}_{10} \end{bmatrix} = \begin{bmatrix} \cdot & \cdot & \cdot & \cdot & \cdot & \cdot & \cdot & \cdot & \cdot & \cdot \\ \cdot & \cdot & \cdot & \cdot & \cdot & \cdot & \cdot & \cdot & \cdot & \cdot \\ \cdot & \cdot & \cdot & \cdot & \cdot & \cdot & \cdot & \cdot & \cdot & \cdot \\ \cdot & \cdot & \cdot & \cdot & \cdot & \cdot & \cdot & \cdot & \cdot & \cdot \\ \cdot & \cdot & \cdot & \cdot & \cdot & \cdot & \cdot & \cdot & \cdot & \cdot \\ 1 & 1 & 1 & \cdot & \cdot & \cdot & \cdot & \cdot & \cdot & \cdot \\ \cdot & \cdot & \cdot & 1 & 1 & \cdot & \cdot & \cdot & \cdot & \cdot \\ \cdot & \cdot & \cdot & \cdot & \cdot & 1 & 1 & \cdot & \cdot & \cdot \\ \cdot & \cdot & \cdot & \cdot & \cdot & \cdot & \cdot & 1 & \cdot & \cdot \\ \cdot & \cdot & \cdot & \cdot & \cdot & \cdot & \cdot & \cdot & 1 & \cdot \end{bmatrix} \begin{bmatrix} m_1 \\ m_2 \\ m_3 \\ m_4 \\ m_5 \\ m_6 \\ m_7 \\ m_8 \\ m_9 \\ m_{10} \end{bmatrix} \tag{2-3b}
$$

基于方程(2-3a)和方程(2-3b)，编程实现 NMO 程序 nmo()。由于编程语言的字母表有限，这里用字母 z 表示 τ。

user/gee/nmo0. c

```
for (iz=0; iz < n; iz++) {
    z = t0 + dt*iz;            /* Travel-time depth */
    xs= x * slow[iz];
    t = hypotf(z,xs);          /* Hypotenuse */
    it = 0.5 + (t - t0) / dt; /* Round to nearest neighbor. */
    if( it < n ) {
    if( adj ) zz[iz] += tt[it];
    else        tt[it] += zz[iz];
    }
    }
```

如果一个程序在输出空间做循环，对每一个数据点寻找其在输入空间对应的数据点，这个过程称为“输入道”方法。如果一个程序在输入空间做循环，把每一个数据点放到其在输出空间对应的位置上，这个过程称为“输出道”方法。因此，该 NMO 程序采用的是“输入道”方法。当然，也可以编写一个程序用“输出道”方法计算，即对 t 做循环并利用 $z=\sqrt{t^2/v^2-x^2}$ 计算 z 值。

正常时差校正是一个线性运算。数据可以根据到达时间早晚、高低频率、陡缓倾角等分解为任意的两部分。不论数据的两部分是先后做 NMO 还是同时做，均不影响结果。NMO 算子是线性算子的原因在于，它是一矩阵乘法运算并且该运算满足 $\boldsymbol{N}(\boldsymbol{d}_1+\boldsymbol{d}_2)=\boldsymbol{N}\boldsymbol{d}_1+\boldsymbol{N}\boldsymbol{d}_2$。

第二节　共中心点叠加

通常，在地震勘探中会有很多次激发而且每次激发也都会有很多道接收。定义中点 $y=(x_s+x_g)/2$，然后将地震道重排为共中心点道集。重排后，共中心点道集中的每一道通过 NMO 处理后可变为零偏移距道，然后将道集中的所有道叠加在一起。这就是所说的共深度点(CDP)叠加，更准确地说应该是“共中心点叠加”。

该算子的共轭运算是将零偏移距道作为输入，将该道数据分发到全偏移距范围内的道集中。图 2-2 解释了这一对互为共轭的算子，即将零偏移距道分发到所有偏移距道的算子和它的共轭算子(叠加)。子程序 stack0()实现了动校正和叠加。$\boldsymbol{S}'$代表 NMO，调用 stack0()并设置参数 $adj=1$ 可实现叠加。$\boldsymbol{S}$ 代表正运算，调用 stack0()并设置参数 $adj=0$ 可实现。两种处理过程如图 2-2 所示。

user/gee/stack0. c

```
for (ix=0; ix < nx; ix++) {
        nmo0_set(x0 + dx * ix); /* set offset */
        nmo0_lop( adj, true, nt, nt, stack, gather+ix*nt);
    }
```

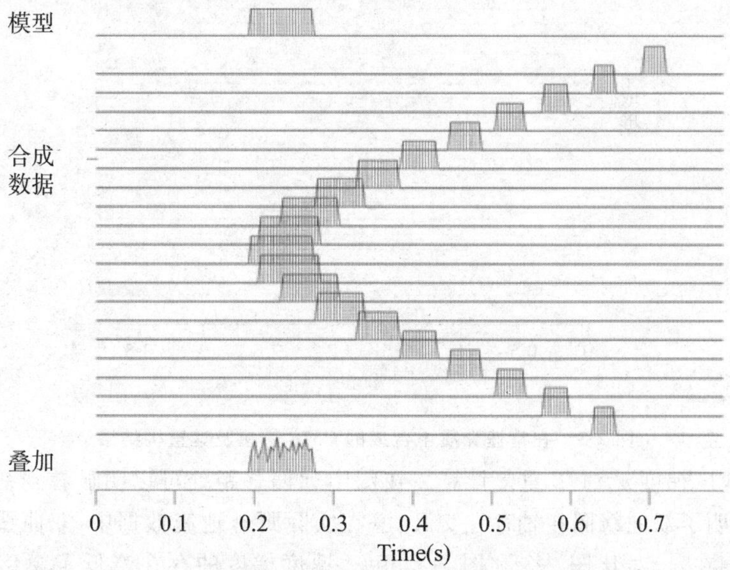

图 2-2　合成数据道的分发与叠加

图注：顶部是一零偏移距模型道 m。中部显示了将其分发到所有合成道中，即 $\boldsymbol{S}'m$。底部是对合成数据的叠加，即 $\boldsymbol{SS}'m$。

注意，不同时间采样点处参与叠加的数据点个数不同，导致最终波形不太一致。另外，存在 AVO 效应(振幅随偏移距变化)。最后，注意叠加过程的实现不够精确，但所有能量都已位于预定的时窗内。

一方面，如果算子在输出空间做循环，对每一数据点寻找其在输入空间对应的数据点，那么会得到平滑的结果。另一方面，希望尽量找到互为共轭的一对算子。但是，有些情况下这两个方面难以兼顾。若算子在输出空间做循环，那么它的共轭算子就会在输入空间做循环，导致计算结果变差。

2.2.1 旅行时曲线

由于速度随深度的增加而增大，在足够远的偏移距处来自深层反射的射线会比来自浅层反射的射线更快到达地面。换言之，浅层反射旅行时曲线将和深层反射旅行时曲线相交。通过图 2-3 可直观地认识到某一海上数据在叠加过程中产生的变化(为了清晰起见，使用了较大的(Δt，Δx)值)。这里使用的是该地区的经验速度公式 $v(z)=1.5+\alpha z$，其中 $a=0.5$。

首先，使用常速对多个反射层进行图 2-2 所示的运算。如图 2-3 所示，叠加重构了零偏移距模型道且发生了两处细节变化：(1)振幅随时间减小；(2)到达时间较早的波形变得圆滑。

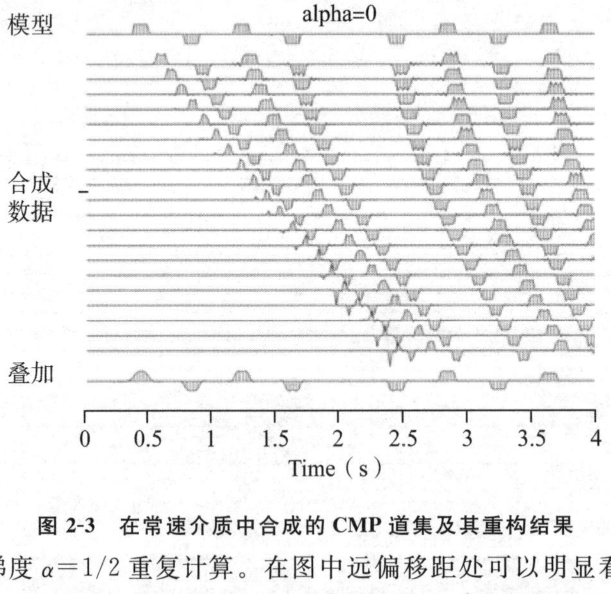

图 2-3 在常速介质中合成的 CMP 道集及其重构结果

随后用速度梯度 $\alpha=1/2$ 重复计算。在图中远偏移距处可以明显看到初至波的极性发生反转，说明了双曲线同相轴存在交叉。(在实际野外地震数据中，双曲线同相轴相交的现象普遍存在)。对比图 2-3 和图 2-4 可见，速度梯度的存在降低了模型道的重构质量。速度梯度的存在破坏了 400 毫秒时刻处的浅层反射波的波形。如果在更加精细的网格中绘图，可以看到深层的波形也受到影响。

2.2.2　理想的加权函数

叠加程序 NMO0()与 NMO1()的区别在于两者的加权函数$(\tau/t)(1/\sqrt{t})$不同。加权函数影响了叠加结果的分辨率。进一步分析加权函数，注意到$(\tau/t)(1/\sqrt{t})$可以分为两个权重，分别是τ和$t^{-3/2}$。在 NMO 之前使用一个权重，NMO 之后使用另一个权重，这样做比在 NMO 过程中使用权重更有效，如程序 NMO1()所示。此外，加权函数应考虑测线末端的数据截断效应。叠加运算是地震勘探中很常用、很重要的数据处理方法之一。

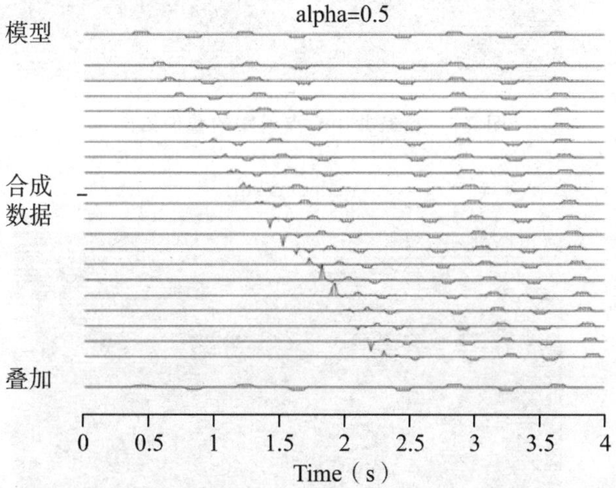

图 2-4　在速度随深度线性增加的介质中合成的 CMP 道集及其重构结果

为了提高叠加效果，可以采用在频率域中的加权函数。另外，可以考虑制定一些衡量叠加质量的客观标准。

2.2.3　自动增益控制

对来自墨西哥湾地区的地震数据进行 CDP 叠加处理。每个中心点处存在一个 CMP 道集，对每个道集在全偏移距范围内叠加求和。图 2-5 显示了所有共中心点处的叠加结果，该结果即是地下介质的叠加成像剖面。

图 2-5 中，浅层信号较弱，难以识别。这是由于切除效应造成浅层道集中参与叠加的道数较少。为了获得更好的叠加结果，应该将叠加值除以参与叠加的非零道的数目。但实际上切除效应是逐渐减弱的而不是突变为零，这使得确定是否为非零道变得困难。通常使用与偏移距有关的加权函数。如何在叠加过程施加随时间变化的权函数，以保护正确的振幅信息？办法是生成特设的常数合成数据(频率为 0)。对该合成数据做叠加即可得到权重函数，然后就可以作为除数应用于野外数据。此外，可以通过传统的方法即自动增益控制来解决信号振幅的问题。通过在移动时窗内对数据的绝对值做平滑的方式求取数据的除数。图 2-6 中，通过在大约半秒长的三角形时窗中做平滑来求取除数。

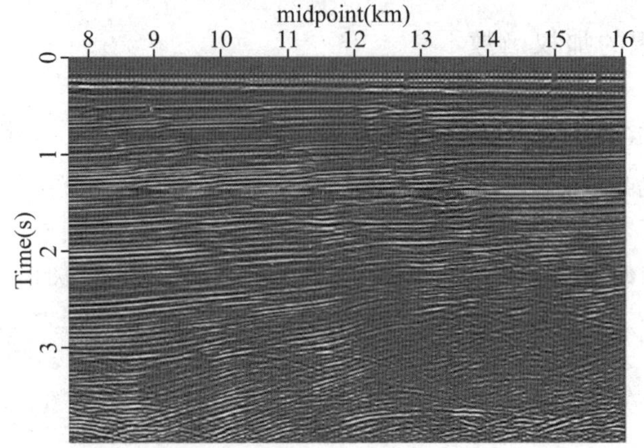

图 2-5 所有共中心点道集的叠加结果

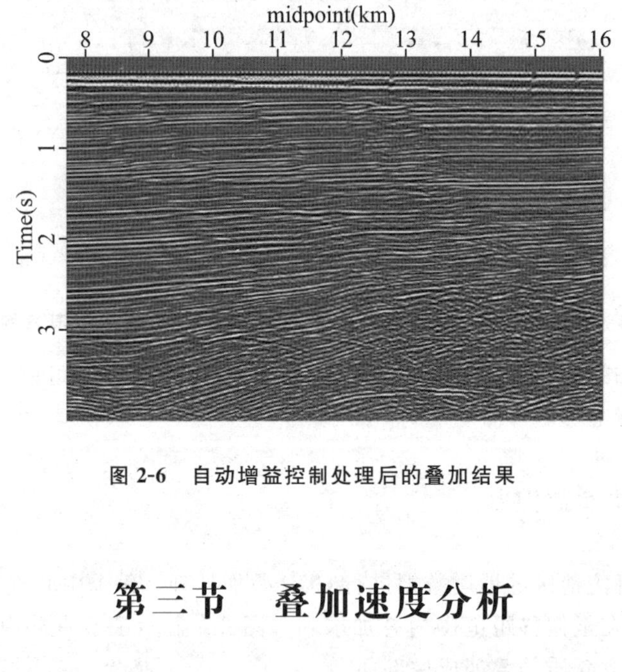

图 2-6 自动增益控制处理后的叠加结果

第三节 叠加速度分析

在叠前道集中,可以认为地震数据是炮检距的函数。而在速度谱中,叠加结果是视速度的函数。根据不同的速度,定义不同的双曲线。沿着这些双曲线对地震数据点求和得到该速度对应的地震数据叠加值。这些双曲线具有不同的渐近线(速度)和顶点。实现该运算的伪代码如下:

```
do v {
do τ {
do x {
        t = √(τ² + x²/v²)
        if hyperbola superposition
    data(t,x) = data(t,x) + vspace(τ,x)
else if velocity analysis
            vspace(τ,x) = vspace(τ,x) + data(t,x)
}}}
```

伪代码通过公式 $t^2=\tau^2+x^2/v^2$ 将模型空间（速度空间）变换到数据空间。该公式涉及四个变量，数据空间的两个坐标(t,x)和模型空间的两个坐标(τ,v)。假设模型空间中除了(τ_0,v_0)处的脉冲，其他位置均为零。程序代码的功能就是将这个脉冲复制到数据空间中的 $t^2=\tau_0^2+x^2/v_0^2$ 处。换言之，速度空间中的脉冲被复制到数据空间中的双曲线上。而共轭运算的功能就是将数据空间(t_0,x_0)中某点的脉冲复制到模型空间中满足方程 $t_0^2=\tau^2+x_0^2/v^2$ 的位置。改用慢度表示后，公式变为 $t_0^2=\tau^2+x_0^2s^2$。在(τ,s)空间中它是一个椭圆（当 $x_0^2=1$ 时简化为一个圆。）

如果将数据变换到模型空间，再将其反变换回数据空间，结果能否与原始数据保持一致？类似地，从模型空间开始，生成数据，再将其反变换回模型空间，能否回到起始的状态？在精度要求不太高的情况下，答案是肯定的。从数学上看，这个问题相当于：给定算子 $\mathbf{A}$，$\mathbf{A}'\mathbf{A}$ 是否近似是一个单位算子？前面的伪代码定义的 $\mathbf{A}'\mathbf{A}$ 与恒等变换相差甚远，但是可以通过加入一些简单的比例因子使其更接近恒等变换。推导这些加权因子是一个冗长的过程，这里仅仅给出它们的作用。这里的权重考虑了以下因素：波在传播过程中振幅变小；与角度相关的影响；与频率相关的影响；与偏移距相关的影响，即在建立速度空间时，来自远偏移距的影响大于近偏移距的影响，零偏移距数据甚至不起作用。在不同空间的变换中，求和运算相当于积分，因此会增强低频信息。可以通过在频率域中对频率乘以比例因子 $\sqrt{-i\omega}$ 来补偿，见子程序 halfint()。

如果加入权重 $w=\sqrt{1/t}\sqrt{x/v}\tau/t$，通过很简单的编程就可以得出高质量的结果。（注意：这里的权重 w 与 ω 是两个不同的符号。）而且这样也避免了编程实现频域加权 $\sqrt{-i\omega}$ 的困难。加入权重后，得到了更平滑的结果。从模型空间中的点开始，变换到数据空间，然后再反变换，加入权重的结果如图 2-7 所示。

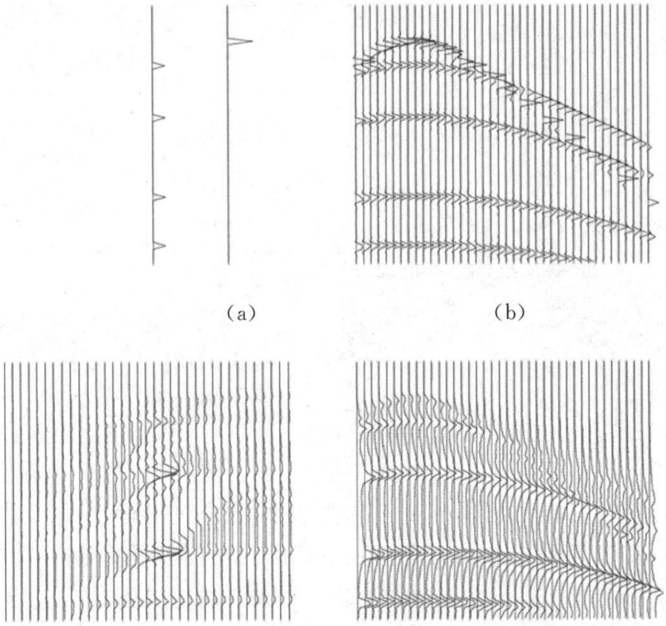

(a) (b) (c) (d)

图 2-7 不同空间之间的相互变换

从图(a)模型空间变换到数据空间图(b)，然后从数据空间图(b) 反变换到模型空间图(c)，从模型空间图(c)再变换到数据空间图(d)。

对于加权，最对称的方法是将 w 同时放入 $\boldsymbol{A}$ 和 $\boldsymbol{A}'$ 中。另一种方法是定义正运算 $\boldsymbol{A}$(如前面的伪代码所示)，然后使用 $w^2\boldsymbol{A}'$进行逆运算。采用这种方法的例子如图 2-8 所示。

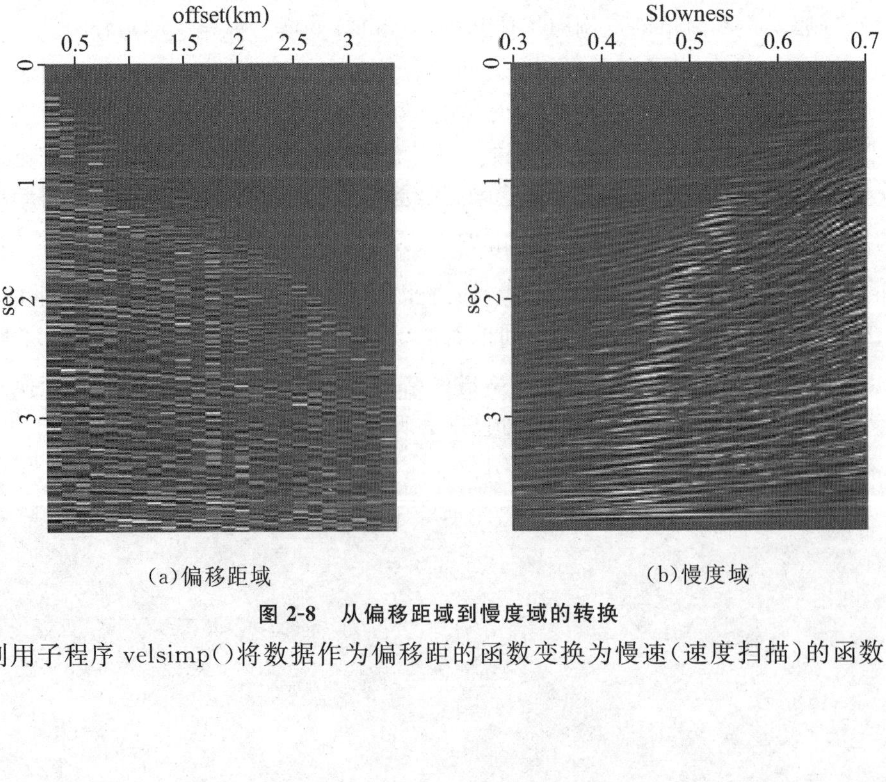

(a)偏移距域 (b)慢度域

图 2-8 从偏移距域到慢度域的转换

利用子程序 velsimp()将数据作为偏移距的函数变换为慢速(速度扫描)的函数。

2.3.1　速度拾取

对于许多数据分析，需要知道作为深度函数的地球介质速度。为了得到速度，在图 2-9 中的最大值处画一条线。实际应用中，这是一个烦琐的手动拾取过程。目前还没有一种普遍接收的自动拾取方法。这里提出一种简单的自动拾取方法，并做详细论述。该方法在一些示例中效果很好(后续还会进一步改进提高效果)。

理论上，可以将速度或慢度定义为旅行时深度的函数。取扫描数据的绝对值，在时间轴上稍做平滑，得到一个非标准化的概率函数，比如 $p(\tau,s)>0$。然后，慢度 $s(\tau)$ 可由矩阵函数定义，即：

$$s(\tau)=\frac{\sum_s sp(\tau,s)}{\sum_s p(\tau,s)} \tag{2-4}$$

由矩阵函数定义慢度 $s(\tau)$ 的问题是，它会受到远离峰值的噪声，特别是水速噪声的强烈影响。因此，若公式(2-4)中的和被收敛于可解的范围内，则可以获得更好的结果。

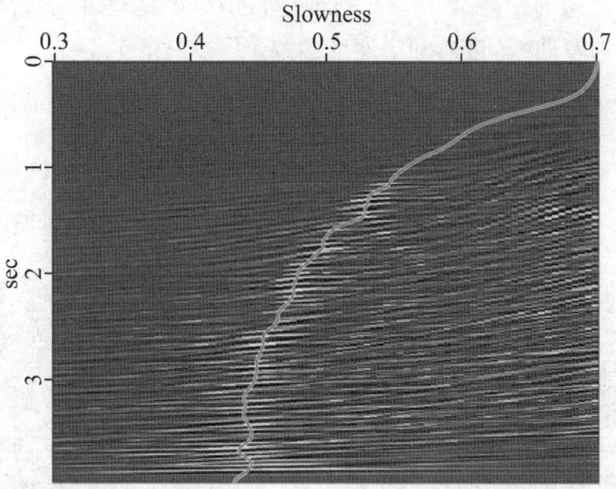

图 2-9　慢度扫描

叠置在图层上的是拾取的慢度曲线

2.3.2　均方根速度和层速度

假设地震数据同相轴能拟合成双曲线(每个双曲线有不同的速度和顶点)。考虑水平反射层上覆盖有速度分层 $v(z)$ 介质的情况，如图 2-10 所示。

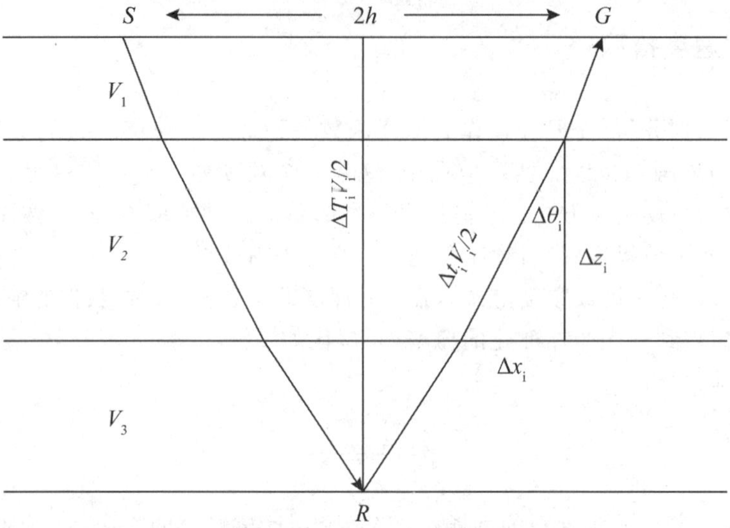

图 2-10　层状介质中的射线路径示意图

震源和检波器之间的距离是 $2h$，总旅行时间是 t。严格地讲，旅行时不是双曲线。但通过寻找最佳拟合的双曲线，进而确定速度函数 $V^2(\tau)$。

$$t^2=\tau^2+\frac{4h^2}{V^2(\tau)} \tag{2-5}$$

其中，τ 为零偏移距双程旅行时。使用公式(2-5)将 t 拉伸为 τ 的示例如图 2-11 所示。

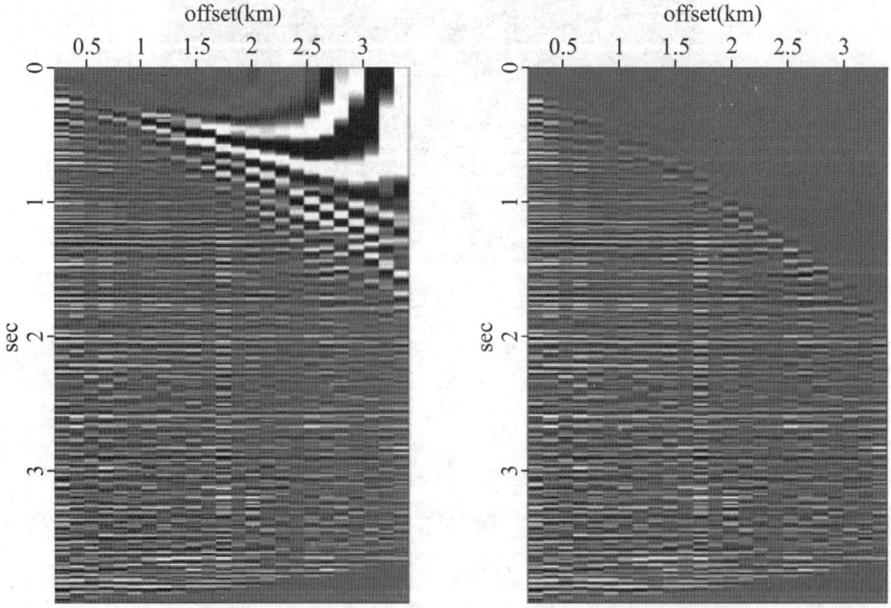

(a) 切除前　　(b)切除后

图 2-11　拉伸畸变切除前后的显示

利用最佳速度做 NMO 时，所有同相轴都会被拉平。

$V(\tau)$是通过各层的 v^2 的平均值定义的"均方根"或"RMS"速度。对于层状介质，表达式为：

$$V^2(\tau)=\frac{1}{\tau}\sum^{i}v_i^2\Delta\tau_i \tag{2-6}$$

其中，零偏移距旅行时是各层旅行时 τ 的总和：

$$\tau=\sum^{i}\Delta\tau_i \tag{2-7}$$

第 i 层中的双程垂直旅行时 τ_i 与厚度 Δz_i 和速度 v_i 的关系为：

$$\Delta\tau_i=\frac{2\Delta z_i}{v_i} \tag{2-8}$$

那么如何利用测量的 RMS 速度计算层速度呢？在第 i 层中定义层速度为 v_i，双向垂直旅行时为 $\Delta\tau_i$。定义来自第 i 层底部的反射对应的 RMS 速度为 V_i。借助公式(2-6)，对于来自第一层、第二层、第三层底部的反射，有：

$$V_1^2=\frac{v_1^2\Delta\tau_1}{\Delta\tau_1} \tag{2-9}$$

$$V_2^2=\frac{v_1^2\Delta\tau_1+v_2^2\Delta\tau_2}{\Delta\tau_1+\Delta\tau_2} \tag{2-10}$$

$$V_3^2=\frac{v_1^2\Delta\tau_1+v_2^2\Delta\tau_2+v_3^2\Delta\tau_3}{\Delta\tau_1+\Delta\tau_2+\Delta\tau_3} \tag{2-11}$$

通常，很容易测量三个双曲线顶部的时间，即 $\Delta\tau_1$，$\Delta\tau_1+\Delta\tau_2$ 和 $\Delta\tau_1+\Delta\tau_2+\Delta\tau_3$。使用第 4 章中的方法，可以测量 RMS 速度 V_2 和 V_3。通过这些，可以求解第三层的层速度 v_3。改写公式(2-10)和(2-11)，得到：

$$(\Delta\tau_1+\Delta\tau_2+\Delta\tau_3)V_3^2=v_1^2\Delta\tau_1+v_2^2\Delta\tau_2+v_3^2\Delta\tau_3 \tag{2-12}$$

$$(\Delta\tau_1+\Delta\tau_2)V_2^2=v_1^2\Delta\tau_1+v_2^2\Delta\tau_2 \tag{2-13}$$

相减得到层速度 v_3 的平方：

$$v_3^2=\frac{(\Delta\tau_1+\Delta\tau_2+\Delta\tau_3)V_3^2-(\Delta\tau_1+\Delta\tau_2)V_2^2}{\Delta\tau_3} \tag{2-14}$$

如果公式(2-14)中的平方速度恰好为负，就会出现一个虚拟速度，尽管在真实的地球介质中不会发生。这意味着估算出的第三层 RMS 速度不能小于第二层 RMS 速度太多。

第四节　高阶动校正技术

随着勘探目标要求不断提高，大偏移距采集的资料日益增多，因此研究非双曲动校正技术显得格外重要。目前发展的反射波非双曲时距方程，有基于层状各向同性模型的非双曲时距方程、基于均匀弱各向异性模型的时距方程、基于速度随炮检距变化模型的时距方程和基于连续速度模型的时距方程。基于等效各向异性理论的速度分析与成像方法是将地下介质等效为弱各向异性介质；基于层状各向同性模型的非双曲时距方程和基于速度随炮检距变化的方法，都是从水平层状各向同性介质模型时距方程的泰勒级数展开式简化变形得到的；基于连续速度模型的时距方程，是将地下介质速度垂向变化等效为连续变化。

纵观上述方程虽形式大不一样，但做动校正都是建立在同一思路上。在常规双曲动校正处理的基础上，引入高阶项参数，类似于常规速度分析，进行高阶参数扫描，做好叠前大偏移距道集的拉平工作。

2.4.1 各向同性介质的高阶时距曲线

速度分析和叠加通常用的是双曲近似计算走时(Dix，1955)，这种近似只适用于炮检距和目的层深度比值较小的情况，许多人对此作了改进。Taner 和 Koehler(1969)扩展了双曲近似得到了水平层状介质各向同性的高阶曲线方程：

$$t_x^2 = c_1 + c_2 x^2 + c_3 x^4 + c_4 x^6 + \cdots \tag{2-15}$$

式中：$c_1 = a_1^2, c_2 = a_1/a_2, c_3 = \dfrac{a_2^2 - a_1 a_3}{4a_2^4}, c_4 = \dfrac{2a_1 a_3^2 - a_1 a_2 a_4 - a_2^2 a_3}{8a_2^7}$

其中，$a_1 = 2\sum\limits_{k=1}^{n} \dfrac{d_k}{v_k}, a_2 = 2\sum\limits_{k=1}^{n} v_k d_k, a_3 = 2\sum\limits_{k=1}^{n} v_k^3 d_k, a_4 = 2\sum\limits_{k=1}^{n} v_k^5 d_k$

这里 x 是炮检距，c_k 是 Taylor 级数展开系数；使用多于二阶的方程和高阶方程的优化式能提高动校正、速度分析和叠加的效果(Al-Chalabi，1974；May 和 Straley，1979；Gidlow 和 Fatti，1990；Kaila 和 Sain，1994；Thore，de Bzelaire 和 Ray，1994；Chuanwen Sun 等，2002，Xu Changlian，2004 等)。

Al-Chalabi. 等人(1974)在(2-15)式的基础上，给出了各向同性介质中动校正的 Taylor 三次展开式：

$$t^2 = t_0^2 + \frac{x^2}{V_{\mathrm{nmo}}^2} + \frac{1 - \dfrac{V_4^4}{V_{\mathrm{nmo}}^4} x^4}{4t_0^2 V_{\mathrm{nmo}}^4} \tag{2-16}$$

式中：

$$V_{\mathrm{nmo}}^2(t_0) = \frac{1}{t_0}\int_0^{t_0} v_{nmo}^2(\tau)\,\mathrm{d}\tau, \tag{2-17}$$

$$v_{\mathrm{nmo}}(\tau) = v(\tau)\sqrt{1 + 2\delta(\tau)}, \tag{2-18}$$

$$V_4^4 = \frac{1}{t_0}\int_0^{t_0} v^4(\tau)\,\mathrm{d}\tau \tag{2-19}$$

式中：V_{nmo}是水平层状介质的 NMO 速度，$v(\tau)$表示层速度，$\delta(\tau)$是各向同性参数。

2.4.2 各向同性介质的高阶动校正

1. 迭代法动校正

May 和 Straley(1979)提出一种动校正技术，用正交多项式确定式(2-15)中的四次项系数。利用整个 CMP 道集来确定 x^2 和 x^4 二者的系数。先计算常规二阶速度谱$\hat{c}_1(c_0)$，再固定$\hat{c}_1(c_0)$，对$\hat{c}_2(c_0)$进行扫描。但是$\hat{c}_1(c_0)$和$\hat{c}_2(c_0)$的不确定性误差会相互影响对方的准确值确定。由于方程(2-15)是线性函数，但 $1,x^2,x^4$ 没有形成正交集。为解决这个问题，重新定义式(2-15)中的系数，它们可以使用正交多项式来独立确定：

$$t^2(x)\approx a_0 g_0(x)+a_1 g_1(x)+a_2 g_2(x) \tag{2-20}$$

其中：

$$g_0(x)=1,g_1(x)=x^2+k_{10}g_0(x),g_2(x)=x^4+k_{21}g_1(x)+k_{20}g_0(x)$$

这里：

$$k_{10}=-\frac{\sum_{n=1}^{N}x_n^2}{N},k_{20}=-\frac{\sum_{n=1}^{N}x_n^4}{N},k_{21}=-\frac{k_{30}+k_{10}k_{20}}{k_{20}+k_{10}^2},k_{30}=-\frac{\sum_{n=1}^{N}x_n^6}{N}$$

x_n 是偏移距在各道位置的离散值。k_{ij} 仅是 x_n 的函数。i 是表示正交式阶数的一半，j 是表示多项式中右边子多项式阶数的一半。

按前面类似做法，先计算常规二阶谱$\hat{a}_1(a_0)$，再固定$\hat{a}_1(a_0)$，对$\hat{a}_2(a_0)$进行扫描，就像在二阶谱分析上拾取$\hat{a}_1(a_0)$一样，在四阶谱分析上拾取$\hat{a}_2(a_0)$。对于直射线模型，$\hat{a}_2(a_0)$趋向于零值。

$t^2(x)$是 t_0 和 v_{NMO}的函数：

$$t_0=[t^2(0)-a_2(k_{21}k_{10}+k_{20})]^{1/2},v_{\mathrm{NMO}}=a_1^{-1/2} \tag{2-21}$$

时差分析叠代方程：

$$t(x_n)=\left[t^2(0)+\left(\frac{1}{v_{\mathrm{NMO}}^2}+a_2k_{21}\right)x_n^2+a_2x_n^4\right]^{1/2} \tag{2-22}$$

其中四阶项系数可被看作是时间对深度二阶导数的平方。

2. 直接计算法

针对：

$$t^2(x)\approx c_0+c_1x^2+c_2x^4 \tag{2-23}$$

由于 c_2 总是负的，因而双程旅行时的四阶近似值总是小于双曲线近似值，c_2 是层速度和双程时间的复杂函数。Gidlow 和 Fatti(1990)提出了估算非双曲线动校正中使用的 c_2 函数的两种方法，与迭代计算法相比提高了速度效率，而且他们的第二种方法减少了由于 c_1 估算不准给 c_2 的确定带来的误差。

第一种方法，根据常规速度分析得到的叠加速度计算出层速度，由此计算 c_2。做 c_2 分析时，要使得 c_2 函数平滑连续，将时间——叠加速度曲线用小间隔采样(大约 20 毫秒)数字化，对每个间隔计算层速度。根据这个层速度函数计算相应的 c_2 函数。

第二种方法，第一步，在 CMP 道集记录的双曲线部分作常规叠加速度分析。第二步，把整个 CMP 道集记录，用一系列恒定的 c_2 值作非双曲动校正并显示。这种显示的各个非双曲线动校正都用从速度分析拾取的同一叠加速度函数来做。这种显示称为“c_2 分析”，在这个分析中拾取一直到最大炮检距被拉平的同相轴。

通过在不同双程时间处选出对应于同相轴被拉平的 c_2 值，就得到了时变的 c_2 函数。

3. 优化六阶近似

针对式(2-21)，Chuanwen Sun 等人(2002)作如下处理得到了好的效果。

$$t_x = \sqrt{c_1 + c_2 x^2 + c_3 x^4 + c_4 x^6 + \dots} = \sqrt{t_3^2 + c_4 x^6 + \dots} = t_3 \sqrt{1 + \frac{c_4 x^6}{T_3^2}} \approx t_3 + cc \frac{c_4 x^6}{2t_3} \tag{2-24}$$

这里 $t_3 = \sqrt{c_1 + c_2 x^2 + c_3 x^4}$ 和 cc 为常数。优化的 6th 阶考虑到高于 6 阶项的影响。

4. 四阶修正计算法

针对式(2-23)，Xu Changlian(2004) 作了改进：

$$t^2(x) \approx c_0 + (c_1 + c_2 x^2) x^2 \tag{2-25}$$

$$t^2(x) \approx c_0 + \frac{x^2}{\dfrac{1}{(c_1 + c_2 x^2)}} \tag{2-26}$$

将其第二项的分母展开，并令

$$t_0^2 = c_0, v_{\text{NMO}}^2 = 1/c_1, g = -\frac{c_2}{c_1} \tag{2-27}$$

就有：

$$t^2(x) \approx t_0^2 + \frac{x^2}{v_{\text{NMO}}^2 + g v_{\text{NMO}}^2 x^2} = t_0^2 + \frac{x^2}{v_{\text{NMO}}^2 (1 + g x^2)} \tag{2-28}$$

式中，t_0 为自激自收时间；v_{NMO}^2为近炮点动校正速度；g 为速度平方梯度。

具体思路：先用小炮检距的数据求取速度，再用全部数据确定速度梯度，这时要求有足够大的炮检距，最大炮检距接近目的层深度的两倍。仿照类似于三参量速度分析中的做法，依次扫描速度和速度梯度。

2.4.3 VTI 介质的非双曲动校正

从 1949 年 Riznichenko 首次提出实际地层存在各向异性起，人们对地震勘探中的各向异性问题进行了广泛而深入的研究。而针对地面反射地震数据的各向异性处理方法和技术，Thomsen, Hake, Tsvankin 和 Alkhalifah 等人先后做了许多开拓性的工作。

均匀各向同性介质中的反射走时为双曲线，而非均匀或各向异性介质中的反射走时为非双曲线。所以，非双曲反射走时的出现预示了介质的非均质性、各向异性或非均匀各向异性。

各向异性是指介质的某种属性随方向而变的性质。目前地震勘探中所涉及的各向异性主要指地层的速度各向异性，即介质内同一位置上沿不同方向具有不同的速度。根据对称性的不同，各向异性介质分为不同的类型，最简单而又常用的是垂直横向各向同性（VTI ）介质，水平层状地层通常被看作 VTI 介质。

各向同性介质中所应用的 P 波双曲线时差速度分析方法，应用于各向异性介质求取速度是不能满足精度要求的。对于横向各向同性(VTI)介质，水平反射界面的叠加速度及与之对应的垂直速度并不相同，即 $v_{\text{NMO}}(p) = v_{p0}\sqrt{1+2\delta}$，式中，$v_{p0}$ 为 P 波的垂直速度；

$v_{\mathrm{NMO}}(p)$为 P 波的正常时差速度；δ 为各向异性参数，这一参数体现了横向各向同性介质中 P 波的运动学特征。

在短排列中，即使 P 波被记录下来，$v_{\mathrm{NMO}}(p)$也不能提供更多的各向异性信息。但对于长排列来说，可以应用非双曲线时差公式求取时差速度，且可同时得到水平速度。这样既可以精确地得到时差速度，又可以得到包含更多地质信息的水平速度。应用这些信息就可以求取 Thmosen 参数。

1. 平移双曲动校正

Castle(1994)提出了适合于大炮检距资料动校正的平移双曲线公式(SNMO 方程)：

$$t=\tau_s+\left(\tau_x^2+\frac{x^2}{SV_{\mathrm{NMO}}^2}\right)^{\frac{1}{2}} \tag{2-29}$$

其中

$$\tau_s=t_0\left(1-\frac{1}{S}\right),\tau_x=\left(\frac{t_0}{S}\right), \tag{2-30}$$

$$S=\mu_4/\mu_2^2 \tag{2-31}$$

其中

$$\mu_j=\frac{\sum_{k=1}^{N}\Delta t_k v_k^j}{\sum_{k=1}^{N}\Delta t_k} \tag{2-32}$$

式中：Δt_k 为第 k 层中地震波旅行时；v_k 为第 k 层层速度；μ_j 为层间垂直旅行时 Δt_k 对层速度 v_k 的加权值。

SNMO 通过对炮检距的四阶项使得结果准确而 Dix 的 NMO 方程是一个二阶近似式(Castle,1994)。Castle 也验证了使用 SNMO 方程比 DIX 的 NMO 方程更准确地估算 RMS 速度。考虑大炮检距的各向异性的影响(Pavan,2003)，SNMO 中的参数 S 可用来计算 Thomsen 参数(ε,δ)和各向异性参数 $\eta=\frac{\varepsilon-\delta}{1+2\delta}$。

2. 四次高阶曲线动校正

Hake 等人(1984)给出了平层的均匀 VTI 介质动校正三阶展开式。若忽略横波速度 V_{SO}(Tsvankin 和 Thomsen，1994；Alkhalifah 和 Larner，1994；Tsvankin，1995；Alkhalifah,1997)，它们方程可以简化为 η 和 V_{nmo}的表达式：

$$t^2(x)=t_0^2+\frac{x^2}{V_{\mathrm{nmo}}^2}-\frac{2\eta x^4}{t_0^2V_{\mathrm{nmo}}^4} \tag{2-33}$$

这里 t 对应于炮检距 x 的整体旅行时间，t_0 双程零炮检距旅行时间，x 为炮检距，η 是各向异性参数。方程右边部分的前两项对应的是时间的双曲部分，但是第三项是与 η 成正比的，它直接控制非双曲线的动校正量。

Tsvankin 和 Thomsen(1995)在 Hake 方程——式(2-23)的基础上，在 VTI 介质的非双曲动校正过程中增加了校正因子，提高了稳定性和精度，该方程为 η 和 V_{nmo}的表达式：

$$t^2(x)=t_0^2+\frac{x^2}{V_{\mathrm{nmo}}^2}-\frac{2\eta x^4}{t_0^2V_{\mathrm{nmo}}^4(1+Ax^2)} \tag{2-34}$$

这里

$$A=\frac{2\eta}{t_0^2V_{\mathrm{nmo}}^4\left(\frac{1}{V_h^2-V_{\mathrm{nmo}}^2}\right)} \tag{2-35}$$

其中 V_h 是水平速度。

$$V_h=V_{\mathrm{nmo}}\sqrt{1+2\eta} \tag{2-36}$$

t_0 时间的各向异性参数可通过下方程求得

$$\eta(t_0)=\frac{1}{8}\left\{\frac{1}{t_0V_{\mathrm{nmo}}^4(t_0)}\int_0^{t_0}v_{\mathrm{nmo}}^4(\tau)[1+8\eta(\tau)]\mathrm{d}\tau-1\right\} \tag{2-37}$$

它是以垂直反射时间为函数的各向异性参数的瞬时值，在均匀各向同性介质 $\eta(\tau)=0$。通过化简式(2-34)变为(Alkhalifah 和 Tsvankin，1995)：

$$t^2(x)=t_0^2+\frac{x^2}{V_{\mathrm{nmo}}^2}-\frac{2\eta x^4}{V_{\mathrm{nmo}}^2[t_0^2V_{\mathrm{nmo}}^2+(1+2\eta)x^2]} \tag{2-38}$$

该方程适合于较大的偏深比，在修正项考虑到了高于四阶项的影响，从而提高了大偏移距的时差精度。

第五节　叠前部分偏移(DMO)

能否通过改进常规处理方法得到更好的叠加剖面？也就是由改进常规方法获取保留全部倾角的未偏移剖面，回答是肯定的。这项技术就是叠前部分偏移(PSPM)，也叫 DMO。

2.5.1　倾角时差的处理

常规叠加剖面存在地下为倾斜地层(尤其是具有不同叠加速度的倾角不一致地层)时所出现的问题——叠后偏移有误差。为说明 PSPM，必须重新考虑单一倾斜层反射的 NMO 方程(Levin，1971)：

$$t^2(x)=t^2(0)+\frac{x^2\cos^2\theta}{v^2} \tag{2-39}$$

式中 θ 为反射界面倾角，v 是界面以上介质的速度，x 是炮检距。如将时差项分成两部分，则有

$$t^2(x)=t^2(0)+\frac{x^2}{v^2}-\frac{x^2\sin^2\theta}{v^2} \tag{2-40}$$

其中，时差项的第一部分代表水平正常时差(NMO)，第二项代表倾角时差(DMO)，它与反射界面的倾角有关。这样，可以先用介质速度作 NMO 校正，然后再作 DMO 校正。DMO 过程可用 PSPM 来实现。与在 CMP 道集中实现 NMO 项不同，DMO 项需要在能识别出倾角的道集中算出，比如在共炮检距道集中。

从方程(2-40)较易估计 DMO 项的性质。首先,不论倾角如何,不会影响零炮检距数据($x=0$);其次,倾角愈大,校正量愈大;第三,速度愈低,校正量愈大;第四,炮检距愈大,校正量也愈大。因此,对陡倾角的浅层远道,该项的作用最为显著。

针对倾斜地层(尤其是倾角不一致地层)的问题,地球物理学者进行了广泛而又深入的研究。其中 Hale(1983)在 f-k 域中列出了 DMO 方法的算式,它是在常速介质下推导的,适用于各种倾角和炮检距,只要速度的垂直梯度不太大,该方法仍能精确使用。考虑到 Hale 法在常速条件下的精确性,用它来定性地描述 DMO 过程。

改写方程(2-40):

$$t^2(x)=t_n^2(0)-x^2p^2 \tag{2-41}$$

$$t_n^2(x)=t^2(0)+\frac{x^2}{v^2} \tag{2-42}$$

其中,$p=\sin\theta/v$ 是射线参数。在 f-k 域中,$p=k_x/(2\omega_0)$。此处 ω_0 是与双程零炮检距反射时间 $t(0)$有关的转换变量。只要 NMO 校正后的共炮检距数据在中心点方向作了傅氏变换,DMO 项 x^2p^2 中的倾角和速度参数就显然已经消除。因此,在 f-k 域中,DMO 校正过程就不需要具体给出倾角和速度信息了。

2.5.2　倾角时差校正的实例

上面的理论表明 DMO 应该在 NMO 之后进行。DMO 的运算成本比 NMO 高得多。所以,最好的选择是一次性地把它做好,而不是在每次 NMO 速度更新后都重复做。如图 2-12 所示。

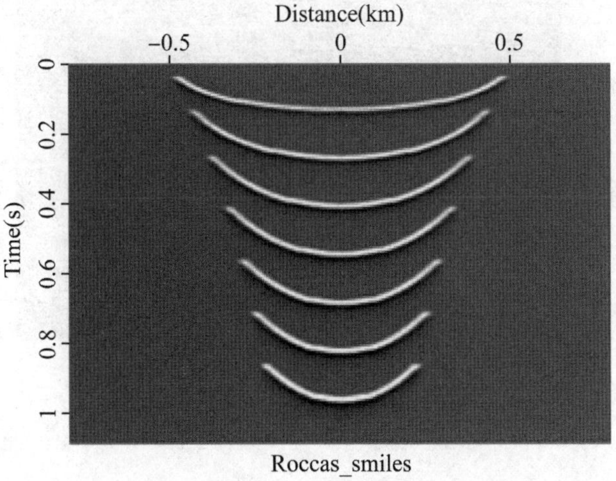

图 2-12　DMO/NMO 的脉冲响应

在应用中,大部分 DMO 处理都是假定常速介质。这基本上是合理的,因为与 NMO 不同,DMO 对数据的改变较小,速度不准引起的误差也小得多。如图 2-13 所示。

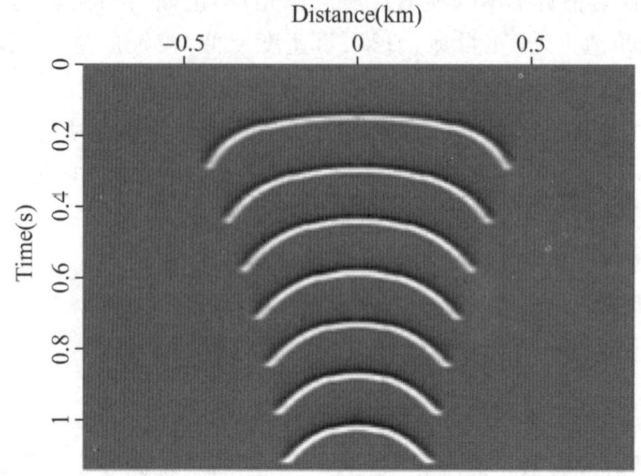

图 2-13 合成的锥形面

现在对之前的墨西哥湾野外数据做 DMO 处理。与图 2-6 进行比较，可以看到图 2-14 的中断层右侧存在断面反射波。

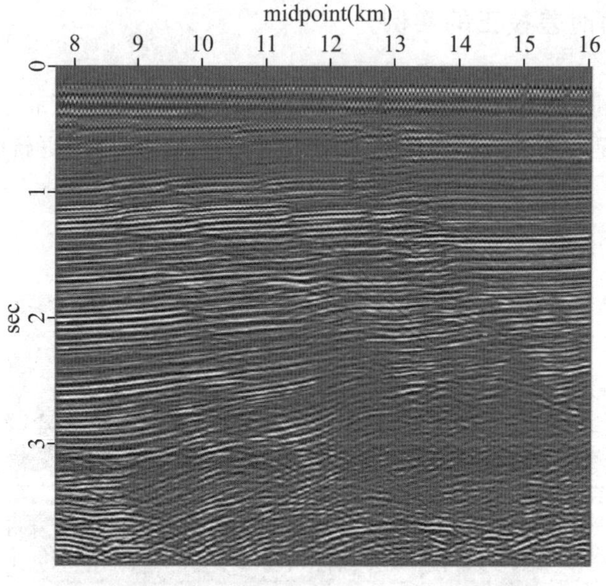

图 2-14 倾角时差校正后的叠加剖面

本章小结

(1)尽管共中心点叠加是基于水平层状介质的理想假设，但在实际应用中简单的双曲近似往往可以取得令人满意的效果。由于地震波在地下传播过程中发生的球面扩散、透射损失、吸收衰减等因素，不同偏移距、不同到达时间的地震波振幅差异很大，在执行叠加及速度分析前需要做振幅增益处理。

(2)直接基于CMP道集分析可得到叠加速度。DMO后的CMP道集消除了倾角时差的影响，速度分析得到均方根速度。基于均方根速度，利用Dix公式可以计算出层速度。

(3)由于实际地震数据存在规则和非规则干扰噪音，高质量的速度谱拾取难以实现自动化。通常需要借助处理员的地质背景知识及处理经验进行人机交互拾取，这是处理流程中最费时费力的环节。近几年人工智能技术的发展有望部分取代甚至完全取代速度谱的人工拾取。

第三章 静校正

地震勘探中，反射波旅行时除了与地下速度和地层界面深度有关之外，还与浅层风化带的速度横向变化和表层起伏有关。通常情况下，都是假设地下地层结构是水平反射界面，横向介质为各向同性且均匀的层状速度模型。在这种假设下，同一反射界面的反射波时距曲线在 CDP 道集上应为双曲线。但由于表层特点不一致，如地形起伏不平，低降速带的速度和厚度变化，以及炮点和检波点的高层不同等原因，都会造成反射波到达各接收点的时间发生变化，从而使双曲线形状发生畸变。因此，必须把反射波旅行时的上述影响消除掉，才能使时间剖面更确切地反映地下的地质构造信息。因此静校正技术在地震资料处理中是一个非常重要和关键的环节，静校正做得精确与否直接影响着剖面质量的好坏和成果解释的可靠性。所以许多地球物理工作者都致力于静校正问题的研究，从而提出了各种各样的静校正方法，并在各油田的应用中取得了很好的效果。

校正分为野外静校正和剩余静校正。测定野外地表参数（包括高程、低速带厚度及速度和井口时间等），将其换算成时间异常，然后对地震道进行静态时移，以便消除近地表异常的影响，称之为野外静校正。由于野外地表参数测定不准确，经过野外静校正后还存在剩余静校正量。在地表复杂地区，剩余静校正量往往很大或变化剧烈，使得叠加剖面严重地歪曲了地下构造，特别是横波资料尤为突出。只有经过精确的剩余静校正才能确保地震资料处理的质量，以便正确地进行构造分析和岩性解释工作。

第一节　野外静校正技术概述

研究地形、地表结构对地震波传播时间的影响，设法把由于激发和接收时地表条件变化所引起的时差找出来，再对其进行校正，使畸变了的时距曲线恢复成双曲线，以便能够正确地解释地下的构造情况，这个过程称之为静校正。

地震记录通常是在相隔某一距离的多检波点上进行的。炮点和检波点的地面高程、反射面的深度和倾角、炮检距、反射面和基准面之间的平均距离、基准面之上近地表层的速度和厚度等都影响射线路径和它的旅行时间。

在地震资料处理中，要对上述这些影响进行校正，直到地震资料给出高质量的地下图像为止。为了增强有噪声数据中的有效信号，要用求和叠加的方法，而保证合理叠加的校正有静校正和动校正。静校正是对地震道作一个常数时移，动校正则是变化时移。

地表面有起伏，地表面以下存在一个风化层，称之为低速带或降速带，地震波在此层中传播的速度较低，而在低速带以下的地层中，地震波传播速度较高。因此，反射波经过低速带以后传播时间必然增加；又由于低速带的速度和厚度不稳定，引起传播时间也相应变化。此外，由于地面激发点、接收点的高程不同，爆炸深度不同，地震波的传播时间也不同，因此要求统一规定各地区把激发点和接收点都校正到同一海拔高度的基准面上，通常称之为地表一致性静校正。

在常规地震勘探中，炮点和检波点间的距离通常小于或等于反射面的深度，近地表中的射线路径几乎是垂直的。这时，静校正后的剩余误差多数是很小的。在这种假设下，来自同一炮的所有地震道都具有相同的炮点静校正量；同一检波点接收的不同炮点的地震道都具有相同的检波点静校正量，这是地表一致性静校正思想所做的假设。地表一致性静校正方法是建立在地震波在近地表中垂直传播的假设上的，但当地表高程沿测线的变化相对道间距来讲很大、炮检距比反射面深度大，以及地形面和基准面相差很大时，这种假设并不成立。

第二节　剩余静校正技术概述

近地表异常会引起地震波相位和振幅的畸变。风化层好像是一个滤波器，它的响应取决于地震波的传播路径，为了消除近地表异常的影响，需要估计这个滤波器的响应。实际上，估计这个滤波器的响应是很困难的，必须做一些合理的假设。

(1)时间一致性假设：静校正量不随反射时间变化，也就是将近地表的影响看作是一个静态的时间延迟。

(2)地表一致性假设：一般来讲，风化层的速度比地下岩层的速度低得多。由于折射波的存在，使得地震波在地表附近基本上沿垂直方向传播。因此，共炮点的所有道由炮点处的近地表异常引起的静校正量相同，共接收点的所有道由接收点处的近地表异常引起的静校正量也相同。这就是许多剩余静校正方法中使用的地表一致性模型（见图 3-1）。

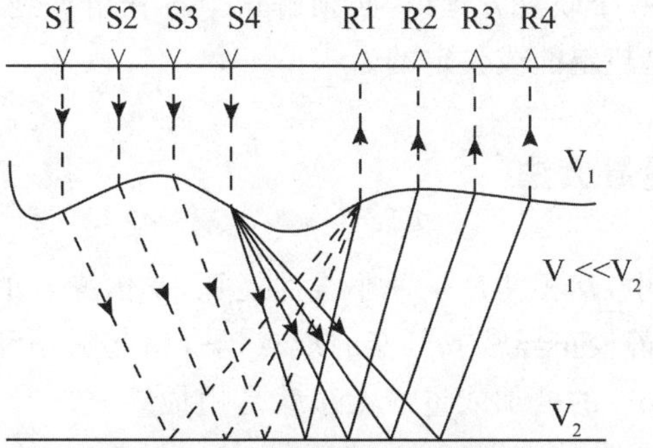

图 3-1　地表一致性模型

图注：由 S4 激发，在 R1、R2、R3、R4 记录的各道具有相同的炮点静校正量。由 S1、S2、S3、S4 激发，在 R1 记录的各道具有相同的检波点静校正量。

(3)地下一致性假设：在同一个 CMP 道集中，所有道呈现出相同的地下构造，而与炮检距无关。

如上所述，高程校正或野外静校正之后，绝不可能使地震资料中的静校正异常完全消除。这些“剩余”静校正异常是由于没有考虑到的低速层(风化层)的变化所致。无论求取近地表速度和厚度的确定性方法多么好，都不能完全去除这些异常。这主要有两个原因：

(1)模型是产生速度和厚度间折中的地质构造的一种简化，这导致静校正量不准；

(2)静校正本身就是对复杂问题的一种近似。

剩余静校正异常可以用统计相关方法来补偿，这种方法首先通过使把反射波正确对齐以提高叠加道的质量。多数剩余静校正方法都是地表一致性的，并基于以下观点：即每道的时间由炮点静校正量、检波点静校正量、正常时差和剩余正常时差等所组成。

以下是几种常见的剩余静校正方法。

3.2.1 线性旅行时反演

这种方法的第一步是做一个近似的 NMO 校正，这样每个道集上同相轴尚没有对齐可认为是由于炮点静校正量、检波点静校正量和剩余动校正量等造成的。第二步找出每个 CMP 道集内所有道的时移量，以使地震道最优叠加。时移量既可由记录道互相关计算，或是计算所有各道两两互相关并拾取一组一致性的时间延迟，或是每次移动一道直到加权相似性之和或互相关达到最大的方法计算。相关时窗的选取应使时窗：

(1)包含有效波同相轴占优势的时间段；

(2)长度要长到足够能包括一组一次波；

(3)要具有适当的深度。

按下式计算时移量：

$$T_{ijk}=R_i+S_j+G_k+M_kX_{ij}^2 \tag{3-1}$$

式中：R_i 是检波点静校正量；i 为检波点序号；S_j 是炮点静校正量；j 为炮点序号；G_k 是地下一致性构造项；X_{ij} 是炮检距；M_k 是第 k 个 CMP 道集的剩余正常时差项(剩余动校项)系数。上述表达式给出一个联立方程组，必须解这个方程组得到要使用的静校正量。实际上，这个方程组多半是超定的或欠定的。

3.2.2 叠加能量最大法

在线性旅行时反演中，互相关是一种非线性运算，常因噪音的存在和多解性而失败。多解性可能是由于组内静校正异常或可变的炮点耦合引起振幅和相位的畸变而产生的。J. Ronen 和 J. F. Claerbort 的叠加能量最大法就是用最终叠加能量最大而不是用互相关最大作为确定静态时移的最佳准则。

在动校正后的炮记录上，用所有的道依次构成一个超长道，再用该炮各道号对应的各 CMP 叠加道(除去属于该炮地震道的贡献)依次连接起来构成一个超长道，把二者相关(见图 3-2)，拾取最大相关值，对每炮都这样做，对检波点道集的做法也如此。

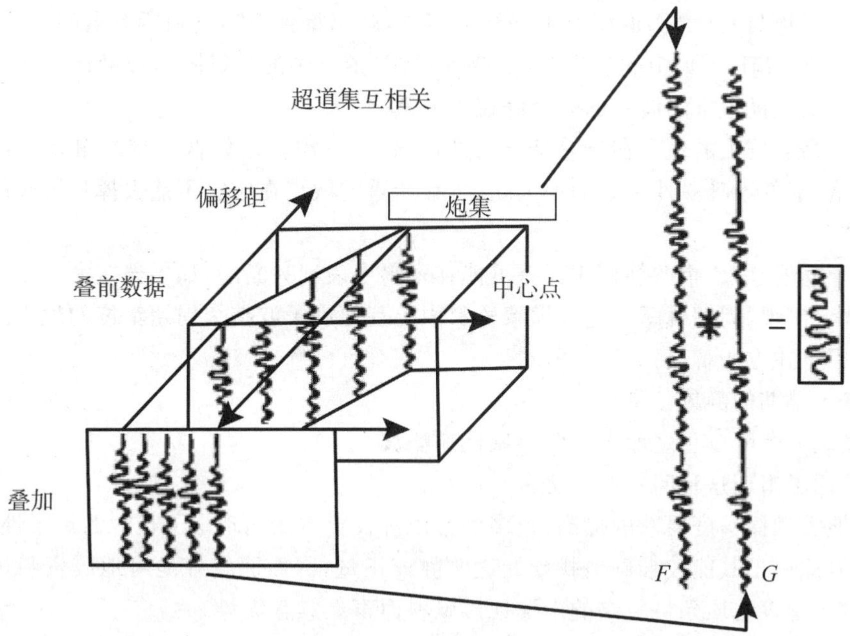

图 3-2　构建超长道示意图

图注：对某个炮点，将此炮点对应的所有道串联起来构成一个超长道；并将该炮的各道对应的 CMP 叠加道（除去属于该炮地震道的贡献）依次串联起来构成另一个超长道；将两个超长道相关拾取最大值。

3.2.3　非线性反演方法

在线性旅行时反演中，用观测旅行时偏差的线性反演来估计剩余静校正量。这种方法的关键在于精确地拾取延迟时，在拾取旅行时中出现的大误差称其为“周波跳跃”或“跳相位”，“周波跳跃”使得线性反演的极小化过程只是收敛到局部极小，而不是全局极小。D. H. Rothman 的文章证明，对有噪音资料的大静校正异常的估算问题最好按非线性反演来处理，这时“周波跳跃”表现为次极极小。

在 Rothman 1986 年提出的方法中，确定互相关后不是拾取这些函数的峰值，而是将其转化为概率分布函数，用 Monte Carlo 技术中的模拟退火法迭代地修改估计的静校正量，直到收敛到最佳叠加时为止。Ronen 和 Claerbour 在 1985 年把叠加能量最大用作判断解的质量的准则，并用叠代次数和叠加能量为坐标作图。当叠加能量最大时，解的质量最好。

3.2.4　地下一致性方法

如果剩余静校正异常的空间波长足够短，以至于完全是在一个道集内，就可以导出并应用地下一致性静校正。它不在炮点和检波点间分配时移，需要明智地使用。地下一致性静校正是一个 CMP 处理手段，通常用 5～7 道叠加对每个 CMP 构成一个模型道（参考道），用该模型道与 CMP 内的所有道进行互相关，就可得到模型道和所有道的时差，把这些时差应用到 CMP 道集中的各道上，就使得 CMP 道集中的反射同相轴最佳对齐。这种方法适用于消除极短空间波长的剩余静校正异常。

常规剩余静校正的优点在于它是自动进行的，并不需要诸如低速带测量提供的附加信息。但是，解的不唯一性是它的一大缺点，最严重的缺点在于它不能去掉长波长静校正异常。

另一个问题是，严重的静校正误差可能在资料中表现为断层，如果误差大于子波的半个周期，就会出现"周期跳跃"，这样导致资料中出现地震子波整个周期错位的地震道。这种现象可用下述方法解决：

（1）修正早期的静校正量；

（2）在做剩余静校正之前先对资料做低通滤波；

（3）采用不出现这种问题的方法。

随着地震勘探精度要求的提高，很多的常规静校正方法表现出了很大的局限性，而非线性反演方法由于其能较准确地找到最优的静校正量，因而能较好地对地震资料进行处理，尤其对于地表地质条件复杂的山地地震资料而言更具有优势。

第三节　基于模型的剩余静校正方法

在解决复杂的山地静校正问题时，只能先分解问题，然后因地制宜地选择求取方法予以消除。根据近几年的方法技术的发展，存在以下几种比较适宜的方法。

3.3.1　基于初至折射模型的同距波列静校正方法

同波列交互折射静校正是使用地震记录的初至折射波，通过交互初至拾取和迭代来求取静校正量。该方法的假设前提是：折射界面是稳定连续的。在表层结构复杂时，利用比较稳定的折射波是该方法的特点，以同距波列的稳定性对稳定的折射层的校正同时考虑到炮点检波点的一致性，映射到全测线是该方法的基本思想。

3.3.2　基于表层结构的地表一致性静校正方法

该方法是以解决表层结构为出发点的。在复杂山地的处理中，关键技术在于参考道的选取，可以先叠加出剖面，经过去随机噪音处理、适当的相干处理后，以辅助剖面输入作为初始模型道或参考道与原始道进行互相关。

3.3.3　基于反射模型的剩余静校正方法

当完成了野外静校正和初至折射静校正以后，剖面中仍然会存在剩余静校正量，在经过动校正后地震道的剩余时差可以表示为 5 个分量的和：

$$t_{ijk}=S_i+R_j+G_{kh}+M_{kh}X_{ij}^2+D_{ij}Y_{ij} \tag{3-2}$$

式中：S_i 和 R_j 分别表示第 i 炮和第 j 检波点的剩余静校正量；G_{kh} 为地下一致性构造项，$M_{kh}X_{ij^2}$ 为剩余正常时差项（RNMO 即剩余动校正项，M_{kh} 为剩余动校系数），$D_{ij}Y_{ij}$ 为第 k 个 CDP 道集的任意时移量。其中，前 2 个分量不随时间的变化而变化，只与地表结构有关，它们是要求的炮点和检波点的剩余静校正量；其他 3 个分量一般是随时间变化而变化的，尤其在复杂山地必须解决。

写成下面的矩阵方程形式：

$$\boldsymbol{A}\cdot\boldsymbol{m}=\tau \tag{3-3}$$

这是一个超定的欠约束的矩阵方程。$\boldsymbol{A}$ 是一个和观测系统有关的奇异矩阵，$\boldsymbol{m}$ 代表待求参数向量，τ 为各道的时间异常。通过高斯－塞德尔迭代法可求得方程(3-3)的最小二乘解。在高斯－塞德尔迭代解中，短波长分量迅速且能更精确地确定，长波长分量收敛很慢且具有很大的不确定性。

3.3.4　基于地表模拟的广义线性反演的静校正方法

面对具有表层地质露头的地段，折射界面不可连续追踪的情况下，选用有限的野外调查资料为基础，结合露头地质的倾角产状建立初始模型，利用广义线性反演法则可以面向更复杂的问题。

这种方法主要通过两大步骤来实现：①由给定的初始模型进行正演，用射线追踪方法得到该初始模型的初至波；②用计算的初至波和实际拾取的初至波进行比较，用广义线性反演的方法计算地表模型的修正量。经过几次迭代，最终得到比较精确的地表模型。

这种方法比较烦琐，且由于广义矩阵求逆存在非唯一性问题，特征值病态分布会严重影响计算精度。因此，有时也难以得到理想的结果。但它毕竟为解决复杂山地静校正问题提供了一种途径。下面简单介绍这种方法。

1976 年 Wiggins 等人曾明确指出剩余静校正量的估算问题可看作是一个线性反演问题。在众多的剩余静校正方法中，一般是将确定炮点和检波点的静校正量分为两个阶段：一是对每一地震道估算时间延迟；二是将这个时间延迟分解为静校正量、剩余正常时差项(RNMO)和构造项。正确地计算炮点和检波点的静校正量，取决于准确地计算道与道之间的时间延迟。虽然地表一致性的平均过程减少了独立计算时间延迟的误差，但只有当误差很小时，这种平均方法才有效。

道与道之间的相对时移可通过互相关函数来估算。两个地震道 $f(t)$ 和 $g(t)$ 之间的规格化的互相关函数定义为：

$$R(\tau)=\frac{\sum_{t} f(t) g(t+t)}{\left[\sum_{t} f^{2}(t) \cdot \sum_{t} g^{2}(t)\right]^{\frac{1}{2}}} \tag{3-4}$$

在常规的剩余静校正方法中，$g(t)$是动校正后未叠加的道，$f(t)$是人为构成的“参考道”。形成参考道的方法很多，其中最容易的方法是在 $g(t)$所在的 CMP 道集内叠加除 $g(t)$以外的所有道。这种形成方法的特点是抗噪音的能力强。假定 $g(t)$和 $f(t)$之间的差别只是相对时移和不相干的噪音，那么$R(\tau)$为极大值时 τ 的值就当作真正时间延迟的最佳估计。

一般而言，当地震资料的静校正量比较大或信噪比低时，参考道 $f(t)$往往选不准，互相关函数出现多个峰值。由于最大互相关值所对应的时间延迟未必就是最佳的时间延迟，因此拾取的时间延迟会有较大的误差(通常称之为“周波跳跃”)。在剩余静校正分析中一般存在两个不易解决的问题，一是如何克服周波跳跃，二是长波长静校正问题。当地震资料的静校正量小、信噪比高时，广义的线性反演方法可基本克服周波跳跃，成功地估算炮点和检波点的静校正量。但是当静校正量比较大或信噪比低时，由于受周波跳跃的影响，广义线性反演方法存在较大的误差。

第四节　静校正应用效果实例

图 3-3(a)中所取的道集是经过 NMO 校正的。与其他一些 CMP 道集相比，在第 188 个 CMP 点附近的 CMP 道集的旅行时间受到的畸变更严重。经过剩余静校正，旅行时间有偏差的 CMP 道集的反射排列得好多了，如 3-3(b)所示，而那些不需要这种校正的道保持不变。

由于反射同相轴偏离双曲线形态，导致在其对应的速度谱上能量团发散，如图 3-4(a)所示。而经过静校正后，速度谱上能量团聚集性变好，如图 3-4(b)所示。

这样的剩余静校正时差所导致出的错误的叠加剖面就可能沿这个反射层形成暗点以及假构造，如图 3-5(a)所示，尤其是中心点 101 到 245 这一段。由对近地表剧烈变化影响作了校正以后的数据求得的地下界面图像要正确得多。经过剩余静校正，叠加剖面如图 3-5(b)所示，反射连续性，都有了改进，并明显消除了假构造(参见 CMP101 到 CMP245 之间的中心点剖面)。

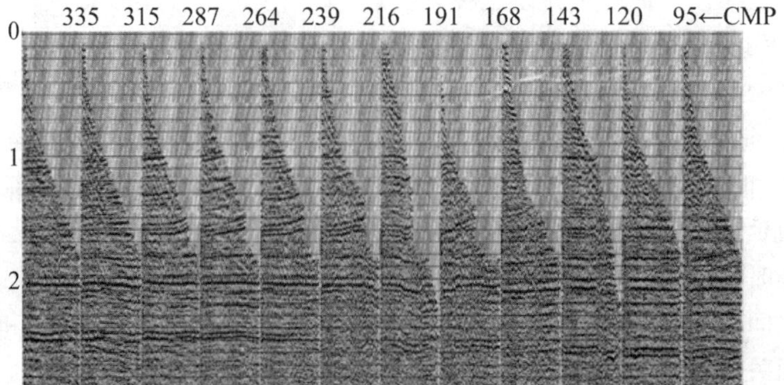

(a)剩余静校正前

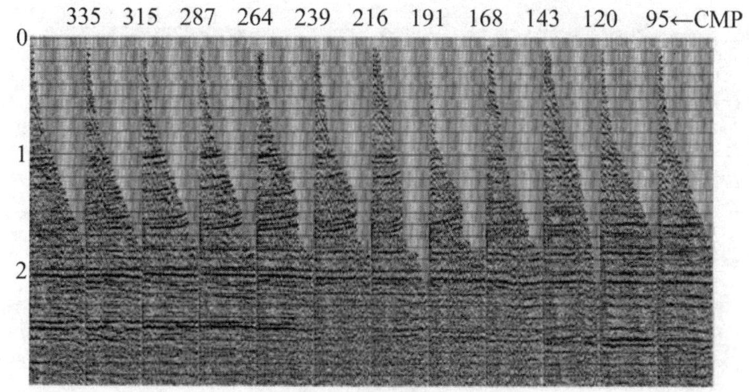

(b)剩余静校正后

图 3-3　陆地测线的 NMO 校正后的 CMP 道集

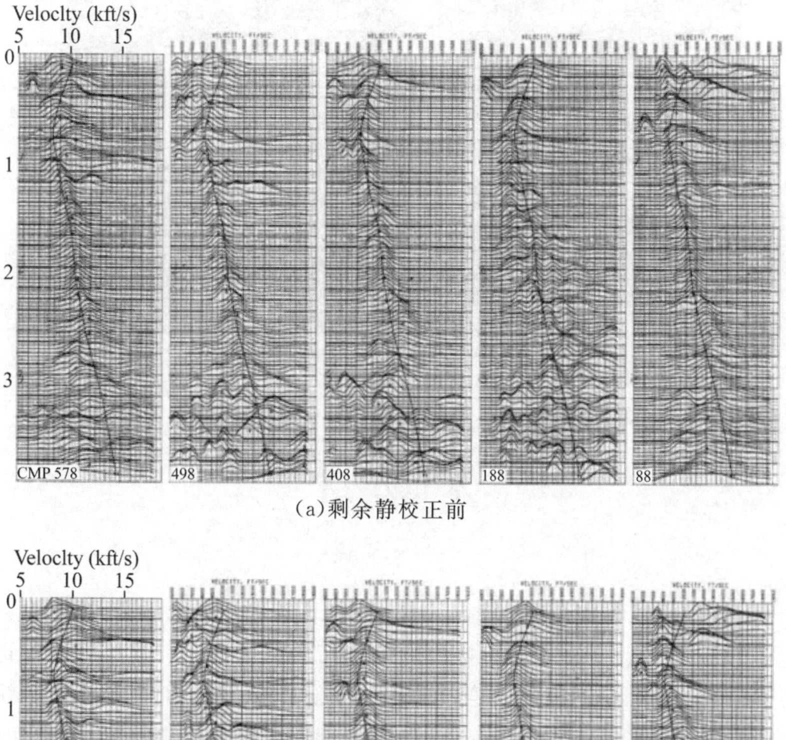

(a)剩余静校正前

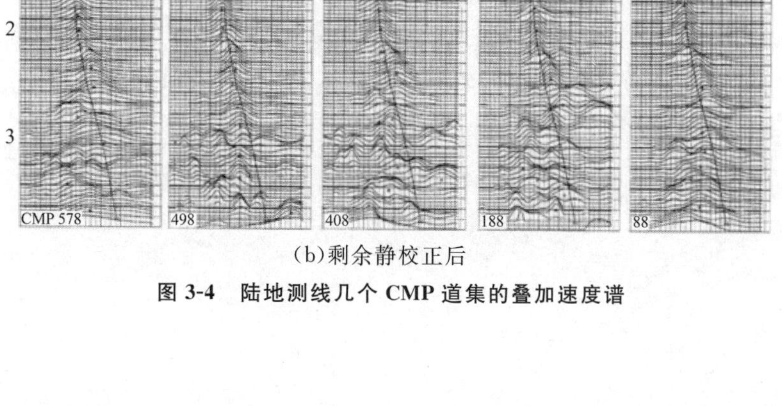

(b)剩余静校正后

图 3-4　陆地测线几个 CMP 道集的叠加速度谱

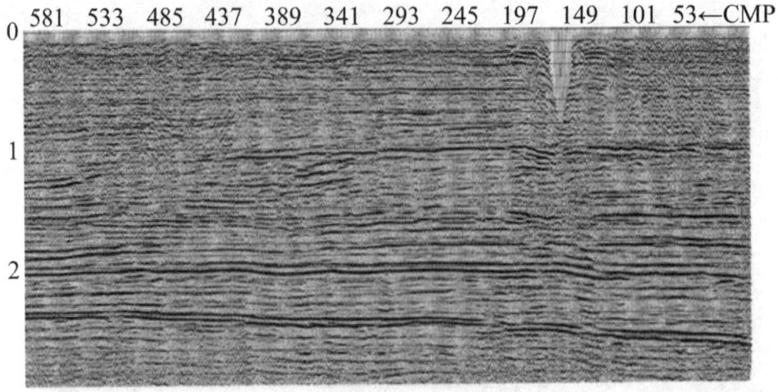

(a)剩余静校正前

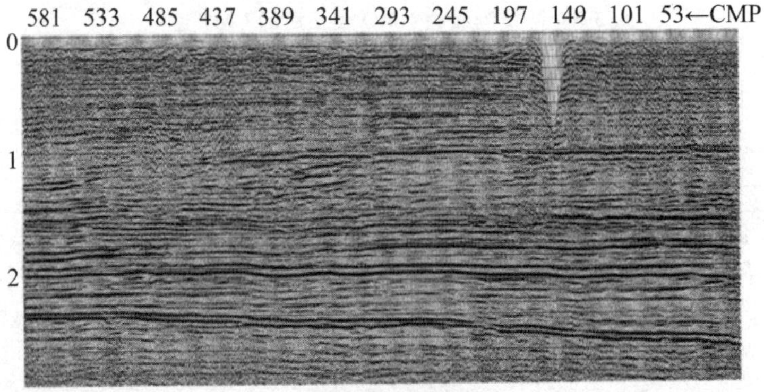

(b)剩余静校正后

图 3-5 陆地测线的叠加剖面

本章小结

(1)静校正技术在地震资料处理中是一个非常重要和关键的环节,也是山区地震资料处理的难题。静校正做得精确与否直接影响着剖面质量的好坏和成果解释的可靠性。

(2)短波长分量的静校正问题主要影响叠加成像质量,需要通过基于自动统计或反射波的静校正方法解决;长波长分量的静校正问题主要影响地下构造成像的真实性,需要通过基于覆盖范围更广的折射波的静校正方法解决。

(3)精确的静校正方法需要首先进行近地表速度建模以得到准确的近地表速度模型,然后基于速度模型将复杂地表记录的波场延拓到预先定义的水平基准面上。

第四章

叠后偏移

相比于水平反射层，在倾斜反射层情况下，炮点检波点之间的射线路径会有很大不同。要对倾斜层进行正确成像，就需要做偏移处理。本章讨论零偏移距地震偏移成像。尽管野外采集中在零偏移距附近会记录到一些地震记录，但真正的零偏移地震数据不会被记录到。在零偏移距偏移的基础上，还可以进一步向有限偏移距偏移拓展。

第一节　偏移的意义

"偏移"这个词本身具有改变位置的含义。对偏移后和偏移前的剖面对比表明，偏移处理会导致许多反射同相轴偏离它们的原始位置。这些偏离就是偏移的实施效果，而在叠加剖面里的反射同相轴通常不能反映反射层在地下介质中的真实位置。偏移的目的就是使得反射波归位到其真实的位置并使绕射波收敛。

4.1.1　倾斜反射层的情况

考虑图 4-1 所示的零偏移距地震观测的情形。只使用一个炮检对，检波点始终与炮点相同。在图中用 S_1，S_2 和 S_3 表示每个激发接收位置，震源激发地震波波并且检波器记录回声作为地震道。当该道记录完后，炮检对移动一小段距离再重复实验。

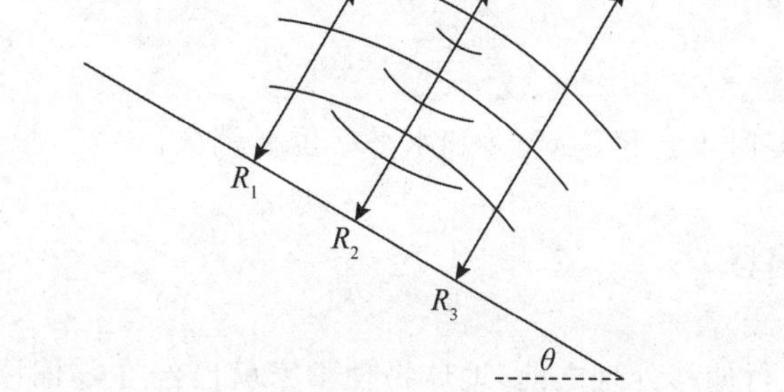

图 4-1　自激自收的地震观测方式

图注：地下有一倾斜反射层，并假定地下介质为常速。

如图 4-1 所示，S_2 处的震源发出一个球形扩散的声波，经过反射层反射后返回到 S_2 处的检波器。在 S_i 和 R_i 之间的射线路径与反射层垂直，因此称为法向射线。这些射线说明了零偏移距剖面不能反映真实的地下情况。例如，S_2 处记录的地震道受反射点 R_2 附近的反射率影响，该点正是从 S_2 出发的法向射线到达反射层的位置。在对应于图 4-1 的零偏移距剖面里，R_2 处的反射率将被错误地显示在 S_2 的正下方，这与实际不符。这种横向错位是成像假象的一个反映。另一个假象是垂向上的成像误差。如果转换到深度域，在零偏移距剖面上 R_2 会显示在比它真实位置更深的地方，这是因为法线的倾斜路径比从地面到 R_2 的竖直距离长。

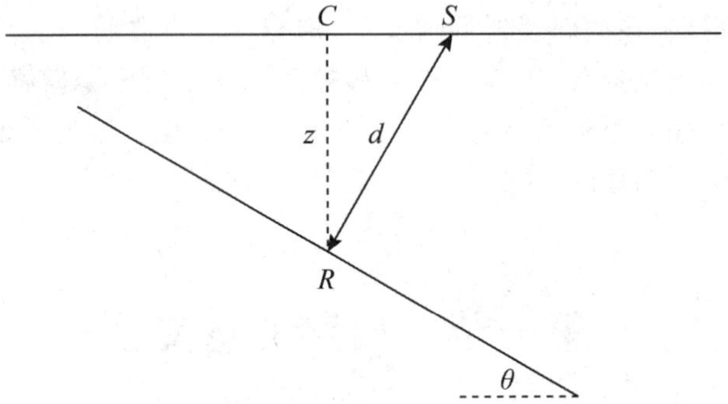

图 4-2　倾斜反射层情况下的法向射线

图注：其中法向射线路径长度为 d，垂向深度为 z。

这张几何图简单说明了零偏移距剖面里横向和垂向上的成像位置误差，这将通过偏移进行纠正。图 4-2 展示了在 S 处激发接收，对应于 R 处反射率的情况。双程旅行时与法线的长度 d 有关，其中 v 是恒定的传播速度。

$$t = \frac{2d}{v} \tag{4-1}$$

三角形 CRS 的几何形状表明了 R 处反射层的真实深度由下式给出

$$z = d\cos\theta \tag{4-2}$$

真实位置 C 与位置 S 之间的横向偏离表示为：

$$\Delta x = d\sin\theta = \frac{vt}{2}\sin\theta \tag{4-3}$$

相应地，双程垂向旅行时 τ 可以表示为：

$$\tau = \frac{2z}{v} = t\cos\theta \tag{4-4}$$

可见，当倾角为零时垂直移位 $t-\tau$ 和水平移位 x 消失。

4.1.2　手工偏移

在使用计算机进行偏移处理之前，地球物理学家就已经在零偏移距剖面上采用一系列手工的方法进行偏移处理。尽管这些方法不再使用，但了解手工偏移具体如何操作及其基本原理还是很有益的。

公式(4-3)和(4-4)中涉及三个量：t,v 和 θ。其中,旅行时 t 很容易在零偏移距剖面上测量出来。通常,速度 v 在零偏移距剖面上是不可测的,需要从有限偏移距地震数据中估算出来。剩下的倾角 θ 与反射同相轴的斜率有关,可以在零偏移距剖面上测量：

$$p_0 = \frac{\partial t}{\partial y} \tag{4-5}$$

其中 y(中心点坐标)是炮检对的位置。斜率 p_0 有时候被称为"同相轴的时间倾角"或者笼统地称为"同相轴的倾角"。可测量的时间倾角 p_0 和倾角之 θ 的关系如下

$$\sin\theta = \frac{vp_0}{2} \tag{4-6}$$

其中的因子 2 用以消除零偏移距剖面上的双程旅行时的影响。

借助可测量的标量 t 和 p ,改写公式(4-3)和(4-4)得到手工偏移的公式：

$$\Delta x = \frac{v^2 p_0}{4} \tag{4-7}$$

$$\tau = \mathrm{t}\sqrt{1 - \frac{v^2 p^2}{4}} \tag{4-8}$$

在手工偏移中,将每个识别出的反射同相轴划分为一组短线段,对每个线段测量其倾角 p。通常 p 是沿着同相轴变化的,因此需要采用这样的方式测量。基于以上公式,把每一个线段从偏移前的位置 (y,t) 映射到偏移后的位置 (y,τ)。所有线段处理完后,就实现了手工偏移。

公式(4-7)和(4-8)对于了解零偏移距偏移的原理是有用的。但直接使用这些方程进行实际的地震偏移会很烦琐,误差也很大,这是由于时间倾角 p 作为 y 和 t 的函数,需要作为单独的输入数据提供。另外,在零偏移距剖面上常存在相交同相轴的情况。每当来自两个不同反射层的反射能量同时到达检波器时,时间倾角 p 就成为 (y,t) 坐标的多值函数。而且,记录的波场值变为两个不同反射振幅的叠加结果。理论上,叠加振幅的一部分需要在一个方向做偏移,另一部分振幅需要在另一个方向上做偏移,但这在实际中很难操作。

由于上述原因,地震产业普遍放弃了手工偏移技术,转而采用更自动的方法。这些方法仅仅需要以下输入:零偏移距剖面和速度 v ,而不需要单独估计倾角场 $p(y,t)$。自动偏移程序能够自动对同相轴甚至是相交的同相轴进行处理。这样的方法包括波动方程偏移技术等。

4.1.3　爆炸反射面概念模型

图 4-3 显示了两种波传播的情形。第一个是实际的野外勘探,第二个是假想实验,模拟了地下反射面突然爆炸的情况。波从假想的爆炸反射面传播到地球表面,被一组假想的地震检波器记录。

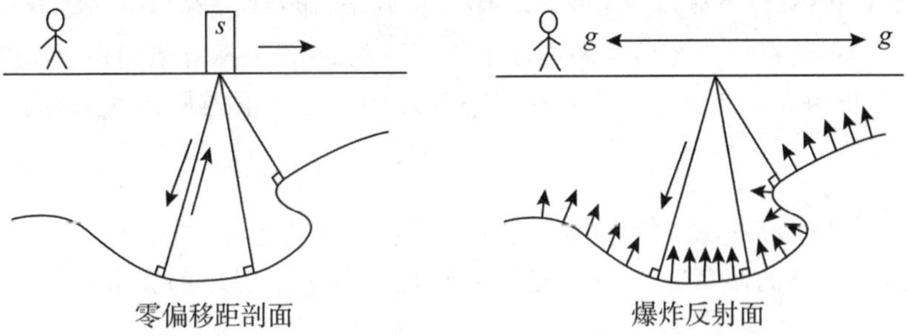

(a) 野外采集示意图　　(b)"爆炸反射面"概念模型

图 4-3　实际的野外采集示意图和假想的"爆炸反射面"概念模型

注意在图中，实际勘探情况下的射线路径和爆炸反射面情况下的射线路径似乎是一样。这是一个重要的假设，就是近似认为实际记录到的和基于爆炸反射面模型模拟的两个波场是相同的。但是，两种情况之间一个明显的区别是：在野外采集时，波需要首先向下传播，然后沿着相同的路径向上返回；在假设的实验中它们只是向上传播。因此，在对野外采集的数据（双程时间）进行分析处理时，假定声波传播速度是其真实值的一半。

爆炸反射面的概念是对野外实验的一个很好的近似，利用它可以对实际野外数据进行简单化处理。但是，即使在零偏移距处，爆炸反射面的概念也不是严格准确的。注意三个明显的缺陷：首先，图 4-4 显示了有些射线无法用爆炸反射面模拟。而这些射线在零偏移距剖面中是实际存在的。这种情况下需要考虑横向速度变化。

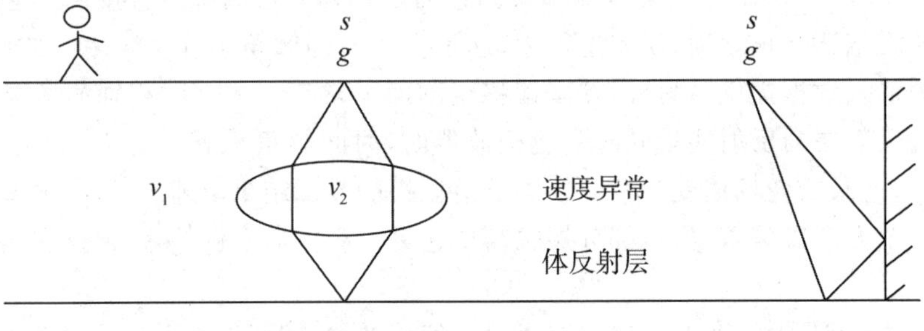

图 4-4　爆炸反射面模型的局限

图注：该图显示了利用爆炸反射面模型得到零偏移距剖面时，无法模拟的两条射线。

其次，爆炸反射面的概念在多次反射的情况下会失效。对于平坦的海底、双程旅行时为 t_1 的情况，在 $2t_1$、$3t_1$、$4t_1$ 等处可预测到多次反射。在爆炸反射面的几何图中，第一个多次波从反射层传播到表面，然后从表面到反射层，然后又从反射层到表面，总时间为 $3t_1$。后续的多次波出现在 $5t_1$、$7t_1$ 等的时间。可见，零偏移距剖面上的多次波无法用爆炸反射面模型模拟。

爆炸反射面模型的第三个缺陷是波在界面两侧都发生反射的情况。基于爆炸反射面模型预测的来自界面两侧的波极性相同。但实际上，来自对面的反射波应该具有相反的极性。

第二节　克希霍夫叠后偏移

考虑爆炸反射面上一点 (z_0, x_0) 。在时间 t 时刻，圆形波前的位置是 $v^2t^2 = (x - x_0)^2 + (z - z_0)^2$ 。在表面 $z = 0$，有双曲线方程描述在 (t, x) 平面中脉冲到达地面时的时间和位置。可以通过将爆炸震源振幅复制到 (t, x) 数据平面中的双曲线位置处，来制作合成数据平面（考虑时间延迟和波前球面扩散引起的振幅衰减）。正演模拟的过程就是取出 (z, x) 平面中的每一个点，将其添加到 (t, x) 数据平面中相应的双曲线位置。最后，所有这些双曲线会产生叠加效应。

假设有如下情形：在地面做大量的观测，但仅仅在 x_0 位置处 t_0 时刻能记录到的一个回波，其他位置其他时刻均无回波产生。相应的，数据平面中除了 (t_0, x_0) 处有一个非零值外，其他全为 0。什么样的地下模型会产生这样的数据呢？

地下模型如果含有一个最低点在 (z_0, x_0) 处的半球镜面，就会只在数据空间中的一个点上有响应。只有当震源位于圆心时，全部反射波才会返回震源位置。对于任何其他的震源位置，反射波都不会返回到震源位置。这种情况如图 4-5 所示。

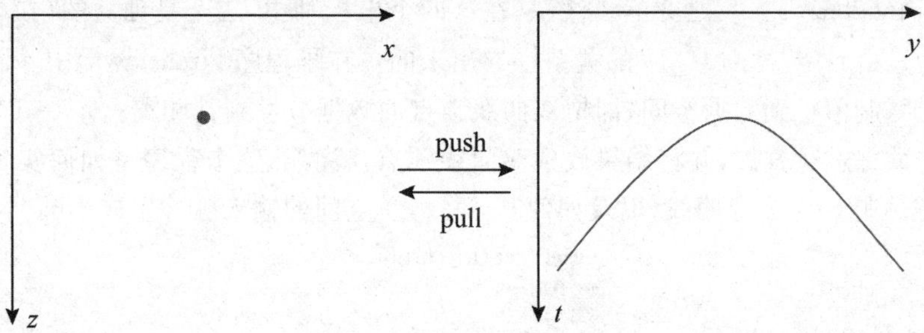

(a) 从模型到数据的情况

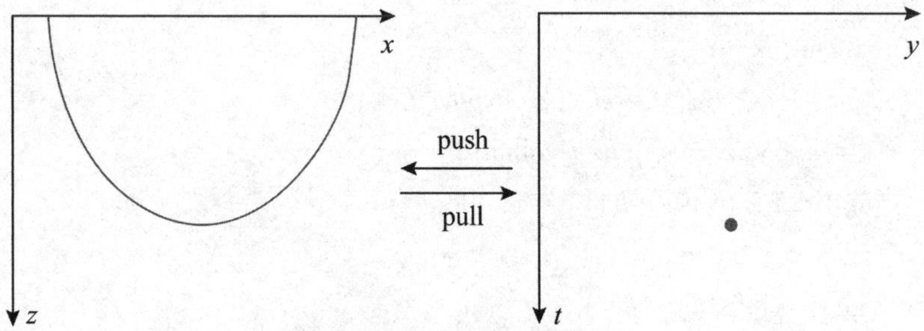

(b) 从数据到模型的情况

图 4-5　从模型到数据和从数据到模型的单点响应

上面的例子解释了模型空间中某个点的脉冲如何转换为数据空间中的双曲线。类似地，在数据空间中的脉冲可以转换为模型空间中的半圆。无论是模型空间还是数据空间，一条线段都可以看成是沿线所有独立单点的组合。图 4-6 显示了构成一反射层段的所有点的绕射如何叠加变成反射同相轴，以及构成反射同相轴的所有点如何偏移到一段反射层上。

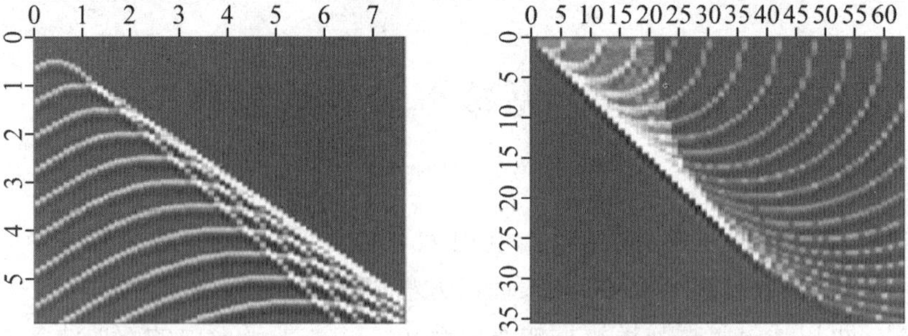

(a) 许多双曲线的叠加　　(b) 许多半圆的叠加

图 4-6　时间域的双曲叠加和空间域的半圆叠加

图注：每个双曲线的顶点都沿着一条直线分布。这条直线相当于一反射层。所有绕射波的叠加生成了明显的反射。每个半圆的最低点都沿着一条直线分布，相当于一段观测到的平面波。这个平面波由许多点组成，每个点都来自半圆形的地下界面。

4.2.1　简易的克希霍夫偏移程序

下面的子程序 kirchslow()是示例性的 Kirchhoff 偏移—正演程序。该程序的特点是当不存在复杂的边界效应时，它的计算效果很好。该程序从数据空间 data(it,iy)中复制信息到模型空间 modl(iz,ix)，反之亦然。注意，在这四个坐标轴中，三个是独立的(在 loops 中使用)，第四个是由 $t^2 = \tau^2 + x^2/v^2$ 的关系推导出来的。在子程序 kirchslow()中 adj=0 时，从模型空间中复制信息到数据空间，即把双曲线顶点的数据分发到其侧翼；adj = 1 时，对沿双曲线侧翼的数据进行叠加，并将结果放到双曲线顶点。注意，这个程序是如何实现基于 (x, z) 空间的输入脉冲生成双曲线，以及如何基于 (x,t) 空间的输入脉冲生成半圆。

user/gee/kirchslow.c

```
for (ix=0; ix < nx; ix++) {
  for (iy=0; iy < nx; iy++) {
  for (iz=0; iz < nt; iz++) {
          z = t0+dt*iz; /* travel-time depth */
          t = hypotf(z,(ix-iy)*dx / velhalf);
          it = 0.5 + (t-t0) / dt;
          id = it + iy*nt;
          im = iz + ix*nt;

          if( it < nt ) {
          if( adj) modl[im] += data[id];
          else      data[id] += modl[im];
          }
       }
   }
      }
```

子程序 kirchslow()中的三个循环可以随意互换而不会影响结果。为了强调这一灵活性,程序中三个循环设置为相同的缩进程度。将外部两个循环的变量固定为某一具体值,可以看到内循环的执行效果。例如,外部的两个循环代表模型空间 model(iz,ix)的两个维度,设 adj=1,程序将沿双曲线进行数据叠加,并将结果放到模型空间的特定点上。另外,当循环变量被重新排序时,可能会提高程序执行效率。

4.2.2　快速的克希霍夫偏移程序

子程序 kirchfast()通过简单改进,就可以很容易地获得 30 倍以上的加速。改进的方式并不是在细微的方面做优化,而是通过算法分析获得程序显著的加速。可以看到,kirchfast()的低效率情况大都出现在当 $x_{max} \gg vt_{max}$ 时,因为那时计算的 t 的多个值都超过 t_{max} 。为避免这种情况,注意到对于固定偏移距 $(ix - iy)$ 和可变深度 iz ,随着深度的增加,时间 t 最终超出网格边界。在其余更大的 iz 值处,这种情况会继续发生。因此,当时间 t 超出网格边界时,就跳出 iz 循环以避免后续无意义的计算,如子程序 kirchfast()中所示(其他的一些措施如限制孔径或倾角等也可以实现加速,但会影响结果质量,因此这里没有采用)。另一个显著的加速策略是反复利用已计算过的平方根。由于平方根仅取决于偏移距和深度,因此计算一次就可以重复用于所有的 ix 循环。kirchfast()也可以被许多编译器做进一步的优化。

user/gee/kirchfast.c

```
for (ib= -nx; ib <= nx; ib++) { /* offset */
for (iz=1; iz < nt; iz++) { /* travel-time depth */
    z = t0 + dt * iz;
    t = hypotf(z,ib*dx/vrms[iz]);
    it = 0.5 + (t - t0) / dt;
   if( it > nt ) break;

        amp = (z / t)  *  sqrtf( nt*dt / t );
   for (ix=SF_MAX(0,-ib); ix<SF_MIN(nx,nx-ib); ix++) {
            id = it + (ix+ib)*nt;
            im = iz + ix*nt;

            if( adj) modl[im] += data[id]*amp;
            else      data[id] += modl[im]*amp;
      }
   }
     }
```

两个 Kirchhoff 程序可以产生相同的输出。另外，在快速 Kirchhoff 程序中添加了比例因子 $z/t = \cos\theta$ 和 $1/\sqrt{t}$ 用于振幅处理。快速 Kirchhoff 程序还允许速度随深度变化。如果当速度在横向上也变化时，情况会变得更加复杂。

如图 4-7 所示的模型包括倾斜层、向斜、背斜、断层、不整合、奇异点等。零偏移距合成数据中，在奇异点处观察到有“蝴蝶结”现象。还可以看到在右边界处有一些微弱的边界假象。如果将模型向两边扩展，增加一些空道，就可以减少或消除这些边界假象。

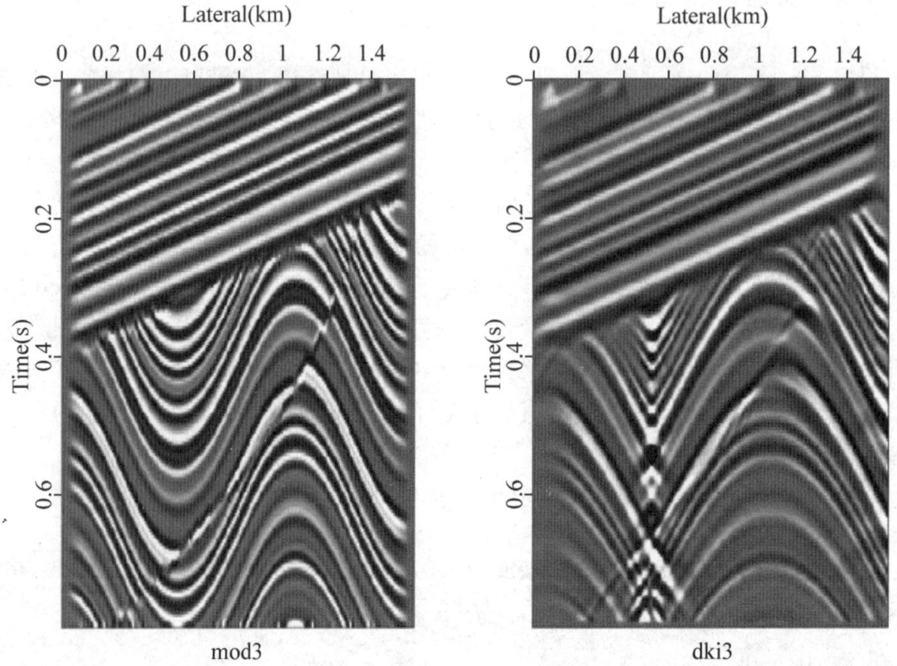

(a) 模型　　(b) 包含绕射波的零偏移距合成数据

图 4-7　模型及零偏移距合成数据

4.2.3　克希霍夫偏移假象和空间假频

利用程序 kirchfast()也可以实现逆运算，即通过偏移成像重建地球介质模型，结果如图 4-8 所示。偏移剖面与起始速度模型基本一致，但在某些方面尚有欠缺。靠近成像剖面的底部和右侧，重建效果较差，尤其在陡倾角的地方。底部没有得到很好的重建是因为在正演模拟运算时，超过最大时间的波场没有计算并记录下来。因此偏移逆运算过程缺失重建深部倾斜反射层所需的波场信息。同样，在模型两侧也没有追踪计算超出边界的射线。

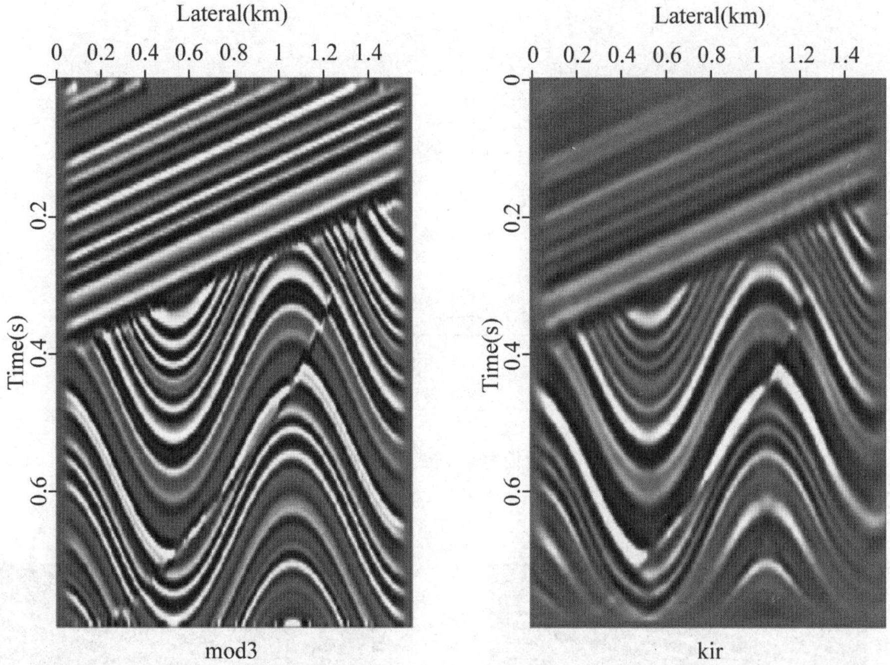

（a）原始模型　　　　（b）重建后的模型

图 4-8　原始模型和重建后的模型

接下来是频谱问题。相比于原始模型，图 4-8 中的重建模型稍显模糊一些。这说明重建模型的频谱丢失了高频信息，大概是以 $1/|\omega|$ 的比例。从数学上讲，沿双曲线轨迹求和相当于积分，而积分会加强低频信息。图 4-9 显示了在 x 方向所有频谱的平均值。首先，注意高频部分较弱，这是因为原始模型中几乎没有高频分量。其次，采用的插值方式产生了许多高频能量。最后，注意将重建模型的频谱乘以频率 f，可以保持与起始模型频带主要部分的一致性。这说明应该对重建的模型应用 $|\omega|$ 滤波，或对正演和重建模型都应用 $\sqrt{1-\omega}$ 算子。这一点已经在子程序 halfint()中实现。

这些 Kirchhoff 代码都没有解决空间假频的问题。空间假频是一个有关数值分析的问题。这里使用的 Kirchhoff 代码并不能达到满意的效果，除非采用更精细的空间网格尺寸以避免假频的出现。图 4-10 显示了采用不同尺寸网格的结果对比。x 方向网格点数分别为 50 和 100（之前的图片在 x 方向网格点数为 200）。

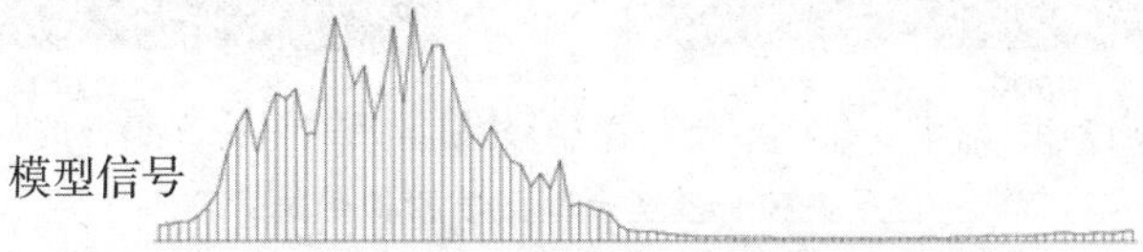

（a）起始信号的频谱

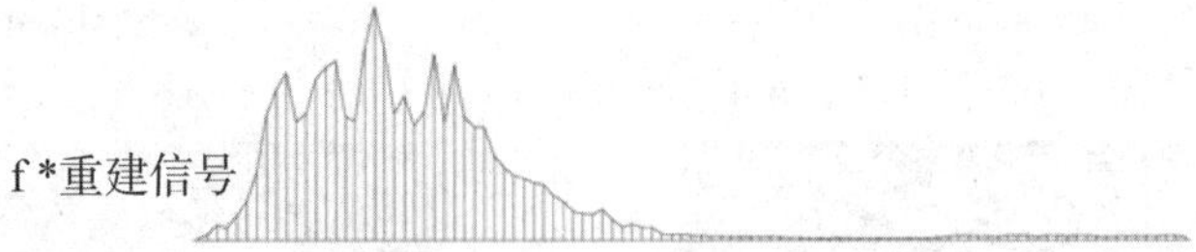

（b）重建信号的频谱与频率 f 的乘积结果

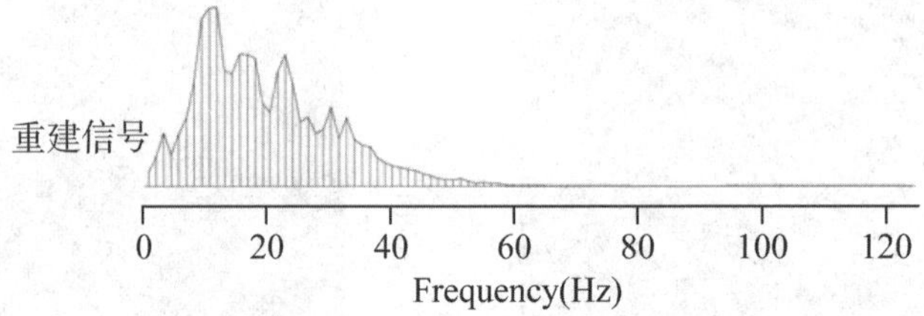

（c）重建信号的频谱

图 4-9　原始信号和重建信号的频谱对比

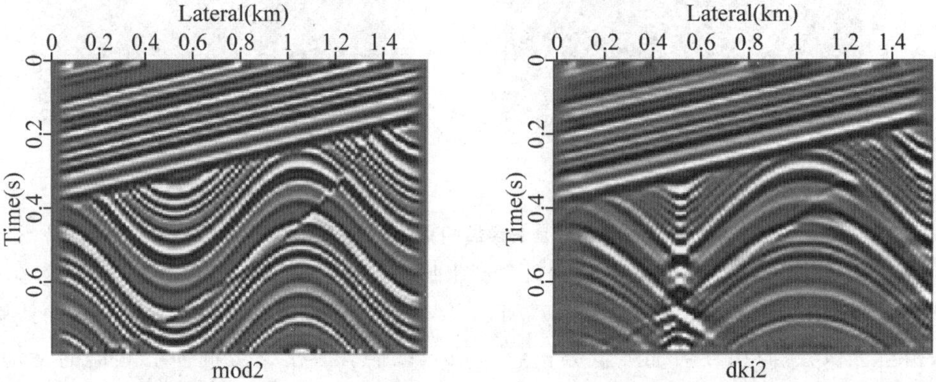

（a）稀疏采样（沿 x 轴 50 个采样点）的模型及其零偏移距合成数据

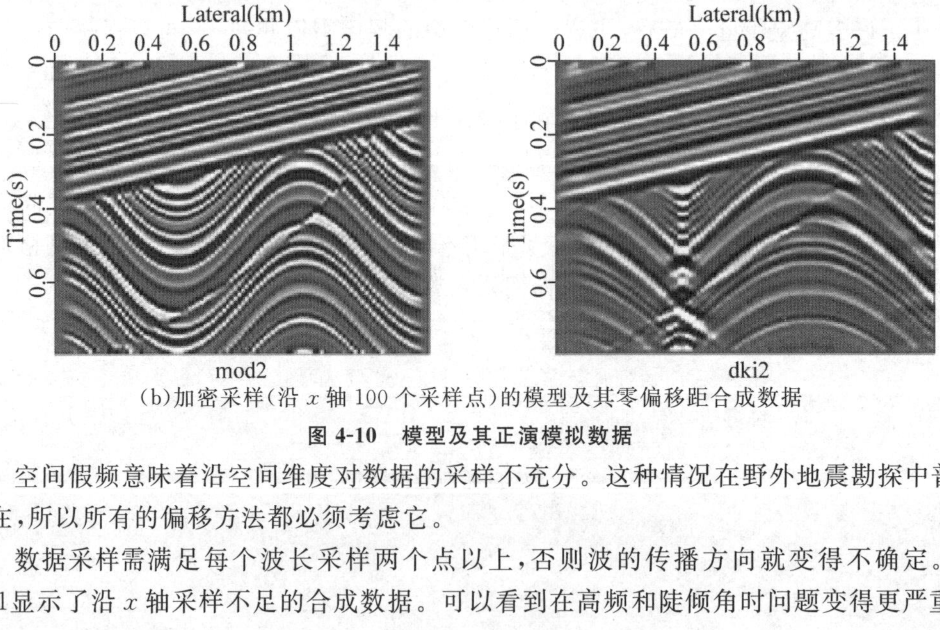

（b）加密采样（沿 x 轴 100 个采样点）的模型及其零偏移距合成数据

图 4-10　模型及其正演模拟数据

空间假频意味着沿空间维度对数据的采样不充分。这种情况在野外地震勘探中普遍存在，所以所有的偏移方法都必须考虑它。

数据采样需满足每个波长采样两个点以上，否则波的传播方向就变得不确定。图 4-11显示了沿 x 轴采样不足的合成数据。可以看到在高频和陡倾角时问题变得更严重。

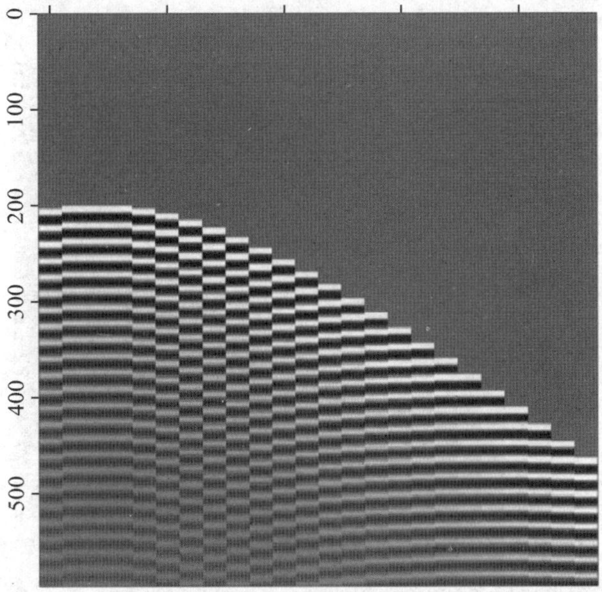

图 4-11　空间欠采样的合成数据

4.2.4　克希霍夫偏移的实例

图 4-12 是一个野外数据偏移的实例。该图是沿时间轴做振幅增益后的偏移结果。如果在偏移前以自动增益或利用 t^2 的方式做数据增益，结果会很差。这是因为增益后，双曲线的侧翼振幅过强，发生失真。正确的方法是首先对数据利用 $\sqrt{t}$ 做增益，将它从三维波场转换为二维波场。然后使用 kirchfast()二维偏移程序进行偏移处理，最后考虑到深部反射通常较弱，对结果进行增益并显示。图 4-13 是对做过 DMO 的墨西哥湾叠后数据做 Kirchhoff 偏移的结果。

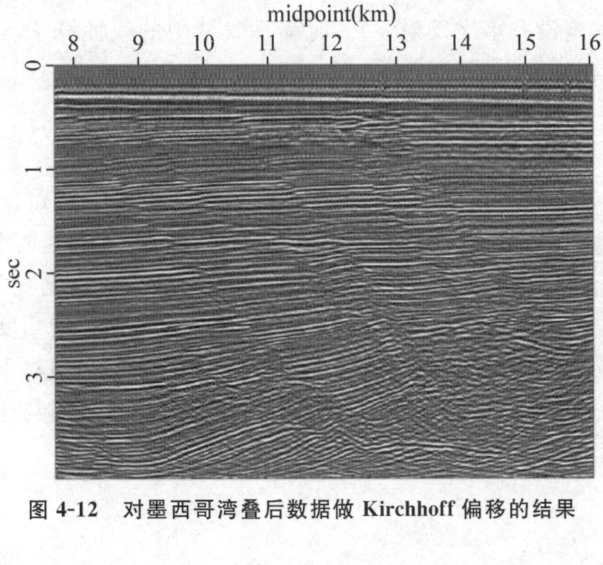

图 4-12　对墨西哥湾叠后数据做 Kirchhoff 偏移的结果

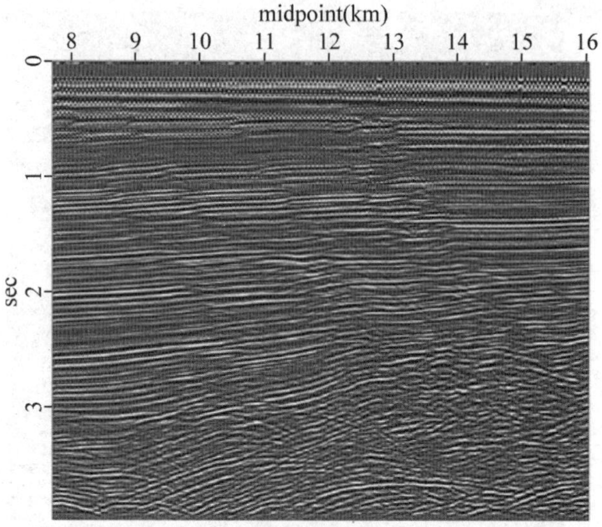

图 4-13　对做过 DMO 的墨西哥湾叠后数据做 Kirchhoff 偏移的结果

图注：注意，断面反射波偏移到了断面上。

第三节　相移法叠后偏移

基于沿地表观测到的波场，采用这里介绍的一些常用的数学方法对其进行深度方向上的延拓（向下延拓）。偏移的过程主要就是做波场延拓。

4.3.1　波场向下延拓的算法

给定在地表垂直出射的平面波，比如 $u(t,x,z=0)=u(t)const(x)$，并假设地球介质的速度是垂直分层的，即 $v=v(z)$，可以认为地球介质中的上行波与地表观测的波相比只是做了时移（假定没有多次反射波）。时移是时域中的线性算子，可将其表示为它与脉冲函数的褶积。在频域中，等同于乘以一复指数。表示如下：

$$u(t,z)=u(t,z=0)*\delta(t+z/v) \tag{4-9}$$

$$U(\omega,z)=U(\omega,z=0)e^{-i\omega z/v} \tag{4-10}$$

接下来考虑以某个倾斜角度 θ 传播的平面波。如果沿着射线路径的方向外推波场，过程会很容易理解。在这里，对波场沿着垂直向下的方向外推。这需要假设平面波没有横向变化，即在所有不同的 x 处观测到的波形都是相同的。假设垂直井筒中有两个检波器。它们记录到几乎相同的信号，唯一的时移差别取决于波的传播角度。注意，对于垂向传播的波，两个不同深度的检波器记录的波至时间差是最大的。而对于水平传播的波，两个波至的时间差降至零。所以时移 Δt 是 $v^{-1}\cos\theta\Delta z$，其中 θ 是波前与地表的夹角（或井筒与射线的夹角）。于是，向下延拓波场的公式为

$$U(\omega,\theta,z+\Delta z)=U(\omega,\theta,z)\exp(-i\omega\Delta t) \tag{4-11}$$

$$U(\omega,\theta,z+\Delta z)=U(\omega,\theta,z)\exp\left(-i\omega\frac{\Delta z\cos\theta}{v}\right) \tag{4-12}$$

公式(4-12)是适用于任意角度的向下延拓公式。可以将方法推广到速度是深度函数的地球介质中。对每个厚度为 z 的地层,都可以应用公式(4-12),并允许速度随 Δz 变化。这只是一个近似,用于正确地处理时移而保持振幅不变(因为 $|e^{i\varphi}|=1$)。但事实上,因为反射和透射系数的存在振幅会发生变化。在实际地震成像中。这种近似处理也能得到令人满意的应用效果。

在分层地球介质中,习惯上不采用随深度变化的角度 θ,而是将其更改为 Snell 参数 p。该参数在所有深度处都是常数。对于任意 Snell 参数 p 的向下延拓公式为

$$U(\omega,p,z+\Delta z)=U(\omega,p,z)\exp\left(-\frac{i\omega\Delta z}{v(z)}\sqrt{1-p^2v(z)^2}\right) \tag{4-13}$$

很自然会提出这样的疑问:在实际中,是否存在这样的 Snell 波,可以利用向下延拓公式(4-13)进行处理。实际情况中的任何波都可以看作是许多沿各个角度传播的波的总和。因此,首先将野外数据体分解为所有 p 值的 Snell 波,然后使用公式(4-13)对每一个 p 值的波向下延拓,最后把所有 p 值分量的波叠加起来。这个过程类似于傅立叶分析。接下来借助傅立叶分析做向下延拓,方法类似。只是之前将数据分解为 Snell 波,现在变为将数据分解为沿 x 轴的正弦波。

傅立叶分析的主要思想之一就是一个脉冲函数(delta 函数)可以通过许多正弦曲线(或复指数)的叠加来构建。研究时间序列时,它可以用于构建滤波器的脉冲响应。在空间域中,它可以用于构建一个点震源,生成下行波用于反射地震实验。同样,观测到的上行波也可以沿 t 轴和 x 轴进行傅立叶变换。

给出的一个具有任意波形的平面波。将某函数作为函数 $\exp[-i\omega(t-t_0)]$ 的实部,如下:

$$\text{moving cosine wave}=\cos\left[\omega\left(\frac{x}{v}\sin\theta+\frac{z}{v}\cos\theta-t\right)\right] \tag{4-14}$$

在时间函数上使用傅里叶积分,会遇到傅立叶内核 $\exp(-i\omega t)$。要在空间轴 x 上使用傅里叶积分,需要定义空间角频率。由于实际中涉及许多空间轴(三个用于炮点,三个用于检波器,还有中心点和偏移距),这里约定使用字母 k 的下标来表示做傅立叶变换的坐标轴。因此,k_x 表示 x 轴的空间角频率,$\exp(ik_xx)$ 是它的傅立叶内核。对于每个坐标轴和傅里叶内核,存在确定 i 的正负号的问题。这里使用的符号惯例与大多数物理书籍保持一致,即与公式(4-14)的使用方式相同。根据该惯例,对于沿空间轴正向传播的波,(x,z,t) 空间的傅里叶内核为:

$$\text{Fourier kernel}=e^{ik_xx}e^{ik_zz}e^{-i\omega t}=\exp[i(k_xx+k_zz-\omega t)] \tag{4-15}$$

公式(4-14)即是公式(4-15)的实部,角度和速度都与傅立叶分量有关系。傅立叶内核以平面波的形式给出。

Angles and Fourier Components	
$\sin\theta=\frac{vk_x}{\omega}$	$\cos\theta=\frac{vk_z}{\omega}$

(ω, k_x, k_z) 空间中的一点代表一个平面波。一维傅里叶内核提取了频率的信息；多维傅立叶内核提取了单频平面波的信息。

还有重要的一点是，如果将对角度的定义代入熟悉的方程 $\sin^2\theta + \cos^2\theta = 1$ 中，得到关系式：

$$k_x^2 + k_z^2 = \frac{\omega^2}{v^2} \tag{4-16}$$

其重要性在于它能够区分任意的函数和实际的波场函数。假设某一函数 $u(t,x,z)$，傅立叶变换后为 $U(\omega, k_x, k_z)$。可以看到，在 (ω, k_x, k_z) 空间中，当且仅当所有非零的 U 满足公式(4-16)时，才会存在一个波场。在实际中，$z = 0$ 处的 (t,x) 依赖关系是已知的，但 z 的依赖关系未知。然而，由于 U 是一波场，z 的依赖关系可以从公式(4-16)推算出。公式(4-16)也被称为“标量波动方程的频散关系”。

给定任一 $f(t)$ 及其傅里叶变换 $F(\omega)$，对 $F(\omega)$ 乘以 $e^{i\omega t_0}$ 相当于对 $f(t)$ 做 t_0 的时移。这也适用于 z 轴。如果给定 $F(k_z)$，可以通过乘以 $e^{ik_z z_0}$ 的方式将它从地表 $z=0$ 处推移到任何 z_0 处。$F(k_z)$ 不是已知的，但是对地表 $z = 0$ 处观测的波场做二维傅里叶变换，可以计算出 $F(\omega, k_x)$。假设已经记录了观测的波场，基于 $k_z^2 = \omega^2/v^2 - k_x^2$，那么计算出 $F(\omega, k_x)$ 等于计算出了 $F(k_z)$，进而就计算出了 $f(k_z, k_x)$。理论上，还可以计算出 $F(k_z, \omega)$，这在本书中没有用到。

至此，将波场从地表延拓到地下介质中的准备工作基本已完成，但还需要确定一点，即对于 k_z，采用哪一个平方根？这个选择相当于对上行波或下行波进行判断。基于爆炸反射面模型的概念，不存在下行波。更准确的分析需要考虑两种下行波：第一种是从震源点开始扩散的球面波。第二种是上行波到达地表发生反射后的波。这是多次波研究中需要考虑的情况。

$$\frac{k_x}{\omega} = \frac{\partial t_0}{\partial x} = \frac{\sin\theta}{v} = p \tag{4-17}$$

$$\frac{k_z}{\omega} = \frac{\partial t_0}{\partial z} = \frac{\cos\theta}{v} = \frac{\sqrt{1 - p^2 v^2}}{v} \tag{4-18}$$

利用公式(4-17)消掉 p，就可以得到傅里叶空间中上行波的向下延拓公式。在实际地震数据分析中引入一个负号，这是因为公式(4-18)中表示的是下行波而地表观测到的数据是上行波。

$$U(\omega, k_x, z + \Delta z) = U(\omega, k_x, z)\exp\left(-\frac{i\omega\Delta z}{v}\sqrt{1 - \frac{v^2 k_x^2}{\omega^2}}\right) \tag{4-19}$$

在傅立叶空间中，通过乘以 $e^{i\omega\Delta t}$ 对信号做延迟处理。类似地，公式(4-19)通过乘以 $e^{ik_z\Delta z}$ 对信号进行向下延拓。

在偏移和正演中使用傅里叶变换的负面效应是空间变得具有周期性。如果某一点超出了侧边界，顶边界或底边界，则它会在相对的另一侧出现。在实际应用中，这种周期性带来的负面效应通常通过在数据和模型周围填充空道来消除。

4.3.2　相移法偏移的实施

相移法偏移从对数据体做二维傅里叶变换(2D-FT)开始。变换后的数据利用 $\exp(ik_z z)$ 向下延拓，并提取 $t=0$ 时刻(爆炸反射面的起始时间)的波场值。在所有偏移方法中，相移法最容易与速度的深度变化相结合。偏移过程已自动处理了相位角和倾斜度函数。与克希霍夫方法不同的是，相移法不存在算子假频(但是数据假频依然存在)。

公式(4-19)代表上行波。但是，在反射试验中还需要考虑下行波。基于零偏移距爆炸反射面的概念，下行射线和上行射线的路径相同，所以两者的时间延迟也相同。将单程波传播转换为双程波传播最简单的方法就是对所有的时间都乘以 2。习惯上还可以对速度除以 2。因此要对傅里叶变换后的数据向下延拓到深度 Δz，可以乘以：

$$e^{ik_z\Delta z}=\exp\left(-i\frac{2\omega}{v}\sqrt{1-\frac{v^2k_x^2}{4\omega^2}}\Delta z\right) \tag{4-20}$$

通常，输出偏移剖面的时间采样率等于输入数据的时间采样率(通常为 4 毫秒)。因此，选择深度 $\Delta z=(v/2)\Delta\tau$，对于单个时间步长 $\Delta\tau$ 的向下延拓算子是：

$$C=\exp\left(-i\omega\Delta\tau\sqrt{1-\frac{v^2k_x^2}{4\omega^2}}\right) \tag{4-21}$$

对数据反复乘以 C，从而实现逐步向下延拓。理论上讲，需要在每个深度处进行反傅立叶变换然后选取 $t=0$ 时的波场值(爆炸反射面在 $t=0$ 时激发)。其实只需要在一点处，$t=0$，进行傅里叶变换，其他时间不需要计算。在 $\omega=0$ 时的傅立叶分量是通过对所有时间求总和得到的。类似地，$t=0$ 时的分量可以通过对所有 ω 求总和得到(将 $t=0$ 代入反傅里叶积分即可)。最后，对 k_x 做反傅里叶变换为 x。利用上行波 u 计算成像值的偏移过程，如下伪代码所示：

```
U(w,k_x,τ=0) = FT[u(t,x)]
For τ =Δτ,2Δτ,..., end of time axis on seismogram
    For all kx
        For all w
            C = exp(-iwΔτ√(1 - v²k_x²/4w²)
            U(w,k_x,τ) = UU(w,k_x,τ - Δτ)*C
For all k_x
        Image(k_x,τ) = 0
        For all w
            Image(k_x,τ) = Image(k_x,τ) + U(w,k_x,τ)
image(x,τ) = FT[Image(k_x,τ)]
```

该伪码首先对地表观测到的波场做傅立叶变换，然后它将波场向下（$\tau>0$）延拓，赋值给三维函数，$U(\omega,k_x,\tau)$。之后选择 $t=0$，即爆炸反射面的激发时刻，对所有的频率 ω 做叠加（从数学意义上看，这就像通过对所有 t 叠加，得到 $\omega=0$ 处的信号）。

从伪代码转向源代码，需要考虑的一个实际问题是，计算机内存难以存储庞大的三维数组 $U(\omega,k_x,\tau)$。由于向下延拓的过程和对所有 ω 求和的过程可以交叉进行，这样就不需要在内存中开辟三维数组的空间。

偏移的逆过程（即正演）也大致类似。从一个位于最深处波场为 0 的上行波开始，该波场逐渐向上传播，即乘以 $\exp(ik_z\Delta z)$。当经过每一个深度时，爆炸反射面在该处的波场就会加入到上行波场中。对上行波 u 做正演的伪代码为：

```
Image(k_x, z) = FT[ image(x, z) ]
For all ⊠ and all k_x
    U(w, k_x) = 0.
For all w {
For all k_x {
For z = z_max, z_max - Δz, z_max - 2Δz, ..., 0 {
    C = exp( +iΔzw sqrt(v^-2 - k_x^2/w^2) )
    U(w, k_x) = U(w, k_x)*C
    U(w, k_x) = U(w, k_x) + Image(k_x, z)
    } } }
u(t, x) = FT[ U(w, k_x) ]
```

复指数中的正号其实是两个负号的组合，即上行波和向上延拓。原则上，三个循环 ω,k_x,z 的顺序可以互换。但是由于本示例程序使用的速度 v 是常数，为了大幅提高计算效率，程序把 z 放在内循环，把复指数放到了内循环外面。

4.3.3 克希霍夫偏移和相移法偏移的比较

在前面的内容里，给出了子程序 kirchslow()和 kirchfast()，介绍了 Kirchhoff 偏移和正演方法。这些程序应该增加一个 $\sqrt{-i\omega}$ 过滤器作为补充，如子程序 halfint()所示。但是，这里为了做结果对比，使用的是未加修正的子程序 kirchfast()和新程序。图 4-14 显示了正演数据的结果，然后对它做偏移。克希霍夫偏移和相移法偏移效果都很好。正如预期的那样，克希霍夫方法缺乏一些高频信息，这可以通过 $\sqrt{-i\omega}$ 得到恢复。另一个问题是浅层界面的非规则性。这与算子假频有关。

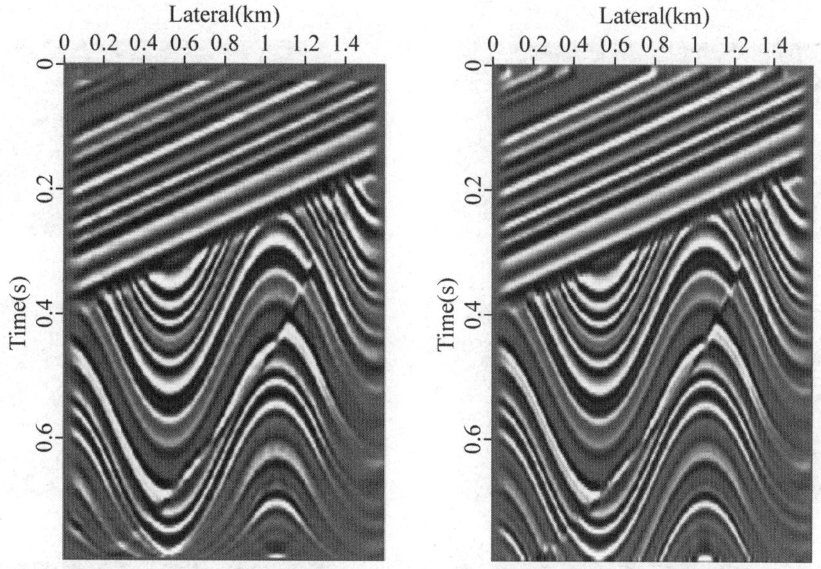

(a)克希霍夫偏移　　(b)相移法偏移

图 4-14　合成数据的偏移结果

图 4-15 显示了原始 S 形弯曲地层模型的频谱，以及通过相移法重建的谱。可以看到两个谱基本上是相同的。注意在 Kirchhoff 方法中重建的频谱会有高频增多的现象。

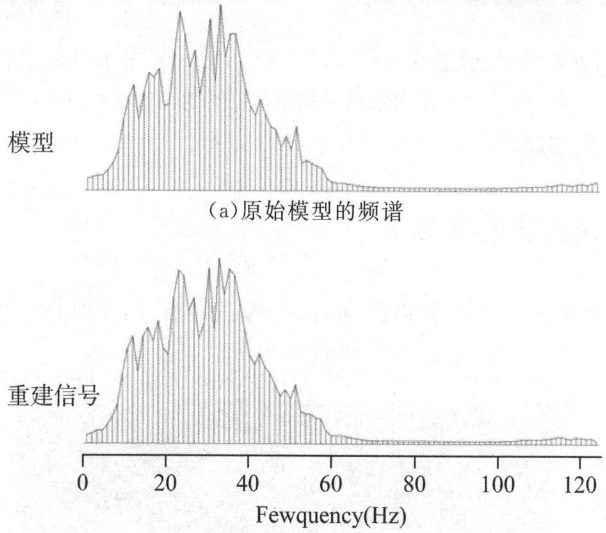

(a)原始模型的频谱

(b)重建模型的频谱

图 4-15　原始模型和重建模型的频谱

图 4-16 展示了对空间轴稀疏采样的效果。基于稀疏采样的模型生成合成数据。可以看到相移方法与简单克希霍夫程序相比，得到了更为合理的结果。

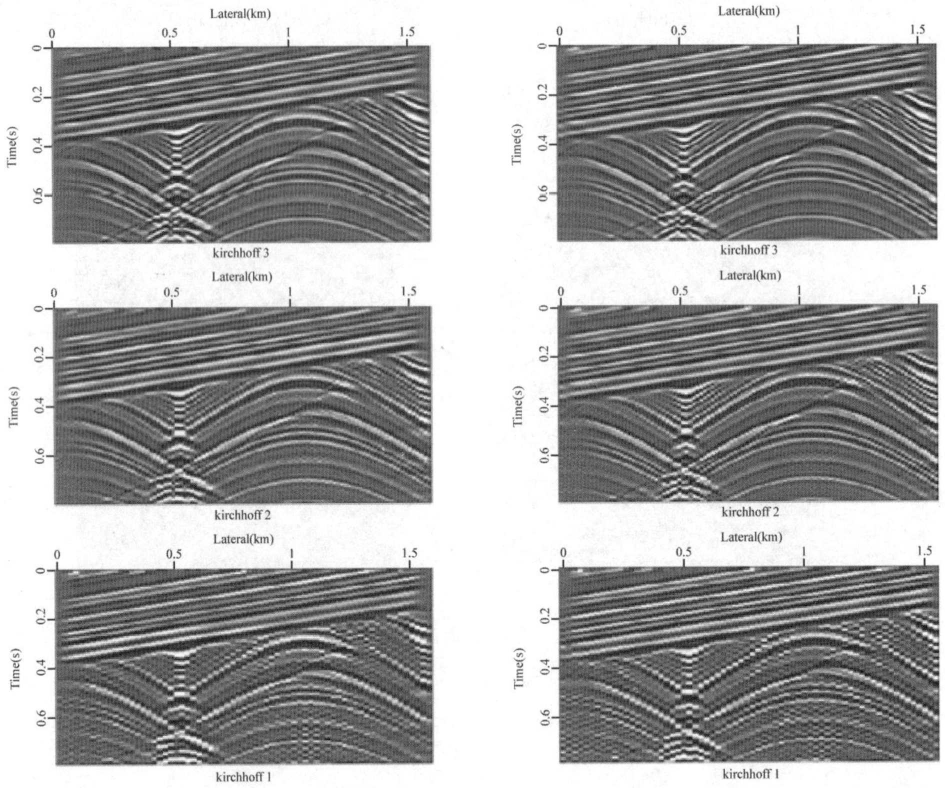

(a)克希霍夫方法正演　　　　(b)相移法正演

图 4-16　不同横向采样率情况下的正演模拟

图注:顶图有 200 道;中间的图有 100 道;底图有 50 道。

4.3.4　相移法偏移的实例

对前面章节中处理过的墨西哥湾数据,做相移法偏移,结果如图 4-17 所示。

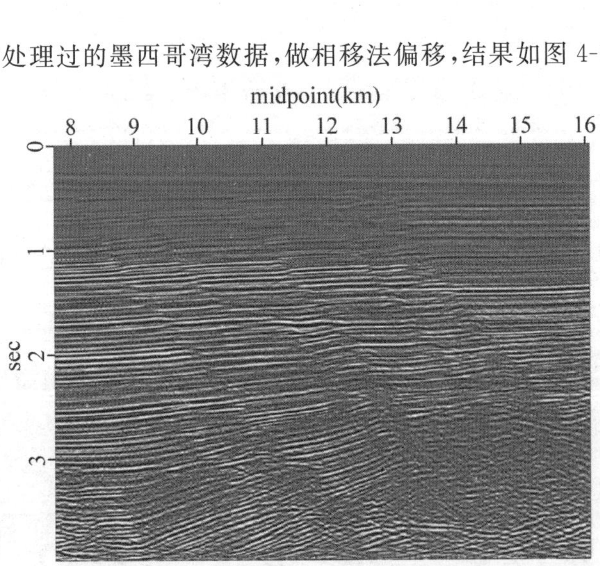

图 4-17　图 4-13 的相移法偏移结果

本章小结

(1)偏移的目的是实现反射波归位和绕射波收敛,同时提高地震成像的空间分辨率。叠后偏移基于爆炸反射面的思想,认为地震数据是由地震波在地下反射层上同时激发,并以半速度向上传播到地表并记录得到。

(2)叠后偏移的效果取决于偏移方法如克希霍夫法或相移法的选取、速度模型的准确性。另外,还需要考虑偏移孔径、空间假频等对偏移的影响。

第五章

波动方程叠前保幅偏移

单程波动方程叠前深度偏移成像技术已广泛应用于复杂地质构造成像领域，随着能源工业对地震勘探要求的不断提高，利用地震数据偏移成像振幅信息为 AVO-AVA 分析提供可靠的岩性参数和储层信息已成为地震勘探技术发展的必然趋势。与不适定的和非线性的地震数据反演技术相比，地震数据偏移成像技术能够采用适定的、线性的求解方法间接提取地下的岩石物性参数；利用振幅信息定性划分岩石和进行油气预测。以地震波理论为基础的真振幅叠前深度偏移是叠前偏移方法中最具有地质意义的精确成像方法，它能消除介质传播因素对地震波振幅的影响，输出深度域聚焦与归位之后的真振幅角度域共成像点道集，从而提高 AVO-AVA 分析的精度，提高油气勘探与储层预测的成功率。因此，基于单程波动方程真振幅叠前深度偏移成像技术已逐步成为地球物理学者和勘探工业界关注的重点和焦点，同时也是地震偏移成像理论中的难点，对于 AVO-AVA 分析和参数反演具有特别重要的意义。

本章首先对"真振幅"偏移成像的概念进行诠释，详细论述推导地下复杂介质中描述动力学特征的单程波动方程的近似过程，揭示单程波动方程中各项的物理意义及其振幅保真特性。然后推导出了带误差补偿的频率空间域有限差分法保幅波场延拓算子，并修改了地面边界条件和成像条件，最后利用模型数值试验和实际资料处理证明单程波动方程真振幅偏移方法的振幅保真特性。

第一节　真振幅偏移成像概念的诠释

真振幅偏移已经在地震成像、反演与储层描述中成了热点话题。不过，迄今为止，关于真振幅偏移的争论还很多。本节从地震波在介质中的传播过程角度，对"真振幅"偏移成像的概念进行诠释。

首先搞清"真振幅"的含义，一般情况下，反射地震信号的振幅受多种因素的影响。这些因素主要分为两类：一类称为采集因素，如震源与检波器的方向性、检波器的耦合情况等；另一类称为传播与散射因素，如几何扩散、散射、微曲多次反射、界面弯曲与倾斜、相干噪音、非弹性衰减、透射损失以及各向异性等。若把与反射无关的因素对振幅的影响消除掉，得到的一次反射波可以认为是真振幅反射信号。

在影响地震波振幅的这些因素中，非弹性衰减、透射损失以及各向异性等效应的机理较复杂，比较难校正。传统的地震勘探理论一般假设介质为各向同性的，吸收衰减与透射损失不存在或者相应的振幅补偿已事先完成。在比较理想的采集条件下，认为震源仅是激发纵波的点源，地表不同位置不同时刻的震源特征完全一致，检波器的方向因子为1。于是，在余下的因素中，几何扩散与远场效应(波的传播方向)对地震波振幅的影响最大。

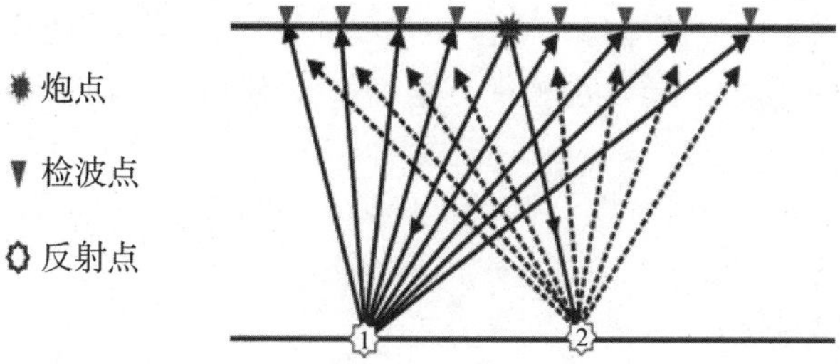

图5-1 角度相关反射示意图

图5-1显示了均匀介质中同一震源激发的地震波传到反射界面上某两个散射点(惠更斯二次源)再传到地面被记录下来的射线路径图。在这个过程中，地震波振幅变化经历三个阶段，即从震源到散射点的下行传播、散射(或反射)以及从散射点传到地面接收点的上行传播。两次传播过程中的几何扩散效应都会衰减地震波的振幅，衰减幅度由路径长度、传播方向决定；在界面上的反射也可能改变地震波的振幅大小，各个平面波分量的反射与透射遵循Zeoppritz方程。

于是，在简单介质情况下，地震偏移的波场反向传播按不同路径完成几何扩散校正，即可实现真振幅恢复。经过以上讨论之后，把那些在波场反传播过程中基本完成几何扩散校正等主要振幅恢复处理，成像振幅基本与地下反射系数相等或成正比关系的地震波偏移方法称为真振幅偏移，也称为保幅偏移。因为要保留随角度变化的振幅信息，所以真振幅偏移必然是叠前偏移。对于波动方程偏移方法，波场传播算子、边界条件以及成像条件都会影响成像振幅的保真程度。

第二节 标量声波方程的分裂和解偶

在地震勘探中，地震波传播的实际介质是十分复杂的，通常具有非均匀性、各向异性和非完全弹性性质。各向异性和非完全弹性介质的地震波理论和实验研究都很困难，目前还处于初期探索阶段。因此，当前地震勘探主要考虑地震波频率范围内地下介质的非均匀性，如地层、断裂断层、透镜体、盐丘、礁体等。在各向同性介质假设下，远场观测的地震勘探可以引用弹性力学的基本理论。

根据固体弹性理论，均匀、各向同性、完全弹性介质中，质点振动沿空间的传播可以用位移方程表示成

$$(\lambda+\mu)grad\theta+\mu\nabla^2\mathrm{u}+\rho F=\rho\frac{\partial \mathrm{u}^2}{\partial t^2} \tag{5-1}$$

其中 $\boldsymbol{u}$ 为位移向量，$\theta = divu$ ，F 为体力向量，λ、μ 为拉梅系数，ρ 为介质密度。且 $\nabla^2 = \frac{\partial^2}{\partial x^2}+\frac{\partial^2}{\partial y^2}+\frac{\partial^2}{\partial z^2}$ 为拉普拉斯算子，$grad$ 为梯度算子，div 为散度算子。方程(5-1)决定着弹性介质的运动状态，决定着振动在弹性介质中的传播，称为拉梅方程。

弹性体的运动状态由弹性体每一点上的位移向量所决定。作为质点位置坐标和时间的函数，位移向量满足弹性介质运动平衡方程(5-1)。任何一个向量场都可以表示为两个向量场之和：

$$\boldsymbol{u}_p = grad\varphi \tag{5-2a}$$

$$\boldsymbol{u}_s = curl\psi \tag{5-2b}$$

所以向量 $\boldsymbol{u}$ 可以写作：

$$\boldsymbol{u}=\boldsymbol{u}_p+\boldsymbol{u}_s = grad\varphi + curl\psi \tag{5-3}$$

其中 φ 和 ψ 称为位移位。

在均匀各向同性完全弹性介质中，存在两种相互独立的波动类型。在胀缩外力作用下，介质中会产生体积相对胀缩或压缩。在这种状态下介质质点围绕其平衡位置做前后或往返运动，单元体不做旋转而产生的波称为纵波(P 波)；在旋转外力作用下，介质中会产生角度转动的扰动，即横波(S 波)。它们都可以由如下齐次波动方程表示：

$$\nabla^2 f = \frac{1}{v^2(x,y,z)}\frac{\partial^2 f}{\partial t^2} \tag{5-4}$$

其中，$f = f(x,y,z,t)$ 为波函数，可以代表纵、横波的各种物理量，如位移位、位移、体变、角位移等，v 表示波的传播速度。

实际上，介质的非均匀性(即使仅在深度方向)通常使得纵波、横波相互耦合，相互转换。不过，为了简化问题，地震勘探中主要应用纵波信息(近来发展起来的多波地震勘探多借助于传统的纵波勘探理论与方法)。固体介质中的纵波是一种胀缩应变波，它与流体中的声波具有相同的性质。因此地震波的传播问题可以用相对简单的声波方程来研究。

在密度恒定的各向同性完全弹性介质中，假设地震波震源是 $t=0$ 时刻激发的脉冲，则地震波的传播可以用如下时间一空间域的三维标量声波方程表示：

$$\left(\frac{1}{v^2}\frac{\partial^2}{\partial t^2}-\frac{\partial^2}{\partial x^2}-\frac{\partial^2}{\partial y^2}-\frac{\partial^2}{\partial z^2}\right)P(t,x,y,z)=0 \tag{5-5}$$

其中，$P(t,x,y,z)$ 为压缩(纵)波分量，v 为恒定压缩(纵)波传播速度。

式(5-5)的 Helmholtz 方程形式如下：

$$\left(\frac{\partial^2}{\partial x^2}+\frac{\partial^2}{\partial y^2}+\frac{\partial^2}{\partial z^2}+\frac{\omega^2}{v^2}\right)\widetilde{P}(\omega,x,y,z)=0 \tag{5-6}$$

在三维非均匀介质情况下，张关泉(1993,2000)推导出基于光滑介质(几何光学介质)假设的全标量波动方程的近似表达式：

$$\left[\left(\Lambda+\frac{\partial}{\partial z}\right)\left(\Lambda-\frac{\partial}{\partial z}\right)+\frac{v'}{v}(I+H)\Lambda\right]P(t,x,y,z)=0 \tag{5-7}$$

其中，算子 $\Lambda=\left(\frac{1}{v^2}\frac{\partial^2}{\partial t^2}-\frac{\partial^2}{\partial x^2}-\frac{\partial^2}{\partial y^2}\right)^{\frac{1}{2}}$ ，称为拟微分算子，其在频率一波数域的形式为：

$\lambda = i\dfrac{\omega}{v}\left[1-\dfrac{c^2}{\omega^2}(k_x^2+k_y^2)\right]^{\frac{1}{2}}$，$I$ 是单位算子，$v' = \dfrac{\partial v}{\partial z}$，H 也为拟微分算子，满足方程：

$$\left[\frac{\partial^2}{\partial t^2}-\left(v\frac{\partial}{\partial x}\right)^2-\left(v\frac{\partial}{\partial y}\right)^2\right]H=\left(v\frac{\partial}{\partial x}\right)^2+\left(v\frac{\partial}{\partial y}\right)^2 \tag{5-8}$$

则由上述标量波动方程的近似表达式得到上、下行波方程组的表征形式：

$$\left(\frac{\partial}{\partial z}+\Lambda\right)D(t,x,y,z)+\frac{v'}{2v}(I+H)(D+U)=0 \tag{5-9a}$$

$$\left(\frac{\partial}{\partial z}-\Lambda\right)U(t,x,y,z)+\frac{v'}{2v}(I+H)(D+U)=0 \tag{5-9b}$$

其中，上、下行波分别满足：

$$U(t,x,y,z)=\frac{1}{2}\left(\Lambda+\frac{\partial}{\partial z}\right)P(t,x,y,z) \tag{5-10a}$$

$$D(t,x,y,z)=\frac{1}{2}\left(\Lambda-\frac{\partial}{\partial z}\right)P(t,x,y,z) \tag{5-10b}$$

可以看出，变速情况下单程波方程中，上下行波是耦合在一起的，耦合项 $\dfrac{v'}{2v}(I+H)(D+U)$ 反映波的透射和反射，$\dfrac{v'}{2v}$ 为在 (x,z) 处，沿 z 方向正入射时的反射系数，$(I+H)$ 反映斜入射时反射系数的倾角校正因子。如果将此耦合项忽略不计，即不顾及其反射和透射，那么方程(5-9)中余下部分描述单程波的传播。

如果地面激发的是下行波 D，反射系数 $\dfrac{v'}{2v}$ 是小量，则由反射产生的上行波 U 相对于 D 亦是小量，则在下行波方程中可忽略 U，即忽略由 U 反射所产生的多次反射下行波；对于上行波方程，同样忽略多次反射波。则单程波方程变为：

$$\left(\frac{\partial}{\partial z}+\Lambda\right)D(t,x,y,z)+\frac{v'}{2v}(I+H)D=0 \tag{5-11a}$$

$$\left(\frac{\partial}{\partial z}-\Lambda\right)U(t,x,y,z)+\frac{v'}{2v}(I+H)U=0 \tag{5-11b}$$

令，$\Gamma=\dfrac{v'}{2v}(I+H)$，

则真振幅单程波方程可写为：

$$\left(\frac{\partial}{\partial z}+\Lambda\right)D(t,x,y,z)+\Gamma D=0 \tag{5-12a}$$

$$\left(\frac{\partial}{\partial z}-\Lambda\right)U(t,x,y,z)+\Gamma U=0 \tag{5-12b}$$

张关泉(1993)证明了公式(5-9)与全标量波动方程(5-5)在高频近似(几何光学逼近)意义下等价，即它们具有相同的程函方程和首阶振幅系数满足的输运方程。

由于 $D+U=\Lambda P$，即分裂解耦得到的单程波动方程中的上行波 U 和下行波 D 并不是全波场 P 的声压分量，如果直接代它们入动力学成像公式中，得到的成像值并不能准确地反映相应空间点的声压反射系数特征。因此在成像前应把波场 U 和 D 变换成声压波场。Zhang (2001)提出在进行成像计算前，先做如下的波场变换：

$$p_D = \Lambda^{-1} D \tag{5-13a}$$

$$p_U = \Lambda^{-1} U \tag{5-13b}$$

则它们满足下面的单程波方程：

$$\left(\frac{\partial}{\partial z} + \Lambda - \Gamma\right) p_D(x, y, z; \omega) = 0 \tag{5-14a}$$

$$\left(\frac{\partial}{\partial z} - \Lambda - \Gamma\right) p_U(x, y, z; \omega) = 0 \tag{5-14b}$$

Zhang (2003)证明了公式(5-14)与全标量波动方程(5-9)在高频近似意义下具有相同的程函方程和首阶振幅系数满足的输运方程。在光滑介质(或分段连续介质)的假设前提下，公式(5-14)可以近似替代全标量波动方程(5-9)，并满足波动传播的运动学和动力学特征。

第三节　带误差补偿的 XWFD 保幅波场延拓算子

5.3.1　XWFD 保幅波场延拓算子

基于张关泉提出的单程波分解方程，张宇通过定义新的压力波场，得到了如下所示的保幅共炮偏移算法，满足下面的单程波方程和边界条件：

$$\begin{cases} \left(\dfrac{\partial}{\partial z} + \Lambda - \Gamma\right) p_D(x, y, z; \omega) = 0 \\ p_D(x, y, z = 0; \omega) = -\dfrac{1}{2i} \Lambda^{-1} \delta(\vec{x} - \vec{x}_s) \end{cases} \tag{5-15a}$$

和

$$\begin{cases} \left(\dfrac{\partial}{\partial z} - \Lambda - \Gamma\right) p_U(x, y, z; \omega) = 0 \\ p_U(x, y, z = 0; \omega) = Q(x, y; \omega) \end{cases} \tag{5-15b}$$

从公式(5-15)出发，推导了 XWFD 保幅波场延拓算子。以下行波场为例，公式(5-15)可以进一步展开为(为方便以下各式中的 p 代表 p_D)

$$\frac{\partial p}{\partial z} = \underbrace{i \frac{\omega}{v} \sqrt{1 + \frac{v^2}{\omega^2}\left(\frac{\partial^2}{\partial x^2} + \frac{\partial^2}{\partial y^2}\right)}\, p}_{\mathrm{I}} - \underbrace{\frac{v'}{2v} \frac{1}{1 + \dfrac{v^2}{\omega^2}\left(\dfrac{\partial^2}{\partial x^2} + \dfrac{\partial^2}{\partial y^2}\right)}\, p}_{\mathrm{II}} = 0 \tag{5-16}$$

公式(5-16)分为两部分求解，其中第 I 项为常规的波动方程求解方程，它保持了波动方程的运动学特征；第 II 项保持着波动方程的动力学特征，它包含了波在传播过程中的振幅变化信息。

熟知的 I 项的解在频率空间域可分为两部分，即频率空间域的有限差分和时移校正，如公式(5-17)所示

$$\frac{\partial p}{\partial z}=\pm\frac{iw}{v(x,y,z)}\left[1+\sum_{i=1}^{n}\frac{\alpha_i R_x}{1+\beta_i R_x}+\sum_{i=1}^{n}\frac{\alpha_i R_y}{1+\beta_i R_y}\right]p \tag{5-17}$$

其中，

$$R_x=\frac{v^2(x,y,z)}{w^2}\frac{\partial^2}{\partial x^2}R_y=\frac{v^2(x,y,z)}{w^2}\frac{\partial^2}{\partial y^2}$$

其中 α_i，β_i 是连分式展开系数，对系数进行优化可以得到适宜于不同倾角的优化系数，随着 n 取值的增大，成像的精度也就越高，与此同时，计算效率也在下降。

第 II 项可以表示为：

$$\frac{\partial p}{\partial z}=\Gamma_0 p+(\Gamma-\Gamma_0)p \tag{5-18}$$

其中，$\Gamma=-\frac{1}{2}\frac{\partial}{\partial z}\ln\lambda(x,y,z)$，则公式(5-18)可以表示为：

$$\frac{\partial p}{\partial z}=\underbrace{-\frac{1}{2}\frac{\partial}{\partial z}(\ln\lambda_0)p}_{\text{III}}\underbrace{-\frac{1}{2}\frac{\partial}{\partial z}(\ln\lambda)p+\frac{1}{2}\frac{\partial}{\partial z}(\ln\lambda_0)p}_{\text{IV}} \tag{5-19}$$

公式(5-19)也分为两个部分 III 和 IV，求解第 III 项可以得到频率波数域振幅补偿项：

$$p(\omega,k_x,k_y,z+\Delta z)=\left[\frac{v_0(z+\Delta z)\sqrt{1-\frac{v_0^2(z)}{\omega^2}(k_x^2+k_y^2)}}{v_0(z)\sqrt{1-\frac{v_0^2(z+\Delta z)}{\omega^2}(k_x^2+k_y^2)}}\right]^{\frac{1}{2}}p(\omega,k_x,k_y,z) \tag{5-20}$$

其中，$v_0(z)$ 为第 z 层的背景速度，k_x、k_y 是空间 x 和 y 方向的波数。

展开第 IV 项可以表示为公式(5-21)：

$$\frac{\partial p}{\partial z}=-\frac{1}{2}\frac{\partial}{\partial z}\left\{\ln\frac{\omega}{v}\left[1-\frac{v^2}{\omega^2}(k_x^2+k_y^2)\right]^{\frac{1}{2}}\right\}p+\frac{1}{2}\frac{\partial}{\partial z}\left\{\ln\frac{\omega}{v_0}\left[1-\frac{v_0^2}{\omega^2}(k_x^2+k_y^2)\right]^{\frac{1}{2}}\right\}p \tag{5-21}$$

$$\frac{\partial p}{\partial z}=\frac{1}{2}\left\{\underbrace{\frac{\partial}{\partial z}\ln\frac{\omega}{v_0}-\frac{\partial}{\partial z}\ln\frac{\omega}{v}}_{\text{A}}+\underbrace{\frac{1}{2}\frac{\partial}{\partial z}\ln\frac{\left[1-\frac{v_0^2}{\omega^2}(k_x^2+k_y^2)\right]}{\left[1-\frac{v}{\omega^2}(k_x^2+k_y^2)\right]}}_{\text{B}}\right\}p \tag{5-22}$$

公式(5-22)可以分为 A 和 B，其中 A 的求解与公式(5-20)类似，由此得到频率空间域保幅补偿公式(5-23)：

$$p(\omega,x,y,z+\Delta z)=\left[\frac{v(x,y,z+\Delta z)v_0(z)}{v(x,y,z)v_0(z+\Delta z)}\right]^{\frac{1}{2}}p(\omega,x,y,z) \tag{5-23}$$

现在在求解，推导得到有限差分振幅补偿项如下(刘定进，2007)：

$$p(w,x,y,z+\Delta z)[1-(\alpha_x+\beta_x)T_x-(\alpha_y+\beta_y)T_y]=p(w,x,y,z)[1-(\alpha_x+\beta_x)T_x-(\alpha_y+\beta_y)T_y] \tag{5-24}$$

其中 $\alpha_x=1/6$，$\beta_x=\frac{v^2(z+1)-v^2(z)-v_0^2(z+1)+v_0^2(z)}{8w^2\Delta z\Delta x^2}$

$$\beta_y = \frac{v^2(z+1) - v^2(z) - v_0^2(z+1) + v_0^2(z)}{8w^2\Delta z\Delta y^2}$$

公式(5-17)、(5-20)、(5-23) 和 (5-24)构成了频率空间域有限差分保幅波场延拓算子。

5.3.2 频率一空间域有限差分误差补偿

以下行波场为例，在不做任何近似时的波场深度延拓算子表示为(本文主要针对二维双复杂介质进行了数值研究，所以，以下以二维情况进行了推导说明，三维情况与此类似)

$$\frac{\partial p}{\partial z} = \frac{iw}{v(x,z)}\sqrt{1+R_x\tilde{u}} = i\frac{w}{v(x,z)}Pp \tag{5-25}$$

其中，$P = \sqrt{1+R_x}$

应用连分式优化系数展开的波场延拓算子为公式(5-17)所示，将公式(5-17)简写为：

$$\frac{\partial p}{\partial z} = i\frac{w}{v(x,z)}Qp \tag{5-6}$$

其中，$Q = 1 + \sum_{i=1}^{n}\frac{\alpha_i R_x}{1+\beta_i R_x}$

两者之差也就是差分算子的误差 E，即为：

$$E = P - Q = \sqrt{1+R_x} - \left(1 + \sum_{i=1}^{n}\frac{\alpha_i R_x}{1+\beta_i R_x}\right) \tag{5-27}$$

频率一空间域的低阶方程 ($n=1$) 有限差分误差 E 在频率一波数域可以准确计算(速度无横向变化)，可以表示为：

$$E = \sqrt{1-\left(\frac{vk_x}{w}\right)^2} - \left[1 - \frac{\alpha\left(\frac{vk_x}{w}\right)^2}{1-\beta\left(\frac{vk_x}{w}\right)^2}\right] \tag{5-28}$$

补偿这种误差可以在一步或若干步上进行相移校正。对于上行波场，它和下行波场的误差补偿 E 是相同的，在延拓过程中只需改变 i 前的符号即可。所以带误差补偿的频率一空间有限差分波场深度延拓算子可以表示为

$$\frac{\partial p}{\partial z} = \frac{iw}{v(x,z)}[Q+E]p \tag{5-29}$$

它的处理包含了三步：频率一空间域的有限差分处理，频率一空间域的时移处理，频率一波数域的误差补偿处理，所以相对于常规的频率一空间域有限差分算子效率要稍低一些，但由于误差补偿在延拓若干步长上进行一次也可以得到较好的效果，所以相对于傅立叶有限差分算子来说，它省去了很多步在频率一波数域的处理，效率要更高一些。

第四节 基于单程波方程保幅偏移的边界条件

从上文的推导中可以看到，传统的下行波方程传播算子的边界条件是不合适的，为了

得到声压反射系数，必须先将单程波场转化为声压波场，再利用真振幅的延拓方法进行波场延拓。

则下行声压波场的边界条件是：

$$p_D(x,y,z=0;\omega)=\frac{1}{2}\Lambda^{-1}\delta(x-x_s) \tag{5-30}$$

转化到频率波数域：

$$p_D(k_x,k_y,z=0;\omega)=\frac{i}{2k_z(z=0)}S(\omega) \tag{5-31}$$

其中，

$$k_z(z=0)=\frac{\omega}{v_0(z=0)}\sqrt{1-\frac{v_0^2(z=0)(k_x^2+k_y^2)}{\omega^2}}$$

由地面接收系统接收到的炮记录 Q 可以直接作为波场 p 的上行声压波场参与向下延拓计算。

为考察下行波边值条件的物理含义，对比了按这种边值条件校正前后下行波的波前面。其中介质速度为 $v=2000\text{m/s}$，震源函数为 20Hz 的 Ricker 子波。图 5-2(a)是边界未经处理的下行波 $t=1s$ 时刻的波前面，图 5-2(b)为按地面边值条件校正后同一时刻的下行波波前面。图 5-2(c)和图 5-2(d)分别是用传统方法和保幅的方法，以 $v_m=0.8v$ 的速度进行波场延拓得到的波前情况。可见，若按传统方法延拓下行波，波前振幅各方向不均衡，散射角越大，振幅越小。而校正后的下行波波前面在各个方向振幅比较均衡，这符合均匀介质中点源激发波前能量扩散的实际情况。

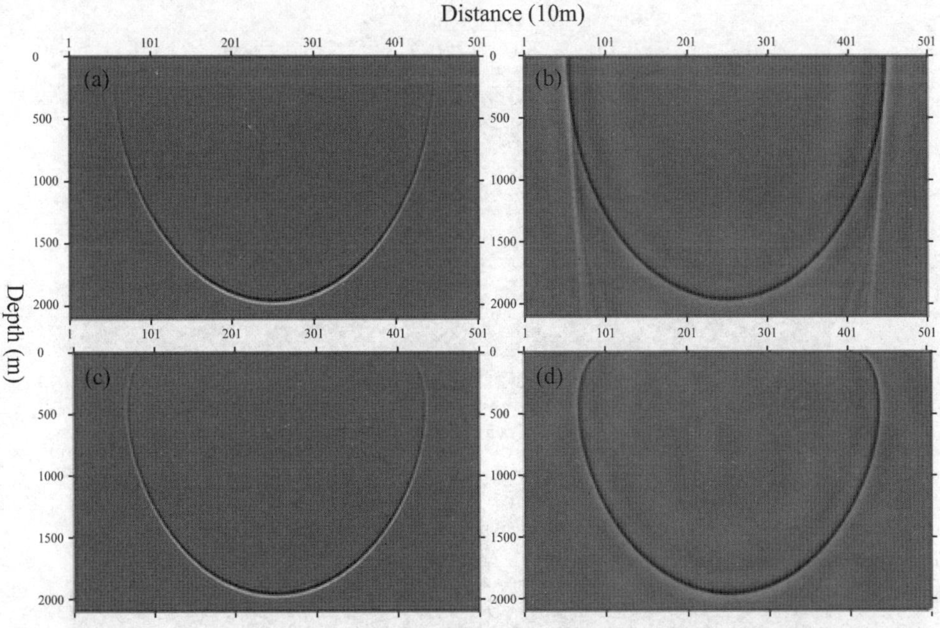

图 5-2　下行波波前面

图注：(a) 传统波场延拓算子，基于正确速度场；(b) 基于保幅波场延拓算子和边界条件，基于正确速度场；(c) 传统波场延拓算子，基于 0.8v 的速度场；(d) 基于保幅波场延拓算子和边界条件，基于 0.8v 速度场.

图 5-3 显示了均匀介质中不同波动方程模拟得到的下行波场效果图。还是讨论均匀介质下的情况，速度为 4000m/s。接收点分布于地下 1000m 深度处，共 501 个接收道。图 5-3(a)、5-3(b)和图 5-3(c)分别为用基于传统波场延拓算子的下行波方程、保幅的波场延拓算子的下行声波方程(带边值处理)和基于全声波方程正演模拟得到的模拟波场。可见，真振幅下行波方程模拟波场振幅衰减的慢，而传统下行波方程模拟波场虽然在走时上与振幅下行波方程模拟波场一致，但振幅衰减要快得多。全声波方程正演模拟结果(图 5-3(c))可以认为是比较正确而且振幅衰减要明显的比传统单程波方程要慢，而基于单程波方程的保幅波场延拓方法得到的结果(图 5-3(b))和全声波方程模拟的结果(图 5-3(c))较为吻合，这也证明了保幅波场延拓方法的有效性。当然，保幅方法在增强有效信号的同时也会不可避免的引入了一些噪音，如图 5-3(b)所示，但是，其整体趋势比较明显。

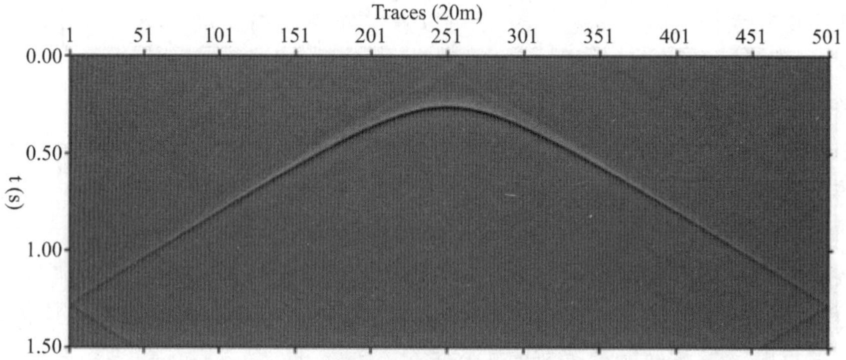

(a) 传统波场延拓算子

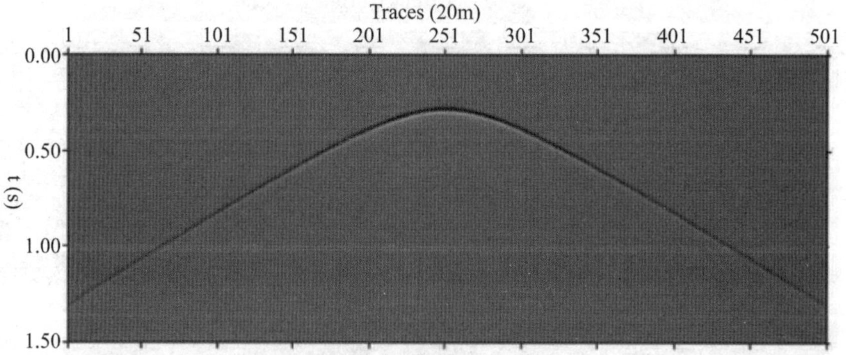

(b)基于保幅的波场延拓算子

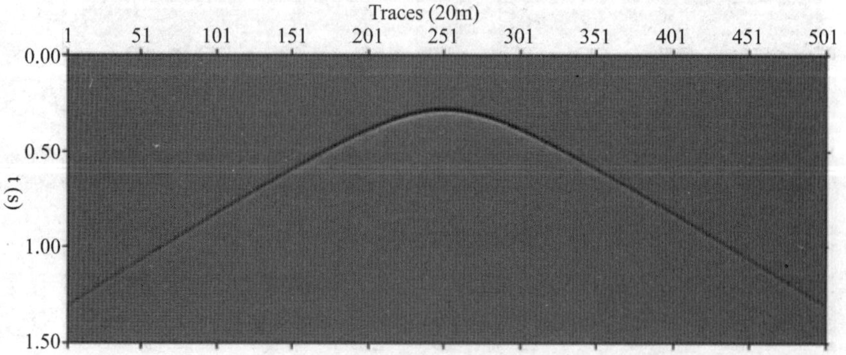

(c)全声波方程正演模拟

图 5-3 均匀介质下行波方程扩散效果图

本文进一步抽取了不同波动方程模拟结果(图 5-3)中的部分道集进行频谱分析(图 5-4)。图 5-4(a)—5-4(c)分别对应于图 5-3(a)—5-3(c)中偏移距范围±400m 道记录的频谱。由图可见,适应波前球面扩散的下行声压波场延拓方法模拟结果频谱与全波动方程模拟结果频谱基本一致,且主频在 20Hz 左右,与震源子波主频一致;而常规下行波场延拓方法模拟结果频谱与前者相比则向高频方向移动,且主频在 30Hz 左右,这是由于零相位 Ricker 子波的一阶导数形式的主频相比其本身主频提高的缘故。由此表明适应波前球面扩散的下行声压波场延拓方法对于真振幅波场延拓是必要的。

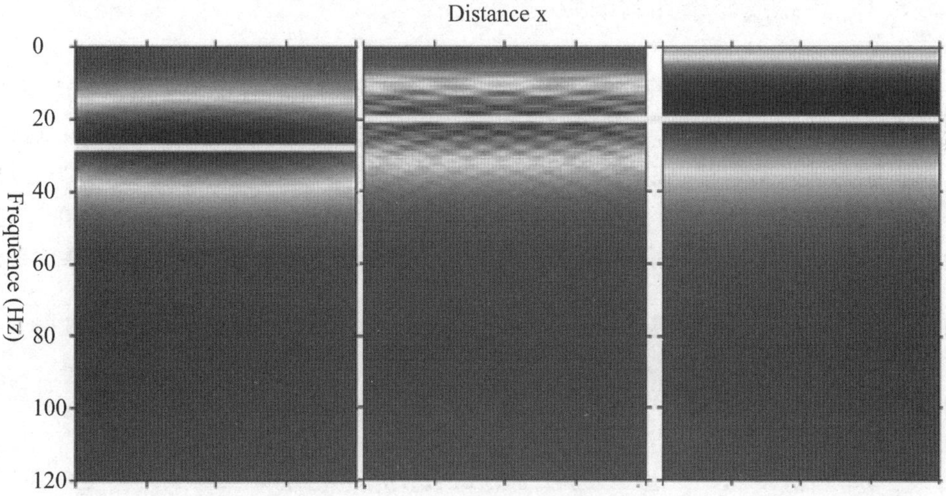

(a) 常规下行波场延拓方法模拟结果频谱　(b)适应波前球面扩散的下行声压波场延拓方法模拟结果频谱　(c)全波动方程高阶有限差分法模拟结果频谱

图 5-4 均匀介质中下行波场频谱图

第五节 保幅偏移中的稳定成像条件

在介质的速度参数为已知的条件下,确定反射图像的任务就是求反射点的空间位置及其反射系数。由于现在还无法求出确切的反射系数值,对成像的反射系数这一要求实际上是用能反映该反射点反射系数相对值的反射波振幅来表示的。因此,在目前阶段,反射成像实际上就是把地面上观测到的反射波归位到产生它的反射点上去。能做到这一点就算实现了成像。这实际就是地震偏移问题。因此地震偏移与地震成像在现阶段可以视为同一概念。

为了实现地震偏移成像,首先要进行上行波场的反向外推。外推后求出的各点波场值,有的是来自本点的反射波,有的是该点下方许多点上的反射波。因此,要在外推波场中提取成像值。Claerbout 提出下述反射波成像原则：反射面位于这些点上，其入射波的初至与反射波的产生时间相同。

基于炮域的保幅偏移必须是基于反褶积的成像条件才能够达到保幅的目的，但是这种反褶积条件存在明显的缺陷，就是当分母项为很小的数的时候，会出现计算不稳定现象，严重地影响了成像质量。Antoine 等(2006)为改善成像条件的稳定，提出了一些稳定性的应用方法。在前人研究基础上，应用一种基于 Gaussian 函数的窗函数，对成像条件中的分母项进行平滑，消除了分母项中振幅为零的点。平滑的结果主要有两个因素控制：平滑参数和平滑函数。

5.5.1 传统成像条件的缺陷

成像条件是保幅波动方程叠前深度偏移的一个重要因素。传统构造成像中应用的相关成像条件(5-32a) 忽略了公式中的分母实数项，因此它只能保证正确的相位。这种成像条件不能用于保幅偏移。动力学的保幅成像条件如式(5-32b)所示，很明显，当分母项趋于零值的时候，成像值出现不稳定现象。虽然加入阻尼因子 σ，式(5-32c)会在一定程度上减少这种不稳定性，但是阻尼值的选取和它给成像带来的噪音都影响了成像效果。

$$R_{cor}(x,y,z)=\frac{1}{2\pi}\int p_u(x,z;w)p_d^*(x,y,z;w)\mathrm{d}w \tag{5-32a}$$

$$R_{dec}(x,y,z)=\frac{1}{2\pi}\int\frac{p_u(x,z;w)p_d^*(x,z;w)}{p_d(x,z;w)p_d^*(x,z;w)}\mathrm{d}w \tag{5-32b}$$

$$R_{dec\_dr}(x,y,z)=\frac{1}{2\pi}\int\frac{p_u(x,z;w)p_d^*(x,z;w)}{p_d(x,z;w)p_d^*(x,z;w)+\sigma}\mathrm{d}w \tag{5-32c}$$

5.5.2 改进型的稳定保幅成像条件

这种成像条件的改进主要是通过对反褶积成像条件中的分母项进行平滑来消除奇异值的影响，平滑窗的类型和平滑窗的长度在此过程中起到了重要的作用。平滑过程可以被看作是一个褶积过程。对一维函数 $f(x)$ 的平滑可以表示为：

$$f_s(x)=s_\alpha * f=\int_{-\infty}^{\infty}s_\alpha(x-\xi)f(\xi)\mathrm{d}\xi \tag{5-33}$$

其中：s_α 是依赖于平滑参数 α 的核函数。平滑参数 α 用来控制平滑的程度。

一个平滑算子的核函数具有正态性、非负性、单调性和频谱单调收敛。平滑算子比较多，一般都是基于它所应用的窗函数来命名，如矩形窗平滑算子、三角窗平滑算子和 Gaussian 窗平滑算子等。主要介绍以下应用效果比较好的 Gaussian 窗平滑算子，平滑算子的核函数如公式(5-34)所示：

$$s_\alpha(x)=\frac{1}{\sqrt{2\pi\lambda}}\exp\left(-\frac{x^2}{2\lambda^2}\right) \tag{5-34}$$

其中，平滑参数 λ 是 Gaussian 窗的长度。

在分母中应用平滑窗函数的成像条件，可以表示为下式所示：

$$R_{\text{smooth}}(x,z)=\int\frac{p_u(x,z,\omega)p_d^*(x,z,\omega)}{\langle\langle p_d(x,z,\omega)p_d^*(x,z,\omega)\rangle\rangle}\mathrm{d}\omega \tag{5-35}$$

其中，

$$\langle\langle p_d(x,z,\omega)p_d^*(x,z,\omega)\rangle\rangle=\int_{-\infty}^{\infty}s_a(x-\xi)p_d(\xi,z,\omega)p_d^*(\xi,z,\omega)\mathrm{d}\xi \tag{5-36}$$

每延拓至某一深度层时，对于一个特定的频率 ω，将 $p_d(x,z,\omega)p_d^*(x,z,\omega)$ 看作是横向位置 x 的函数，以 Gaussian 窗中点处为中点，在窗宽 α 范围内，对该点处的值进行平滑处理。

5.5.3　保幅偏移稳定成像条件数值计算

为了验证方法的正确性和有效性，分别对简单的平层模型和构造复杂、局部横向变化剧烈的 Marmousi 模型进行了测试。

(1) 简单平层模型。对简单平层模型(图 5-5(a))进行了试算，该模型共有四层，从上向下速度逐渐变大，分别是 1500、2000、3000 和 4000。从单炮记录偏移中更能看到成像条件对保幅偏移的影响，所以对正演的单炮记录进行了不同成像条件的保幅偏移试算。

图 5-5(b)和图 5-5(c)都是基于反褶积型的成像条件，为保持稳定的阻尼因子分别选取为 $\sigma=0.002$ 和 $\sigma=0.02$，从图中可以看出，这种阻尼因子在一定程度上可以保证计算的稳定性，但是还是在不同程度上引入了噪音，随着阻尼因子的减小，噪音变得越来越多。通过引入了基于 Gaussian 窗函数的平滑函数对成像条件的平滑，偏移结果得到了极大的改善(图 5-5(d))，偏移噪音被明显的压制，计算的稳定性得到了提高。

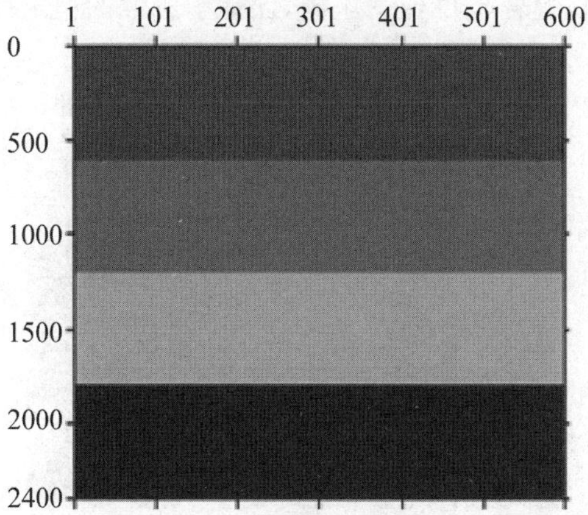

(a)平层模型速度场

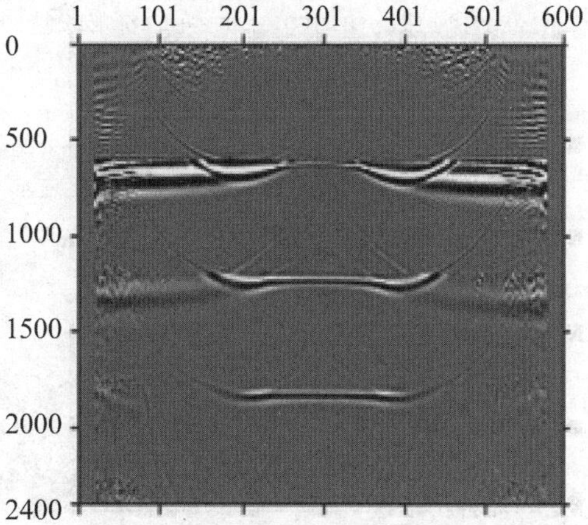

(b)基于反褶积成像条件的单炮保幅偏移，$\sigma=0.002$

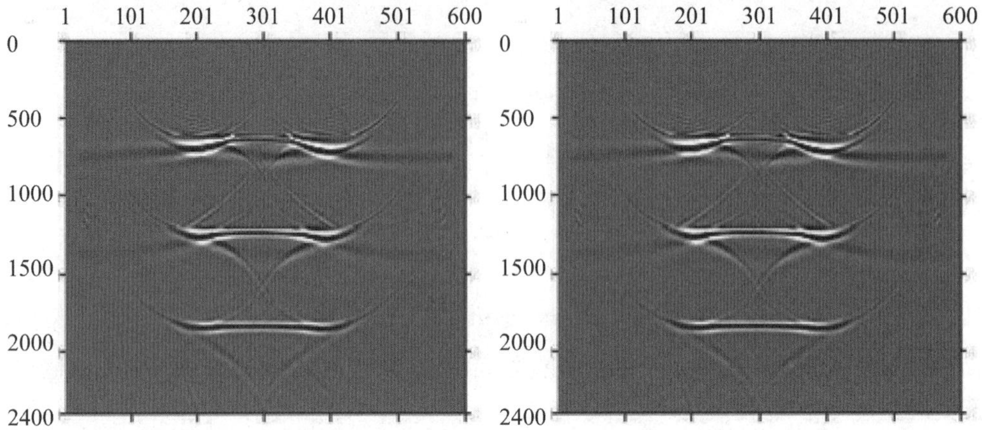

(c) 基于反褶积成像条件的单炮保幅偏移，$\sigma=0.02$　　(d)基于平滑函数成像条件的单炮保幅偏移

图 5-5　简单平层模型试算

(2) Marmousi 模型试算。为了进一步检验本文成像方法，用 SEG/ Marmousi 模型数据对该方法进行了叠前深度偏移试验。模型速度场是 IFP 基于 Cuanza 盆地的地质构造剖面给出的，单炮记录用 2D 声波有限差分法模拟。如图 5-6(a) 所示，横向 497 个采样点，纵向 750 个采样点，速度场水平采样间隔 12.5m ，最大深度是 3000m ，深度采样间隔为 4m。数据采样点数是 750 ，采样率是 4ms，总采样长度 3000ms，总共 240 炮，每炮 96 道。

类似于前面的简单模型试算，图 5-6(b)和图 5-6(c)都是基于反褶积型的成像条件，为保持稳定的阻尼因子分别选取为 $\sigma=0.002$ 和 $\sigma=0.02$，由于浅层三大断裂的影响，速度变化剧烈，成像条件稳定性显得更为重要，浅层成像受到了较大的影响，局部信息模糊不清，随着阻尼因子的减小，这种不稳定性更加严重。基于 Gaussian 窗函数的平滑函数对成像条件的平滑，使得偏移结果得到了极大的改善(图 5-6(d))，即使在构造复杂，局部横向变速剧烈的 Marmousi 模型保幅偏移中，噪音也得到了压制，保证了成像的稳定性。

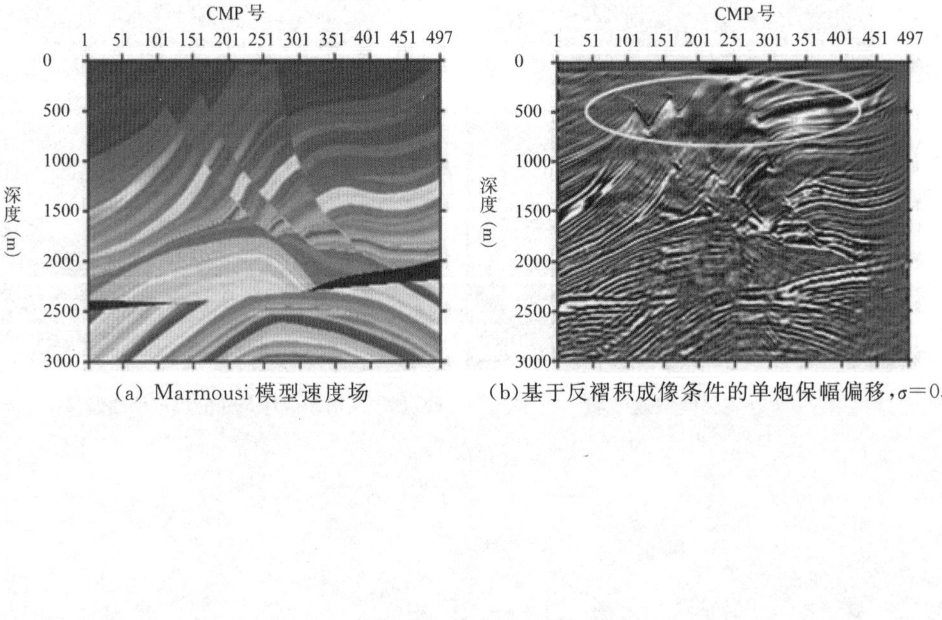

(a) Marmousi 模型速度场　　(b)基于反褶积成像条件的单炮保幅偏移，$\sigma=0.02$

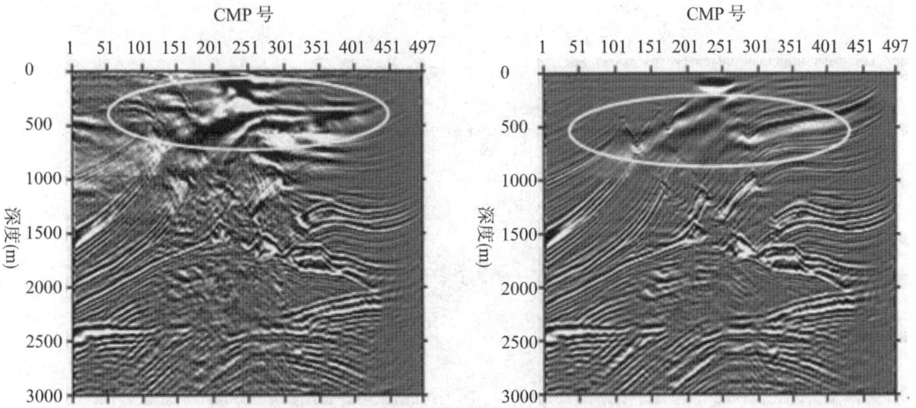

(c) 基于反褶积成像条件的单炮保幅偏移，$\sigma=0.002$　(d)基于平滑函数成像条件的单炮保幅偏移

图 5-6　Marmousi 模型试算

(3)实际资料处理。前面的模型验证了本文所示方法的正确性和有效性。由于模型是通过数据正演模拟得到的，对几何扩散等能量损失考虑得较少，所以在保幅成像效果方面不是很明显。为了进一步验证方法对实际资料的适用情况，对某一探区的实际资料进行了试算处理。

图 5-7(a)给出了该探区偏移速度场，它的主要构造是有一个大的倾斜不整合面，中部 2000 米处由于被剥蚀也有一个近似平的不整合面。图 5-7(b)是该实际资料的原始炮记录，每炮 60 道，记录时间是 6s，4ms 采样间隔，资料信噪比较差，尤其是浅层干扰较多。

应用不同的方法，对该实际资料进行了叠前深度偏移处理。图 5-8(a)是应用传统傅立叶有限差分法叠前深度偏移结果，从图中可以明显看出，由于浅层干扰较强(图 5-8(a)矩形框处)，一定程度上影响了成像质量。分别基于阻尼型和平滑函数型的成像条件，应用保幅型的叠前深度偏移算子进行了叠前深度偏移，如图 5-8b 和图 5-8c 所示。由于保幅型波场延拓算子对深层能量在一定程度上的补偿，使得浅层强噪声干扰有一定的压制(图 5-8(b)和图 5-8(c)矩形框处)，然而，阻尼型的成像条件存在着不稳定现象(图 5-8(b)中的椭圆形框处)，通过应用有平滑窗函数的成像条件，浅层噪声受到压制的同时，消除了保幅偏移计算中的不稳定现象，实际资料的处理效果得到了改善。

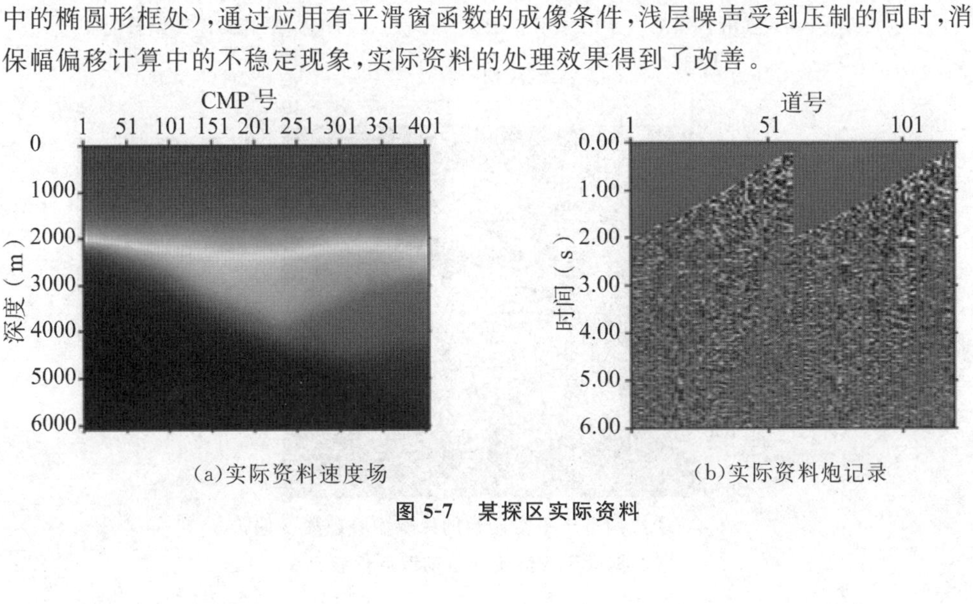

(a)实际资料速度场　(b)实际资料炮记录

图 5-7　某探区实际资料

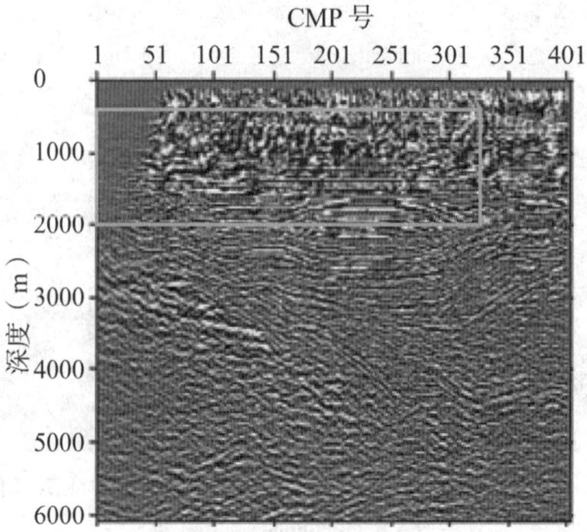

(a)基于传统傅立叶有限差分方法对该实际资料进行的叠前深度偏移

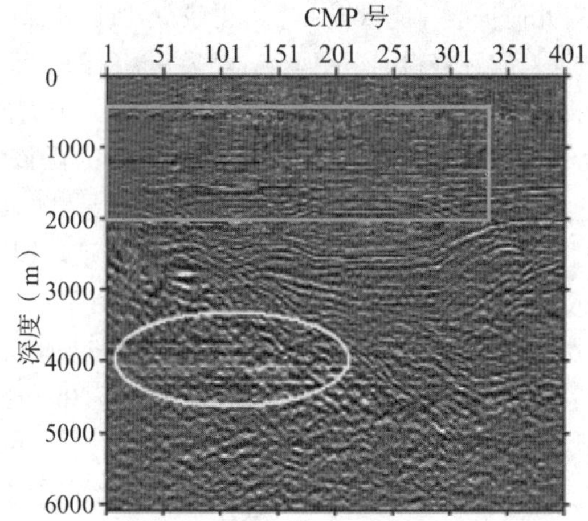

(b) 应用有阻尼因子的反褶积型成像条件,进行的保幅叠前深度偏移

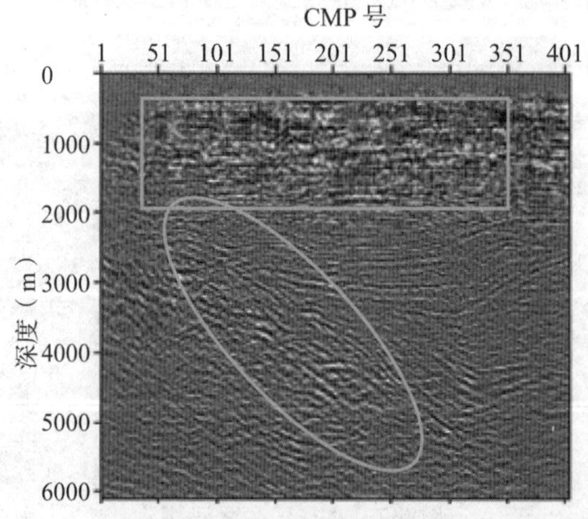

(c)应用基于平滑函数的保幅型叠前深度偏移

图 5-8 某探区实际资料叠前深度偏移

5.5.4　平滑函数稳定成像条件效果分析

随着石油勘探从构造油气藏向岩性油气藏的转变，基于波动方程的保幅偏移技术有其可观的发展前景。成像条件是保幅偏移中非常重要的一个环节，基于 Gaussian 窗的平滑函数应用到保幅偏移的成像条件中，既保持了原有的反褶积型成像条件，又保持了其计算上的稳定性。的一些认识主要体现在以下几个方面：

（1）传统的叠前深度偏移方法只是对相位进行波场延拓，基于波动方程的保幅波场延拓算子，补偿了地震波传播过程中的一部分能量损失，深层能量得到了一定的补偿，使得构造信息更为明显，凸现一些局部构造特征，尤其是对于实际资料效果更为明显。

(2)反褶积型成像条件的不稳定性是制约基于单程波方程保幅偏移的因素之一，应用基于平滑函数的成像条件提高了保幅偏移的稳定性。通过对平层模型和 Marmousi 模型的试算，可以看到合适的平滑算子作用后的成像条件得到的偏移结果要明显好于加入阻尼因子的反褶积型成像效果。

(3)选择的平滑窗长度越大，对应的成像结果越好，稳定性越高，但是对应的计算量会增加，因为参与平滑点数变多了。为方便起见，选用了单炮偏移中的所有道数的点数参与了平滑运算。

(4)与其他矩形窗函数相比，Gaussian 窗无须依据特定条件确定窗口长度，而且频谱特性比较好，所以选取了基于 Gaussian 窗函数的平滑函数对反褶积成像条件中的分母项进行平滑处理。

第六节　基于单程波保幅偏移数值计算

5.6.1　脉冲响应测试

对二维模型进行了脉冲响应测试，脉冲放置在 $x = 1000\text{m}$，$t = 420\text{ms}$ 处，所用模型是速度 $v = 2000\text{m/s}$ 的均匀速度场。对不同的算子进行了脉冲测试，如图 5-9 所示。其中图 5-9(a)、图 5-9(b)、图 5-9(c)和图 5-9(d)分别基于传统 XWFD 偏移算子、XWFD 保幅偏移算子、加误差补偿的 XWFD 偏移算子和加误差补偿的 XWFD 保幅偏移算子的脉冲响应。从图 5-9(a)中可以看出，加误差补偿的 XWFD 虽然没有噪音，但是不能够使高角度成像，而且随着角度增大，能量逐渐减少；不加误差补偿的保幅 XWFD 虽然高角度能量变强，但是噪音非常强(图 5-9(b))；图 5-8(d)所示加误差补偿的保幅 XWFD 偏移算子明显适应陡倾角的成像，而且高角度能量也得到了补偿，偏移噪音的压制也比较好。

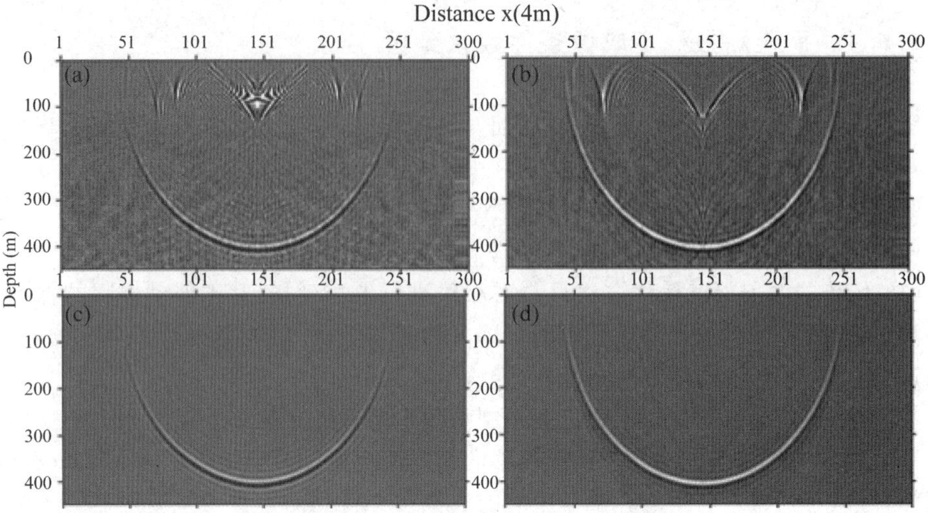

图 5-9　基于不同偏移算子的脉冲响应测试

5.6.2　单界面水平层状介质模型试算

本小节采用单界面水平层状介质模型来验证基于单程波动方程真振幅叠前深度偏移方法的振幅保真性。图 5-10(a)为二维单界面水平层状介质速度模型，其中上层介质速度为 2000m/s，下层介质速度为 2500m/s，介质界面位于 2000m 深度处。震源位于速度模型地面中心处，采用 301 道双边接收上行声压波场，检波器间距为 20m，图 5-10(b)为单炮记录。

图 5-10(c)和图 5-10(d)展示了不同成像条件下传统单程波方程和保幅单程波方程单炮集叠前深度偏移的成像剖面。其中图 5-10(c)对应相关成像条件下的传统波场延拓算子的叠前深度偏移剖面，图 5-10(d)对应动力学成像条件，基于保幅的波场延拓算子对该平层模型进行单炮叠前深度偏移结果。分别对偏移结果剖面中，沿深度层拾取峰值振幅，并进行归一化处理使其在同一个数量级上以便于与理论声压反射系数曲线的对比，如图 5-10(e)所示。可见，在均匀介质中，无论采用相关成像条件，基于常规偏移方法得到的成像振幅都不能反映界面的反射系数特征。当采用保幅偏移方法，应用声压反射系数成像条件时，除了边界之外，振幅曲线与理论反射系数曲线都非常吻合，并且整体趋势一致。这表明，保幅偏移方法的必要性和有效性。

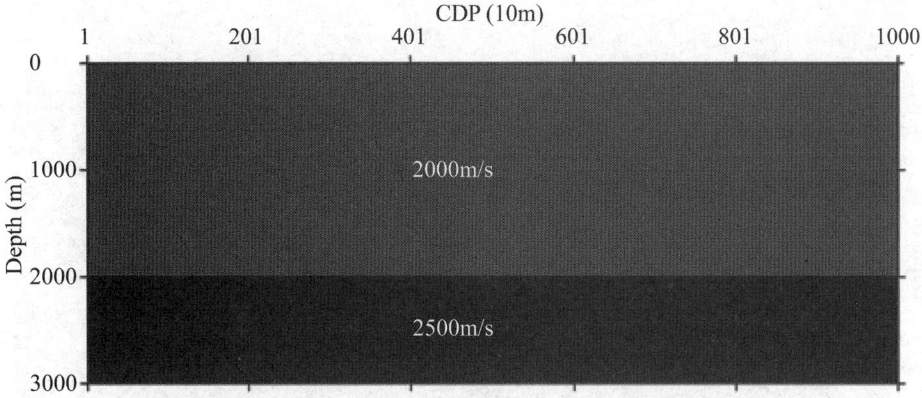

(a)速度模型

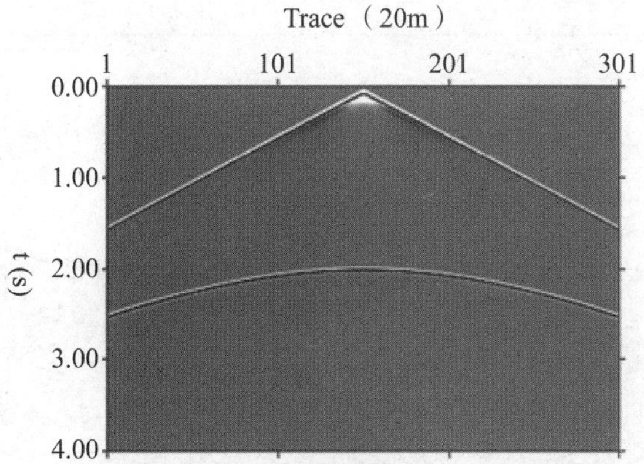

（b）单炮记录

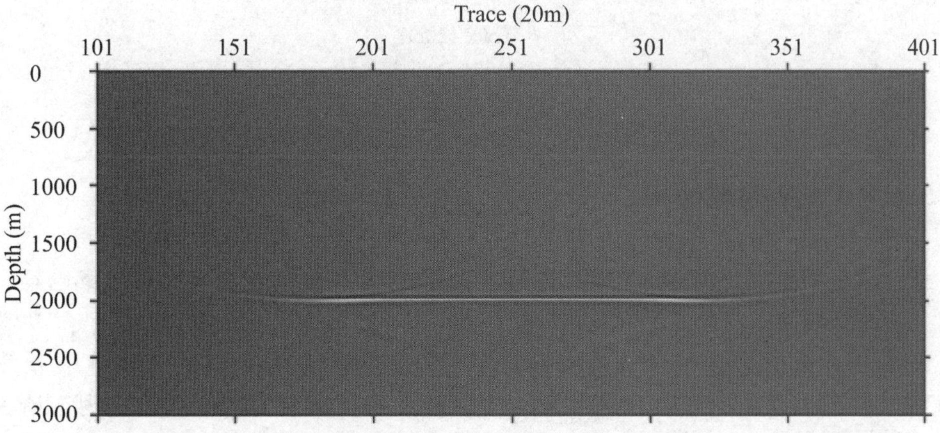

（c）基于传统单程波偏移算子的偏移结果

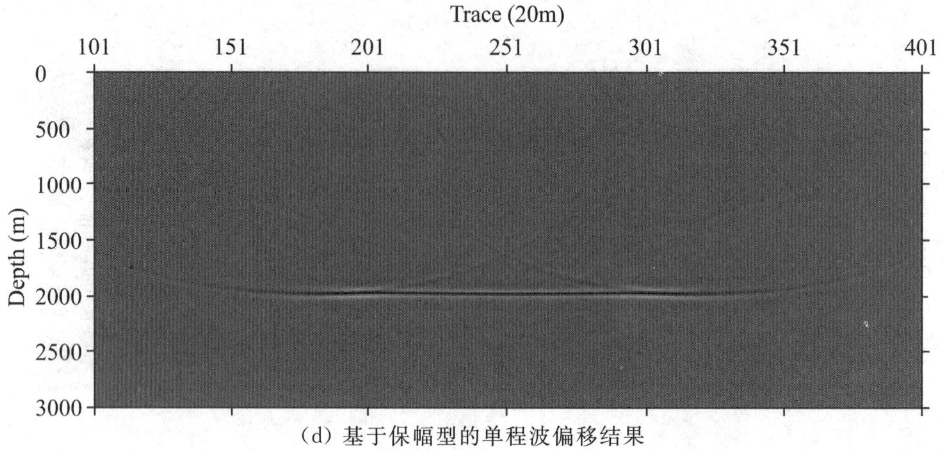

(d) 基于保幅型的单程波偏移结果

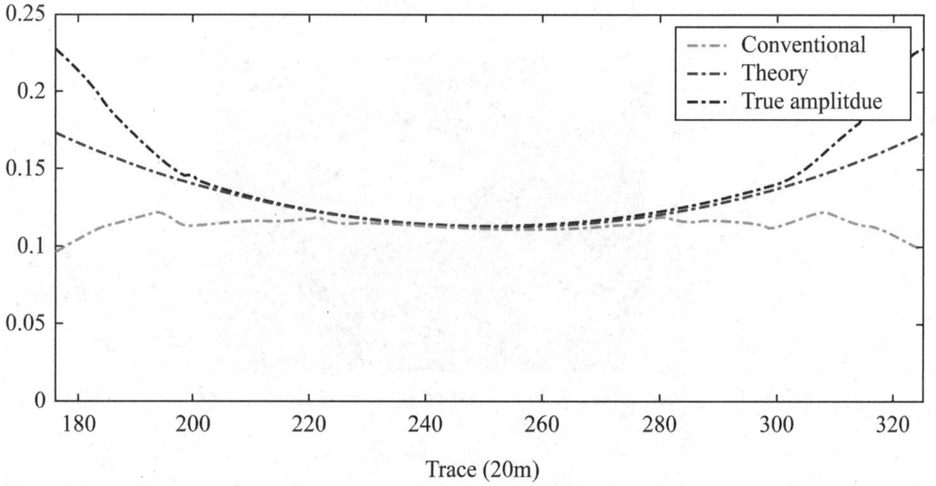

(e) 拾取反射层振幅以及与理论反射系数对比

图 5-10 单界面平层模型偏移计算

5.6.3 复杂模型试算

我们应用了加拿大逆掩断层模型进行了试算，该模型的速度场等在第二章已经有所介绍。下面分别基于不同的深度延拓算子，应用基于波场逐步累加的“直接下延”法叠前深度偏移来对该模型进行试算。图 5-11(a)是基于常规频率—空间域有限差分法(XWFD)算子的，从图中可以看出不但偏移噪音大而且深层构造的成像模糊不清。图 5-11(b)是基于保幅 FFD 算子的叠前深度偏移，虽然能够完成大体构造的成像，但是偏移噪音较大，使得一些局部特征不够清晰。图 5-11(c)是基于本文介绍的带误差的 XWFD 保幅波场延拓算子的偏移结果，相对于前两种算子，效果有了一定的改善，断点结构清晰，偏移噪音较小。

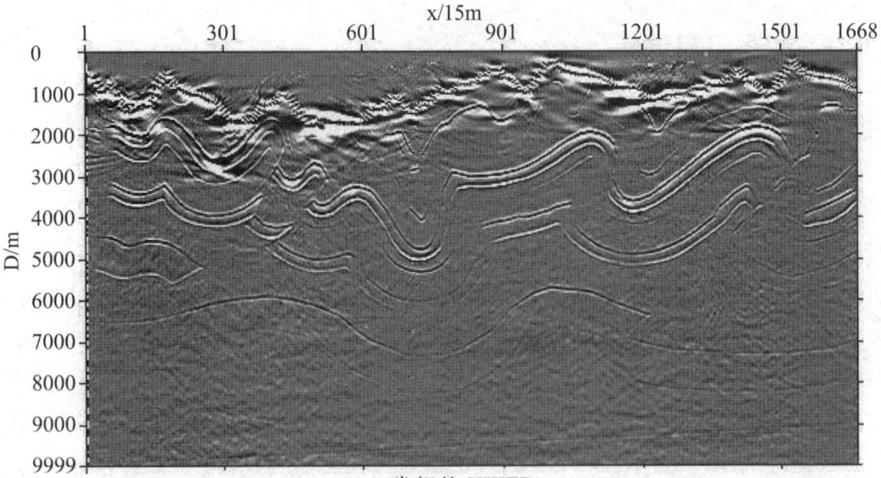

(a) 常规的 XWFD

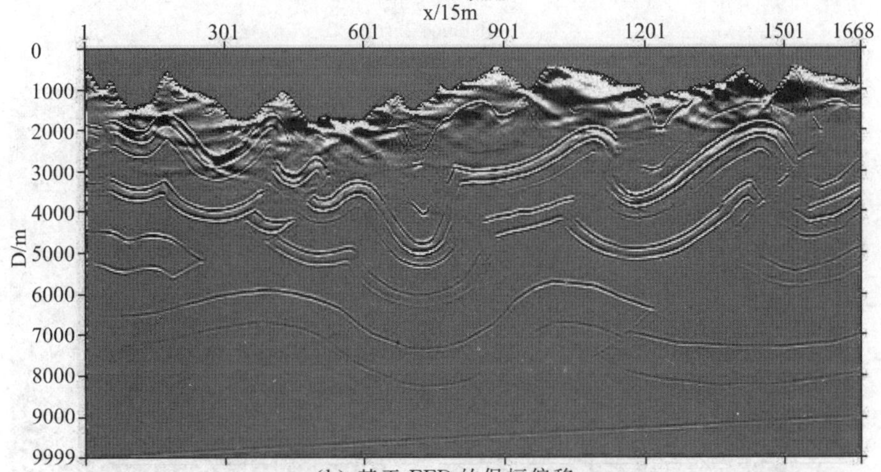

(b) 基于 FFD 的保幅偏移

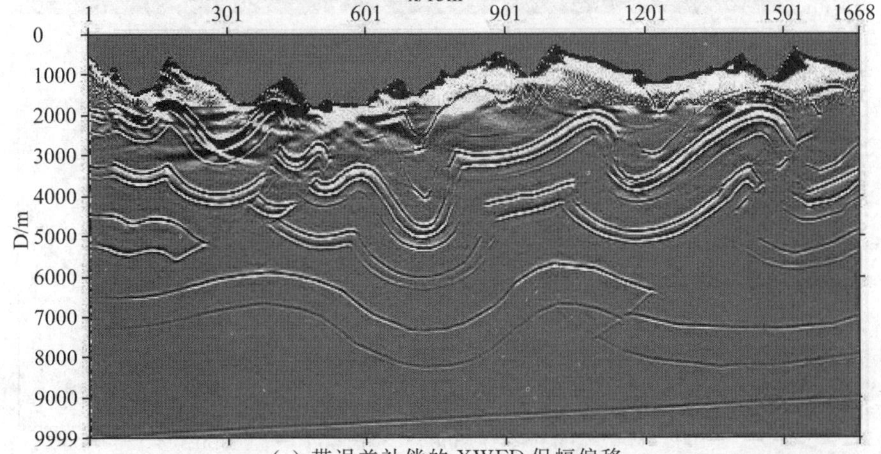

(c) 带误差补偿的 XWFD 保幅偏移

图 5-11　基于不同算子，应用直接下延法对起伏模型进行叠前深度偏移处理

5.6.4 实际资料试算

为进一步验证该方法对实际资料的适应性，我们对某探区的一实际资料进行了偏移处理。图 5-12(a)给出了该探区偏移速度场，图 5-12(c)是实际资料的炮记录，图 5-12(b)是起伏地表的形态。其中 0m 所对应的位置为所定义的基准面，该地区的最大高程为 58m，局部变化剧烈。图 5-13(a)、图 5-13(b)和图 5-13(c)是基于常规 XWFD、常规 FFD 和带误差补偿的 XWFD 保幅算子，用直接下延法对该实际资料进行的叠前深度偏移处理。从图中可以看出，三种方法都可以较好的消除起伏地表的影响，然而，在成像效果上却有着明显的差异。基于常规 XWFD 算子的方法能够对构造基本成像(图 5-13(a))，但是深层信息比较模糊，偏移噪音较大；基于常规 FFD 算子的偏移效果(图 5-13(b))要好于前者，但是要差于带误差补偿的 XWFD 保幅的偏移方法(图 5-13(c))，尤其是在深层更为明显，误差补偿压制了偏移噪音，而保幅算子的引入提高了深层能量，使得深层构造的信息更为细腻，局部信息更为明了。

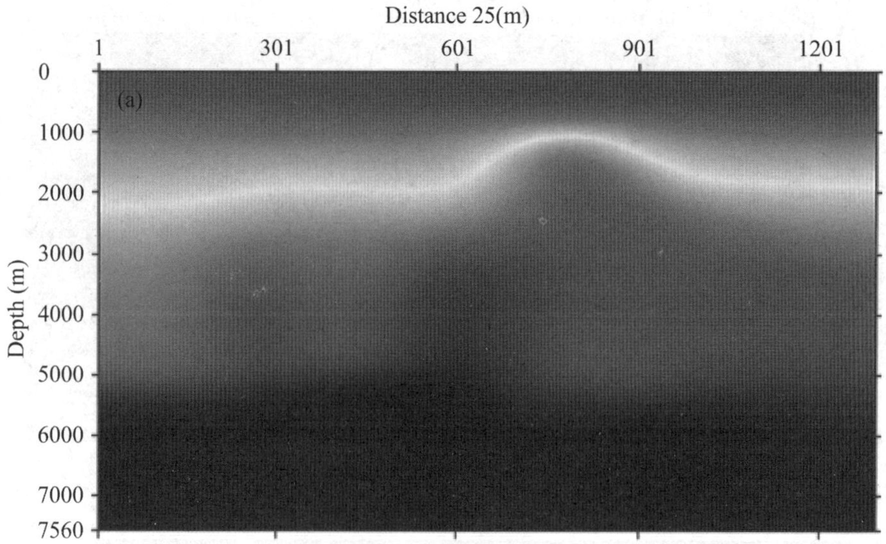

(a)偏移速度场

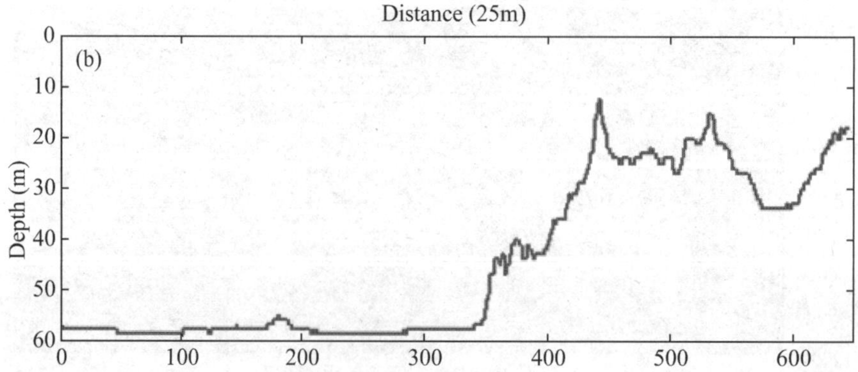

(b)原始炮记录

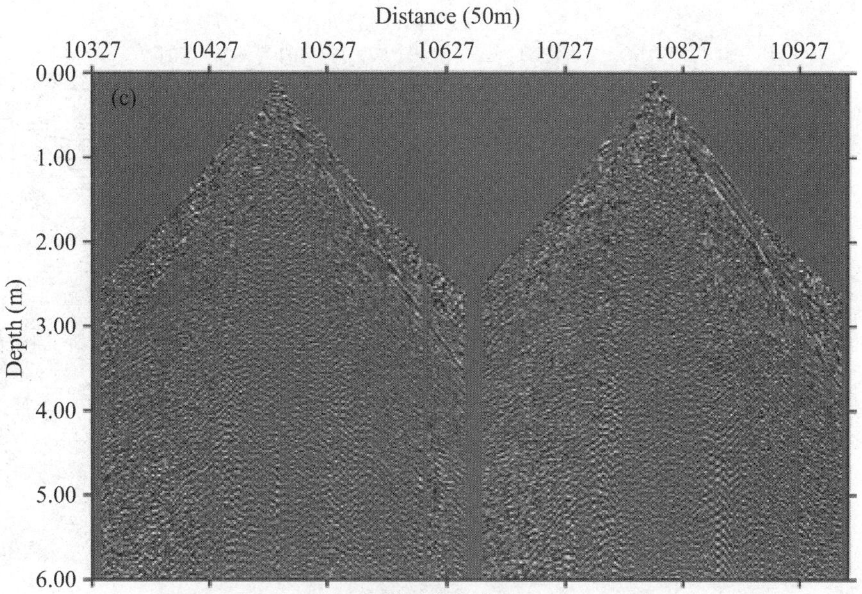

(c)起伏地表的高程

图 5-12　某一探区的实际资料

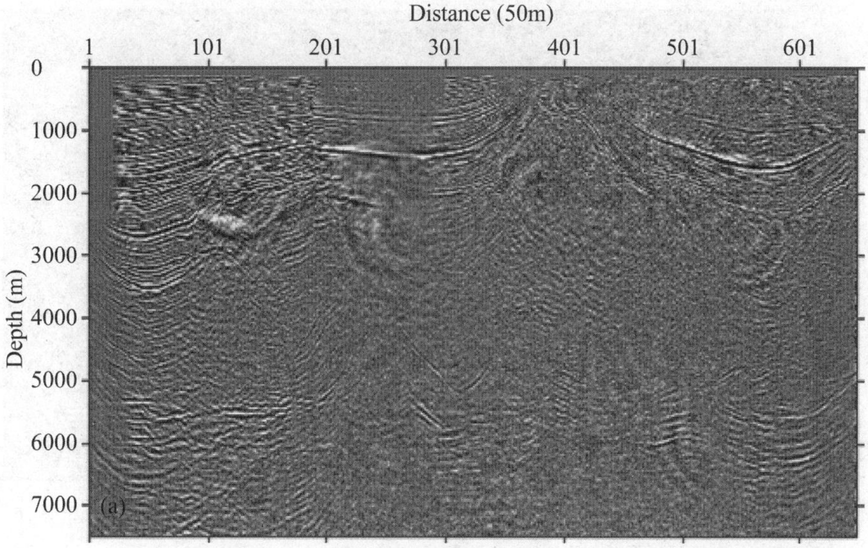

(a) 传统 XWFD

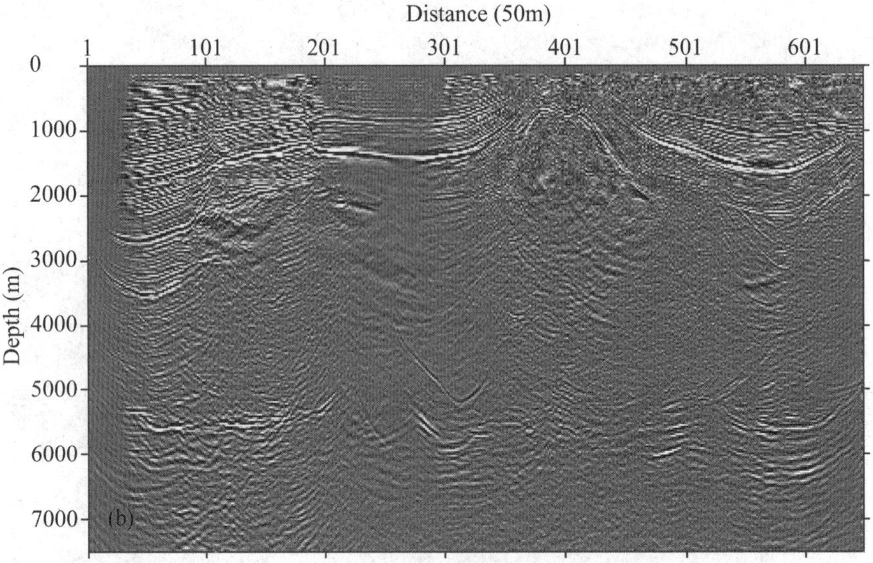

(b)常规 FFD

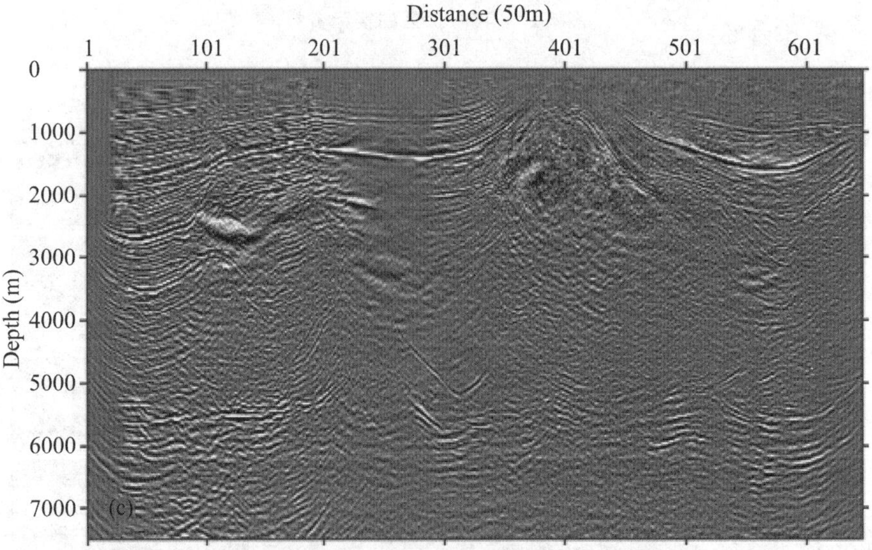

(c) 带误差补偿的保幅 XWFD

图 5-13　基于不同算子，应用直接下延法对实际资料进行叠前深度偏移处理

本章小结

(1)从标量波动方程出发，基于拟微分算子理论，进行波场分裂而得到常密度非均匀介质单程波动方程，将常规的单程波场延拓方法转化为单程声压波场后进行波场延拓，并在此基础上推导出带误差补偿的XWFD保幅波场延拓算子实现波动方程保幅偏移。

(2)为了消除反褶积成像条件中的不稳定现象，引入平滑函数成像条件，对成像条件进行了优化，保证计算的稳定性。对单程波保幅偏移方法进行了模型试算，证明了计算方法的正确性。进一步地将该偏移算子应用到实际资料的处理，改善了复杂介质的成像质量。

第二部分

PART 2

现代成像理论

第六章

共反射面元理论及应用

共反射面元(Common Reflection Surface,即 CRS)叠加最初是在 20 世纪 90 年代由德国卡尔斯鲁厄大学地球物理研究所 Hubral 教授在波动反演技术研究中心(WIT)提出(Hubral, 1999 的)。CRS 叠加的理论基础是几何地震学,它考虑了反射层的局部特征和第一菲涅耳带内的全部反射。CRS 叠加是目前已知的最佳零偏移距叠加成像方式。利用部分 CRS 叠加可以补齐缺失地震道,实现叠前数据规则化,并提高信噪比。从而使得提高质量后的叠前道集中的反射同相轴有更好的连续性,有利于识别和追踪。

二维、三维 CRS 叠加技术已经在国内外实际地震数据处理中取得了巨大成功,它能够显著提高叠加剖面质量尤其是深层的信噪比(Mann and Muller, 1999;Jaeger et al., 2001;Guido Gierse, 2012; Pier, 2015; Parsa Bakhtiari, 2015)。CRS 叠加在复杂、有噪声、叠加速度难以准确获取的陆上地震资料中得到了较好的效果,被视为深层地震资料处理方法的重要发展途径。国内也有许多学者在研究和应用 CRS 叠加技术,并在国内很多探区有成功的应用实例。

随着 CRS 方法技术研究的不断深入,其应用理念也发生了很大转变。以前只是把 CRS 作为叠加成像的工具,CRS 波场属性也只是用来做叠加过程的质量控制,之后 CRS 波场属性也被应用在其他方面。

第一节　三维部分 CRS 叠加提高叠前数据信噪比

部分 CRS 叠加可以生成 CRS 超道集,在提高叠前数据信噪比的同时,可以补齐缺失地震道,并对数据进行规则化。因此,CRS 超道集更适用于对观测系统有较高要求的后续数据处理方法。例如,部分 CRS 叠加在德国和捷克边境地区的陆上地震数据处理中得到了较好的应用(Sergius Dell and Dirk Gajewski, 2013; German Garabito, 2015;Xie and Gajewski, 2016b; Xie, 2017)。

第二节　三维绕射波分离及成像

根据反射波和绕射波在 NIP 波属性参数值方面的差异，确定合理的阈值即可实现反射波和绕射波的分离及纯绕射波叠加成像。该方法应用在地中海以东、以色列近海等地区的地震资料中，取得了一定效果，但该方法精度受限于射线理论的假设(Dell and Gajewski, 2011a; Rad et al., 2015, 2017; Schwarz and Gajewski, 2017; Parsa Bakhtiari Rad, 2018; Yin and Nakata, 2019)。

其他应用如五维插值(Xie and Gajewski, 2017)、估算偏移孔径用于最优孔径偏移(Miriam Spinner and Juergen Mann, 2005; Gian Piero, 2012; Jan Walda, 2015)及多次波衰减(Stefan Duemmong and Dirk Gajewski, 2007; Benjamin Schwarz, 2014)等。理论及应用研究开展较少。

和常规 CMP 叠加不同的是，CRS 叠加过程中得到的法向入射点波(Normal Incidence Point Wave，即 NIP 波)运动学属性里面包含了地下反射层构造形态的信息，如倾角、曲率等，这使得利用 CRS 参数做速度反演成为可能。而且，该速度反演方法继承了共反射面元叠加的特点，在处理低信噪比地区资料方面具有很大的优势。经多次迭代得到的最终速度模型可以用于后续的叠前深度偏移，也可为其他更为精细的速度反演方法提供高质量的初始模型。CRS 参数还可以用于计算稳相点位置和菲涅尔带半径，实现最优孔径偏移。这样不但可以减少偏移噪音、避免成像假象，还有利于保持偏移剖面的动力学特征。另外，CRS 技术在绕射波分离、五维插值、CRS－AVO 分析及多次波衰减等方面也有许多重要的应用。

深层速度反演的困难很大程度上是由于叠前数据质量差、信噪比低等原因导致识别反射同相轴和人工拾取非常困难，尤其是弱信号情况下的盐下速度建模。基于射线理论的 NIP 波运动学属性速度反演抗噪性好，能快速稳健地得到较为合理的宏观速度模型，为后续精细的波动方程速度建模和全波形反演提高可靠的初始输入模型。

第三节　二维共反射面元叠加

在二维情况下，利用射线理论和二阶泰勒展式，可得出用波场三参数表示的双曲近似时距方程。在以中心点 x_m 和半炮移距 h 建立的坐标系中，CRS 时距曲面的双曲近似公式为：

$$t^2(x_m, h) = \left(t_0 + \frac{2\sin\alpha}{v_0}(x_m - x_0)\right)^2 + \frac{2t_0\cos^2(\alpha)}{v_0}\left(\frac{(x_m - x_0)^2}{R_N} + \frac{h^2}{R_{NIP}}\right) \tag{6-1}$$

其中，v_0 是近表速度。该公式在 CMP 道集特殊情况下（$x_m = x_0$）可以简化为：

$$t^2(h) = t_0^2 + \frac{2t_0\cos^2(\alpha)}{v_0}\frac{h^2}{R_{NIP}} \tag{6-2}$$

可以看到，$\frac{2v_0 R_{NIP}}{t_0\cos^2\alpha}$ 代替了 v_{NMO}^2。可见，波场三参数中已经隐含了叠加速度以及地层形态的信息。其物理意义分别如下：

α 是零炮检距射线在地表的出射角；

R_{NIP} 是地面处的法向入射点波（即 NIP 波）曲率半径。其对应于地下反射界面上的一点源，初始曲率半径为 0；

R_N 为法向波（即 N 波）曲率半径。其对应于地下爆炸反射面，初始曲率半径和地层的局部曲率半径一致。

图 6-1 是对某实际资料应用自主研发的 CRS 叠加模块和某商业软件 CMP 叠加模块的处理结果对比。

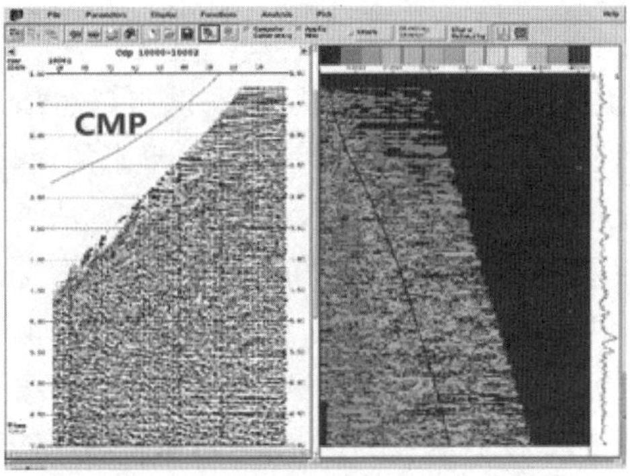

（a）CMP 道集及速度谱

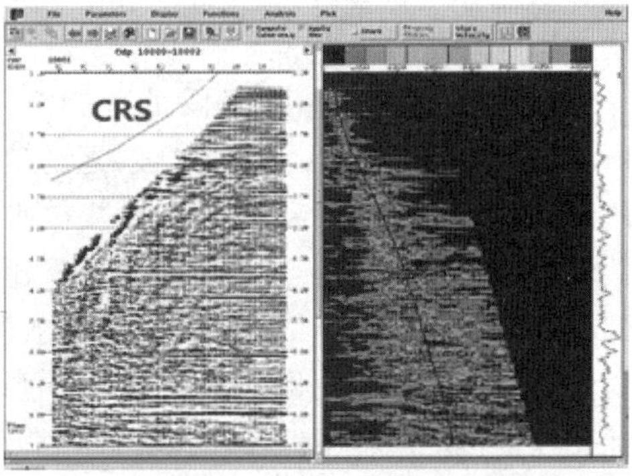

（b）相应的 CRS 道集及速度谱

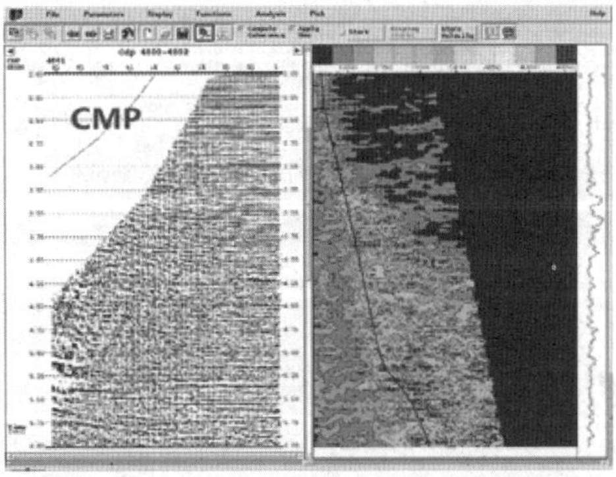

（c）CMP 道集及速度谱

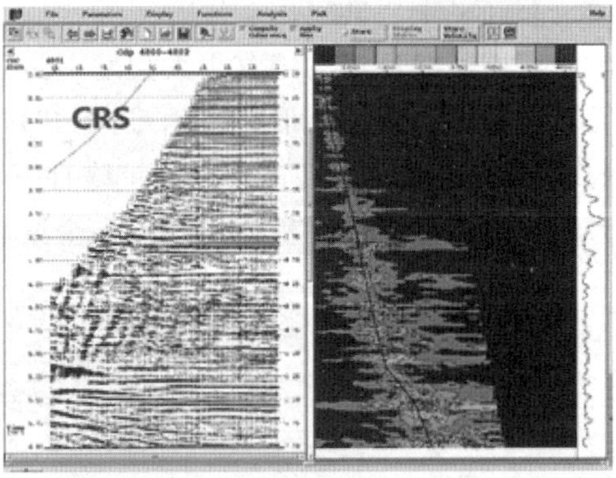

（d）相应的 CRS 道集及速度谱

图 6-1　某实际资料的部分 CRS 叠加处理结果

通过对比可以发现，CRS 道集对应的速度谱有着更高的聚焦质量，易于拾取最佳速度；而且在 CRS 道集上同相轴清晰可见，易于通过其拉平情况判断速度正确与否。

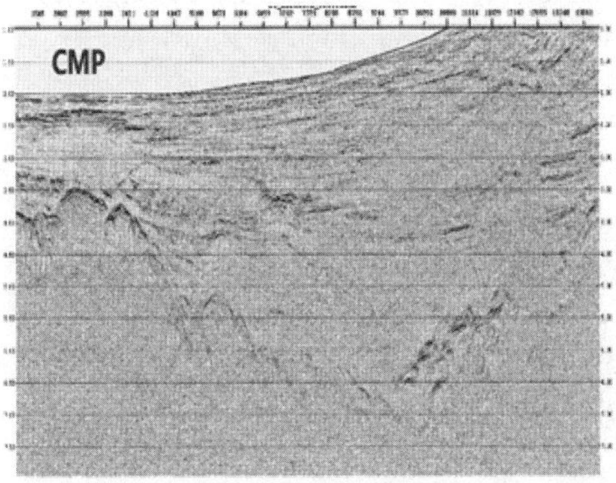

(a)CMP 叠加剖面及深层部分

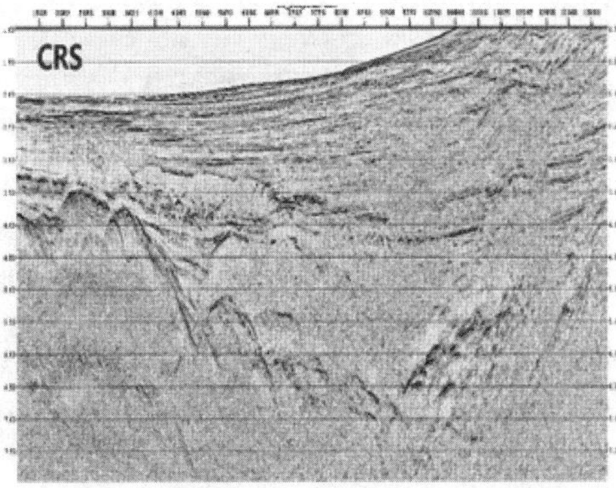

(b)相应的 CRS 叠加剖面及深层部分

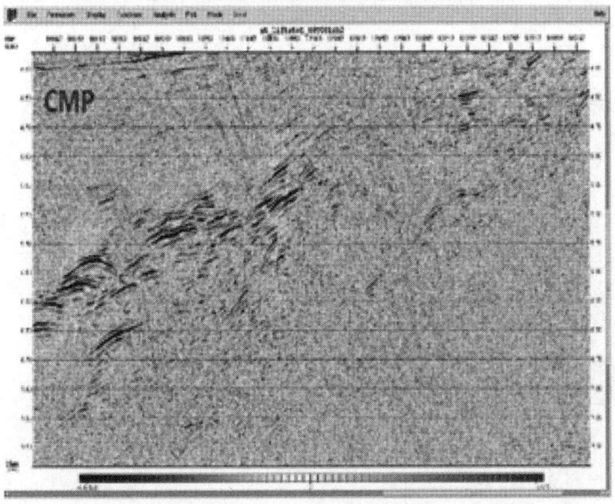

(c)CMP 叠加剖面及深层部分

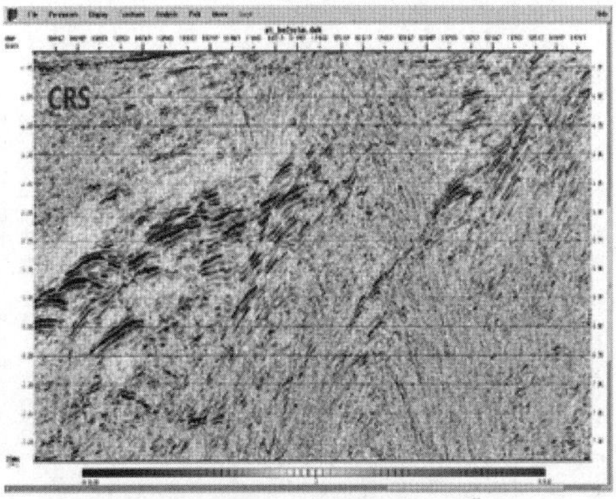

(d)CRS 叠加剖面及深层部分

图 6-2　某测线 CRS 叠加剖面

通过图 6-2 的对比可以发现，CRS 叠加剖面信噪比和成像质量都有很大提高，而且波场动力学特征保持较好，尤其是深层的反射同相轴连续性大大加强。

第四节　三维共反射面元叠加

类似地，可以推导出三维情况下，用波场属性参数表示的 CRS 时距曲面的双曲近似公式为：

$$t^2(\boldsymbol{x}_{\mathrm{m}},\boldsymbol{h}) = \left(t_0 + \frac{2}{v_0}\boldsymbol{p}\cdot\boldsymbol{x}_{\mathrm{m}}\right)^2 + \frac{2t_0}{v_0}\boldsymbol{x}_{\mathrm{m}}^T\boldsymbol{TNT}^T\boldsymbol{x}_{\mathrm{m}} + \frac{2t_0}{v_0}\boldsymbol{h}^T\boldsymbol{TMT}^T\boldsymbol{h} \qquad (6\text{-}3)$$

与二维情况不同的是，$\boldsymbol{p}$ 是零炮检距射线在地表的出射方向，用方位角 $\boldsymbol{p}_x$ 和极角 $\boldsymbol{p}_z$ 表示。$\boldsymbol{N}$ 和 $\boldsymbol{M}$ 分别是射线坐标系下的法向波曲率矩阵和法向入射点波曲率矩阵，且均为 2×2 的对称矩阵。因此，三维 CRS 叠加总共需要八个独立的波场属性参数。$\boldsymbol{T}$ 为射线坐标系到地面坐标系的转换矩阵，由方位角及极角确定。

三维共反射面元叠加流程图如 6-3 所示。

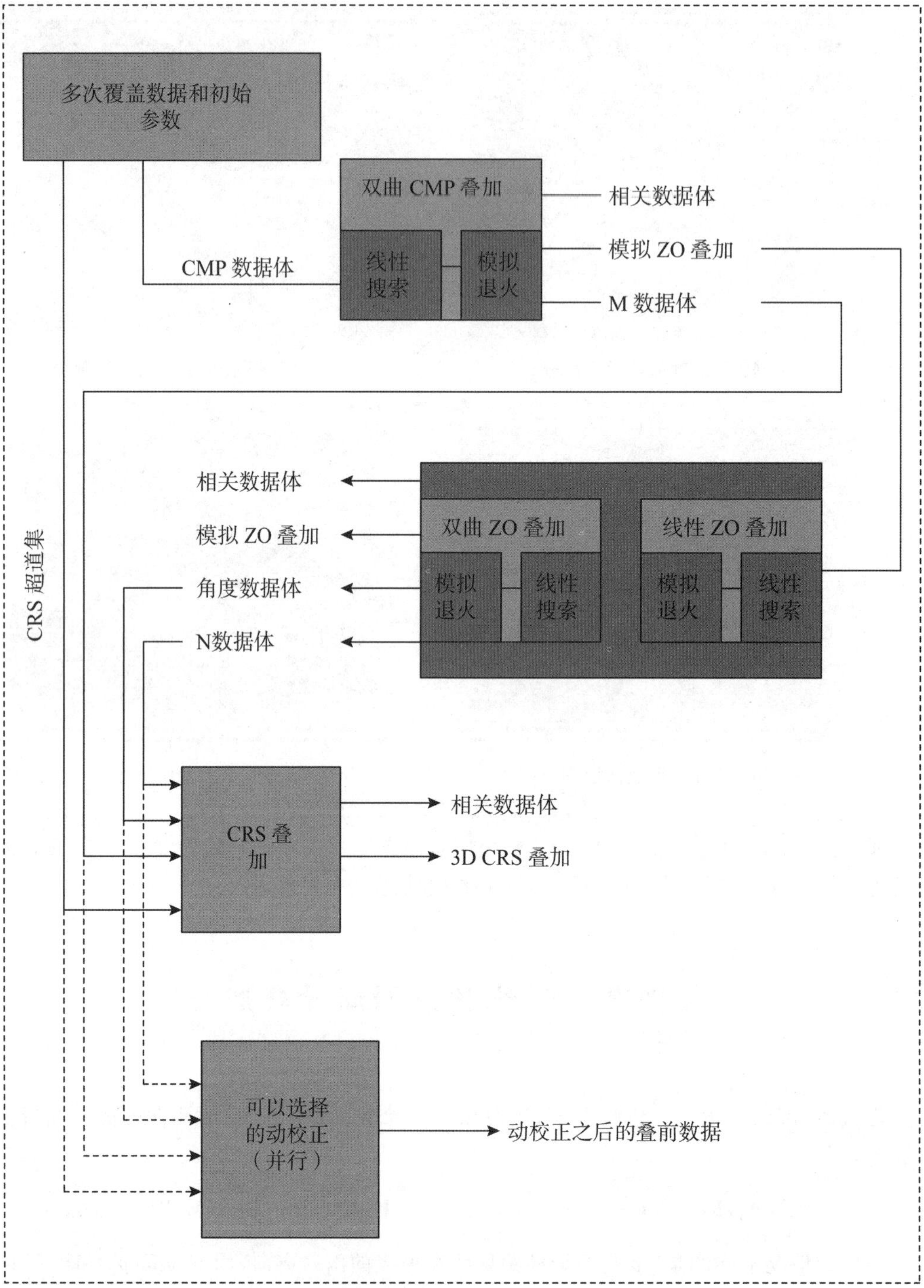

图 6-3　共反射面元叠加流程图(以三维为例)

以下是对某靶区三维资料应用自主研发的 CRS 叠加模块的处理结果，如图 6-4 所示。三维勘探数据总共 9500 炮，1100 多万道，约 50G。

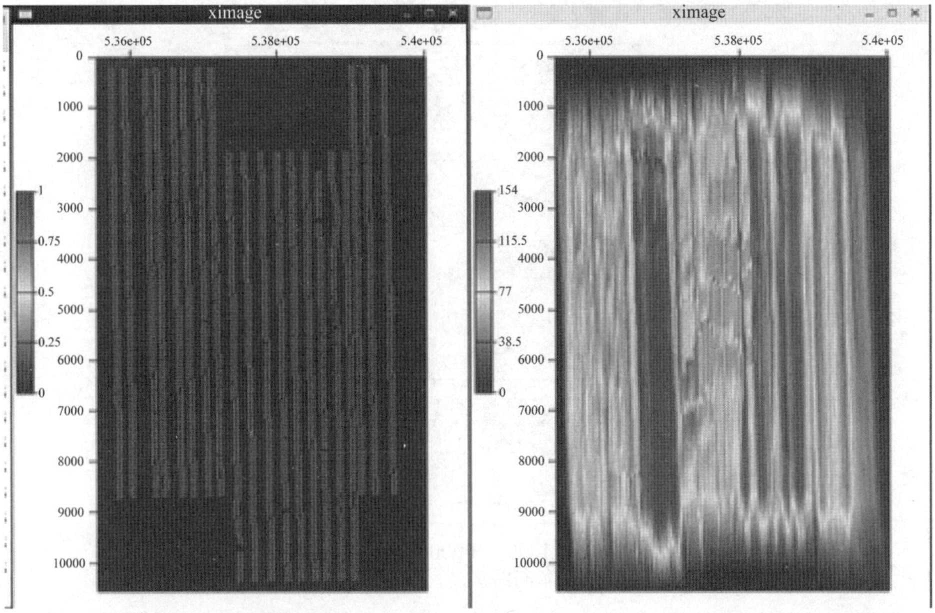

(a) 炮点分布图　　　　　　　　(b) 覆盖次数分布图

图 6-4　三维观测系统示意图

在三维 CRS 叠加处理中，采用的 x 方向和 y 方向的面元大小为 25m×25m。最终的 CRS 叠加数据体中，不同时刻的时间切片分别显示如图 6-5 所示。

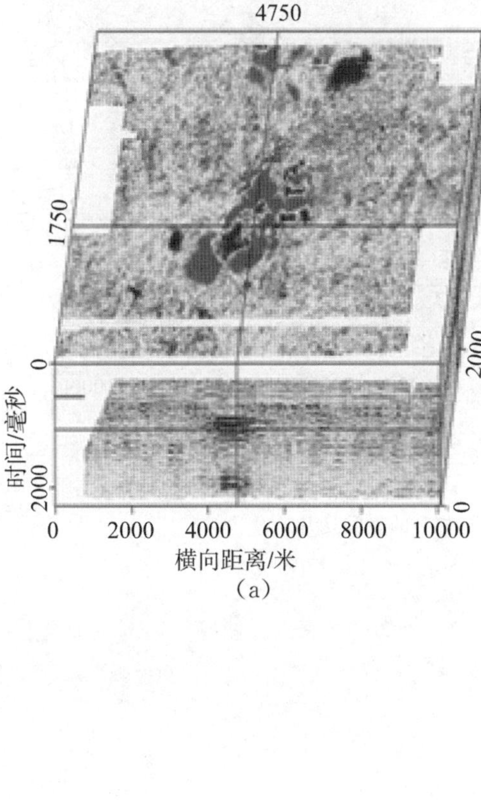

(a)

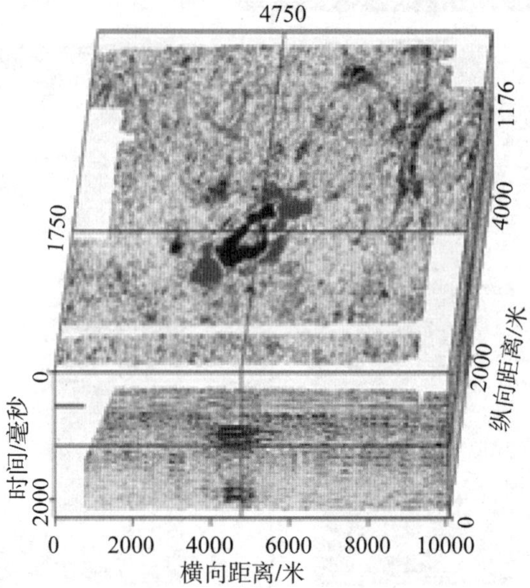

(b)

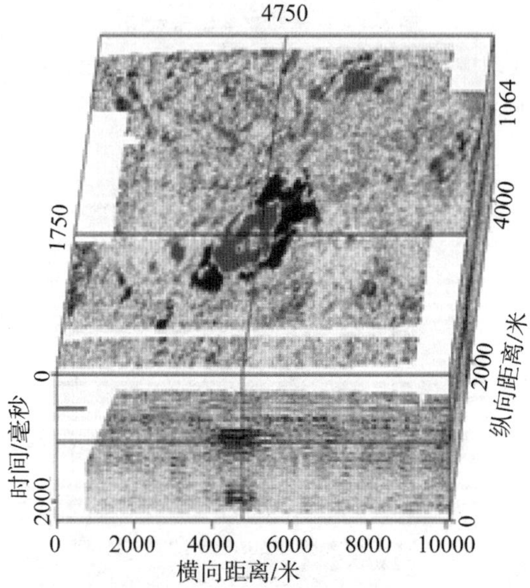

(c)

图 6-5 三维 CRS 叠加数据体

图注:(a)、(b)、(c)均为不同时刻的时间切片

第五节　二维 NIP 波运动学属性速度反演

NIP 波的理论最早由 Hubral(1983)提出。Duveneck (2004)将 NIP 波用于层析速度建模。当速度模型正确时,对于每一个 NIP 点,正演计算得到的 NIP 波属性参数和从 CRS 属性数据体中拾取的 NIP 波属性参数一致。该方法在应用方面尚未成熟,而且 CRS 叠加获取的 NIP 波属性参数的质量和基于旁轴射线理论计算的速度更新量的精度都会对其效果产生影响。目前,该反演方法在进一步发展完善中,并在部分二维实际资料处理中有初步的尝试(Duveneck and Hubral, 2002; Duveneck, 2004;L. Malovichko,2013; Parsa Bakhtiari Rad, 2014; Guido, 2015;Gelius and Tygel, 2015; Coimbra et al., 2016;Yujiang Xie,2018;Martina, 2019; Marcelo, 2019)。

在二维情况下,NIP 波运动学属性速度反演中,输入的信息包括:旅行时 t,出射角 α 和 NIP 波曲率半径 R_{NIP}。由于 CRS 时距公式计算的旅行时对 N 波曲率半径 R_{N} 不敏感,通常难以在 CRS 叠加过程中获取高质量的 R_{N},因此速度反演时为了避免不稳定,一般不采用该参数。

在 NIP 波运动学属性速度反演时,需要寻找一模型 m,使得标准的 NIP 波属性 d 和模拟的 $d_{\mathrm{mod}} = f(m)$ 达到最佳匹配。这里,非线性算子 f 表示在当前模型中通过动力学射线追踪做正演模拟。如果采用 L2 范数,反演问题中的目标函数为:

$$S(m) = \frac{1}{2}\| d - f(\mathrm{m}) \|_{\mathrm{D}}^{2} = \frac{1}{2}\Delta d^{\mathrm{T}}(\mathrm{m}) C_{\mathrm{D}}^{-1} \Delta \mathrm{d}(\mathrm{m}) \tag{6-4}$$

其中,$\Delta d(m) = d - f(m)$。对角矩阵 $\boldsymbol{C}_{\mathrm{D}}$ 是协方差矩阵,用来对不同的数据分量加权。由于 f 存在非线性特征,原则上应该使用全局非线性最优化方法。然而,考虑到计算量,这里采用局部迭代的算法,将正演算子 f 进行局部线性化。因此,目标函数 S 的最小值可以通过利用最小二乘方法求解线性问题得到。反演过程中,基于初始估计模型,计算一系列的 Δm,不断更新模型直至满足要求。在第 n 步迭代中,在给定模型 m_n 附近,正演算子可以局部估计为 $f(m_n + \Delta m) \approx f(m_n) + F\Delta m$,其中 F 是包含 f 在 m_n 处的 Frechet 导数的矩阵。Frechet 导数可以通过在正演模拟过程中利用射线扰动理论计算得到。计算目标函数梯度,令其为 0,得到如下公式:

$$\boldsymbol{F}^{\mathrm{T}} \boldsymbol{C}_{D}^{-1} \boldsymbol{F} \Delta m = \boldsymbol{F}^{T} \boldsymbol{C}_{D}^{-1} \Delta d(m_n) \tag{6-5}$$

如果 $\boldsymbol{F}^{\mathrm{T}} \boldsymbol{C}_{D}^{-1} \boldsymbol{F}$ 存在逆矩阵,就可以得到 Δm 的最小二乘解。但是,并不是所有的模型分量都能够充分地受到数据的约束,这导致矩阵 $\boldsymbol{F}$ 通常是病态的,因此反演难以稳定实现。因此需要一些附加信息,使问题规则化。其中一个附加的约束条件就是认为速度模型应该尽可能是平滑的、简单的。平滑模型保证了可以利用动力学射线追踪沿着法向射线计算稳定可靠的 NIP 波属性,即波前曲率半径和角度参数,进而描述其运动学响应。利用最小二乘方法求解以上方程,得到模型更新量 Δm,使得目标函数最小化:

$$S(m) = \frac{1}{2}\Delta d^{T}(m) C_{D}^{-1} \Delta d(m) + \frac{1}{2}\varepsilon m_{(v)}^{T} D'' m_{(v)} \tag{6-6}$$

其中，$m_{(v)}$ 是 m 中包含速度系数的部分。ε 因子用于调节目标函数中的模型平滑约束条件和数据残差量约束条件之间的相对权重关系。为了保证反演的稳定，需要依据具体数据对因子大小做合适地选择。应用 LSQR 迭代算法，该算法可以高效地求解线性问题，而且不需要显式地计算逆矩阵。该算法可以利用 $\tilde{F}$ 稀疏矩阵的特点。

该速度反演方法实现的技术流程图如图 6-6 所示。

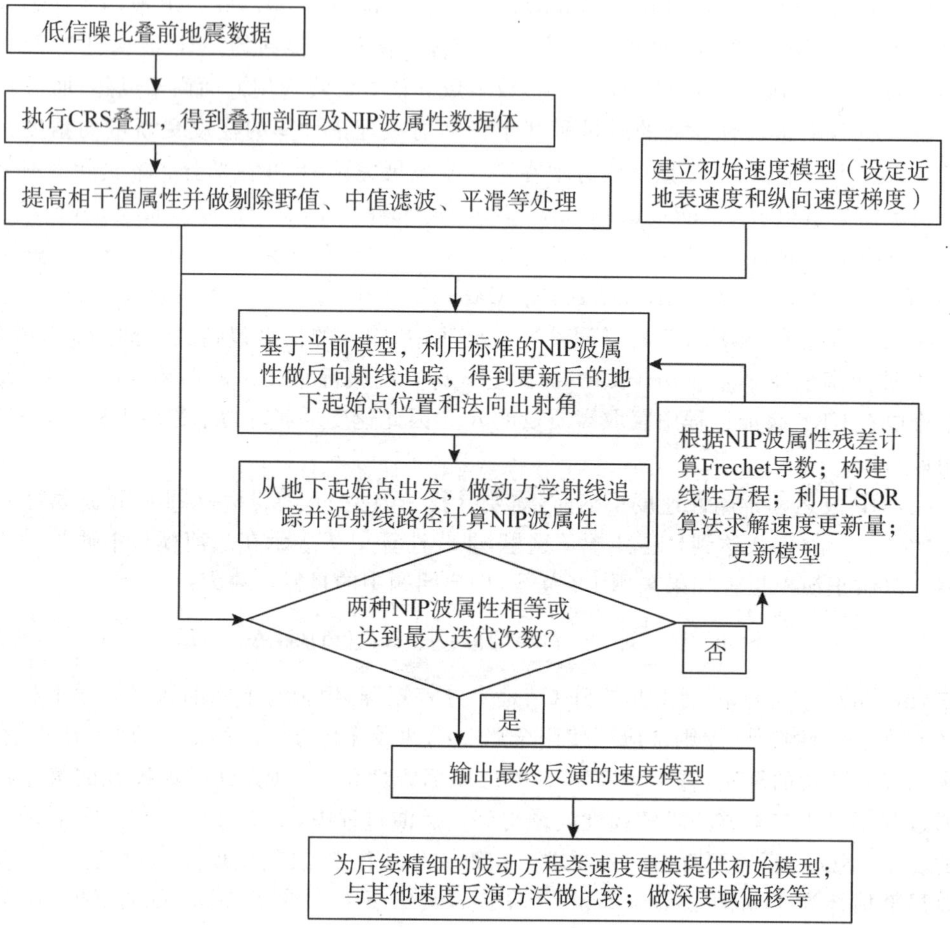

图 6-6 二维 NIP 波运动学属性速度反演流程图

第六节 数值试算

图 6-7 是基于二维平滑模型做 NIP 波运动学属性速度反演以验证理论方法的正确性及实现流程的可行性得到的初步成果。

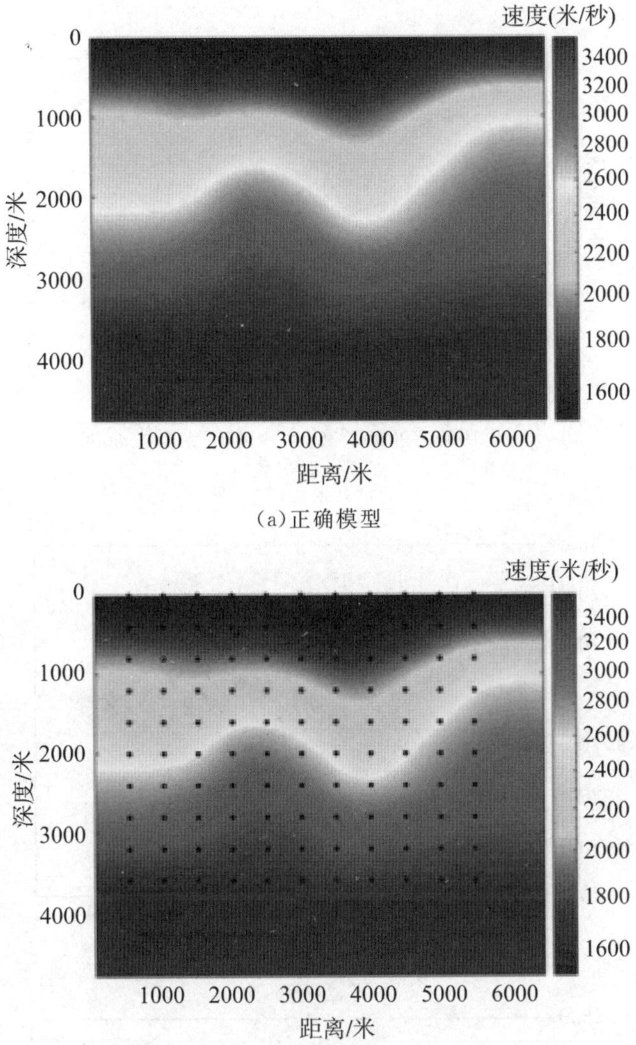

(a)正确模型

(b) 速度控制点

图 6-7　正确模型及速度控制点

图 6-8 是基于正确模型从起始点出发做动力学射线追踪，并沿射线路径计算 NIP 波曲率直至地面得到的后续反演需要的各 NIP 波运动学属性。(做实际资料处理时，这些运动学属性参数只能通过在对地震数据做 CRS 叠加的过程中得到)。

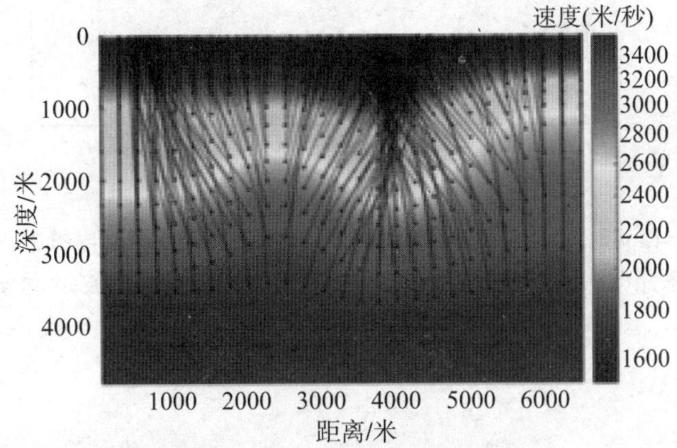

(a)射线路径图

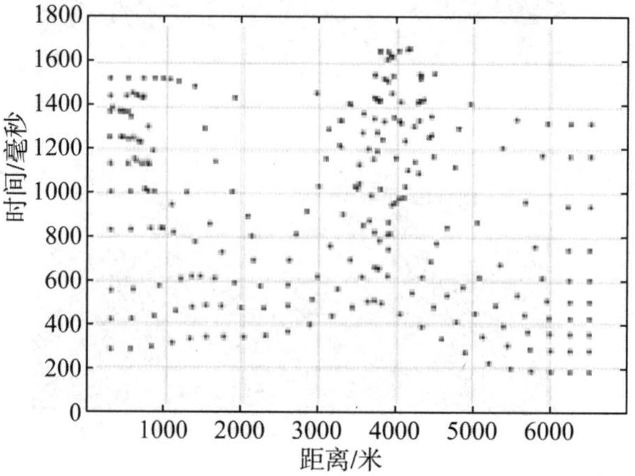

(b) 旅行时

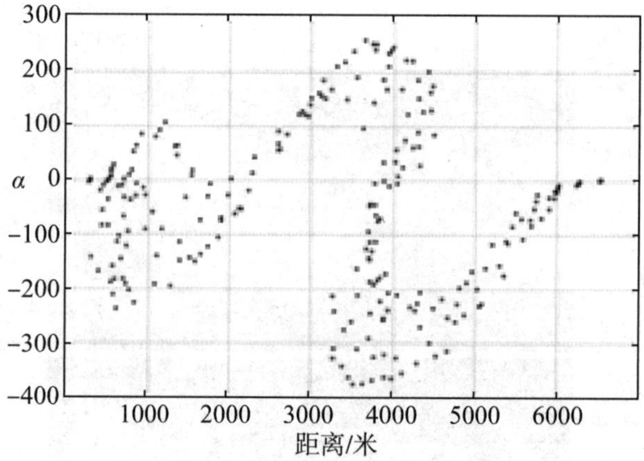

(c) 出射角

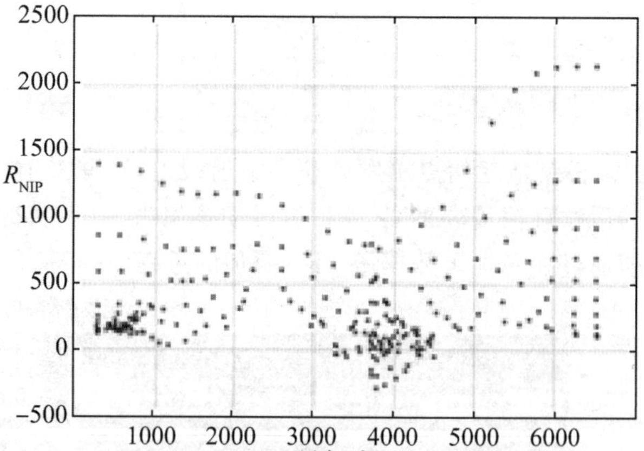

(d) NIP 波曲率半径

图 6-8 射线路径图及沿射线路径计算的 NIP 波运动学属性

反演的基本思路是：以基于正确模型模拟计算得到的 NIP 波运动学属性作为标准；

建立初始模型做正演模拟；利用正演计算得到的 NIP 波运动学属性与标准的 NIP 波运动学属性之间的差异求取速度更新量；更新模型，迭代计算。

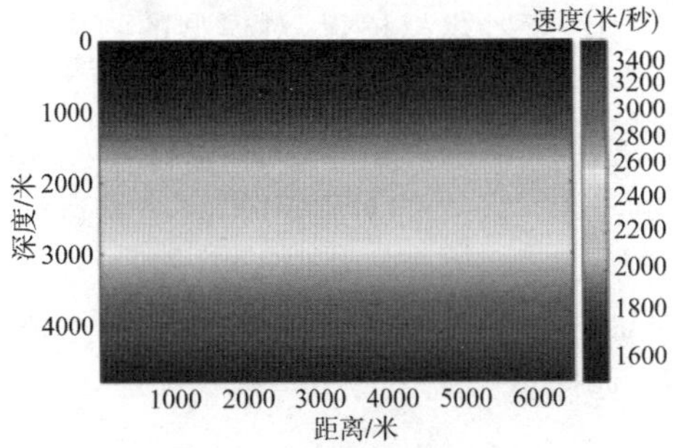

(a) 初始模型

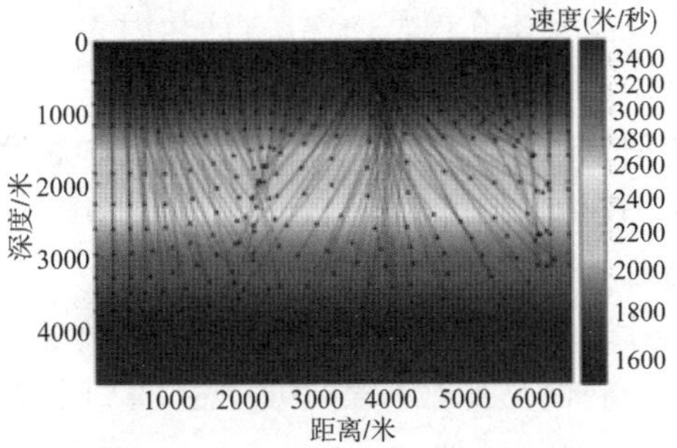

(b) 射线路径图

图 6-9　初始模型及射线路径图

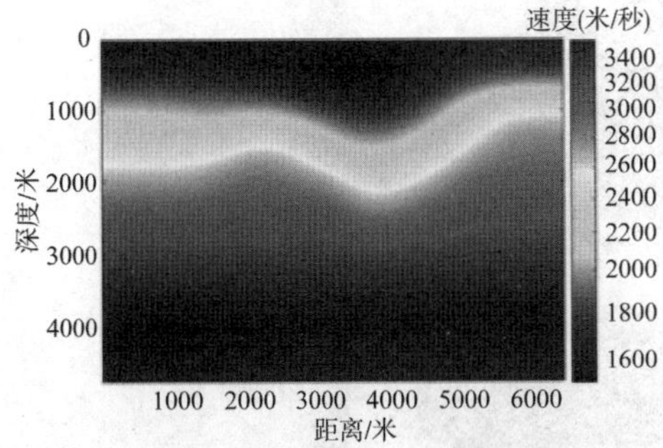

(a) 第 1 次迭代的模型

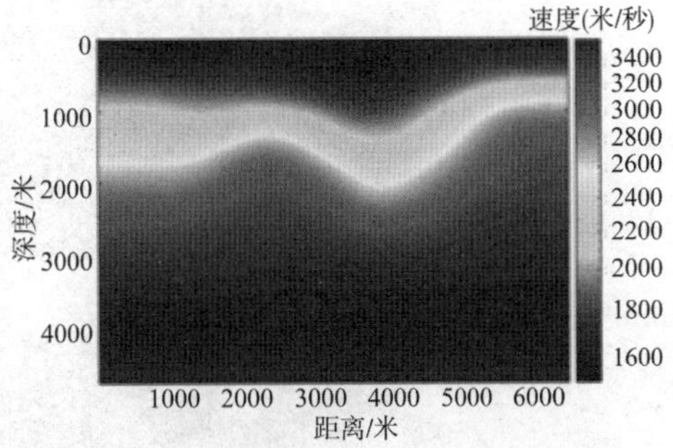

(b) 第 4 次迭代的模型

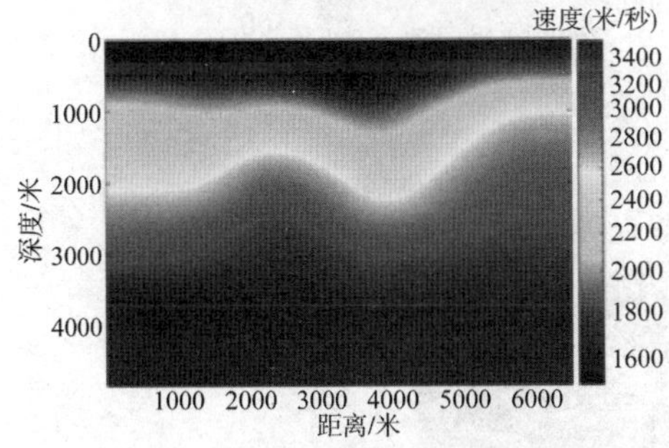

(c) 第 9 次迭代的模型

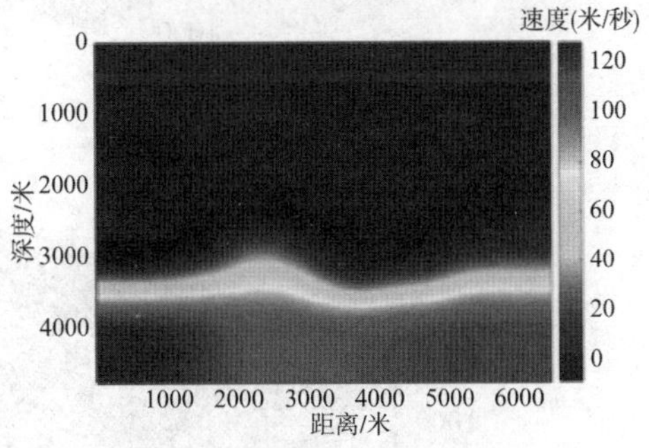

(d) 与正确模型的残差

图 6-10　迭代过程中的速度模型与最终的残差

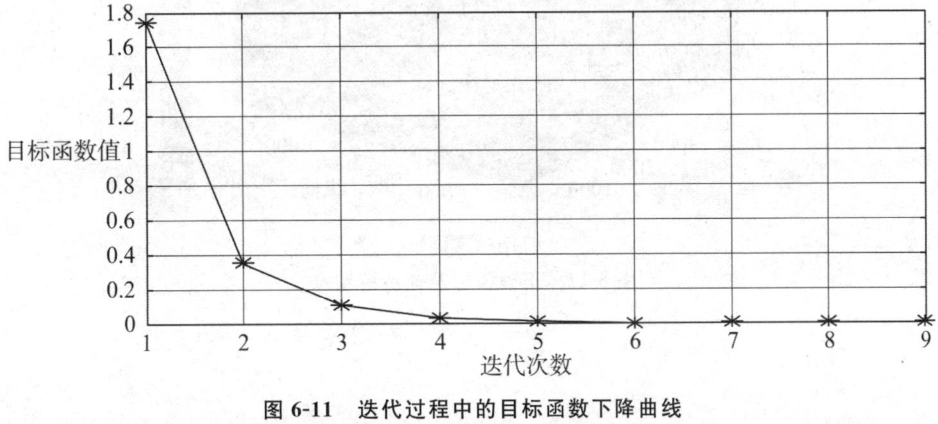

图 6-11　迭代过程中的目标函数下降曲线

由模型试算的结果(图 6-9、图 6-10、图 6-11)可以看到,NIP 波运动学属性速度反演方法取得了理想的效果,只需很少几次迭代即可逼近正确模型。最终的反演结果误差不大并且主要集中在模型的深层,这是因为越往深层 NIP 波射线越稀疏,对模型的约束效果降低。

类似地,在三维情况下 NIP 波运动学属性速度反演中,输入的信息包括:旅行时 t,出射角 $\boldsymbol{p}$(包括方位角 $\boldsymbol{p}_x$ 和极角 $\boldsymbol{p}_z$)和 NIP 波曲率矩阵 $\boldsymbol{M}$(2×2 的对称矩阵)。三维速度反演时通常也不采用 N 波曲率矩阵。

设计三维平滑模型如图 6-12 所示,做三维 NIP 波运动学属性速度反演,以验证理论方法的正确性及实现流程的可行性,得到了初步的一些成果。

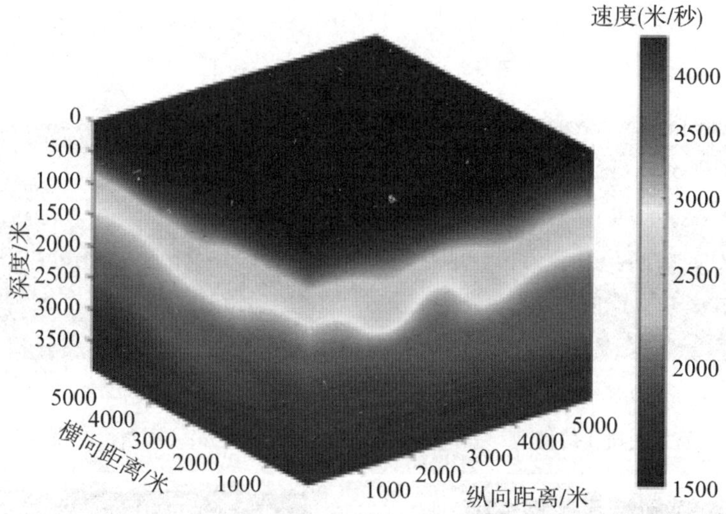

(a) 正确模型

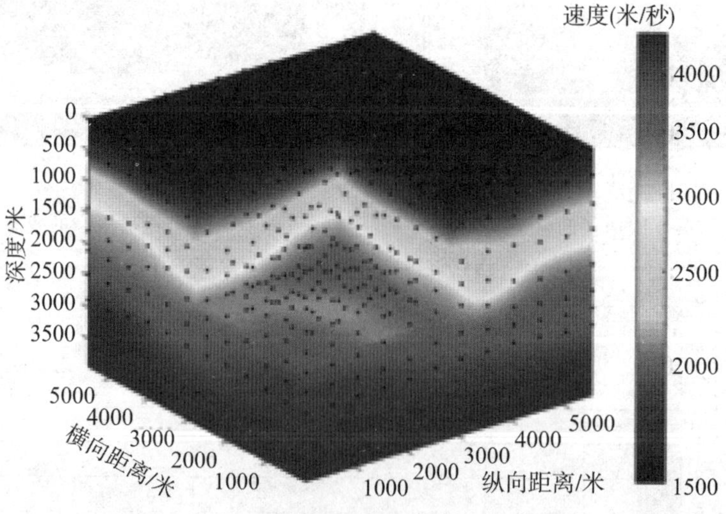

(b) 速度控制点

图 6-12　正确模型及速度控制点

与二维的情况类似，基于正确模型做射线追踪计算标准的 NIP 波运动学属性参数（图 6-13），作为后续反演的输入信息。

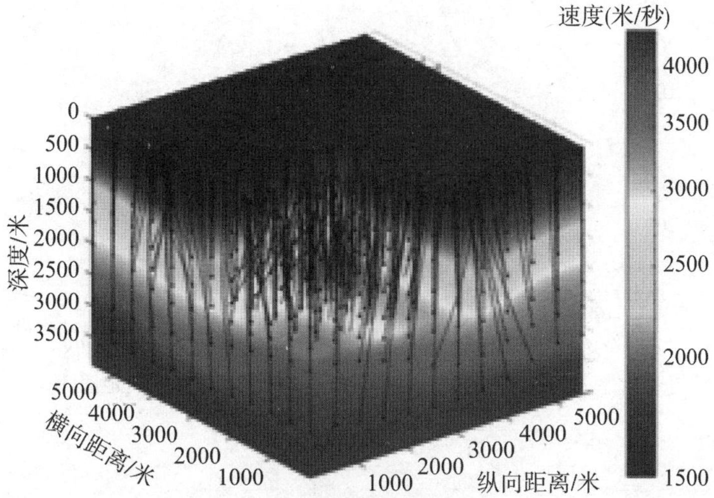

(a)射线路径图

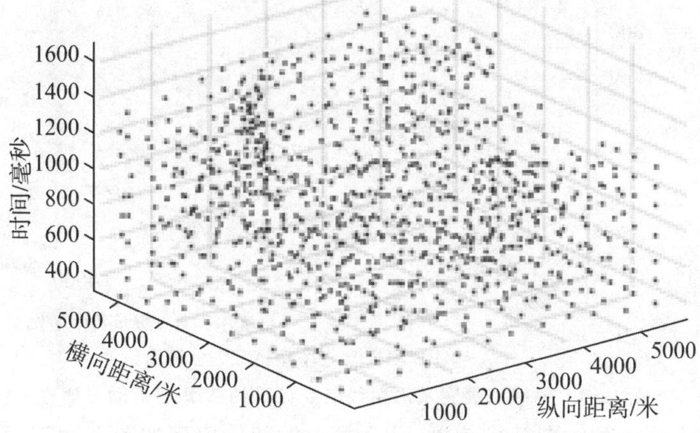

(b) 旅行时

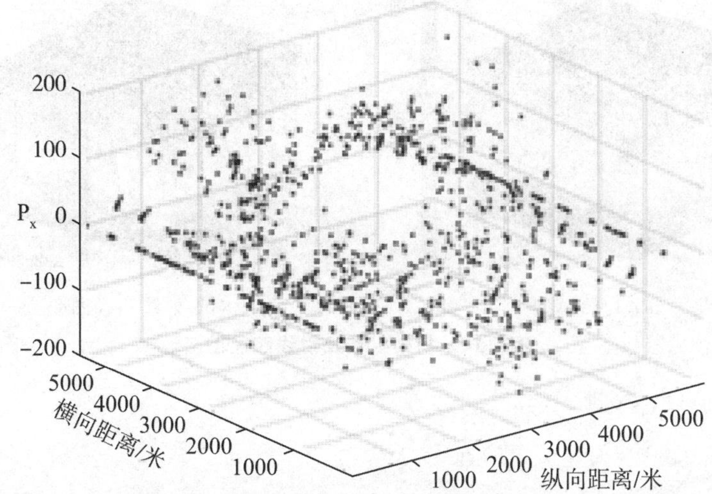

(c)出射角的方位角分量

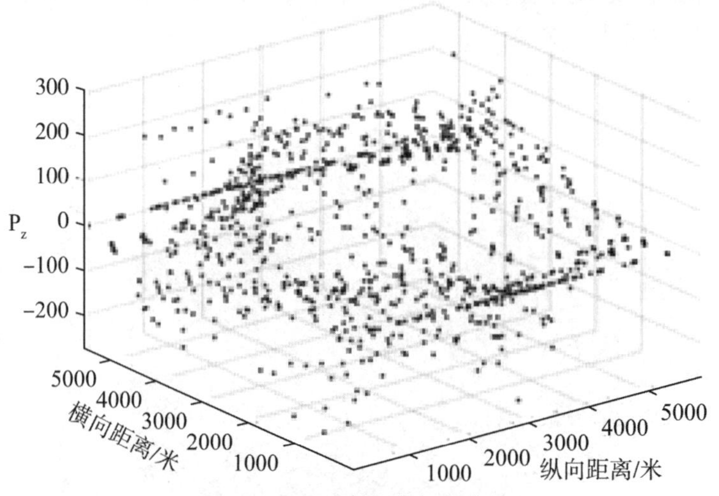

(d) 出射角的极角分量

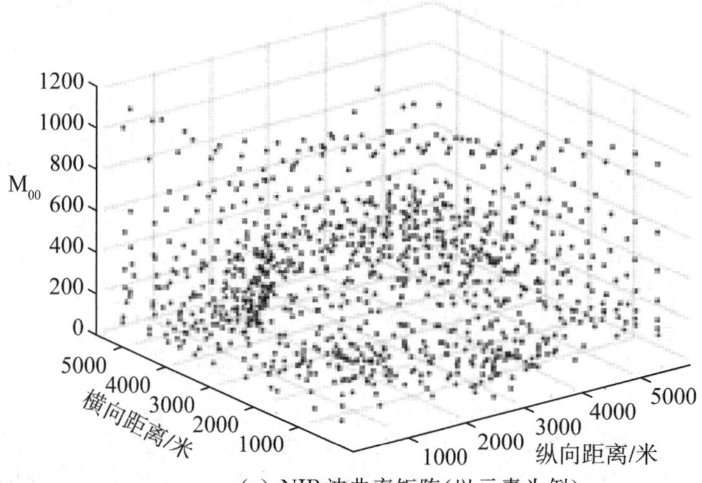

(e) NIP 波曲率矩阵(以元素为例)

图 6-13　射线路径图及沿射线路径计算的 NIP 波运动学属性

设定近地表速度和纵向速度梯度,建立简单的初始模型如图 6-14 所示。

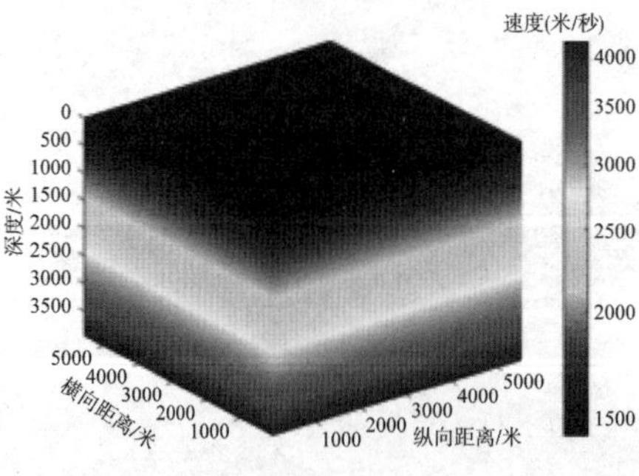

(a) 初始模型

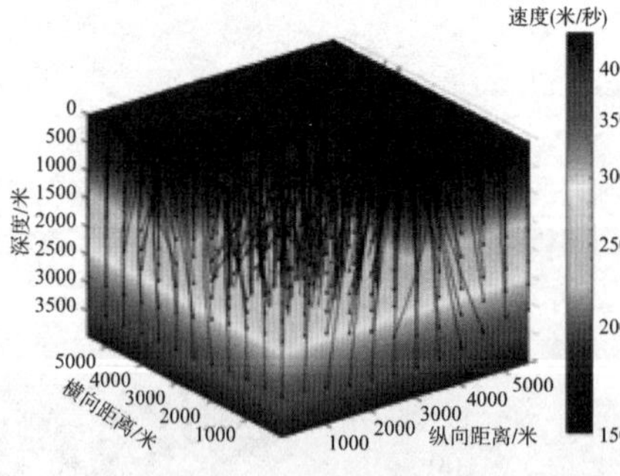

(b) 射线路径图

图 6-14　初始模型及射线路径图

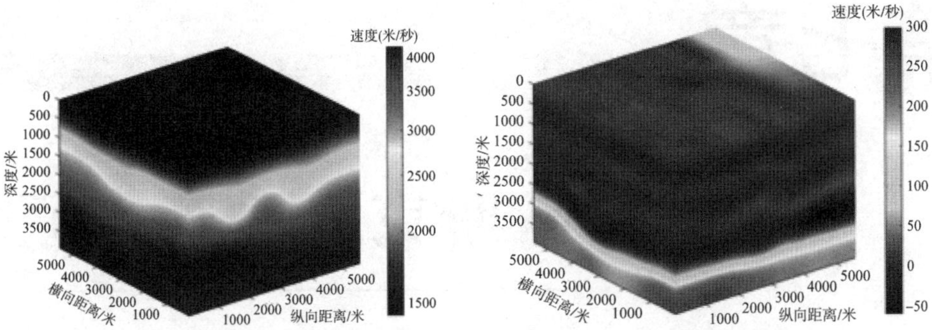

(a)最终模型　　　　　　　　(b)与正确模型的残差

图 6-15　最终模型(12 次迭代后)及与正确模型的残差

与二维的情况类似,三维 NIP 波运动学属性速度反演方法也取得了理想的效果(图 6-15),验证了方法的正确性和流程的适用性。

三维 NIP 波宏观模型深层速度反演是一种新的速度反演方法,具有与其他速度反演不同的特色：

(1)该方法避免了在海量三维叠前道集上做人工拾取,具有很强的抗噪能力。CRS 叠后属性数据体是在 CRS 叠加过程中产生的,其拾取的高质量参数反映的就是地下某一点在叠前地震数据体中的运动学响应,并且易于拾取。这是与其他立体层析、网格层析反演等方法相比最大的优势。

(2)与其他反射层析建模方法不同,该反演方法无须层位解释和沿层连续拾取,自动化程度相对较高。另外,基于商业软件的人机交互功能会进一步提高参数拾取的质量。

(3)计算速度快,稳健性好,适合三维情况下大型勘探区块的深层速度建模。描述 NIP 波属性的参数属于叠后和运动学参数,在执行 CRS 叠加过程中产生。基于叠后属性数据体的反演策略可以显著降低计算机的存储量和计算量,最终稳健可靠地得到高质量的宏观速度模型。

本章小结

(1)CRS 和常规 CMP 叠加不同的是叠加过程中得到的法向入射点波运动学属性里面包含了地下反射层构造形态的信息如倾角、曲率等,因此在处理低信噪比地区资料方面具有很大的优势。

(2)CRS 超道集在提高叠前数据信噪比的同时,可以补齐缺失地震道,并对数据进行规则化。因此,CRS 超道集更适用于后续对观测系统有较高要求的数据处理方法。

(3)三维 NIP 波宏观模型深层速度反演相比于传统深层速度反演算法在抗噪能力、自动化、稳定性、精度等方面均有所提升。

第七章

高斯束方法基本原理

第一节　高斯束的理论推导

在二维标量介质中，波场 $u(x,z,t)$ 满足下述标量波动方程：

$$\frac{\partial^2 u}{\partial x^2}+\frac{\partial^2 u}{\partial z^2}=\frac{1}{V(x,z)^2}\frac{\partial^2 u}{\partial t^2} \tag{7-1}$$

其中，$V(x,z)$ 代表地下介质的速度；对于任意一条射线 Ω，构建一个如图 7-1 所示的正交坐标系—射线中心坐标系 (s,n)。其中，s 代表 Ω 上某点到任意参考点的弧长，n 代表 Ω 附近一点到 s 点的距离；坐标系的基矢量分别为同射线 Ω 相切的单位切向量 $\boldsymbol{t}$ 和同 Ω 垂直并指向 Ω 同一侧的单位法向量 $\boldsymbol{n}$。

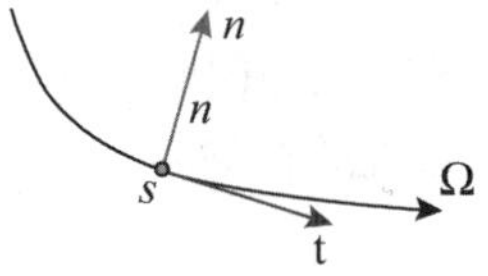

图 7-1　二维射线中心坐标系

在射线中心坐标系中，波动方程可以表示为：

$$\frac{1}{h}u_{,ss}+hu_{,nn}-\frac{h}{V(x,z)^2}u_{,tt}+u_{,s}\left(\frac{1}{h}\right)_{,s}+u_{,n}h_{,n}=0 \tag{7-2}$$

其中，$u_{,s}=\partial u/\partial s$，$u_{,ss}=\partial^2 u/\partial s^2$。由于高频地震波场主要沿着射线路径传播，可以利用抛物方程法来求取波动方程在射线 Ω 附近的解。以下的代换是抛物方法中的基本步骤：

$$u(s,n,t)=\exp\left\{-i\omega\left[t-\int_{s_0}^{s}\frac{\mathrm{d}s}{V(s)}\right]\right\}U(s,n,\omega) \tag{7-3}$$

其中，$V(s)$ 为射线 Ω 上 $(s,0)$ 点的速度。在推导抛物型波动方程中，假设 $n=0(\omega^{-1/2})$，对于高频来说，所需研究的区域将仅限于沿 Ω 的一个薄的“边界层”内。为此，引入一个新的坐标 v：

$$v=\omega^{1/2}n \tag{7-4}$$

将公式(7-3)、(7-4)代入公式(7-2)，得：

$$\omega^2 h\left(\frac{1}{V^2}-\frac{1}{h^2V^2}\right)U+\omega\left[-\frac{i}{hV^2}v_{,s}U+\frac{i}{V}\left(\frac{1}{h}\right)_{,s}U+\frac{2i}{hV}U_{,s}+hU_{,vv}\right]+\omega^{1/2}U_{,v}h_{,n}$$

$$+\frac{1}{h}U_{,ss}+U_{,s}\left(\frac{1}{h}\right)_{,s}=0 \tag{7-5}$$

其中，$U=U(s,v,\omega)$ 。若仅考虑公式(7-5)中关于 ω 的高阶项，则可得：

$$\frac{2i}{V}U_{,s}+U_{,vv}-\left(\frac{1}{V^2}v^2V_{,nn}+\frac{i}{V^2}V_{,s}\right)U=0 \tag{7-6}$$

其中，$U=U(s,v)$ 为 $U=U(s,v,\omega)$ 渐进级数的首阶项。接下来做如下代换：

$$U(s,v)=\sqrt{V(s)}W(s,v) \tag{7-7}$$

并将其代入公式(7-7)中，得到最终的抛物波动方程：

$$\frac{2i}{V}W_{,s}+W_{,vv}-\frac{1}{V^3}v^2V_{,nn}W=0 \tag{7-8}$$

公式(7-8)的一个特解可以写为：

$$W(s,v)=A(s)\exp\left(\frac{i}{2}v^2M(s)\right) \tag{7-9}$$

$A(s)$，$M(s)$ 为未知的复值函数。将公式(7-9)代入公式(7-8)，得：

$$M_{,s}+VM^2+\frac{1}{V^2}V_{,nn}=0 \tag{7-10}$$

以及

$$A_{,s}+\frac{1}{2}VAM=0 \tag{7-11}$$

公式(7-10)为 Riccati 型一阶非线性微分方程，可以通过如下变换：

$$M=\frac{P}{Q}\ ,\ P=\frac{1}{V}Q_{,s} \tag{7-12}$$

其中，P 和 Q 为动力学射线追踪参数。公式(7-10)可以转换为如下耦合的线性微分方程组，也就是动力学射线追踪方程：

$$\frac{\mathrm{d}Q(s)}{\mathrm{d}s}=V(s)P(s) \tag{7-13a}$$

$$\frac{\mathrm{d}P(s)}{\mathrm{d}s}=-\frac{1}{V^2(s)}\frac{\partial^2V(s)}{\partial n^2}Q(s) \tag{7-13b}$$

将 $M(s)$ 表示为 $M=\frac{1}{v}\frac{\mathrm{d}(\ln Q)}{\mathrm{d}s}$，则可以得到公式(7-11)的解：

$$A(s)=\Psi\frac{1}{Q(s)} \tag{7-14}$$

其中，Ψ 为复常数。联合公式(7-7)，(7-9)，(7-12)，(7-14)，并代入公式(7-3)，可得到波动方程在中心射线 Ω 邻域的高频渐进解：

$$u(s,n,t)=\Psi\sqrt{\frac{V(s)}{Q(s)}}\exp\left\{-i\omega\left[t-\int_{s_0}^{s}\frac{\mathrm{d}s}{V(s)}\right]+\frac{i\omega}{2}\frac{P(s)}{Q(s)}n^2\right\} \tag{7-15}$$

上式中，$P(s)$ 和 $Q(s)$ 为动力学射线追踪公式(7-13)的解，其决定了公式(7-15)的性质。若 $P(s)$ 和 $Q(s)$ 为实数，$M(s)=\frac{P(s)}{Q(s)}$ 也为实数，此时，公式(7-15)代表波动方程的旁轴射线解。

若 $P(s)$ 和 $Q(s)$ 为虚数，此时，$M(s)$ 也为虚数，当 $P(s)$，$Q(s)$ 满足高斯束的存在性条件时，可以称公式(7-15)为高斯束。$P(s)$，$Q(s)$ 必须满足的条件有两个：第一，$Q(s) \neq 0$，该条件保证高斯束沿射线是处处正则的(振幅有限)；第二，$\mathrm{lm}\left(\frac{P(s)}{Q(s)}\right) > 0$，该条件保证解集中于中心射线附近。Ĉerveny et al.(1982)证明当采用如下的初始值：

$$P(s_0) = aP_1(s_0) + ibP_2(s_0) \tag{7-16a}$$

$$Q(s_0) = aQ_1(s_0) + ibQ_2(s_0) \tag{7-16b}$$

其中，a，b 为实常数且 $a \times b > 0$；$P_1(s_0) \neq 0$，$Q_1(s_0) = 0$ 为动力学射线追踪公式(7-13)的点源解的初始值；$P_2(s_0) = 0$，$Q_2(s_0) \neq 0$ 为公式(7-13)的线源解的初始值；这也就说 $P(s)$ 和 $Q(s)$ 为公式(7-13)点源解和线源解的复线性组合时，上述存在性条件便可以得到满足。

7.1.1 高斯束的数值求解

高斯束的数值求解过程如图 7-2 所示，大致分为以下三步：

首先，根据高斯束的初始位置和初始方向，利用如下运动学射线追踪方程组来求取中心射线的路径和走时：

$$\frac{\mathrm{d}x_i(s)}{\mathrm{d}\tau} = V^2(s)p_i(s) \tag{7-17a}$$

$$\frac{\mathrm{d}p_i(s)}{\mathrm{d}\tau} = -\frac{1}{V(s)}\frac{\partial V(s)}{\partial x_i} \tag{7-17b}$$

其中，$x_i(s)$ 为直角坐标 (x,z) 中的射线坐标，$p_i(s)$ 为射线慢度矢量的水平和垂直分量，τ 为沿射线的走时，$\mathrm{d}\tau$ 为求积步长。

接下来，在求取射线路径和走时的同时还需要利用下述动力学射线追踪方程组来求取中心射线的动力学参量：

$$\frac{\mathrm{d}Q(s)}{\mathrm{d}\tau} = V^2(s)P(s) \tag{7-18a}$$

$$\frac{\mathrm{d}P(s)}{\mathrm{d}\tau} = -\frac{1}{V(s)}\frac{\partial^2 V(s)}{\partial n^2}Q(s) \tag{7-18b}$$

$$\frac{\partial^2 V(s)}{\partial n^2} = \frac{\partial^2 V(s)}{\partial x^2}\cos^2\theta - 2\frac{\partial^2 V(s)}{\partial x \partial z}\cos\theta\sin\theta + \frac{\partial^2 V(s)}{\partial z^2}\sin^2\theta \tag{7-18c}$$

其中，θ 为射线的传播方向同正 z 轴的夹角。上述偏微分方程组可以利用经典的四阶 Runger－Kutta 法来求解。

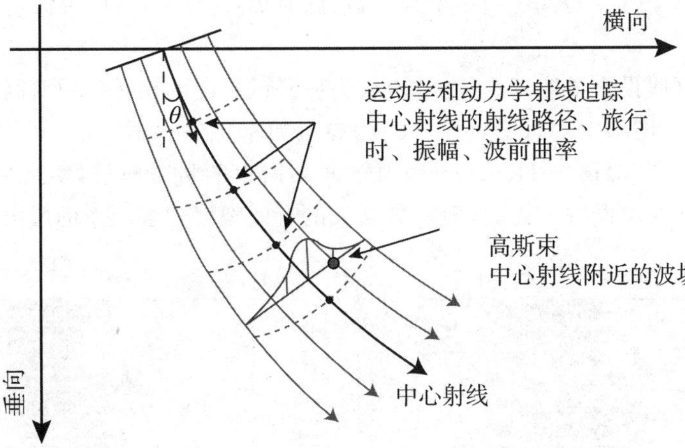

图 7-2　高斯束数值计算过程

最后，根据射线追踪所求得的中心射线上的走时、振幅等信息，根据公式(7-15)求取中心射线附近有效宽度内的波场。有效宽度可以按照下述方式来定义：由于高斯束的振幅随着离中心射线的距离而衰减，可以定义振幅大于中心射线振幅 1%的范围为高斯束的有效宽度。

7.1.2　高斯束的基本性质

接下来对高斯束的基本性质及特点进行简要分析。忽略公式(7-15)中的 $\exp(-i\omega t)$，并分离 $P(s)/Q(s)$ 的实部和虚部，则可以得到高斯束频率域表达式，其具有更为明显的物理意义：

$$u(s,n,\omega)=\Psi\sqrt{\frac{V(s)}{Q(s)}}\exp\left\{i\omega\tau(s)+\frac{i\omega}{2V(s)}K(s)n^2-\frac{n^2}{L^2(s)}\right\} \tag{7-19}$$

其中，$\tau(s)=\int_{s_0}^{s}\frac{\mathrm{d}s}{V(s)}$ 代表沿中心射线的旅行时，$K(s)=V(s)\mathrm{Re}\left(\frac{P(s)}{Q(s)}\right)$ 为高斯束的波前曲率，$L(s)=\left[\frac{\omega}{2}\mathrm{lm}\left(\frac{P(s)}{Q(s)}\right)\right]^{-1/2}$ 为高斯束同频率有关的有效半宽度。

式(7-15)中动力学射线追踪方程的初始值，决定了高斯束的初始宽度和波前曲率。在高斯束偏移中，一般采用 Hill(1990)所给定的初始值。其中，给定点源和线源初始条件为：

$$Q_1(s_0)=1,\ P_1(s_0)=0 \tag{7-20a}$$

$$Q_2(s_0)=0,\ P_2(s_0)=1 \tag{7-20b}$$

系数 a 和 b 为：

$$a=\frac{\omega_r w_0^2}{V(s_0)},b=\frac{1}{V(s_0)} \tag{7-21}$$

其中，ω_r 为参考频率；w_0 为初始宽度。最终可以得到：

$$P(s_0)=\frac{i}{V(s_0)},\ Q(s_0)=\frac{\omega_r w_0^2}{V(s_0)} \tag{7-22}$$

由上式可知，$P(s_0)/Q(s_0)$ 为一个纯虚数，此时 $K(s_0)=0$，高斯束波前在其初始位置 s_0 处为平面的。

以均匀介质(假设介质速度为 2000m/s)为例测试不同的初始参数对高斯束初始形态以及传播的影响。图 7-3(a),(b),(c),(d)为参考频率 $\omega_r = 2\pi \times 10$ rad/s，初始宽度 $w_0 = 200$m，频率分别为 5Hz,10Hz,15Hz,20Hz 时高斯束的瞬时波场(实部振幅)。由图可知：高斯束的波前曲率同频率无关，但是高斯束的有效宽度随着频率的增大而减小。

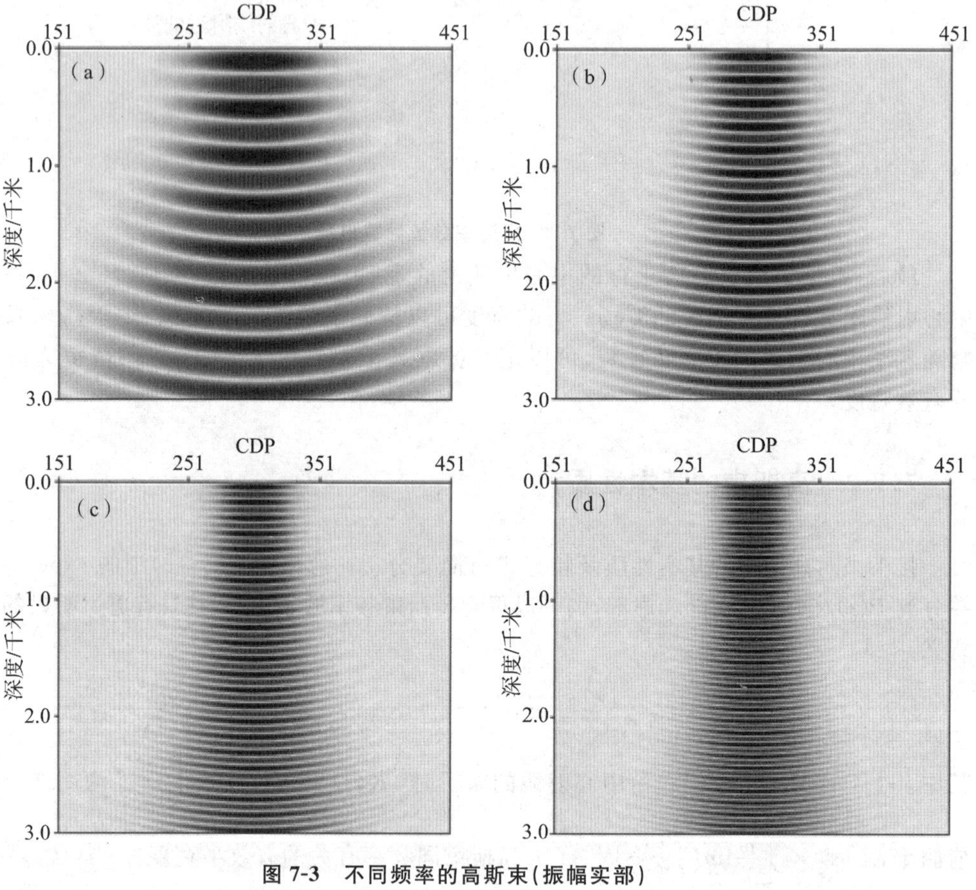

图 7-3　不同频率的高斯束(振幅实部)

图 7-4(a),(b),(c),(d)分别为 $\omega_r = 2\pi \times 10$ rad/s，初始宽度 w_0 为 100m,150m,200m,250m 时，频率为 15Hz 的高斯束瞬时波场。由图可知：初始宽度较小的高斯束波前曲率变化剧烈，有效宽度也随之增大；初始宽度较大的高斯束波前曲率变化则较为平缓。

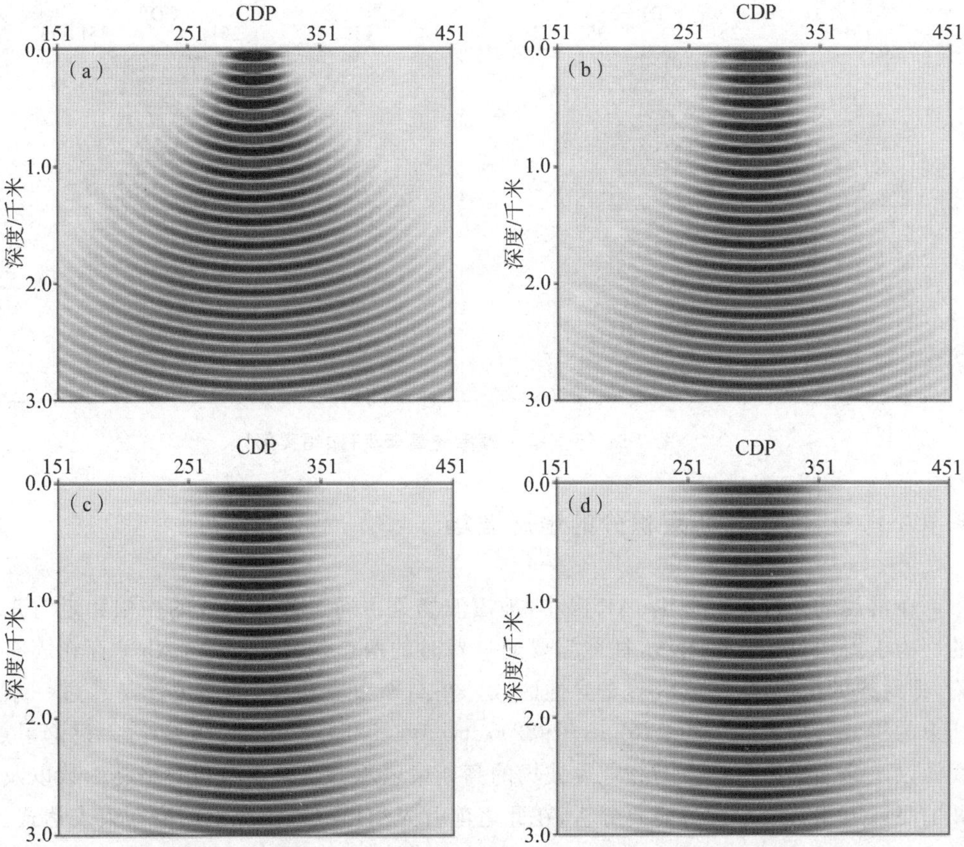

图 7-4　不同频率的高斯束(振幅实部)

图 7-5(a),(b),(c),(d)分别为初始宽度 w_0 为 200m 时,频率为 15Hz,参考频率 ω_r 分别为 $\omega_r = 2\pi\times5$, $2\pi\times10$, $2\pi\times15$, $2\pi\times20$ rad/s 的高斯束瞬时波场。可以看到,参考频率同样影响着高斯束的波前曲率变化,随着参考频率的增大,波前曲率的变化趋于平缓。

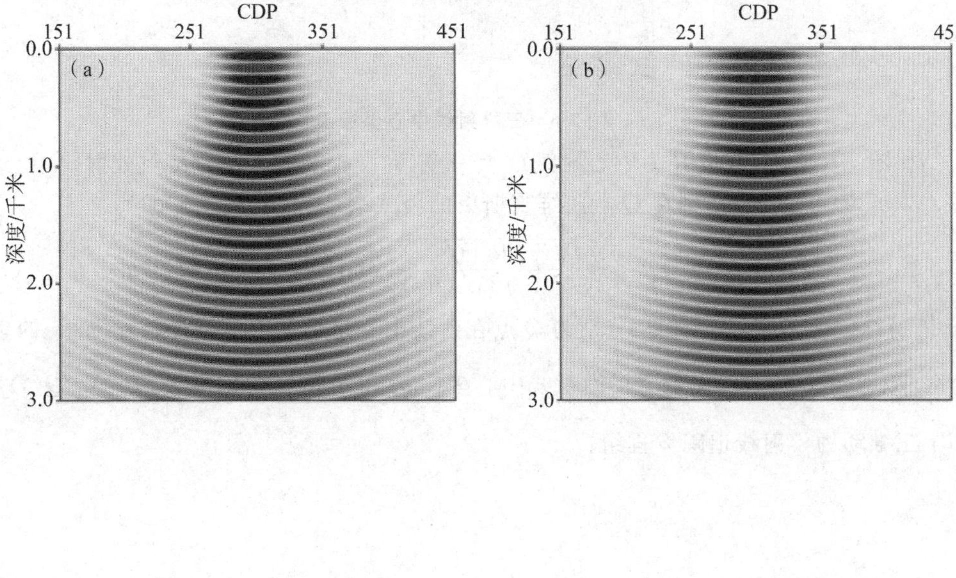

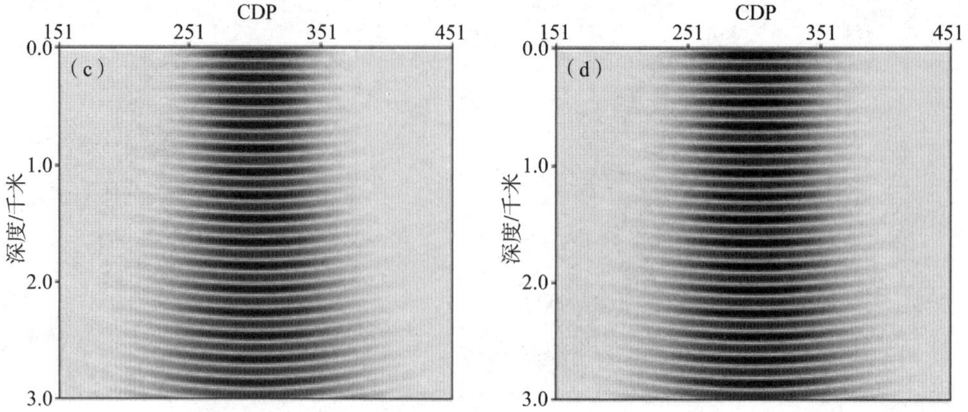

图 7-5　不同参考频率的高斯束(振幅实部)

7.1.3　基于高斯束积分的地震波场

在常规的渐进射线理论(ART)中,地震波场是由通过该点射线的振幅和走时来计算的。为求得通过该点的射线,往往需要通过费时的两点射线追踪,且 ART 存在固有的缺陷,即射线的焦散区、阴影区等奇异性区域。在高斯束方法中,地震波场是通过一系列高斯束的积分叠加来表示的。Popov(1982),erveny(1982),Klimes(1984)等人讨论了点源、线源以及曲面震源所产生高频地震波场的高斯束表示方法。本节将对格林函数以及平面波的高斯束积分表示进行简要分析,在此之前首先给出三维情况下的高斯束表达式。

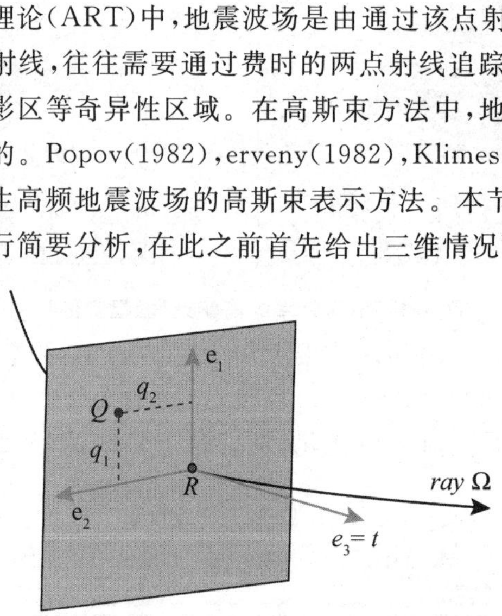

图 7-6　三维射线中心坐标系

如图 7-6 所示,假设 R 为中心射线 Ω 上一点,$\boldsymbol{e}_1$,$\boldsymbol{e}_2$ 和 $\boldsymbol{e}_3=\boldsymbol{t}$ 为 R 点处射线中心坐标系 (q_1,q_2,s) 的基矢量,则在 Q 点三维高斯束的公式表示为(erveny 2001):

$$U_{GB}(s,q_1,q_2,\omega)=\sqrt{\frac{V(s)\det[\boldsymbol{Q}(s_0)]}{V(s_0)\det[\boldsymbol{Q}(s)]}}\exp\left\{i\omega\tau+\frac{i\omega}{2}\boldsymbol{q}^T\boldsymbol{M}(s)\boldsymbol{q}\right\} \tag{7-23}$$

其中,$\boldsymbol{q}^T=(q_1,q_2)$,q_1 和 q_2 分别为 Q 点在射线中心坐标系中沿坐标轴 $\boldsymbol{e}_1$ 和 $\boldsymbol{e}_2$ 的坐标;矩阵 $\boldsymbol{M}(s)=\dfrac{\boldsymbol{P}(s)}{\boldsymbol{Q}(s)}$,代表走时场沿射线中心坐标 q_1 和 q_2 的二阶偏导数,$\boldsymbol{P}(s)$,$\boldsymbol{Q}(s)$ 满足如下三维动力学射线追踪方程组:

$$\frac{\mathrm{d}\boldsymbol{Q}(s)}{\mathrm{d}\tau}=V^2(s)\boldsymbol{P}(s) \tag{7-24a}$$

$$\frac{\mathrm{d}\boldsymbol{P}(s)}{\mathrm{d}\tau}=-\frac{1}{V(s)}\mathbf{V}(s)\boldsymbol{Q}(s) \tag{7-24b}$$

$\mathbf{V}(s)$ 为速度场沿二阶导数矩阵：

$$V_{IJ}(s)=\frac{\partial^2 V(s)}{\partial q_I \partial q_J} \qquad I,J=1,2 \tag{7-25}$$

依据 Hill(2001)，$\boldsymbol{P}(s)$，$\boldsymbol{Q}(s)$ 初始值可以设定为：

$$\boldsymbol{P}(s_0)=\begin{pmatrix}\dfrac{i}{V(s_0)} & 0\\ 0 & \dfrac{i}{V(s_0)}\end{pmatrix},\ \boldsymbol{Q}(s_0)=\begin{pmatrix}\dfrac{\omega_r w_0^2}{V(s_0)} & 0\\ 0 & \dfrac{\omega_r w_0^2}{V(s_0)}\end{pmatrix} \tag{7-26}$$

7.1.4　格林函数

在高斯束方法中，格林函数 $G_{2D}(\boldsymbol{x}',\boldsymbol{x},\omega)$ 是通过一系列由震源 $\boldsymbol{x}$ 出射的，且具有不同出射角 θ 的二维高斯束的叠加积分来表示的(如图 7-7 所示)：

$$\begin{aligned}G_{2D}(\boldsymbol{x}',\boldsymbol{x},\omega)&=\Phi\int u(\boldsymbol{x}',\boldsymbol{x},\boldsymbol{p},\omega)\mathrm{d}\theta\\&=\Phi\int\sqrt{\frac{V(s)}{Q(s)}}\exp\left\{i\omega\tau(s)+\frac{i\omega}{2}\frac{P(s)}{Q(s)}n^2\right\}\mathrm{d}\theta\end{aligned} \tag{7-27}$$

上式中，$\boldsymbol{p}$ 为高斯束中心射线的初始慢度矢量；$u(\boldsymbol{x}',\boldsymbol{x},\boldsymbol{p},\omega)$ 为以直角坐标系参量所表示的高斯束，直角坐标系中参量同射线中心坐标系中参量有如下关系：

$$\boldsymbol{x}\sim(s_0,0)\ ,\ \boldsymbol{x}'\sim(s,n) \tag{7-28}$$

Φ 为上述叠加积分公式的初始振幅系数，该系数可以通过利用最速下降法求取公式(7-27)的高频渐进解，并将其同解析格林函数进行对比来求得，具体求解过程可以参见 Popov (1982)，erveny(1982)。若利用公式(7-22)所定义的高斯束的初始值，可以求得：

$$\Phi=\frac{i\sqrt{\omega_r w_0^2}}{2V(\boldsymbol{x})} \tag{7-29}$$

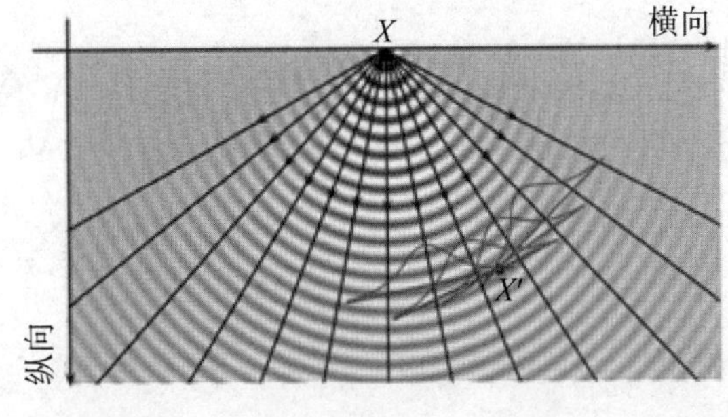

图 7-7　高斯束表示的格林函数

考虑到 $d\theta = \frac{dp_x}{p_z}$，$p_x$，$p_z$ 分别为射线参数的水平和垂直分量。由公式(7-22)可知 $\frac{\sqrt{\omega_r w_0^2}}{V(\mathbf{x})} = \sqrt{\frac{Q(s_0)}{V(s_0)}}$，则公式(7-27)可以表示为：

$$G_{2D}(\boldsymbol{x}',\boldsymbol{x},\omega) = \frac{i}{2\pi}\int \frac{dp_x}{p_z}\sqrt{\frac{V(s)Q(s_0)}{V(s_0)Q(s)}}\exp\left\{i\omega\tau(s) + \frac{i\omega}{2}\frac{P(s)}{Q(s)}n^2\right\}$$
$$= \frac{\mathrm{i}}{2\pi}\int \frac{dp_x}{p_z}u_{GB}(\boldsymbol{x}',\boldsymbol{x},\boldsymbol{p},\omega) \tag{7-30}$$

$u_{GB}(\boldsymbol{x}',\boldsymbol{x},\boldsymbol{p},\omega)$ 为本文中接下来所使用的二维高斯束的表达式。

$$u_{GB}(\boldsymbol{x}',\boldsymbol{x},\boldsymbol{p},\omega) = \sqrt{\frac{V(s)Q(s_0)}{V(s_0)Q(s)}}\exp\left\{i\omega\tau(s) + \frac{i\omega}{2}\frac{P(s)}{Q(s)}n^2\right\} \tag{7-31}$$

三维格林函数 $G_{3D}(\boldsymbol{x}',\boldsymbol{x},\omega)$ 也可以通过上述方法求得：

$$G_{3D}(\boldsymbol{x}',\boldsymbol{x},\omega) = \frac{\mathrm{i}\omega}{2\pi}\iint \frac{dp_x dp_y}{p_z}U_{GB}(\boldsymbol{x}',\boldsymbol{x},\boldsymbol{p},\omega) \tag{7-32}$$

$U_{GB}(\boldsymbol{x}',\boldsymbol{x},\boldsymbol{p},\omega)$ 为公式(7-23)所示的三维高斯束表达式。

接下来，在均匀介质中对高斯束积分表示的格林函数同精确格林函数进行对比测试。已知均匀介质中二维格林函数的解析表达式为：

$$G_{2D}(\boldsymbol{x}',\boldsymbol{x},\omega) = \frac{exp\{i\omega R/V + i\pi/4\}}{\sqrt{2\omega R/\pi V}}, \omega > 0 \tag{7-33}$$

假设速度为 2km/s，参考频率 ω_r 为 $2\pi \times 10$ rad/s，初始宽度 w_0 为 200m，计算频率为 10Hz。图 7-8(a)，(b)分别为高斯束积分所计算格林函数同解析格林函数实部、虚部之间的对比。图 7-8(c)，(d)分别为实部、虚部之间的相对误差。图中可以看到，当传播距离大于 200m 时，高斯束积分所计算格林函数很好的近似了解析的格林函数，其相对误差在 2%以内。

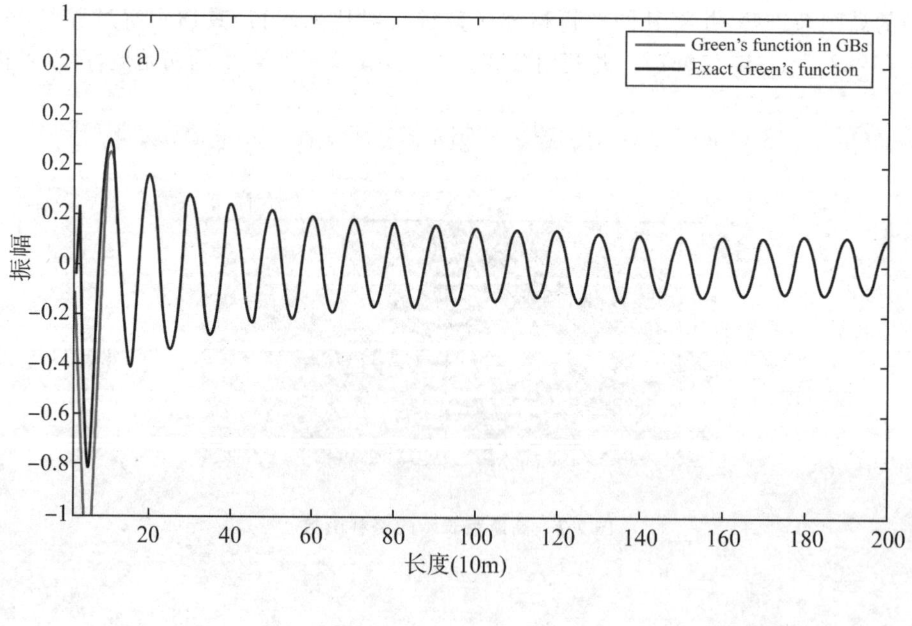

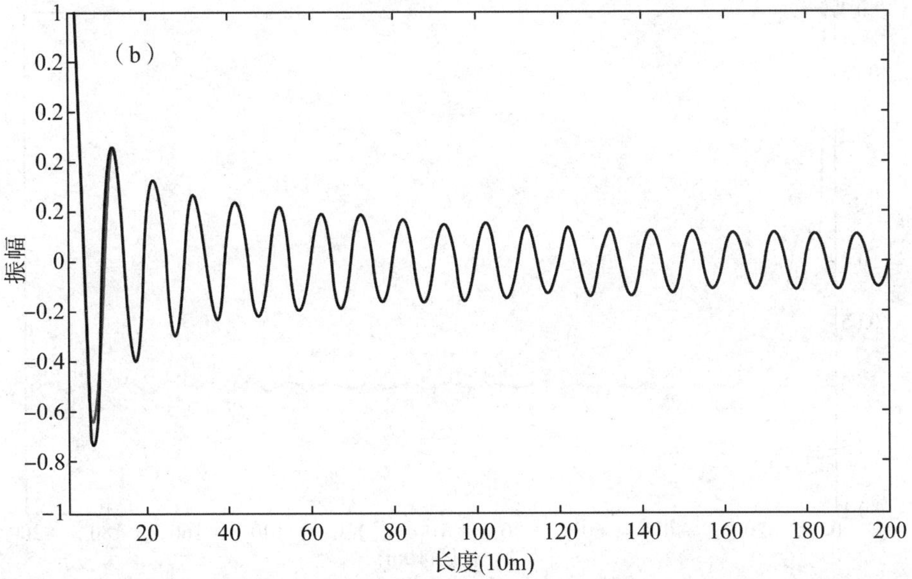
(b)
振幅
长度(10m)
1
0.2
0.2
0.2
0.2
0
−0.2
−0.4
−0.6
−0.8
−1
20
40
60
80
100
120
140
160
180
200

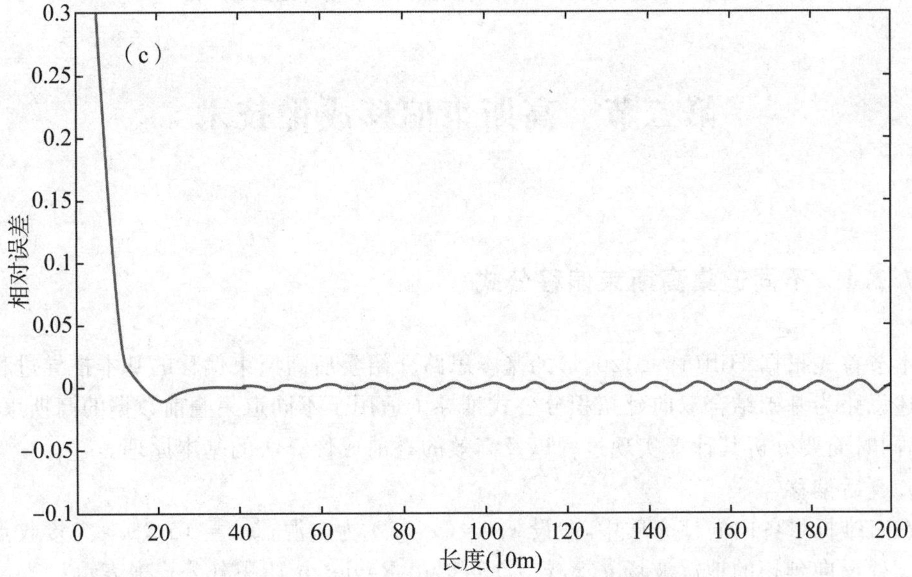
(c)
相对误差
长度(10m)
0.3
0.25
0.2
0.15
0.1
0.05
0
−0.05
−0.1
0
20
40
60
80
100
120
140
160
180
200

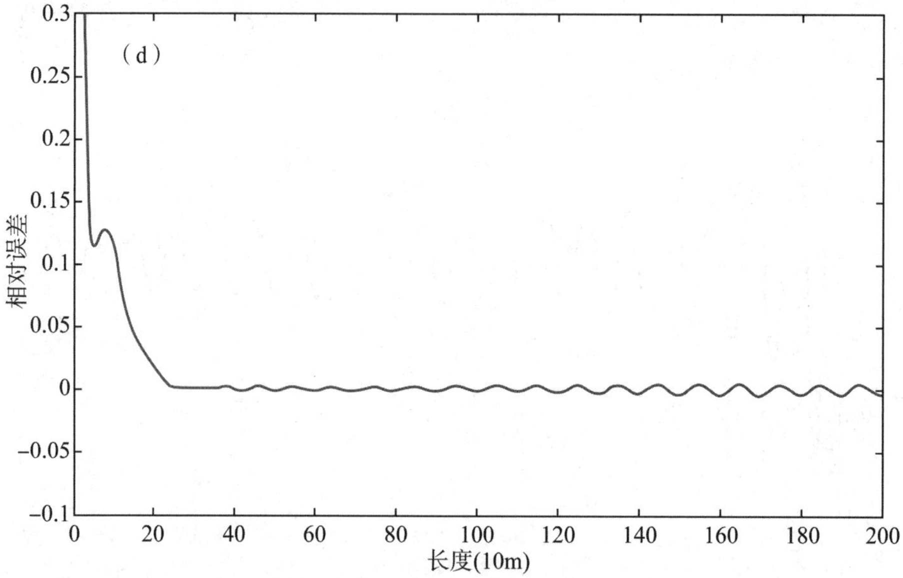

图 7-8 高斯束表示的格林函数同解析格林函数的对比

第二节 高斯束偏移成像技术

7.2.1 不同道集高斯束偏移公式

本节首先根据 Hill(1990,2001)的基本思路介绍叠后高斯束偏移的基本推导过程,并以上述思路为基础结合双向延拓积分公式推导了适用于不同道集叠前数据的高斯束偏移公式,同时简要分析其计算实现过程以及高效的叠前成像算法的基本原理。

1. 叠后偏移

在三维标量各向同性介质中,假设 $\boldsymbol{x}_s=(x_s,y_s)$ 为震源,$\boldsymbol{x}_r=(x_r,y_r)$ 为接收点,则地下 $\boldsymbol{x}$ 处反向延拓的地震波场 $u(\boldsymbol{x},\boldsymbol{x}_s,\omega)$ 可以由 Rayleigh II 积分公式来表示:

$$\mathrm{u}(\boldsymbol{x},\boldsymbol{x}_s,\omega)=-\frac{1}{2\pi}\iint \mathrm{d}x_r\mathrm{d}y_r\,\frac{\partial G^*(\boldsymbol{x},\boldsymbol{x}_r,\omega)}{\partial z_r}u(\boldsymbol{x}_r,\boldsymbol{x}_s,\omega) \tag{7-34}$$

其中,$\dfrac{\partial G^*(\boldsymbol{x},\boldsymbol{x}_r,\omega)}{\partial z_r}\approx -i\omega p_{rz}G^*(\boldsymbol{x},\boldsymbol{x}_r,\omega)$。在三维标量介质中,$\boldsymbol{x}_r$ 点到 $\boldsymbol{x}$ 点三维格林函数 $G(\boldsymbol{x},\boldsymbol{x}_r,\omega)$ 可以用高斯束 $U_{GB}(\boldsymbol{x},\boldsymbol{x}_{\mathrm{r}},\boldsymbol{p},\omega)$ 的叠加积分来表示:

$$G(\boldsymbol{x},\boldsymbol{x}_r,\omega)=\frac{i\omega}{2\pi}\iint\frac{\mathrm{d}p_x\mathrm{d}p_y}{p_z}U_{GB}(\boldsymbol{x},\boldsymbol{x}_r,\boldsymbol{p},\omega) \tag{7-35}$$

若以式(7-26)为动力学射线追踪方程组的初始条件,则 $U_{GB}(\boldsymbol{x},\boldsymbol{x}_r,\boldsymbol{p},\omega)$ 在 $\boldsymbol{x}$ 点处的波前曲率为零(好的初始条件可以模拟出平面波)。Hill(1990,2001)利用此特点,通过引

入一个相位校正因子将格林函数由 $\boldsymbol{x}$ 点附近 $\boldsymbol{L}=(L_x,L_y,0)$ 点(束中心位置)出射的高斯束 $U_{GB}(\boldsymbol{x},\boldsymbol{x}_r,\boldsymbol{p},\omega)$ 的叠加积分来近似表示：

$$G(\boldsymbol{x},\boldsymbol{x}_r,\omega)\approx\frac{i\omega}{2\pi}\iint\frac{\mathrm{d}p_{rx}\mathrm{d}p_{ry}}{p_{rz}}U_{GB}(\boldsymbol{x},\boldsymbol{L},\boldsymbol{p}_r,\omega)\exp\{-i\omega\boldsymbol{p}_r\cdot(\boldsymbol{x}_r-\boldsymbol{L})\} \tag{7-36}$$

上式为 Hill 所提出高斯束偏移方法的核心。依据上式，只需要在相对于接收点 $\boldsymbol{x}_r$ 更为稀疏的束中心 $\boldsymbol{L}$ 处进行高斯束的计算以及此后的波场延拓成像，从而有效地减少计算量。

当 $\boldsymbol{x}_r$ 同 $\boldsymbol{L}$ 距离较远时，式(7-36)会存在一定的误差。为了减少误差，可以通过对地表观测排列加入一系列重叠的高斯窗(见图 7-9)，高斯窗的中心即为束中心的位置。高斯函数具有如下性质：

$$\frac{\sqrt{3}}{4\pi}\left|\frac{\omega}{\omega_r}\right|\left(\frac{\Delta L}{w_0}\right)^2\sum_{\boldsymbol{L}}\exp\left[-\left|\frac{\omega}{\omega_r}\right|\frac{|\boldsymbol{x}_r-\boldsymbol{L}|^2}{2w_0^2}\right]\approx 1 \tag{7-37}$$

其中，ΔL 为束中心间隔。此时，$G(\boldsymbol{x},\boldsymbol{x}_r,\omega)$ 由若干个束中心出射的高斯束来计算求得，且当 $\boldsymbol{x}_r$ 同 $\boldsymbol{L}$ 距离较远时高斯窗函数的衰减性质可以有效降低上述误差。将式(7-37)，(7-36)代入式(7-35)，便可以得到基于高斯束表示的波场反向延拓公式：

$$u(\boldsymbol{x},\boldsymbol{x}_s,\omega)\approx-\frac{\sqrt{3}}{4\pi}\left(\frac{\omega_r\Delta L}{w_0}\right)^2\sum_{\boldsymbol{L}}\iint\mathrm{d}p_{rx}\mathrm{d}p_{ry}U_{GB}^*(\boldsymbol{x},\boldsymbol{L},\boldsymbol{p}_r,\omega)D_S(\boldsymbol{L},\boldsymbol{p}_r,\omega) \tag{7-38}$$

其中，$D_S(\boldsymbol{L},\boldsymbol{p}_r,\omega)$ 为地震记录的加窗局部倾斜叠加：

$$D_S(\boldsymbol{L},\boldsymbol{p}_r,\omega)=\frac{1}{4\pi^2}\left|\frac{\omega}{\omega_r}\right|^3\iint\mathrm{d}x_r\mathrm{d}y_r u(\boldsymbol{x}_r,\boldsymbol{x}_s,\omega)\exp\left[i\omega\boldsymbol{p}_r\cdot(\boldsymbol{x}_r-\boldsymbol{L})-\left|\frac{\omega}{\omega_r}\right|\frac{|\boldsymbol{x}_r-\boldsymbol{L}|^2}{2w_0^2}\right] \tag{7-39}$$

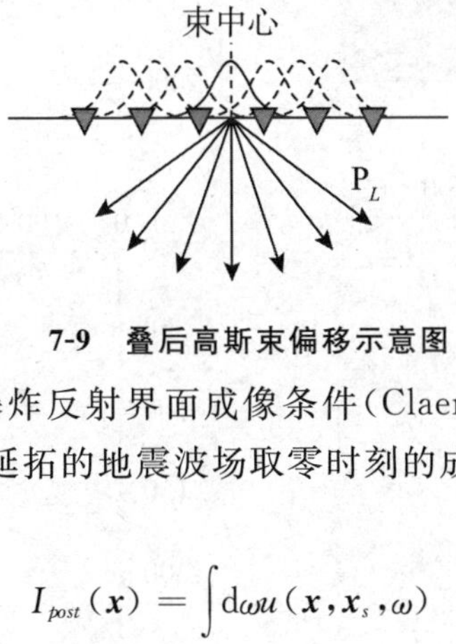

7-9　叠后高斯束偏移示意图

叠后深度偏移通常采用爆炸反射界面成像条件(Claerbout，1985)，也就是令介质速度为原来的一半，然后对反向延拓的地震波场取零时刻的成像值。由此，可以得到最终的叠后偏移公式为：

$$\begin{aligned}I_{post}(\boldsymbol{x})&=\int\mathrm{d}\omega u(\boldsymbol{x},\boldsymbol{x}_s,\omega)\\&=-\frac{\sqrt{3}}{4\pi}\left(\frac{\omega_r\Delta L}{w_0}\right)^2\int\mathrm{d}\omega\sum_{\boldsymbol{L}}\iint\mathrm{d}p_{Lx}\mathrm{d}p_{Ly}U_{GB}^*(\boldsymbol{x},\boldsymbol{L},\boldsymbol{p}_L,\omega)D_S(\boldsymbol{L},\boldsymbol{p}_L,\omega)\end{aligned} \tag{7-40}$$

叠后高斯束偏移的基本实现过程可以大致概括为：(1)根据所选择束中心间隔，确定一系列束中心的位置；(2)对于每个束中心位置，将其有效范围(高斯函数值大于其最大值的 1%)内的地震记录按照式(7-39)进行倾斜叠加，分解为不同方向局部平面波；(3)在束中心位置根据平面波的初始方向试射高斯束，然后根据高斯束的走时以及振幅信息按照式(7-40)进行成像。

接下来通过对二维洼陷模型试算对上述过程进一步说明。洼陷模型如图 7-10(a)所示,模型网格为 640 × 375,纵横向间距分别为 15m,8m。图 7-10(b)为利用有限差分法正演的叠后地震记录,3ms 采样,1001 个采样点。在计算的过程中,选择束中心间隔为 150m,因而共有 64 个束中心位置,对于每个束中心位置,根据倾斜叠加的射线参数共试射了 65 条高斯束。图 7-10(c),(d)为对应第 30 个束中心位置,第 30,34 条高斯束的成像结果,其对应成像公式(7-40)中的最内层循环,由此不难看出高斯束偏移是一种空间局部化(束中心)、方向局部化(高斯束传播方向)的成像过程。图 7-10(e)为对应第 30 个束中心位置所有高斯束成像的叠加结果,其代表了对应该束中心位置的地震记录对地下成像的贡献。图 7-10(f)为对最终的成像结果,可以看到其很好地恢复了模型的构造形态,模型中部的洼陷构造成像准确。

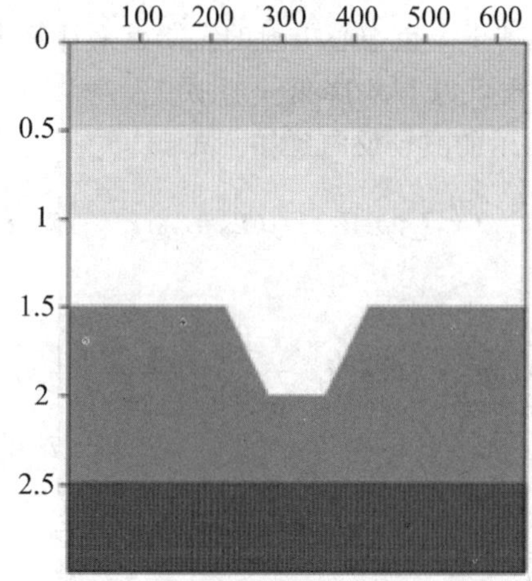

(a)

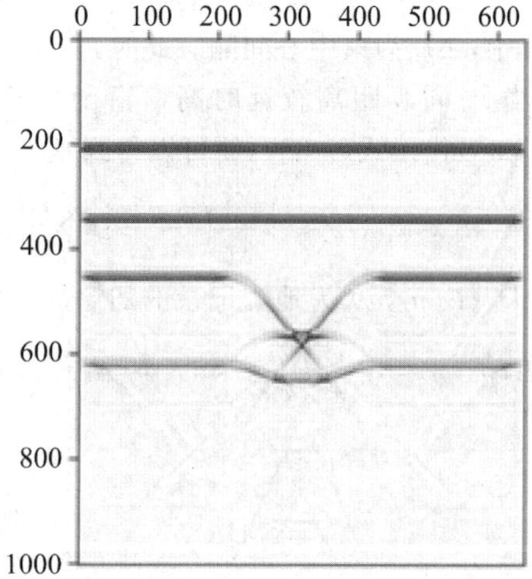

(b)

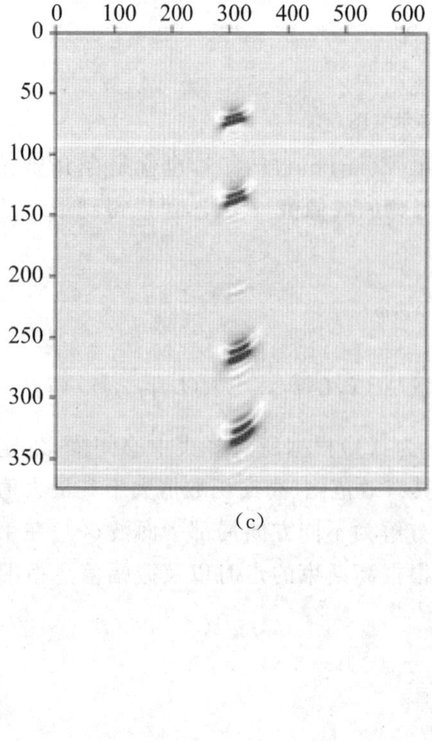

(c)

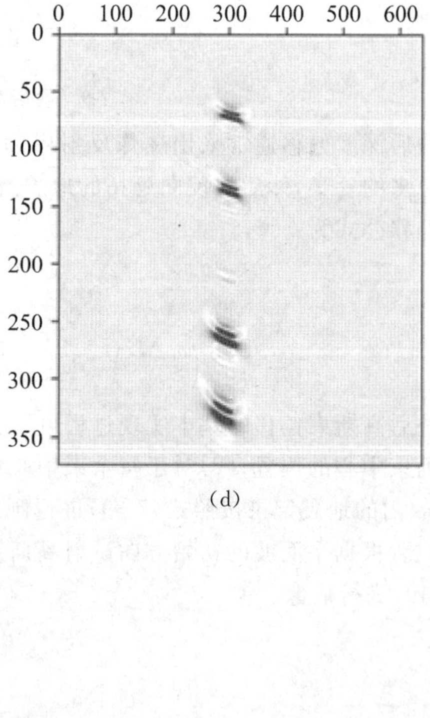

(d)

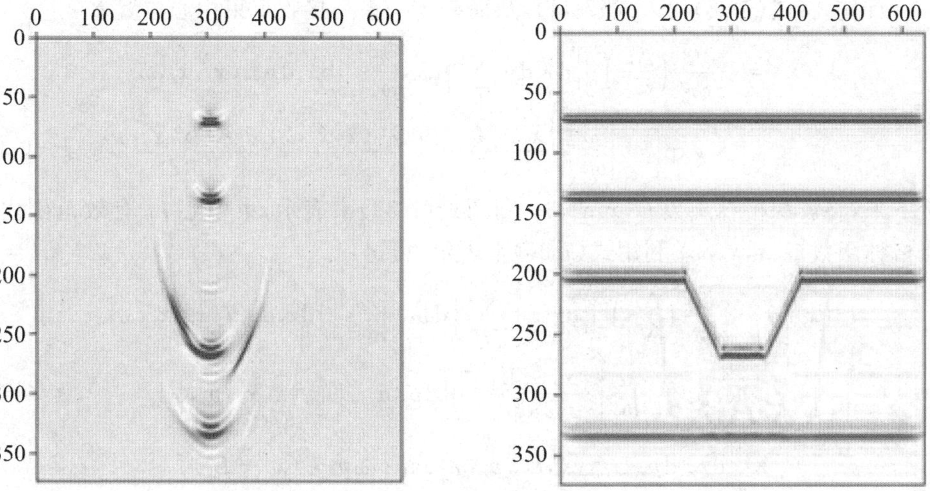

(e)　　　　　　　　　　　　(f)

图 7-10　叠后高斯束偏移数值试验

2. 叠前偏移

根据 Clayton and Stolt (1981)，Hildebrand and Carroll (1993)等人所提出的波场双向延拓积分，可以将叠前成像公式表示为：

$$I_{pre}(\boldsymbol{x}) = -\frac{1}{2\pi}\int \mathrm{d}\omega \iint \mathrm{d}x_s \mathrm{d}y_s \frac{\partial G^*(\boldsymbol{x},\boldsymbol{x}_s,\omega)}{\partial z_s} \iint \mathrm{d}x_r \mathrm{d}y_r \frac{\partial G^*(\boldsymbol{x},\boldsymbol{x}_r,\omega)}{\partial z_r} u(\boldsymbol{x}_r,\boldsymbol{x}_s,\omega) \tag{7-41}$$

其中，$I_{pre}(\boldsymbol{x})$ 为最终的叠前成像值。若将上式中的格林函数用高斯束积分来表示，则可得：

$$I_{pre}(\boldsymbol{x}) = -\frac{1}{8\pi^3}\int \mathrm{d}\omega i\omega^3 \iint \mathrm{d}x_s \mathrm{d}y_s \iint \mathrm{d}p_{sx}\mathrm{d}p_{sy} U_{GB}^*(\boldsymbol{x},\boldsymbol{x}_s,\boldsymbol{p}_s,\omega)$$
$$\times \iint \mathrm{d}x_r \mathrm{d}y_r u(\boldsymbol{x}_r,\boldsymbol{x}_s,\omega) \iint \mathrm{d}p_{rx}\mathrm{d}p_{ry} U_{GB}^*(\boldsymbol{x},\boldsymbol{x}_r,\boldsymbol{p}_r,\omega) \tag{7-42}$$

上式既可以在炮点、接收点域进行，也可以通过坐标变换转换到中心点、偏移距中进行。但是直接对上式进行计算需要耗费巨大的计算量，可以利用上节中的有关思路，利用束中心出射的高斯束来近似计算邻近接收点的格林函数从而减少计算量。选择不同域进行上述简化过程，便可以得到不同道集的偏移公式。

3. 共炮点道集偏移成像公式

炮域高斯束偏移的基本原理如图 7-11 所示，此时需要在对应单炮的接收排列上确定束中心的位置。

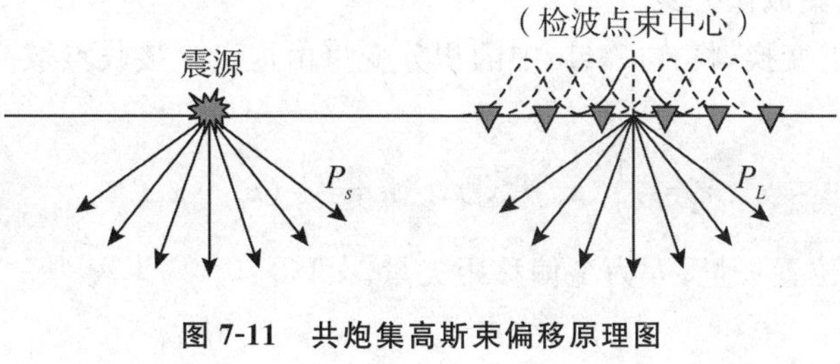

图 7-11　共炮集高斯束偏移原理图

首先，将式(7-38)代入式(7-41)，从而确定一系列接收点束中心位置 $\boldsymbol{L}_r$：

$$I_{cs}(\boldsymbol{x}) = -\frac{\sqrt{3}}{8\pi^2}\left(\frac{\Delta L}{w_0}\right)^2 \iint \mathrm{d}x_s \mathrm{d}y_s \sum_{\boldsymbol{L}_r} \int \mathrm{d}\omega \left|\frac{\omega}{\omega_r}\right| \iint \mathrm{d}x_r \mathrm{d}y_r u(\boldsymbol{x}_r, \boldsymbol{x}_s, \omega) \times \exp\left[-\left|\frac{\omega}{\omega_r}\right| \frac{|\boldsymbol{x}_r - \boldsymbol{L}|^2}{2w_0^2}\right] \frac{\partial G^*(\boldsymbol{x}, \boldsymbol{x}_s, \omega)}{\partial z_s} \frac{\partial G^*(\boldsymbol{x}, \boldsymbol{x}_r, \omega)}{\partial z_r} \tag{7-43}$$

接下来，将震源格林函数 $G(\boldsymbol{x}, \boldsymbol{x}_s, \omega)$ 利用式(7-39)来表示，束中心 $\boldsymbol{L}_r$ 有效范围内的接收点格林函数 $G(\boldsymbol{x}, \boldsymbol{x}_r, \omega)$ 利用式(7-36)来表示，可得：

$$I_{cs}(\boldsymbol{x}) = -\frac{\sqrt{3}}{32\pi^4}\left(\frac{\Delta L}{w_0}\right)^2 \iint \mathrm{d}x_s \mathrm{d}y_s \sum_{\boldsymbol{L}_r} \int \mathrm{d}\omega\omega^4 \left|\frac{\omega}{\omega_r}\right| \iint \mathrm{d}x_r \mathrm{d}y_r u(\boldsymbol{x}_r, \boldsymbol{x}_s, \omega) \times \exp\left[-\left|\frac{\omega}{\omega_r}\right| \frac{|\boldsymbol{x}_r - \boldsymbol{L}|^2}{2w_0^2}\right] \iint \mathrm{d}p_{sx} \mathrm{d}p_{sy} U_{GB}^*(\boldsymbol{x}, \boldsymbol{x}_s, \boldsymbol{p}_s, \omega) \times \iint \mathrm{d}p_{rx} \mathrm{d}p_{ry} U_{GB}^*(\boldsymbol{x}, \boldsymbol{L}_r, \boldsymbol{p}_r, \omega) \exp\{i\omega \boldsymbol{p}_r \cdot (\boldsymbol{x}_r - \boldsymbol{L}_r)\} \tag{7-44}$$

上式可以简化为：

$$I_{cs}(\boldsymbol{x}) = -\frac{\sqrt{3}}{8\pi^2}\left(\frac{\omega_r \Delta L}{w_0}\right)^2 \iint \mathrm{d}x_s \mathrm{d}y_s \sum_{\boldsymbol{L}_r} \int \mathrm{d}\omega\omega^2 \iint \mathrm{d}p_{sx} \mathrm{d}p_{sy} \iint \mathrm{d}p_{rx} \mathrm{d}p_{ry} \times U_{GB}^*(\boldsymbol{x}, \boldsymbol{x}_s, \boldsymbol{p}_s, \omega) U_{GB}^*(\boldsymbol{x}, \boldsymbol{L}_r, \boldsymbol{p}_r, \omega) \mathrm{D_S}(\boldsymbol{L}_r, \boldsymbol{p}_r, \omega) \tag{7-45}$$

式(7-45)即为最终的共炮点道集高斯束偏移公式。

4. 共接收点道集偏移成像公式

根据炮点接收点互易原理，共接收点道集成像公式同共炮点道集成像公式类似，不同之处在于此时需要确定对应一个接收点的炮点束中心位置 $\boldsymbol{L}_s$（见图 7-12）。

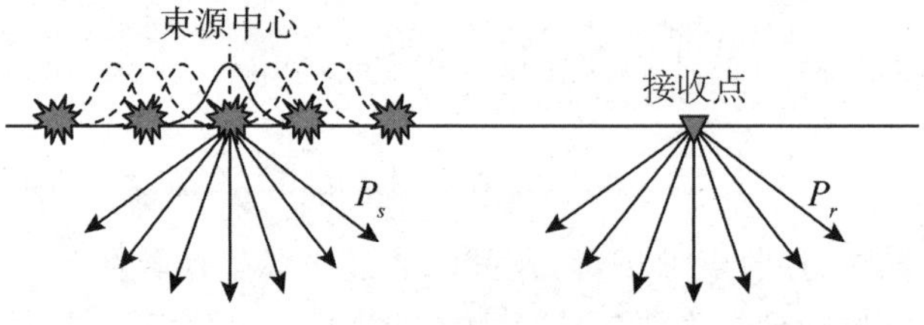

图 7-12　共接收点道集高斯束偏移原理图

在此直接给出共接收点道集高斯束偏移公式：

$$I_{cr}(\boldsymbol{x}) = -\frac{\sqrt{3}}{8\pi^2}\left(\frac{\omega_r \Delta L}{w_0}\right)^2 \iint \mathrm{d}x_r \mathrm{d}y_r \sum_{\boldsymbol{L}_s} \int \mathrm{d}\omega\omega^2 \iint \mathrm{d}p_{rx} \mathrm{d}p_{ry} \iint \mathrm{d}p_{sx} \mathrm{d}p_{sy} \times U_{GB}^*(\boldsymbol{x}, \boldsymbol{L}_s, \boldsymbol{p}_s, \omega) U_{GB}^*(\boldsymbol{x}, \boldsymbol{x}_r, \boldsymbol{p}_r, \omega) \mathrm{D_S}(\boldsymbol{L}_s, \boldsymbol{p}_s, \omega) \tag{7-46}$$

5. 共偏移距道集成像公式

首先，通过如下变换，将式(7-41)中的积分变量由炮点—接收点域变换为中心点—半偏移距域：

$$\boldsymbol{m} = \frac{1}{2}(\boldsymbol{x}_r + \boldsymbol{x}_s), \quad \boldsymbol{h} = \frac{1}{2}(\boldsymbol{x}_r - \boldsymbol{x}_s) \tag{7-47}$$

其中，$\boldsymbol{m}$ 为中心点位置矢量；$\boldsymbol{h}$ 为半偏移距矢量。可得：

$$I_{pre}(\boldsymbol{x})=-\frac{2}{\pi}\int d\omega\iint dh_x dh_y\iint dm_x dm_y\frac{\partial G^*(\boldsymbol{x},\boldsymbol{x}_r,\omega)}{\partial z_r}\frac{\partial G^*(\boldsymbol{x},\boldsymbol{x}_s,\omega)}{\partial z_s}u(\boldsymbol{h},\boldsymbol{m},\omega) \tag{7-48}$$

其中，$u(\boldsymbol{h},\boldsymbol{m},\omega)$ 为中心点为 $\boldsymbol{m}$，半偏移距为 $\boldsymbol{h}$ 的地震记录波场。

共偏移距道集即为半偏移距 $\boldsymbol{h}$ 固定，沿中心点坐标 $\boldsymbol{m}$ 变化的地震记录。此时，需要沿中心点坐标来确定中心点束中心位置 $\boldsymbol{L}_m$（见图 7-13）。

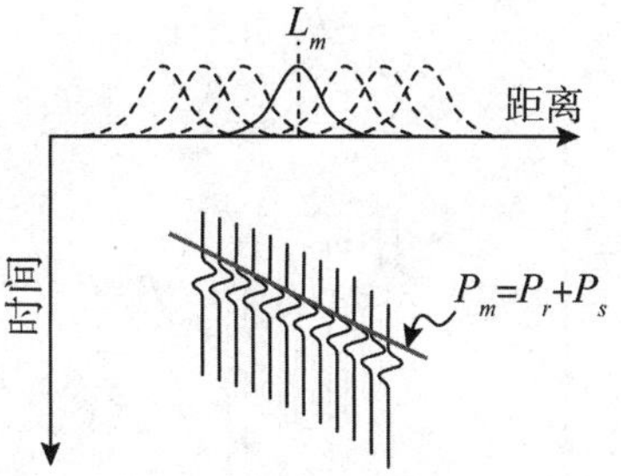

图 7-13　共偏移距道集局部倾斜叠加

在确定 $\boldsymbol{L}_m$ 后，根据如下关系：

$$\boldsymbol{m}=\boldsymbol{x}_r-\boldsymbol{h}=\boldsymbol{x}_s+\boldsymbol{h} \tag{7-49}$$

将中心点在束中心 $\boldsymbol{L}_m$ 有效范围内的震源、接收点格林函数分别用 $\boldsymbol{L}_m-\boldsymbol{h}$，$\boldsymbol{L}_m+\boldsymbol{h}$ 处出射的高斯束来近似表示：

$$G(\boldsymbol{x},\boldsymbol{x}_s,\omega)\approx\frac{i\omega}{2\pi}\iint\frac{dp_{sx}dp_{sy}}{p_{sz}}U_{GB}(\boldsymbol{x},\boldsymbol{L}_m-\boldsymbol{h},\boldsymbol{p}_s,\omega)\cdot\exp\{-i\omega\boldsymbol{p}_s\cdot(\boldsymbol{m}-\boldsymbol{L}_m)\} \tag{7-50a}$$

$$G(\boldsymbol{x},\boldsymbol{x}_r,\omega)\approx\frac{i\omega}{2\pi}\iint\frac{dp_{rx}dp_{ry}}{p_{rz}}U_{GB}(\boldsymbol{x},\boldsymbol{L}_m+\boldsymbol{h},\boldsymbol{p}_r,\omega)\cdot\exp\{-i\omega\boldsymbol{p}_r\cdot(\boldsymbol{m}-\boldsymbol{L}_m)\} \tag{7-50b}$$

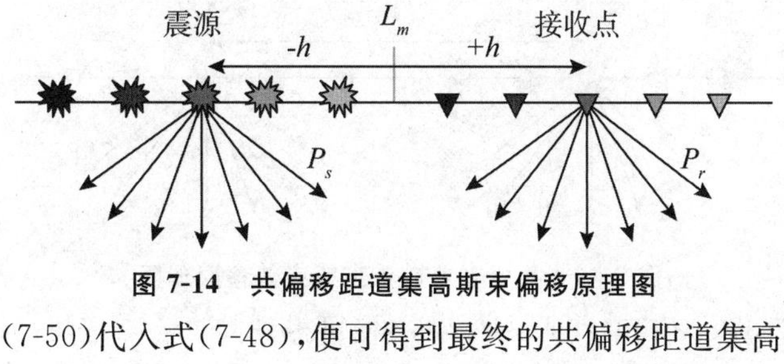

图 7-14　共偏移距道集高斯束偏移原理图

将式(7-37)，(7-50)代入式(7-48)，便可得到最终的共偏移距道集高斯束偏移公式：

$$I_{co}(\boldsymbol{x})=-\frac{\sqrt{3}}{8\pi^2}\left(\frac{\omega_r\Delta L}{w_0}\right)^2\iint dh_x dh_y\sum_{\boldsymbol{L}_m}\int d\omega\omega^2\iint dp_{sx}dp_{sy}\iint dp_{rx}dp_{ry}$$
$$\times U_{GB}^*(\boldsymbol{x},\boldsymbol{L}_m-\boldsymbol{h},\boldsymbol{p}_s,\omega)U_{GB}^*(\boldsymbol{x},\boldsymbol{L}_m+\boldsymbol{h},\boldsymbol{p}_r,\omega)D_S(\boldsymbol{L}_m,\boldsymbol{p}_m,\omega) \tag{7-51}$$

其中，$\boldsymbol{p}_m=\boldsymbol{p}_s+\boldsymbol{p}_r$ 为中心点射线参数，$D_S(\boldsymbol{L}_m,\boldsymbol{p}_m,\omega)$ 为共偏移距道集地震记录的加窗局部倾斜叠加

$$D_S(\boldsymbol{L}_m,\boldsymbol{p}_m,\omega)=\left|\frac{\omega}{\omega_r}\right|^3\iint \mathrm{d}r_x\mathrm{d}r_y u(\boldsymbol{h},\boldsymbol{m},\omega)\exp\left[i\omega\boldsymbol{p}_m\cdot(\boldsymbol{m}-\boldsymbol{L}_m)-\left|\frac{\omega}{\omega_r}\right|\frac{|\boldsymbol{m}-\boldsymbol{L}_m|^2}{2w_0^2}\right] \tag{7-52}$$

6.共中心点道集成像公式

共中心点道集即为中心点坐标 $\boldsymbol{m}$ 固定，沿半偏移距 $\boldsymbol{h}$ 变化的地震记录。此时，需要沿偏移距坐标来确定中心点束中心位置 $\boldsymbol{L}_h$（见图 7-15）

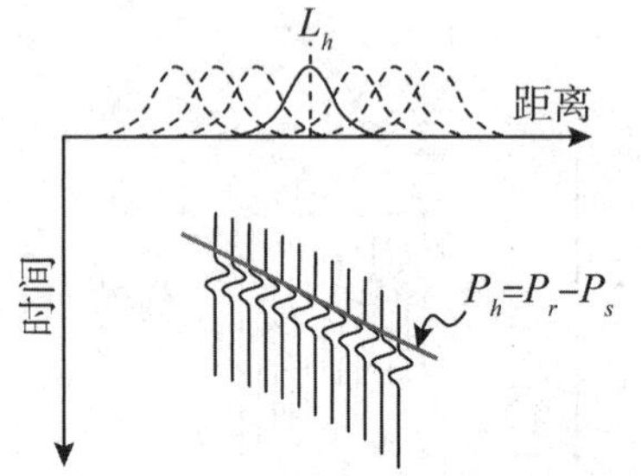

图 7-15 共中心点道集局部倾斜叠加

在确定 $\boldsymbol{L}_h$ 后，根据如下关系：

$$\boldsymbol{h}=\boldsymbol{x}_r-\boldsymbol{m}=-(\boldsymbol{x}_s-\boldsymbol{m}) \tag{7-53}$$

将偏移距在 $\boldsymbol{L}_h$ 有效范围内的震源、接收点格林函数分别用 $\boldsymbol{m}-\boldsymbol{L}_h$，$\boldsymbol{m}+\boldsymbol{L}_h$ 处出射的高斯束来近似表示：

$$G(\boldsymbol{x},\boldsymbol{x}_s,\omega)\approx\frac{i\omega}{2\pi}\iint\frac{\mathrm{d}p_{sx}\mathrm{d}p_{sy}}{p_{sz}}U_{GB}(\boldsymbol{x},\boldsymbol{m}-\boldsymbol{L}_h,\boldsymbol{p}_s,\omega)\cdot\exp\{i\omega\boldsymbol{p}_s\cdot(\boldsymbol{h}-\boldsymbol{L}_h)\} \tag{7-54a}$$

$$G(\boldsymbol{x},\boldsymbol{x}_r,\omega)\approx\frac{i\omega}{2\pi}\iint\frac{\mathrm{d}p_{rx}\mathrm{d}p_{ry}}{p_{rz}}U_{GB}(\boldsymbol{x},\boldsymbol{m}+\boldsymbol{L}_h,\boldsymbol{p}_r,\omega)\cdot\exp\{-i\omega\boldsymbol{p}_r\cdot(\boldsymbol{h}-\boldsymbol{L}_h)\} \tag{7-54b}$$

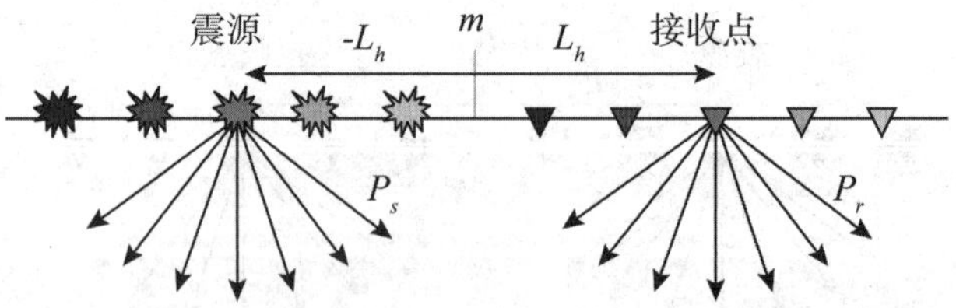

图 7-16 共中心点道集高斯束偏移原理图

同样将上式(7-37)，(7-50)代入式(7-48)，便可得到共中心点道集高斯束偏移公式：

$$I_{cm}(\boldsymbol{x})=-\frac{\sqrt{3}}{8\pi^2}\left(\frac{\omega_r\Delta L}{w_0}\right)^2\iint\mathrm{d}m_x\mathrm{d}m_y\sum_{\boldsymbol{L}_h}\int\mathrm{d}\omega\omega^2\iint\mathrm{d}p_{sx}\mathrm{d}p_{sy}\iint\mathrm{d}p_{rx}\mathrm{d}p_{ry}$$
$$\times U_{GB}^*(\boldsymbol{x},\boldsymbol{m}-\boldsymbol{L}_h,\boldsymbol{p}_s,\omega)U_{GB}^*(\boldsymbol{x},\boldsymbol{m}+\boldsymbol{L}_h,\boldsymbol{p}_r,\omega)D_S(\boldsymbol{L}_h,\boldsymbol{p}_h,\omega) \tag{7-55}$$

其中，$\boldsymbol{p}_h=\boldsymbol{p}_r-\boldsymbol{p}_s$ 为偏移距射线参数，$D_S(\boldsymbol{L}_h,\boldsymbol{p}_h,\omega)$ 为共中心点道集地震记录的加窗局部倾斜叠加

$$D_S(\boldsymbol{L}_h,\boldsymbol{p}_h,\omega)=\left|\frac{\omega}{\omega_r}\right|^3\iint \mathrm{d}m_x\mathrm{d}m_y u(\boldsymbol{h},\boldsymbol{m},\omega)\exp\left[i\omega\boldsymbol{p}_h\cdot(\boldsymbol{h}-\boldsymbol{L}_h)-\left|\frac{\omega}{\omega_r}\right|\frac{|\boldsymbol{h}-\boldsymbol{L}_h|^2}{2w_0^2}\right] \tag{7-56}$$

7.2.2　高效算法

上节中所给出偏移成像公式的核心部分在于下式所示的高斯束积分的计算（在此以共炮集偏移公式为例）

$$Co(\boldsymbol{x},\boldsymbol{L}_r,\omega)=\omega^2\iint \mathrm{d}p_{sx}\mathrm{d}p_{sy}\iint \mathrm{d}p_{rx}\mathrm{d}p_{ry}U_{GB}^*(\boldsymbol{x},\boldsymbol{x}_s,\boldsymbol{p}_s,\omega)\times U_{GB}^*(\boldsymbol{x},\boldsymbol{L}_r,\boldsymbol{p}_r,\omega)D_S(\boldsymbol{L}_r,\boldsymbol{p}_r,\omega) \tag{7-57}$$

对于每个束中心位置，其计算流程（见图 7-17）均可以大致归结为：

对于每个束中心位置｛
　　加窗局部倾斜叠加并计算由震源和接收点出射的高斯束
　　对于每个震源射线参数｛
　　　　对于每个接收点射线参数｛
　　　　　　对于局部孔径内的每个成像点｛
　　　　　　根据高斯束的走时以及振幅利用所对应的倾斜叠加道进行成像
　　　　｝成像点循环结束
　　　｝接收点高斯束循环结束
　｝震源高斯束循环结束
｝束中心循环结束

上述叠前成像算法（本文简称全波至算法），可以对所有的波至进行成像，因而是非常精确的，但是其计算效率不高。以单个成像数据体为例，假设可以划分 nb 个束中心位置，震源和接收点高斯束数目分别为 np_s，np_r。则上述算法约需要 $nb\times np_s\times np_r\times$ 局部孔径的成像运算的计算量。

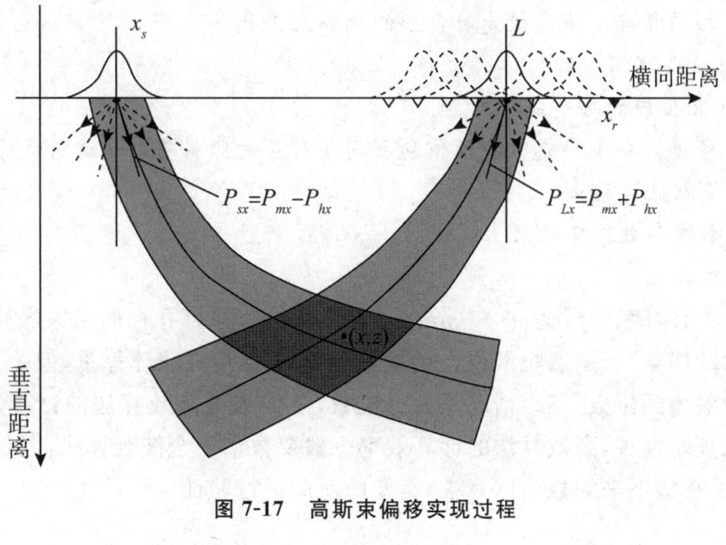

图 7-17　高斯束偏移实现过程

Hill(2001)针对上述问题,提出了一种具有较高计算效率的高斯束偏移实现方法(本文简称高效算法),其基本原理是:式(7-57)实际上是一个多维高频复值振荡积分,可以利用最速下降法求取积分鞍点从而将积分进行降维以提高计算效率。其基本过程如下:首先将积分变量由震源、接收点射线参数转化为中心点、偏移距域射线参数,此时式(7-57)变为:

$$Co(\boldsymbol{x},\boldsymbol{L}_r,\omega)=\frac{\omega^2}{4}\iint \mathrm{d}p_{mx}\,\mathrm{d}p_{my}Ch(\boldsymbol{x},\boldsymbol{L}_r,\boldsymbol{p}_m,\omega)D_S(\boldsymbol{L}_r,\boldsymbol{p}_r,\omega) \tag{7-58}$$

其中,

$$\begin{aligned}Ch(\boldsymbol{x},\boldsymbol{L}_r,\boldsymbol{p}_m,\omega)&=\iint \mathrm{d}p_{hx}\,\mathrm{d}p_{hy}U_{GB}^{*}(\boldsymbol{x},\boldsymbol{x}_s,\boldsymbol{p}_s,\omega)U_{GB}^{*}(\boldsymbol{x},\boldsymbol{L}_r,\boldsymbol{p}_r,\omega)\\&=\iint \mathrm{d}p_{hx}\,\mathrm{d}p_{hy}A(\boldsymbol{x},\boldsymbol{p}_m,\boldsymbol{p}_h)\exp[-i\omega T^{*}(\boldsymbol{x},\boldsymbol{p}_m,\boldsymbol{p}_h)]\end{aligned} \tag{7-59}$$

上式中,$A(\boldsymbol{x},\boldsymbol{p}_m,\boldsymbol{p}_h)$ 为震源和接收点高斯束的振幅乘积,$T(\boldsymbol{x},\boldsymbol{p}_m,\boldsymbol{p}_h)$ 为复值走时之和。Hill 证明式(7-59)所示积分的鞍点对应着令 $T(\boldsymbol{x},\boldsymbol{p}_m,\boldsymbol{p}_h)$ 中虚值走时最小的 $\boldsymbol{p}_h$,并给出了上述积分的渐进解:

$$Ch(\boldsymbol{x},\boldsymbol{L}_r,\boldsymbol{p}_m,\omega)\approx\frac{A_0}{\omega}\exp[-i\omega T_0^{*}] \tag{7-60}$$

其中,A_0 为震源高斯束同接收点高斯束之和,T_0 为虚值走时最小时高斯束走时之和。上式在运动学上近似正确,但是 Hill 没有准确求取(7-59)式渐进解的振幅项。Gray(2009)通过精确求取了上述积分的渐进解,提出了高效算法实现的保幅高斯束偏移。

将式(7-60)代入式(7-58),得:

$$Co(\boldsymbol{x},\boldsymbol{L}_r,\omega)=\frac{\omega}{4}\iint \mathrm{d}p_{mx}\,\mathrm{d}p_{my}A_0\exp[-i\omega T_0^{*}]D_S(\boldsymbol{L}_r,\boldsymbol{p}_r,\omega) \tag{7-61}$$

上式所对应的计算流程大致归结为:

```
对于每个束中心位置{
    加窗局部倾斜叠加并计算由震源和接收点出射的高斯束
对于每个中心点射线参数{
     对于每个粗网格点{
        扫描并确定使虚值走时最小的偏移距射线参数
     }粗网格循环结束
     对于孔径内的每个成像点{
        根据高斯束的走时振幅信息利用所对应的倾斜叠加道进行成像
    }成像点循环结束
  }中心点射线参数循环结束
}束中心循环结束
```

上述流程的计算量大致为 $nb\times(np_s+np_r-1)\times$(局部孔径的成像运算+粗网格上最小虚值走时的搜索)。虽然粗网格上的搜索运算需要一定的计算量,但是 np_s,np_r 在二维情况下一般为两位数,三维情况下为三位数,总的来说高效算法的计算量大大减少。作者在程序试算时发现,高效算法的计算效率一般要数倍于全波至算法,但是其成像精度往往差别不大,在接下来的数值试算中,将专门对此进行验证。

第三节　数值试算

7.3.1　共炮集深度偏移试验

利用 Marmousi 模型对 7.2.2 节所提出的共炮集高斯束偏移进行试算检验。Marmousi 模型网格大小为 737×750，纵横向间距分别为 12.5m，4m。正演记录共 240 炮，每炮 96 道，道间距为 25m，采样间隔为 4ms，采样点数为 750。图 7-18(a)采用高斯束偏移得到的 CDP=501 处，时间为 1.2s 的脉冲响应，图 7-18(b)为单程波偏移的脉冲响应，可以看到两种方法得到的脉冲响应运动学特征类似，在动力学特征上有一定的差别。图7-18(c)，7-18(d)分别为第 100 炮单炮记录以及对应该炮的高斯束偏移结果，图 7-18(e)为最终的炮集偏移叠加结果，可以看到其准确的恢复了 Marmousi 模型复杂的构造形态，无论是三大断层还是目标区的成像效果均要优于图 7-18(f)所示的 Kirchhoff 偏移结果。

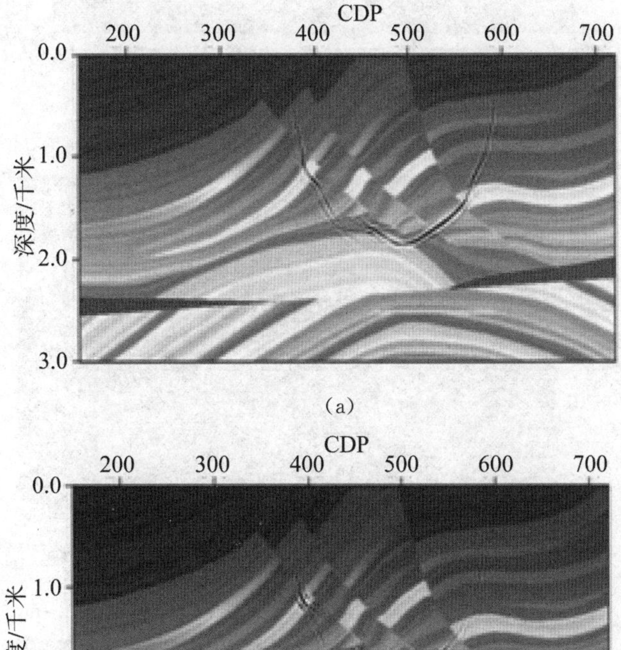

(a)

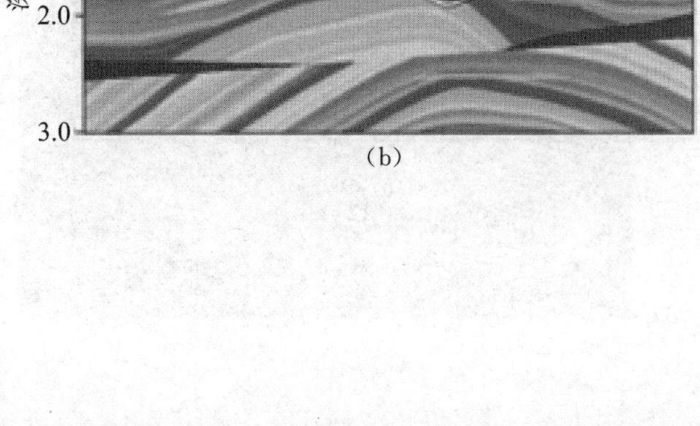

(b)

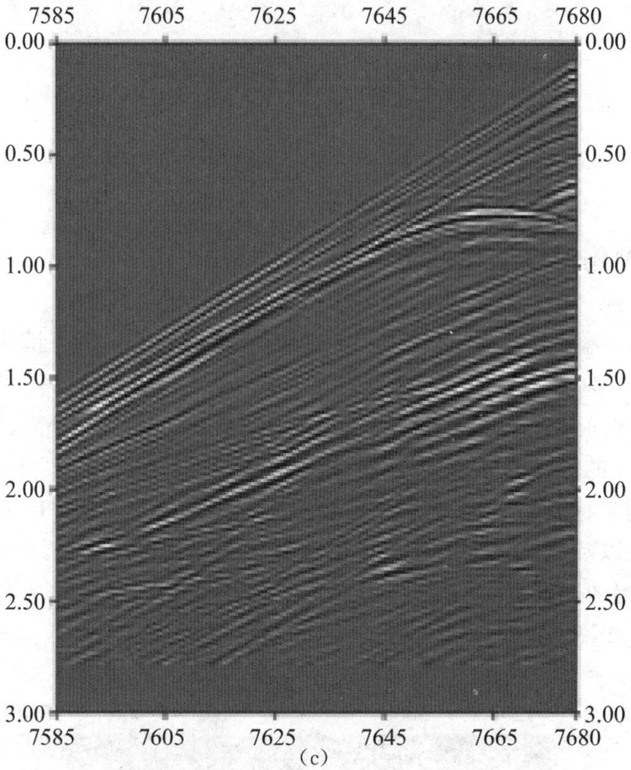
7585
7605
7625
7645
7665
7680
0.00
0.50
1.00
1.50
2.00
2.50
3.00

(c)

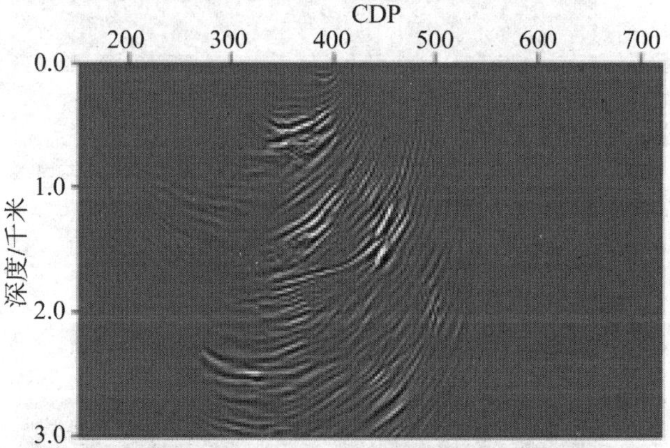
CDP
200
300
400
500
600
700
0.0
1.0
2.0
3.0
深度/千米

(d)

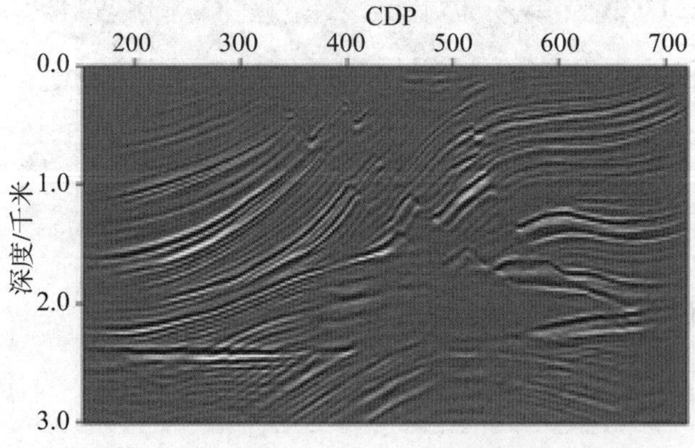
CDP
200
300
400
500
600
700
0.0
1.0
2.0
3.0
深度/千米

(e)

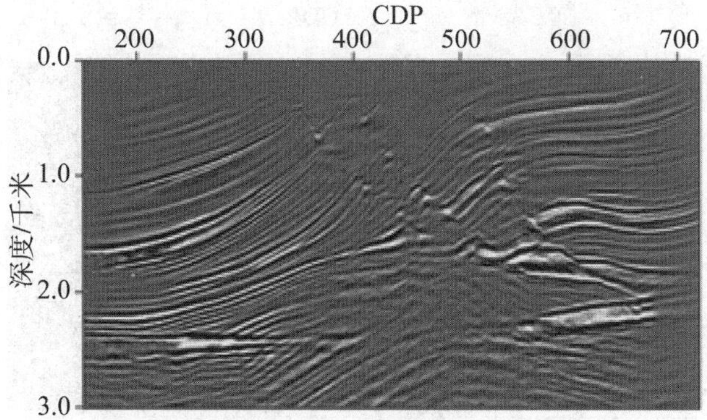

(f)

图 7-18　共炮集高斯束偏移试算

7.3.2　共偏移距道集深度偏移试验

同样利用 Marmousi 模型对 7.2.2 节所提出的共偏移距道集高斯束偏移进行试算检验。Marmousi 模型共有 96 个共偏移距道集记录，偏移距范围由－2575m 到－200m。图 7-19(a)为偏移距为－200m 的共偏移距道集，图 7-19(b)为对应该偏移距道集的高斯束偏移结果，可以看到其大致恢复了地下的构造形态。图 7-19(c)为对所有偏移距道集偏移后的叠加结果，其同样准确的恢复了模型的复杂构造形态，成像效果同图 7-18(e)所示的炮集偏移结果基本相同。

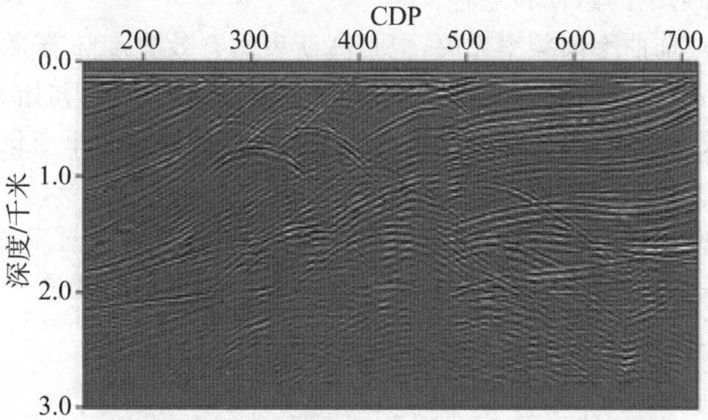

(a)

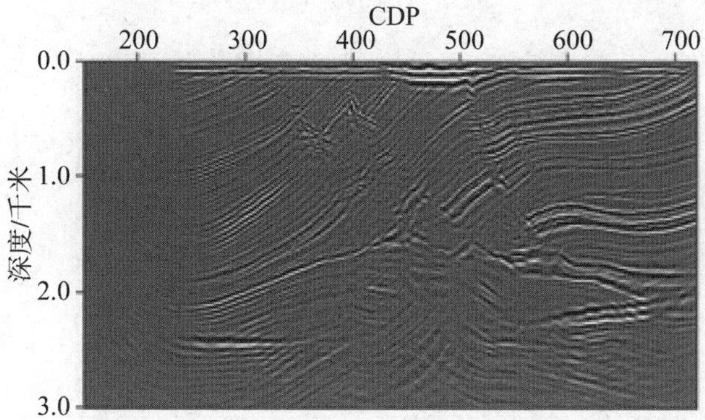

(b)

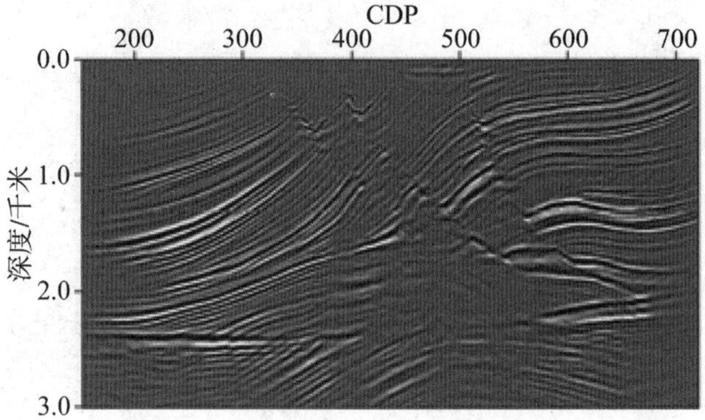

(c)

图 7-19 共偏移距道集高斯束偏移试算

本章小结

(1)高斯束偏移方法是一种改进的 Kirchhoff 偏移成像方法,不仅具有射线类方法的较高的计算效率,还具有接近于波动方程类方法的成像精度。因此高斯束偏移成像的研究一直受到业界的关注。

(2)高斯束的求解需要提前给定高斯束的初始位置和初始方向,结合运动学射线追踪方程组来求取中心射线的路径和走时。

(3)高斯束的波前曲率同频率无关,但是高斯束的有效宽度随着频率的增大而减小;初始宽度较小的高斯束波前曲率变化剧烈,有效宽度也随之增大;初始宽度较大的高斯束波前曲率变化则较为平缓;参考频率同样影响着高斯束的波前曲率变化,随着参考频率的增大,波前曲率的变化趋于平缓。

(4)高斯束可应用在叠后偏移,又可应用在叠前偏移,都可通过束中心出射的高斯束来近似计算邻近接收点的格林函数从而减少计算量。选择不同域进行上述简化过程,便可以得到不同道集的偏移公式。

第八章 逆时偏移成像

第一节 逆时偏移的基本原理

地震偏移成像技术是地震数据处理的主要技术之一，主要包括对野外观测得到的炮记录进行波场重建和对得到的传播中的波场采用合适的成像条件进行成像。Claerbout 在 1971 年提出了单程波偏移成像方法，利用波动方程的旁轴近似按照一定的频率分量把波场从一个深度延拓到另一个深度。这种方法不仅方便快捷还可以得到较好的成像剖面，但在反射界面较陡时，不能得到清晰连续的剖面。在 1983 年逆时偏移的方法被提出，Whitmore 在时间域进行波场外推，通过波场在地下介质中传播的规律，在时间轴上沿时间的反方向进行波场重建，现实中的时间不可逆性在理论上得到了实现。其优点在于，这种方法采用的是全波动方程，所以没有在倾角上的局限，在含有陡倾角的复杂构造中也能得到很好的成像剖面。

叠前 RTM 算法分为三步：(1)震源波场的正向延拓；(2)检波波场的反向延拓，这两个过程都是在时间上的进行的；(3)应用适当的成像条件构在反射面处进行成像。目前，该算法在很大程度上限于简化的常密度声波情况下，用声波波动方程的波场传播为：

$$\frac{1}{v^2(x)}\frac{\partial^2}{\partial t^2}p(t,\vec{x})=\nabla^2 p(t,\vec{x}) \tag{8-1}$$

其中，$p(t,\vec{x})$ 是在空间位置 $\vec{x}=(x,y,z)$ 时间 t 处的应力场，$v(\vec{x})$ 是传播介质的声波速度。

在 RTM 中，用方程(8-1)对震源波场和接收波场进行延拓，对震源和接收波场的延拓进行零延迟互相关就可以方便的成像：

$$I(\vec{x})=\int_0^{T_{\max}} s(t,\vec{x})r(t,\vec{x})dt \tag{8-2}$$

其中，$s(t,\vec{x})$ 是震源波场的正向延拓，$r(t,\vec{x})$ 是在空间位置 $\vec{x}$ 和时间 t 处的接收波场的传播波场，$T_{\max}$ 代表最大延拓时间。注意这里的接收波场是波场传播时间时的波场不是数值外推 $(T_{\max}-t)$ 时的波场。

其中，波场的构建是通过在时间域对波动方程进行求解得到的，波场逆时外推的过程

是以最大纪录时间 T 处的界面 (x,y,z,T) 为起始界面，以一定的时间步长向最小记录时刻 $t=0$ 处反推，并以地面上检波器接收的地震记录 $u(x,y,z=0,t)$ 为边界条件，通过外推方法得到每个时间步长处的波场切片，最终得到整个波场。其中 $t=0$ 时刻的 $u(x,y,z)$ 剖面即为偏移剖面，如图 8-1 所示。

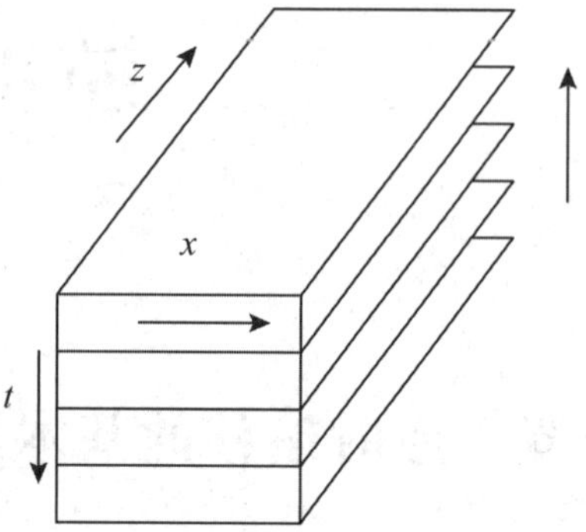

图 8-1　逆时偏移原理解析图

8.1.1　声波交错网格逆时延拓

逆时深度偏移的定解问题可描述为：

$$\begin{cases}\nabla^2 P(x,y,z,t)=\dfrac{1}{v^2}\dfrac{\partial^2 P(x,y,z,t)}{\partial^2 t}+f(x,y,z,t)\\ P(x,y,z,t)\big|_{t<T}=0\\ P(x,y,z,t)\big|_{z=z_r,t>T}=g(x,y,t)\end{cases}\tag{8-3}$$

其中，$\nabla^2=\dfrac{\partial^2}{\partial^2 x}+\dfrac{\partial^2}{\partial^2 y}+\dfrac{\partial^2}{\partial^2 z}$，$P$ 为 t 时刻的波场，$f(x,y,z,t)$ 为震源函数，v 为纵横向可变的介质速度，$d(x. y,t)$ 为接收点上接收到的记录，z_r 为接收点的横坐标，T 为最大记录时间。

首先讨论 2D 各向同性介质。在这种介质中，声波方程可以通过降阶表示为：

$$\begin{cases}\dfrac{\partial u}{\partial t}=-\rho v_p^2\left(\dfrac{\partial v_x}{\partial x}+\dfrac{\partial v_z}{\partial z}\right)\\ \dfrac{\partial v_x}{\partial t}=\dfrac{1}{\rho}\dfrac{\partial u}{\partial x}\\ \dfrac{\partial v_z}{\partial t}=\dfrac{1}{\rho}\dfrac{\partial u}{\partial z}\end{cases}\tag{8-4}$$

在公式(8-4)中，u 表示应力，v_x，v_z 分别表示 x 方向和 z 方向质点速度，ρ 表示密度，v_p 表示纵波速度。对于声波方程的交错网格方法，应力 u 假设位于空间离散点$(i,\ j)$处，水平方向上的速度分量 v_x 假设位于空间离散点$(i+1/2,\ j)$处，垂直方向上的速度分量 v_z 假设位于空间离散点$(i,\ j+1/2)$处，具体的参数的空间位置如表 8-1 所示。在空间上对方程进行交错网格差分的同时，在时间上也需要进行交错网格差分，应力 u 假设位于离

散时间 $k-1/2$ 和 $k+1/2$ 上，质点水平方向和垂直方向的速度分量 v_x、v_z 假设位于离散时间 k 和 $k-1$ 上。

1.时间 2M 阶差分近似

通过交错网格有限差分的方法对声波方程进行求解的时候，应力和速度分别在 $t+\frac{\Delta t}{2}$ 和 t 时刻计算。对于应力 u，把 $u\left(t+\frac{\Delta t}{2}\right)$ 和 $u\left(t-\frac{\Delta t}{2}\right)$ 在 t 处通过泰勒展开式展开可以得到：

$$u\left(t+\frac{\Delta t}{2}\right)=u(t)+\frac{\partial u}{\partial t}\frac{\Delta t}{2}+\frac{1}{2!}\frac{\partial^2 u}{\partial t^2}\left(\frac{\Delta t}{2}\right)^2+\frac{1}{3!}\frac{\partial^3 u}{\partial t^3}\left(\frac{\Delta t}{2}\right)^3+\ldots \tag{8-5}$$

$$u\left(t-\frac{\Delta t}{2}\right)=u(t)-\frac{\partial u}{\partial t}\frac{\Delta t}{2}+\frac{1}{2!}\frac{\partial^2 u}{\partial t^2}\left(\frac{\Delta t}{2}\right)^2-\frac{1}{3!}\frac{\partial^3 u}{\partial t^3}\left(\frac{\Delta t}{2}\right)^3+\ldots \tag{8-6}$$

将以上两个式子做减法就可以得到 2M 阶的时间差分的近似来对应力进行求解：

$$u\left(t+\frac{\Delta t}{2}\right)=u\left(t-\frac{\Delta t}{2}\right)+2\sum_{m=1}^{M}\frac{1}{(2m-1)!}\left(\frac{\Delta t}{2}\right)^{2m-1}\frac{\partial^{2m-1}}{\partial t^{2m-1}}u \tag{8-7}$$

通过公式(8-7)，可以看到，如果对 $\frac{\partial^{2m-1}}{\partial t^{2m-1}}u$ 不作任何处理，直接进行计算，那么就意味着需要对很多个时间层进行计算；但是如果利用(8-4)式，对方程进行转化，将应力相对于时间的奇数次偏导数(例如：$\frac{\partial u}{\partial t}$)通过速度对空间的偏导数(例如：$\frac{\partial v_x}{\partial x}+\frac{\partial v_z}{\partial z}$)来代替，将速度相对于时间的奇数次偏导数(例如：$\frac{\partial v_x}{\partial t}$)通过应力对空间的偏导数(例如：$\frac{1}{\rho}\frac{\partial u}{\partial x}$)来代替；可以看到，只需要知道前一个时刻的应力和速度场，就可以通过计算得到下一个时刻的应力和速度场；也就是说，通过整的时间层 t 上的速度，计算得到半时间层 $t+\frac{\Delta t}{2}$ 上的应力，再通过半时间层 $t+\frac{\Delta t}{2}$ 上的应力计算出整时间层 $t+\Delta t$ 上的速度。由公式(8-7)，可以知道，在时间上对声波方程进行高阶差分难度比较大，计算的成本会非常高，但是，又不能通过把时间步长加大来减少计算，因为可能会由此造成计算的不稳定。文中，取 $2M=2$，与之相对应，应力的时间二阶差分近似为：

$$u\left(t+\frac{\Delta t}{2}\right)=u\left(t-\frac{\Delta t}{2}\right)+\Delta t\frac{\partial u}{\partial t}=u\left(t-\frac{\Delta t}{2}\right)-\Delta t\rho v_p^2\left(\frac{\partial v_x}{\partial x}+\frac{\partial v_z}{\partial z}\right) \tag{8-8}$$

同样，可以得到水平方向速度分量 v_x 和垂直方向上速度分量 v_z 的时间二阶差分近似：

$$v_x(t)=v_x(t-\Delta t)+\Delta t\frac{\partial v_x}{\partial t}=v_x(t-\Delta t)+\frac{\Delta t}{\rho}\frac{\partial u}{\partial x} \tag{8-9}$$

$$v_z(t)=v_z(t-\Delta t)+\Delta t\frac{\partial v_z}{\partial t}=v_z(t-\Delta t)+\frac{\Delta t}{\rho}\frac{\partial u}{\partial z} \tag{8-10}$$

2.空间 2N 阶差分近似

通过交错网格有限差分的方法对声波方程进行求解的时候，空间变量的导数是在 $x\pm\frac{2n-1}{2}\Delta x$ 上计算的，下面来推导它们的差分格式：把 $f\left(x\pm\frac{2n-1}{2}\Delta x\right)$ 在 x 处通过泰勒展开式进行展开可以得到：

$$f\left(x+\frac{2n-1}{2}\Delta x\right)=f(x)+\frac{\partial f}{\partial x}\frac{2n-1}{2}\Delta x+\frac{1}{2!}\frac{\partial^2 f}{\partial x^2}\left(\frac{2n-1}{2}\Delta x\right)^2+\frac{1}{3!}\frac{\partial^3 f}{\partial x^3}\left(\frac{2n-1}{2}\Delta x\right)^3+\dots$$

$$f\left(x-\frac{2n-1}{2}\Delta x\right)=f(x)-\frac{\partial f}{\partial x}\frac{2n-1}{2}\Delta x+\frac{1}{2!}\frac{\partial^2 f}{\partial x^2}\left(\frac{2n-1}{2}\Delta x\right)^2-\frac{1}{3!}\frac{\partial^3 f}{\partial x^3}\left(\frac{2n-1}{2}\Delta x\right)^3+\dots$$

通过对 $f\left(x+\frac{2n-1}{2}\Delta x\right)$、$f\left(x-\frac{2n-1}{2}\Delta x\right)$ 做相减运算之后并经过整理可以得到：

$$\begin{aligned}&\frac{1}{\Delta x}\sum_{n=1}^{N}C_n^{(N)}\left\{f\left[x+\frac{2n-1}{2}\Delta x\right]-f\left[x-\frac{2n-1}{2}\Delta x\right]\right\}\\&=\left[C_1^{(N)}+3C_2^{(N)}+(2n-1)C_n^{(N)}\right]\frac{\partial f}{\partial x}+\left[C_1^{(N)}+3^3C_2^{(N)}+(2n-1)^3C_n^{(N)}\right]\frac{\Delta x^2}{24}\frac{\partial^3 f}{\partial x^3}+\dots\end{aligned} \tag{8-11}$$

对公式(8-11)进行整理，得到：

$$\begin{bmatrix}1 & 3 & 5 & \cdots & 2n-1\\1^3 & 3^3 & 5^3 & \cdots & (2n-1)^3\\1^5 & 3^5 & 5^5 & \cdots & (2n-1)^5\\\vdots & \vdots & \vdots & \ddots & \vdots\\1^{2N-1} & 3^{2N-1} & 5^{2N-1} & \cdots & (2n-1)^{2N-1}\end{bmatrix}\begin{bmatrix}C_1^{(N)}\\C_2^{(N)}\\C_3^{(N)}\\\vdots\\C_n^{(N)}\end{bmatrix}=\begin{bmatrix}1\\0\\0\\\vdots\\0\end{bmatrix} \tag{8-12}$$

对公式(8-12)中的 $C_n^{(N)}$ 进行求解，就可以得到 $\frac{\partial f}{\partial x}$ 的 $2N$ 阶差分近似：

$$\frac{\partial f}{\partial x}=\frac{1}{\Delta x}\sum_{n=1}^{N}C_n^{(N)}\left\{f\left[x+\frac{2n-1}{2}\Delta x\right]-f\left[x-\frac{2n-1}{2}\Delta x\right]\right\} \tag{8-13}$$

利用公式(8-12)，可以得到如下表的差分系数：

表 8-1 各阶精度的有限差分系数表

系数 阶数	C_1	C_2	C_3	C_4	C_5
2	1				
4	1.125	−0.0416667			
6	1.171875	−0.06510417	0.0046875		
8	1.196289	−0.0797516	0.009570313	−0.0006975447	
10	1.211243	−0.08972168	0.01384277	−0.00176566	0.000118695

3. 时间二阶、空间十阶的交错网格有限差分格式

上文分别得到了时间、空间上的高阶差分格式；通过综合考虑精度和计算的效率，在此选择时间二阶、空间十阶的差分格式，这样可以在不增加计算量的前提下提高差分的精度。图 8-2 展示了二维各向同性介质声波方程交错网络的分布情况。非均匀各向同性介

质声波方程(8-4)时间二阶、空间十阶的交错网格有限差分格式可以表示为：

$$U_{i,j}^{k+1/2}=U_{i,j}^{k-1/2}-\Delta t\rho v_p^2\left\{\frac{1}{\Delta x}\sum_{n-1}^{5}C_n^{(5)}\left[P_{i+(2n-1)/2,j}^{k}-P_{i-(2n-1)/2,j}^{k}\right]+\frac{1}{\Delta z}\sum_{n-1}^{5}C_n^{(5)}\right.$$
$$\left[Q_{i,j+(2n-1)/2}^{k}-Q_{i,j-(2n-1)/2}^{k}\right] \tag{8-14}$$

$$P_{i+1/2,j}^{k}=P_{i+1/2,j}^{k-1}+\frac{\Delta t}{\Delta x\cdot\rho}\sum_{n=1}^{5}C_n^{(5)}\left[U_{i+n,j}^{k-1/2}-U_{i-(n-1),j}^{k-1/2}\right] \tag{8-15}$$

$$Q_{i,j+1/2}^{k}=Q_{i,j+1/2}^{k-1}+\frac{\Delta t}{\Delta z\cdot\rho}\sum_{n=1}^{5}C_n^{(5)}\left[U_{i,j+n}^{k-1/2}-U_{i,j-(n-1)}^{k-1/2}\right] \tag{8-16}$$

式中，Δx 和 Δz 依次代表水平方向 x，垂直方向 z 方向的网格间距；k 表示时间上的离散值；U,P,Q 依次代表 u，v_x，v_z；Δt 表示时间步长；i，j 分别代表水平方向 x 和垂直方向 z 上的离散值。

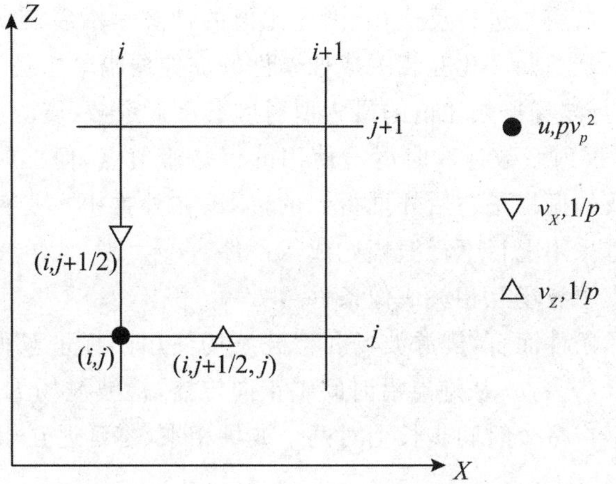

图 8-2　二维各向同性介质声波方程交错网格示意图

8.1.2　逆时偏移的成像条件

叠前逆时偏移可以使用的成像条件包括三类：第一类是由射线追踪和有限差分正演计算的激发时间成像条件；第二类是不作归一化或进行震源归一化的互相关成像条件；第三类是在激发时间处计算震源波场与检波波场振幅比成像条件。

1. 激发时间成像条件

叠前偏移的激发时间是从震源出发传播到每一个成像点的单程旅行时，激发时间成像条件的原理就是在各个时间提取波场值进行成像。这个时间可以通过射线插值估计每个网格点的初至时间或者有限差分外推检测每个网格点最大振幅出现的时间来得到。但是这两个方法得到的时间通常并不是完全一样，射线追踪得到的初至时间通常要比波场外推的最大振幅时间小，因此通常对射线时间做四分之一波长的时移来得到相应的时间。此外，在有限差分波场外推计算中也会存在数值频散，当模型复杂时还存在射线多路径的问题。总的来说，这些时间计算不准确会给成像时间带来影响，从而导致振幅不准确，因此，激发时间成像条件对于复杂速度场的成像时不适用的。

2. 检波波场与震源波场振幅比成像条件

上行下行振幅比成像条件是在 Claerbout(1971)的成像原则的基础之上提出的，该成像原则指出：反射点位于这样的点上——即上行波场(震源波场)和下行波场(检波波场)在空间上和时间上的重合点。反射率强度与成像时间和位置处的震源波场和检波波场有关。方程 8-17 中的振幅比既可以在激发时间成像条件中波场振幅最大的位置处计算，也可以在震源归一化互相关条件中最大位置处计算。这两种计算方式中，成像结果都为下式所示：

$$I(x,y,z)=R(x,y,z,t)/S(x,y,z,t) \tag{8-17}$$

其中，$R(x,y,z,t)$ 为检波波场，$S(x,y,z,t)$ 为震源波场。

第一种计算方法中的比值是在成像时间 t 处计算的，其中 t 与$(x,\ z)$位置处的震源波场最大振幅的响应时间相同。这一过程与激发时间成像条件的应用原理很相似，但是前者计算的是振幅比值而不仅仅是简单的抽取检波波场的振幅值。第二种计算方法相当于使用匹配滤波的方法对震源进行反褶积，因此比值的计算是沿着震源归一化互相关的振幅的最大轨迹。所以震源归一化互相关成像条件的成像振幅单位是正确的(无量纲)。根据定义，只有上行下行波场振幅比值的最大值对应着反射系数(震源波场与检波波场时空重合位置)。在 R/S 反射系数计算时尽管使用的仅是峰值点，但振幅比成像条件对噪声十分敏感。因为涉及的振幅是叠后外推得到的，所以在外推中本身就有平滑和混道的影响。因此本文也没有采用上行下行振幅比成像条件。

3. 检波波场与震源波场互相关成像条件

对于互相关成像条件而言，震源波场和检波波场使用同标量双程有限差分算子独立传播。震源波场 $S(x,y,z,t)$ 从炮点沿时间轴正向传播，检波波场 $R(x,y,z,t)$ 从检波点沿时间轴逆向传播。在每个时间步长上对两个波场相乘(零延迟互相关)即可成像。对于单个共炮道集而言：

$$I(x,y,z)=\int S(x,y,z,t)R(x,y,z,t)\,\mathrm{d}t \tag{8-18}$$

其中，x 和 z 分别是水平和深度坐标，t 为时间。但是注意到该成像条件是乘积型成像条件，因此成像后的结果单位为振幅的二次方。由此可知成像振幅的大小并不代表震源的能量，与之成任意次比，振幅值并不代表反射系数。

互相关成像条件还可以通过震源照明或者检波照明进行归一化：

$$I(x,y,z)=\int S(x,y,z,t)R(x,y,z,t)\,\mathrm{d}t\Big/\sum_{t=0}^{t=t\max}S(x,y,z,t)^2 \tag{8-19}$$

$$I(x,y,z)=\int S(x,y,z,t)R(x,y,z,t)\,\mathrm{d}t\Big/\sum_{t=0}^{t=t\max}R(x,y,z,t)^2 \tag{8-20}$$

公式(8-19)表示震源归一化互相关成像，公式(8-20)表示检波归一化互相关成像条件。震源归一化互相关成像条件与检波归一化互相关成像条件都有与反射系统相同的单位(无量纲)、比例和符号。

检波波场与震源波场的振幅比成像条件的分辨率最高，但是一方面对于成像时间的计算可能不够准确，另一方面成像时间处的记录振幅和震源振幅的比值并不一定能准确地代表模型反射率，此外由于某些位置处的波场值可能为零，成像过程中可能出现不稳定的现象;震源归一化的互相关成像条件通过最大位置处的记录波场与震源波场的振幅比给出了正确的振幅比例和很高的成像分辨率,实现起来也比较容易,所增加计算量很小,并且不会丢失波场的有效信息。成像条件的选取对于成像结果的振幅、相位、分辨率等都有着重要的影响。虽然对于共炮偏移而言,要得到准确的振幅信息必须使用反褶积成像条件。虽然反褶积成像条件在频率域易于实施,但是对于逆时偏移而言,反褶积型的成像条件较难在时间域实施,并且可能出现数值不稳定的情况,而激发成像条件中旅行时的求取受构造复杂程度的限制。振幅比成像条件简单地用成像时间处的检波振幅与震源振幅之比代替反射系数,也是不准确的。因此在这种情况下,互相关成像条件就成了一种好的选择。互相关成像条件在时间域的实施较简单方便,避免了数值不稳定性,可方便地进行并行处理提高计算效率。归一化后的互相关成像条件,成像结果单位与反射系数具有相同的量纲,易于进行保幅性分析。本文在声波逆时偏移时,都采用互相关成像条件进行成像。

第二节　数值试算

为了验证逆时偏移在处理复杂构造地区模型的优势,本文对 Marmousi 数据进行了声波 RTM 的模型试算。在 Marmousi 模型中有三个明显的高陡断层,深层高速体如图 8-3 所示。速度模型大小为 737×750,横向采样间隔为 12.5m,纵向采样间隔为 4m。炮记录共 240 炮,每炮 96 道,道间距为 25m。图 8-4 为单程波方程偏移结果,同样运用互相关成像条件,单程波偏移结果却没有低频噪声产生。图 8-5 为 RTM 偏移结果,可以看到在浅层有大量的低频噪声。经过 Laplace 滤波后,其结果为图 8-6 所示,低频噪声去掉的比较干净。比较图 8-4 和图 8-5 可以看出,无论单程波成像还是逆时偏移成像都得到了较为清晰的成像,但逆时偏移在高陡断层面,深层的高速体,油水界面等细节上更为连续、清晰。更有利于深层的高精度勘探。图 8-5 与图 8-6 比较可以看出,导数滤波方法并没有把低频噪声完全去除,Laplace 滤波在压制低频噪声上有明显的优势。

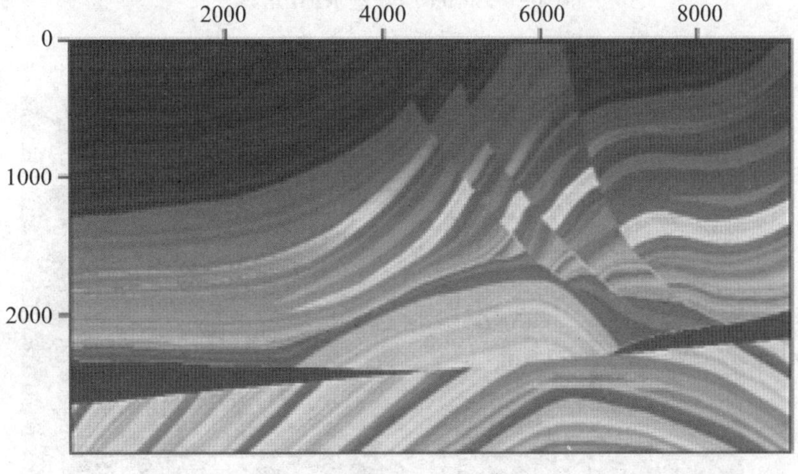

图 8-3　Marmousi 模型速度场

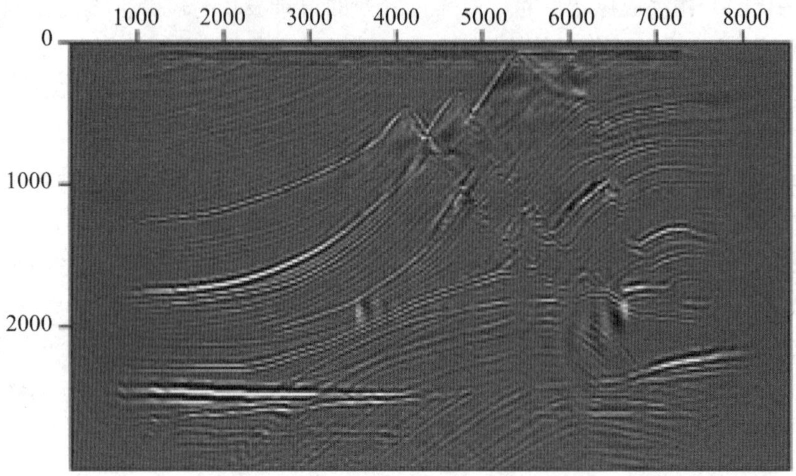

图 8-4　Marmousi 模型单程波偏移结果

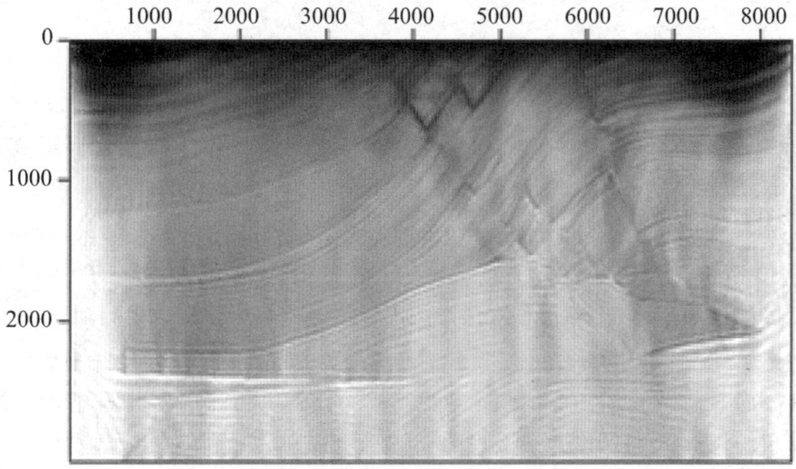

图 8-5　Marmousi 模型 RTM 结果

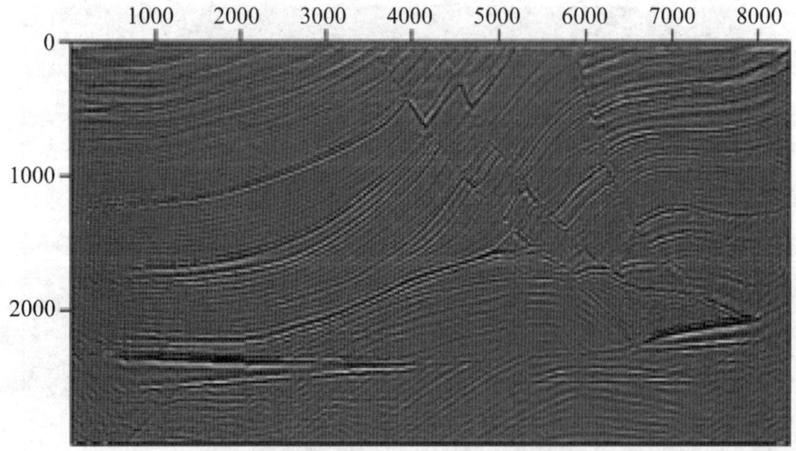

图 8-6　Marmousi 模型 Laplace 滤波后 RTM 结果

本章小结

(1)基于双程波动方程的逆时偏移技术的成像精度远高于其他种类的偏移技术，因此一直是业界的研究热点，受到计算机硬件水平的限制与计算成本的考虑，逆时偏移在实际生产中还未完全普及。

(2)互相关成像条件在时间域的实施较简单方便，避免了数值不稳定性，可方便地进行并行处理提高计算效率。归一化后的互相关成像条件，成像结果单位与反射系数具有相同的量纲，易于进行保幅性分析。

(3)逆时偏移后的结果中常存在噪声，随着地下介质复杂度的增加，低频噪声尤为发育，Laplace 滤波后可得到较为清晰的成像，且逆时偏移较单程波偏移在高陡断层面，深层的高速体，油水界面等细节上更为连续、清晰，因此更有利于深层的高精度勘探。

第九章

基于反演理论的最小二乘偏移成像

第一节　最小二乘偏移概述

随着勘探程度的不断提高，勘探目标逐渐向地层倾角大、介质横向速度变化严重、埋藏深等复杂区域过渡，而且人们对成像精度的要求也愈来愈高。传统的成像理论并不是地震波正演算子的逆，仅仅是它的共轭转置，所以得到的只能是一个近似解，不能够满足现今人们对复杂目标区域勘探开发的要求。最小二乘反演能够帮助地震数据成像减少噪声，提高信噪比，平衡振幅得到比传统方法质量更高的成像结果。近些年随着计算机软硬件技术的进步，最小二乘偏移已经愈来愈普遍的得到运用。这一章介绍最小二乘模型数据匹配的方法，列举最速下降、共轭梯度等收敛方法，并介绍最小二乘意义下的地震数据成像步骤。

9.1.1　共轭算子

地球物理正演模拟计算中通常使用线性算子来预测数据，但在地震勘探中要得到地震模型需要使用正演算子的共轭算子。在地震勘探领域中有许多处理流程他们互为共轭算子，例如：求导与积分、褶积与互相关、波场向上延拓与向下延拓、射线追踪与层析成像、绕射叠加与偏移成像等等。许多计算都是通过矩阵乘法来实现的，一个算子的共轭算子实际上就是这个算子的转置矩阵。下面通过几个简单的例子说明一下算子及其共轭算子的关系。

1. 求导及其共轭算子

在数值分析当中，时间函数的导数通常使用有限差分来表示。具体来说，时间导数的求取可以表示为两个相邻时间点的差值除以时间间隔 Δt，如果将分母 Δt 省略，可以用矩阵的乘法表示求导：

$$
\begin{bmatrix} y_1 \\ y_2 \\ y_3 \\ y_4 \\ y_5 \\ y_6 \end{bmatrix} = \begin{bmatrix} -1 & 1 & & & & \\ & -1 & 1 & & & \\ & & -1 & 1 & & \\ & & & -1 & 1 & \\ & & & & -1 & 1 \\ & & & & & 0 \end{bmatrix} \begin{bmatrix} x_1 \\ x_2 \\ x_3 \\ x_4 \\ x_5 \\ x_6 \end{bmatrix} \tag{9-1}
$$

上式中，中间的矩阵即为求导算子矩阵，他的每一列(1，−1)为一个滤波器脉冲响应。将这个算子矩阵进行转置，滤波器的脉冲响应就变成了(−1,1)。可以说求导算子的共轭算子是负求导算子。

$$
\begin{bmatrix} \hat{x}_1 \\ \hat{x}_2 \\ \hat{x}_3 \\ \hat{x}_4 \\ \hat{x}_5 \\ \hat{x}_6 \end{bmatrix} = \begin{bmatrix} -1 & & & & & \\ 1 & -1 & & & & \\ & 1 & -1 & & & \\ & & 1 & -1 & & \\ & & & 1 & -1 & \\ & & & & 1 & 0 \end{bmatrix} \begin{bmatrix} y_1 \\ y_2 \\ y_3 \\ y_4 \\ y_5 \\ y_6 \end{bmatrix} \tag{9-2}
$$

2.褶积及其共轭算子

褶积运算有许多方面的运用，褶积公式的推导方法有多种，其中两个多项式相乘是一个基本方法。例如，多项式 $X(Z)=x_1+x_2Z+x_3Z_2+x_4Z_3+x_5Z_4+x_6Z_5$ 乘以 $B(Z)=b_1+b_2Z+b_3Z_2$，他们的乘积 $Y(Z)=B(Z)X(Z)$ 也是一个多项式，可以用一个矩阵来表示：

$$
y = \begin{bmatrix} y_1 \\ y_2 \\ y_3 \\ y_4 \\ y_5 \\ y_6 \\ y_7 \\ y_8 \end{bmatrix} = \begin{bmatrix} b_1 & & & & & \\ b_2 & b_1 & & & & \\ b_3 & b_2 & b_1 & & & \\ & b_3 & b_2 & b_1 & & \\ & & b_3 & b_2 & b_1 & \\ & & & b_3 & b_2 & b_1 \\ & & & & b_3 & b_2 \\ & & & & & b_3 \end{bmatrix} \begin{bmatrix} x_1 \\ x_2 \\ x_3 \\ x_4 \\ x_5 \\ x_6 \end{bmatrix} = Bx \tag{9-3}
$$

其相应的共轭运算可以表示为：

$$
\begin{bmatrix} \hat{x}_1 \\ \hat{x}_2 \\ \hat{x}_3 \\ \hat{x}_4 \\ \hat{x}_5 \\ \hat{x}_6 \end{bmatrix} = \begin{bmatrix} b_1 & b_2 & b_3 & & & & & \\ & b_1 & b_2 & b_3 & & & & \\ & & b_1 & b_2 & b_3 & & & \\ & & & b_1 & b_2 & b_3 & & \\ & & & & b_1 & b_2 & b_3 & \\ & & & & & b_1 & b_2 & b_3 \end{bmatrix} \begin{bmatrix} y_1 \\ y_2 \\ y_3 \\ y_4 \\ y_5 \\ y_6 \\ y_7 \\ y_8 \end{bmatrix} \tag{9-4}
$$

可见上式的矩阵乘法实现的是互相关的运算，由此说明褶积运算的共轭算子是互相关。

9.1.2 点乘实验

矩阵表示的算子的共轭算子即是其矩阵的转置，互为的转置的矩阵表示的算子互为共轭。实践中，常常会遇到一些矩阵太大以至于的计算机不能够满足来进行计算，还有些时候一些处理流程不能简单地表示为矩阵的乘法(比如：快速傅立叶变换和微分方程)。为了解决这样的问题，可以用程序来实现互为共轭的算子。在进行反演运算的时候，常常需要互为共轭的两个算子，如何确保需要的算子满足互为共轭的条件是首先要解决的问题。因为如果不能保证它们的共轭从开始就注定会是要失败的。点乘实验(dot-product test)能够帮助确认算子是否互为共轭。

由线性代数的组合性质可知，对于矢量一矩阵一矢量的乘法 $y'Fx$，可以改变计算的顺序，但是计算的结果不会改变。例如：

$$y'(Fx) = (y'F)x \tag{9-5}$$

$$y'(Fx) = (F'y)'x \tag{9-6}$$

通常情况下，矩阵不是一个方阵。为了进行点乘测试，矢量 $\boldsymbol{x}$、$\boldsymbol{y}$ 的元素选用随机数。用算子 F，计算 $\tilde{y}=Fx$；用 F 的共轭算子F'，计算 $\tilde{x}=F'y$。将其带入上面的式子，如果 F、F'两个算子满足互为共轭，则应该满足下面的式子：

$$y'(Fx) = y'\tilde{y} = \tilde{x}x' = (F'y)'x \tag{9-7}$$

9.1.3 最小二乘解

接下来从如下的线性问题开始，得到最小二乘理论的关键公式。已知数据矢量 $\boldsymbol{d}$ 和两个拟合量 $\boldsymbol{f}_1$ 和 $\boldsymbol{f}_2$，现在要找到最佳的匹配数据 x_1、x_2，使它们满足如下条件：

$$\boldsymbol{d} \approx \boldsymbol{f}_1 x_1 + \boldsymbol{f}_2 x_2 \tag{9-8}$$

上述问题通常表示为 $d \approx Fx$。对观测数据 $d = d^{obs}$ 与理论数据 f_1x_1 和 f_2x_2 的匹配可以表示成一个对残差矢量 $\boldsymbol{r}$ 的最小化问题：

$$0 \approx \boldsymbol{r} = d^{theor} - d^{obs} \tag{9-9}$$

$$0 \approx \boldsymbol{r} = f_1x_1 + f_2x_2 - d \tag{9-10}$$

使用残差矢量的点积 $Q(x_1, x_2)$ 来表示残差的大小：

$$Q(x_1, x_2) = r \cdot r = (f_1x_1 + f_2x_2 - d) \cdot (f_1x_1 + f_2x_2 - d) \tag{9-11}$$

对点积 $Q(x_1, x_2)$ 进行求导：

$$\frac{\mathrm{d}}{\mathrm{d}x} r \cdot r = \frac{\mathrm{d}r}{\mathrm{d}x} \cdot r + r \cdot \frac{\mathrm{d}r}{\mathrm{d}x} \tag{9-12}$$

点积的梯度可以表示如下：

$$\frac{\partial Q}{\partial x_1} = f_1 \cdot (f_1x_1 + f_2x_2 - d) + (f_1x_1 + f_2x_2 - d) \cdot f_1 \tag{9-13}$$

$$\frac{\partial Q}{\partial x_2} = f_2 \cdot (f_1x_1 + f_2x_2 - d) + (f_1x_1 + f_2x_2 - d) \cdot f_2 \tag{9-14}$$

将上述两个式子赋零，再利用$(f_1 \cdot f_2) = (f_2 \cdot f_1)$的性质则有：

$$(f_1 \cdot d) = (f_1 \cdot f_1)x_1 + (f_1 \cdot f_2)x_2 \tag{9-15}$$

$$(f_2 \cdot d) = (f_2 \cdot f_1)x_1 + (f_2 f_2)x_2 \tag{9-16}$$

根据这两个方程，可以解得未知数 x_1，x_2，将以上两式写成矩阵形式：

$$\begin{bmatrix}(f_1 \cdot d)\\(f_2 \cdot d)\end{bmatrix} = \begin{bmatrix}(f_1 \cdot f_1) & (f_1 \cdot f_2)\\(f_2 \cdot f_1) & (f_2 \cdot f_2)\end{bmatrix}\begin{bmatrix}x_1\\x_2\end{bmatrix} \tag{9-17}$$

假设矢量 f_1、f_2 和 d 均有三个元素：

$$\begin{bmatrix}(f_1 \cdot f_1) & (f_1 \cdot f_2)\\(f_2 \cdot f_1) & (f_2 \cdot f_2)\end{bmatrix} = \begin{bmatrix}f_{11} & f_{21} & f_{31}\\f_{12} & f_{22} & f_{32}\end{bmatrix}\begin{bmatrix}f_{11} & f_{12}\\f_{21} & f_{22}\\f_{31} & f_{32}\end{bmatrix} \tag{9-18}$$

定义算子 F 为：

$$F = [f_1 \quad f_2] = \begin{bmatrix}f_{11} & f_{12}\\f_{21} & f_{22}\\f_{31} & f_{32}\end{bmatrix} \tag{9-19}$$

同样，F 的转置矩阵 F' 为：

$$F' = \begin{bmatrix}f_{11} & f_{21} & f_{31}\\f_{12} & f_{22} & f_{32}\end{bmatrix} \tag{9-20}$$

前文中残差内积 $Q(x_1, x_2)$ 的梯度可以表示为：

$$g = \begin{bmatrix}\dfrac{\partial Q}{\partial x_1}\\[2mm]\dfrac{\partial Q}{\partial x_2}\end{bmatrix} = \begin{bmatrix}f_1 \cdot r\\f_2 \cdot r\end{bmatrix} = \begin{bmatrix}f_{11} & f_{21} & f_{31}\\f_{12} & f_{22} & f_{32}\end{bmatrix}\begin{bmatrix}r_1\\r_2\\r_3\end{bmatrix} = F'r \tag{9-21}$$

由此可见，梯度可以表示为残差 r 与共轭矩阵 F' 的乘积。当梯度为零时，残差的点积最小，可以得到 x_1、x_2 的最优解，此时残差 r 和拟合矢量 f_1、f_2 正交。(9-17)式可以重新表示为：

$$\begin{bmatrix}f_{11} & f_{21} & f_{31}\\f_{12} & f_{22} & f_{32}\end{bmatrix}\begin{bmatrix}d_1\\d_2\\d_3\end{bmatrix} = \begin{bmatrix}f_{11} & f_{21} & f_{31}\\f_{12} & f_{22} & f_{32}\end{bmatrix}\begin{bmatrix}f_{11} & f_{12}\\f_{21} & f_{22}\\f_{31} & f_{32}\end{bmatrix}\begin{bmatrix}x_1\\x_2\end{bmatrix} \tag{9-22}$$

可以简写为：

$$F'd = (F'F)x \tag{9-23}$$

显然当拟合矢量多于两个，每个矢量包含多个元素时，该形式依然不变。对上式两边乘以 $(F'F)^{-1}$，则得到 $d \approx Fx$ 在最小二乘意义下的最优解：

$$x = (F'F)^{-1}F'd \tag{9-24}$$

1. 最速下降法

在反演的计算过程中，残差表示为 $r = Fx - d$，要使其尽可能趋近于零，从而得到 $d = Fx$ 的解。

先讨论沿任意方向来减少残差。假设 Δx 是一个与 x 具有相同维度的矢量，α 为一个系数，得到矢量 x 更新后的结果 x_{new}：

$$x_{new} = x + \alpha\Delta x \tag{9-25}$$

那么新的残差 r_{new} 为：

$$r_{new} = Fx_{new} - d \tag{9-26}$$

$$r_{new} = F(x + \alpha\Delta x) - d \tag{9-27}$$

$$r_{new} = r + \alpha\Delta r = (Fx - d) + \alpha F\Delta x \tag{9-28}$$

则有 $\Delta r = F\Delta x$,用 r_{new} 的点积表示其大小：

$$r_{new} \cdot r_{new} = (r + \alpha\Delta r) \cdot (r + \alpha\Delta r) = r \cdot r + 2\alpha(r \cdot \Delta r) + \alpha^2 \Delta r \cdot \Delta r \tag{9-29}$$

为了得到使 $r_{new} \cdot r_{new}$ 最小的系数 α，令 $r_{new} \cdot r_{new}$ 对 α 求导并将其置零，则有：

$$0 = (r + \alpha\Delta r) \cdot \Delta r + \Delta r \cdot (r + \alpha\Delta r) = 2(r + \alpha\Delta r) \cdot \Delta r \tag{9-30}$$

得到：

$$\alpha = -\frac{(r \cdot \Delta r)}{(\Delta r \cdot \Delta r)} \tag{9-31}$$

任意方向的迭代方法步骤如图 9-1 所示。

```
  r ←—Fx−d
iterate{
        Δx ←—random numbers
        Δr ←—F · Δx
        α ←——(r · Δr)/(Δr · Δr)
        x ←—x+αΔx
        r ←—r+αΔx
        }
```

图 9-1　任意方向下降法示意图

任意方向迭代方法的一个明显优势就是，这种方法不需要共轭算子 F' 。但是实际中由于其收敛速度较慢，很少使用这种方法，更加常用的是梯度的方法。选取 Δx 为梯度方向替代任意方向，Δx 取值为：

$$\Delta x = g = F'r \tag{9-32}$$

梯度的求取可以通过对残差点积的求导得到：

$$\frac{\partial}{\partial x'} r \cdot r = \frac{\partial}{\partial x'}(x'F' - d)(Fx - d) = F'r \tag{9-33}$$

```
  r ←—Fx−d
iterate{
        Δx ←—F'r
        Δr ←—F · Δx
        α ←——(r · Δr)/(Δr · Δr)
        x ←—x+αΔx
        r ←—r+αΔx
        }
```

图 9-2　最速下降法示意图

选取 Δx 作为梯度的这种方法叫作最速下降法(steepest descent),其迭代步骤如图 9-2 所示。最速下降法的收敛速度还是有限的,接下来介绍一种收敛速度更快的方法——共轭梯度法。

2.共轭梯度法

共轭梯度法之所以收敛速度更快,是因为它的每次迭代步长既考虑了当前的迭代方向又考虑了以前的迭代步长。将式(9-31)代入式(9-29),可以得到每步迭代过程中的残差减少量:

$$r \cdot r - r_{new} r_{new} = \frac{(r \cdot \Delta r)^2}{(\Delta r \cdot \Delta r)} \tag{9-34}$$

将当前的迭代方向与前一次的迭代步长结合得到新的步长,表示为:

$$s_{new} = \Delta x + \beta s \tag{9-35}$$

继续使用比例系数 α,得到共轭梯度方法更新后的模型为:

$$x_{new} = x + \alpha s_{new} \tag{9-36}$$

从前面推导可知 r_{new} 与 $\Delta r = Fs_{new}$ 是正交关系,同理,r 与 Fs 也是正交关系,可以推导出:

$$(r \cdot \Delta r) = (r \cdot Fs_{new}) = (r \cdot F\Delta x) + \beta(r \cdot Fs) = (r \cdot F\Delta x) \tag{9-37}$$

由上式可见,考虑前一次的迭代步长之后,公式(9-34)中的分子并没有发生改变,若要加速残差减小的速度就要使分母 $\Delta r \cdot \Delta r$ 达到最小。计算点乘 $\Delta r \cdot \Delta r$,可表示为:

$$(Fs_{new} \cdot Fs_{new}) = F\Delta x \cdot F\Delta x + 2\beta(F\Delta x \cdot Fs) + \beta^2 Fs \cdot Fs \tag{9-38}$$

令上式对 β 求导后置零,有:

$$0 = 2(F\Delta x + \beta Fs) \cdot Fs \tag{9-39}$$

此时得到使残差减小最快的 β 值:

$$\beta = -\frac{(F\Delta x \cdot Fs)}{(Fs \cdot Fs)} \tag{9-40}$$

此时,式(9-34)中分母部分的减少量表示为:

$$F\Delta x \cdot F\Delta x - Fs_{new} \cdot Fs_{new} = \frac{(F\Delta x \cdot Fs)^2}{(Fs \cdot Fs)} \tag{9-41}$$

之前,只考虑了第 n 次迭代步长,可以通过利用前 n 次的迭代步长进一步加速残差的下降速度,其实现过程利用到下述性质。如果新的迭代步长由当前方向和之前所有的迭代步长组成,即:

$$s_n = \Delta x_n + \sum_{i<n} \beta_i s_i \tag{9-42}$$

那么,当收敛效果达到最优时,β_i 满足下式:

$$\beta_i = -\frac{(F\Delta x_n \cdot Fs_i)}{(Fs_i \cdot Fs_i)} \tag{9-43}$$

新的共轭方向与之前的迭代方向是正交的。

$$(Fs_n \cdot Fs_i) = 0 \text{ 对所有的 } i<n \tag{9-44}$$

其中,Fs_i 仅仅与第 i 次迭代有关。

$$Fs_i = \frac{r_i - r_{i-1}}{\alpha_i} \tag{9-45}$$

将(9-45)式带入(9-43)式，根据共轭算子的定义，可以得到：

$$\beta_i = -\frac{F\Delta x_n(r_i - r_{i-1})}{\alpha_i(Fs_i \cdot Fs_i)} = -\frac{\Delta x_n F'(r_i - r_{i-1})}{\alpha_i(Fs_i \cdot Fs_i)} = -\frac{\Delta x_n(\Delta x_{i+1} - \Delta x_i)}{\alpha_i(Fs_i \cdot Fs_i)} \tag{9-46}$$

为了简化上式，将(9-31)式重新改写为：

$$\alpha_i = -\frac{(r_{i-1} \cdot F\Delta x_i)}{(Fs_i \cdot Fs_i)} = -\frac{(F' r_{i-1} \cdot \Delta x_i)}{(Fs_i \cdot Fs_i)} = -\frac{(\Delta x_i \cdot \Delta x_i)}{(Fs_i \cdot Fs_i)} \tag{9-47}$$

将(9-47)式代入(9-46)式，可以得到：

$$\beta = -\frac{(\Delta x_n \cdot \Delta x_n)}{\alpha_{n-1}(Fs_{n-1} \cdot Fs_{n-1})} = -\frac{(\Delta x_n \cdot \Delta x_n)}{(\Delta x_{n-1} \cdot \Delta x_{n-1})} \tag{9-48}$$

通过上述推导，得到 α 与 β 的最优值，共轭梯度算法的迭代步骤如图 9-3 所示。

```
r ←— Fx − d
β ←— 0
iterate{
    Δx ←— F′r
    if not the first iteration β ←— (Δx · Δx)/γ
    γ ←— (Δx · Δx)
    s ←— Δx + βs
    Δr ←— Fs
    α ←— −γ/(Δr · Δr)
    x ←— x + αs
    r ←— r + αΔr
    }
```

图 9-3　共轭梯度法示意图

第二节　最小二乘逆时偏移

考虑含弱散射体的模型，采用 born 近似能够得到接收场 $D(g|s)$ 的表达式，如下所示：

$$D(g \mid s) \approx \omega^2 \int_V G_0(g \mid x) m(x) G_0(x \mid s) d^3 x \tag{9-49}$$

其中，$G_0(x \mid s)$ 表示从震源到散射点的格林函数；$G_0(g \mid x)$ 表示从散射点到接收点的格林函数。将上式用矩阵形式表示可以写为：

$$d = Lm \tag{9-50}$$

其中，L 为线性正演算子。

常规的偏移算子只是正演算子的共轭转置(Clearbout，1992)，因此，常规偏移过程可以表示为：

$$m_{mig} = L^T d \tag{9-51}$$

式中，m_{mig} 表示的是偏移得到结果，因为 L^T 并不等于 L^{-1}，所以 m_{mig} 是反射率模型的一个近似解。根据线性代数的性质也可知，L^TL 的结果不一定为单位矩阵，所以一般情况下常规偏移得到的偏移结果 m_{mig} 只是地下反射率模型 m 的近似值。与常规偏移不同，最小二乘偏移的结果可以表示为：

$$m_{\rm lsm} = (L^TL)^{-1}L^Td \tag{9-52}$$

将式(9-50)代入式(9-52)便可以验证最小二乘偏移结果的精确性。

$$m_{\rm lsm} = (L^TL)^{-1}L^Td = (L^TL)^{-1}L^TLm = m \tag{9-53}$$

根据前面所述的最小二乘偏移成像原理，在做最小二乘偏移时使用以下过程进行计算：先是计算第 n 的迭代结果与真实数据的残差：

$$r_{\rm n} = Lm_n - d \tag{9-54}$$

使用上述的偏移算子对数据残差进行偏移，可以得到修正量：

$$g_{\rm n} = L^Tr_n \tag{9-55}$$

得到最小二乘偏移修正量后，模型的迭代步长可以表示为：

$$k_{\rm n} = \frac{g_n^Tg_n}{(Lg_n)^T(Lg_n)} \tag{9-56}$$

得到第 $n+1$ 步的最小二乘偏移结果：

$$m_{n+1} = m_n - k_ng_n \tag{9-57}$$

根据前面所述的迭代步骤能够不停地改进成像结果。最终的偏移结果如何确定，能够通过如下两种方法：一是预先设定程序的迭代次数，当迭代次数达到该预设值时，此时的成像值即为最终的成像结果，输出结果；二是预先设定成像修正值，当成像质量改进程度不超过预先设定的这个门限值时，输出结果，此时的成像值即为最终的成像结果。

9.2.1　最小二乘逆时偏移原理

Helmholtz 方程可用于正演模拟算子的推导，可以有选择的引入 Born 近似。应用 Born 近似的地震反演定义为线性反演，而不采用 Born 近似的反演方法定义为伪线性反演。本章首先推导了 born 近似条件下的波动方程线性正演算子，该算子同时也是逆时偏移对应的反偏移算子，然后介绍了正则化算子的引入，最后给出了最小二乘逆时偏的误差函数，并给出了迭代算法的运算流程。

9.2.2　正演模拟算子的推导

对于给定的背景慢度模型 s_0，其对应的格林函数形式表示的 Helmholtz 方程为：

$$[\nabla^2 + \omega^2 s_0(x)^2]G_0(x \mid x_s) = -\delta(x - x_s), \tag{9-58}$$

其中，$G_0(x \mid x_s)$ 是与背景慢度场 s_0 有关的格林函数，其脉冲点震源位于 x_s，x 是接收点位置，ω 是角频率。对于一个坐标为 x_s，频谱为 $W(\omega)$ 的点震源（相应的震源项为 $F(x, \omega) = -\delta(x - x_s)W(\omega)$），其解是 $P_0(x \mid x_s) = W(\omega)G_0(x \mid x_s)$。

如果背景慢度扰动用 $\delta s(x)$ 来表示，那么真实慢度模型就可以表示为 $s(x) = s_0 +$

$\delta s(x)$。全波场可以通过求解与慢度模型 $s(x)$ 有关的 Helmholtz 方程来获得，

$$[\nabla^2 + \omega^2 s(x)^2]P = F \tag{9-59}$$

其中，震源项($F = -\delta(x - x_s)W(\omega)$)与之前定义的一样，其目的是用线性化正演算子计算由慢度扰动 $\delta s(x)$ 引起的散射波场 $P_1 = P - P_0$。将 $s(x) = s_0 + \delta s(x)$ 带入方程(9-59)，可以得到：

$$[\nabla^2 + \omega^2 s_0(x)^2 + 2\omega^2 s_0(x)\delta s(x)]P = F \tag{9-60}$$

其中，忽略了高阶项 $O(\delta s^2)$。根据格林定理，将方程(9-60)左侧的第三项移到右侧，两侧同乘以格林函数 $G_0(x \mid x')$ 并对 x' 在整个空间上积分，得到 Lippmann－Schwinger 方程：

$$\begin{aligned} P(x) &= \int G_0(x \mid x')F(x')\mathrm{d}x' - 2\omega^2 \int s_0(x')\delta s(x')P(x' \mid x_s)G_0(x \mid x')\mathrm{d}x' \\ &= P_0(x) + \omega^2 \int m(x')P(x' \mid x_s)G_0(x \mid x')\mathrm{d}x' \end{aligned} \tag{9-61}$$

它是关于未知 P(x)的积分方程表达式，$m(x') = -2s(x')\delta(x')$ 表示反射率模型。其中 $P_0(x) = \int G_0(x \mid x')F(x')dx'$ 表示的是与背景速度模型有关的应力场。定义 $P(x' \mid x_s) = W(\omega)G(x' \mid x_s)$ 并将 born 近似条件下的 $G(x' \mid x_s) \approx G_0(x' \mid x_s)$ 带入方程右侧，假定 $\delta s(x)$ 是微小量，引起了 born 近似下的散射波场：

$$P_1 = P(x) - P_0(x) \tag{9-62}$$

$$\approx \omega^2 \int W(\omega)m(x')G_0(x' \mid x_s)G_0(x \mid x')\mathrm{d}x' \tag{9-63}$$

其中方程(9-62)表示的是散射波场的非线性方程，而方程(9-63)是其对应的线性方程，由该式可以看出，散射波场与模型参数之间存在线性对应关系。在 $P_0(x') = W(\omega)G(x' \mid x_s)$ 的假设下，线性化正演算子的解为：

$$\begin{aligned} [\nabla^2 + \omega^2 s_0(x)^2]P_0 &= F \\ [\nabla^2 + \omega^2 s_0(x)^2]P_1 &= \omega^2 m(x')P_0(x'). \end{aligned} \tag{9-64}$$

散射波场的计算可以通过两个有限差分计算得到：一是初始点震源 F 和背景慢度 S_0 产生的 P_0；第二个有限差分也用到了背景慢度模型 s_0，但是震源项是 $\omega^2 m(x')P_0(x')$，其中 ω^2 是时间域的二阶时间导数。线性正演算子的共轭就是逆时偏移算子，因此 RTM 方程可以写作：

$$m_{mig}(x) = \sum\nolimits_{x_s} \int \omega^2 W^*(\omega)P_1(x')G_0^*(x \mid x_s)G_0^*(x \mid x')dx' \tag{9-65}$$

在文章接下来的部分，将用矩阵向量的形式表示算子，非线性正演算子定义为 A：$d = A(m) = P - P_0$，线性算子定义为 L ：$d = Lm$，逆时偏移算子是 L^T ：$m = L^T d$ 。正演算子 L 是 A 的 Frechet 导数，L^T 是 L 的共轭。

9.2.3 伪线性反演

反演的目的是找到一个慢度扰动 $m(x)$ 使得输入数据 $d = A(m)$ 满足误差函数最小：

$$f(m)=\frac{1}{2}\|A(m)-d\|^2, \tag{9-66}$$

其中，A 是非线性正演算子，d 是输入数据。其迭代最速下降解是：

$$m^{(k+1)}=m^{(k)}-\partial L^T[A(m^{(k)})-d] \tag{9-67}$$

其中，L^T 是逆时偏移算子。步长 ∂ 是用二次线性搜索方法计算得到。如图 9-4 所示，与当前模型有关的两个实验步长 ∂_1，∂_2 近似出一条二次曲线。二次函数最小值点就是最佳迭代步长。为简化起见，方程(9-67)应用最速下降法，但是在数值计算中，一般应用预处理的共轭梯度算法。

方程(9-67)表达的是与全波形反演相似的伪线性反演方法。不同之处在于当背景慢度模型足够精确的前提下，方程(9-67)中的偏移算子 L^T 仅与背景慢度模型 S_0 有关且不随迭代而变化。

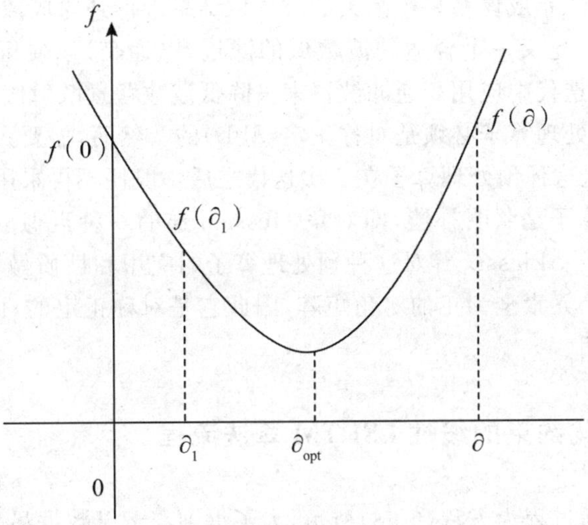

图 9-4　抛物线性搜索方法示意图

9.2.4　线性反演

反演问题的另一种求解方法就是通过利用一个线性正演算子 L 与反射率模型 m 作用拟合数据，来对给定的数据进行反演。换句话说，该问题可以看作超定方程的求解问题：

$$d=Lm \tag{9-68}$$

其迭代解是：

$$\begin{gathered}g^{(k)}=L^T[L(m^{(k)})-d]\\ \partial=\frac{(g^{(k)})^T g^{(k)}}{(Lg^{(k)})^T Lg^{(k)}}\\ m^{(k+1)}=m^{(k)}-\partial g^{(k)},\end{gathered} \tag{9-69}$$

其中，∂ 是解析步长，L^T 是偏移算子。上述步长是基于正演算子和偏移算子完全共轭的前提下计算得到。在实际计算中，很难得到精确共轭算子，因此得到的步长并不精确。此时，可以利用伪线性方法中用到的数值线性搜索方法来提高收敛性。

9.2.5 预处理

公式(9-69)表达的迭代解可以用两种预处理算子进行约束。第一种是空间域的高通滤波器。它是基于 Lindeberg 的尺度空间理论，其基本思想是将成像（梯度）与一个 2D/3D 高斯函数作卷积来获得一个低波数分量的成像结果。高斯函数通过乘以一个标量 t 来控制，以此来控制卷积后成像结果的平滑度。高通滤波的实现需要从初始成像结果中减去低波数分量。对于数值计算中的滤波一般使用锥形近似。一个小的[0.25 0.5 0.25]滤波器沿 x，z 方向循环应用来近似高斯函数，应用这种小滤波器的迭代次数控制成像平滑度，然后从原始成像结果中减去滤波成像结果来得到原成像结果的高波数分量。在 LSM 迭代中，需要定义一个合适的波数域的滤过带（通带）以便区分假构造和模型更新量，然后在前几次迭代中应用高通滤波器来去除低波数背景散射假象。注意的是，迭代共轭梯度算法中，预处理算子必须是对称正定(SPD)的。然而，需要人为判断高通滤波器是否是 SPD 的，因此这种预处理算子在 5 次迭代之后一般便不再采用。

第二种预处理算子是照明补偿，即对角 Hessian 逆的一种近似。Beydoun 等最早应用了这种预处理算子。Plessix 等对这种预处理算子的应用和性质做了一个全面的回顾。这种照明补偿是一个元素全为正的对角矩阵，因此它是对称正定的，而且在 LSM 的每次迭代中都能放心使用。

9.2.6 正则化约束的线性 LSRTM 算法流程

假定地震正传播过程为方程(9-68)所示，为了得到与记录数据最佳匹配的偏移结果，定义如下误差函数：

$$f(m)=\frac{1}{2}\|Lm-d\|^2+\lambda\|m\|^2, \tag{9-70}$$

其中，等式右侧第二项为正则化约束项，λ 是阻尼系数。最小二乘逆时偏移(LSRTM)的目的是通过寻找一个速度模型使得模拟数据与观测数据的差最小。公式(9-70)可以通过梯度导引类的方法求解。共轭梯度法是求解非线性最优化问题最有效的算法之一，因此本文采用共轭梯度法进行 LSRTM 偏移迭代。其思想是利用前次迭代的梯度方向对当次迭代的梯度方向进行不断修正，具体流程如下(如图 9-5 所示)：

(1)给定起始值 m_0 及误差限 δ（或者给定迭代次数一般 30 次便可达到精度要求），当前迭代次数 $k=1$；

(2)计算梯度方向：

$$g^{(k)}=L^T[L(m^{(k)}-d)]+\lambda m^{(k)}; \tag{9-71}$$

(3)求取最优化步长：

$$\partial=\frac{(g^{(k)})^T g^{(k)}}{(Lg^{(k)})^T Lg^{(k)}+\lambda\|g^{(k)}\|^2}; \tag{9-72}$$

(4)更新速度模型 $m^{(k+1)}=m^{(k)}-\partial\gamma^{(k)}$。若满足模型误差限(或者完成给定迭代次数)则终止运算,否则令 $k=k+1$,继续循环流程(2)、(3)、(4),直到满足模型误差限(或迭代次数),最终输出需要的成像结果。

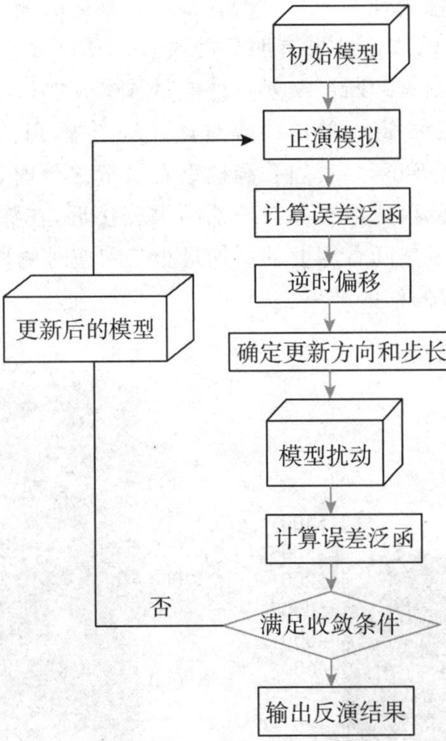

图 9-5　LSRTM 算法实现流程

第三节　数值试算

碳酸岩缝洞模型如图 9-6(a)所示,该图中含有断层、背斜及向斜构造。模型中也蕴含了一系列的 90 度倾角的裂缝且分布较为杂乱的孔洞。此模型主要用来验证最小二乘逆时偏移方法对地下小地质体与裂缝的成像能力。该模型水平向长度为 6 公里,深度方向为 4 公里,上覆层为石炭系灰岩,厚度 1 公里左右,纵波速度为 4500 米/秒。第二层为泥岩,厚度约 0.2 公里,纵波速度为 5200 米/秒。第三层为低速风化剥蚀层,厚度约 0.2 公里,纵波速度为 5000 米/秒。裂缝横向宽度从左到右依次为 20m、40m、80m、120m、160m,假设裂缝都是被油气,水,岩层碎屑物等填充,纵波速度为 4000 米/秒。网格间距为 10m,观测系统设计为:炮点初始位置为 0m,炮点间隔为 100m,共 60 炮。检波器放置于每个网格点上,共 600 个接收点。

图 9-6(b)为图 9-6(a)得到的扰动模型。图 9-6(c)为常规逆时偏移的成像结果。从成

像结果图 9-6(c)中可以看出:低频噪音发育,成像结果横向分辨率较差。由于边界照明不足,采样射线缺失,常规逆时偏移对地层边界的刻画较差,分辨率较低。深部成像结果振幅较弱,相应的垂直裂缝与小孔洞刻画不够清晰。针对以上的不足,采用最小二乘逆时偏移的方法对该模型进行成像处理。图 9-6(d)为最小二乘逆时偏移迭代第 30 次成像结果。从图中可以看出,LSRTM 的成像结果有明显的改善。具体表现有:(1)表层震源附近的噪声能量得到了很好的压制;(2)断层绕射点处能量基本收敛;(3)低频噪音得到了很好的压制。图 9-7 为抽取了第 282 道做单道振幅对比。从图中可以看出,常规 RTM 振幅值较低,深层区域成像振幅值极小,尤其当孔洞模型在裂缝之下时,常规逆时偏移振幅值更加微弱。而最小二乘逆时偏移成像结果与理论结果较接近,在深部裂缝的底端和孔洞也能有较好的成像振幅值。虽然随着深度的增加最小二乘逆时偏移成像振幅值有一定的减小,但是也远大于常规逆时偏移的结果。

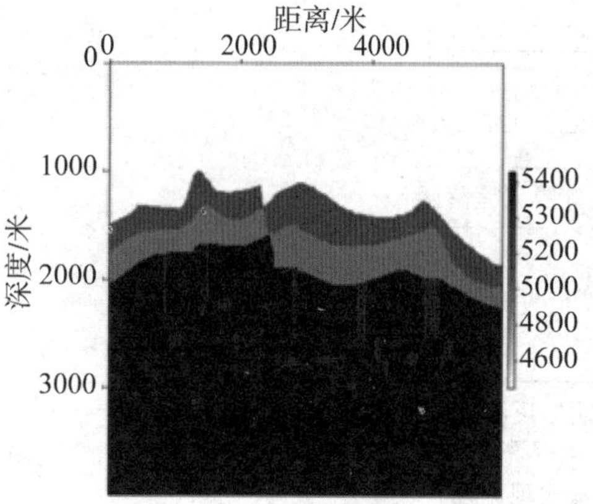

(a)真实速度模型

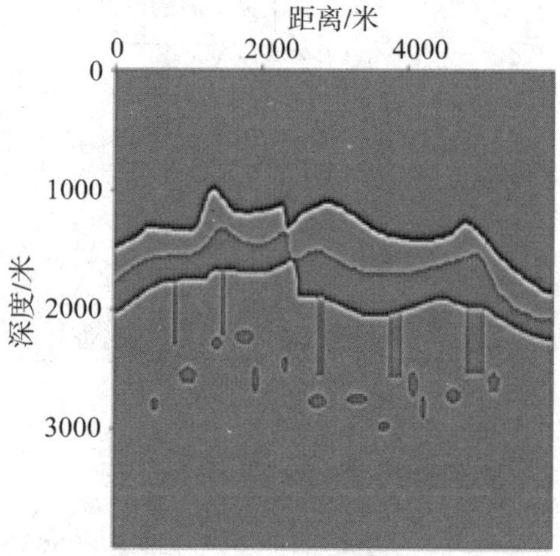

(b)反射系数模型

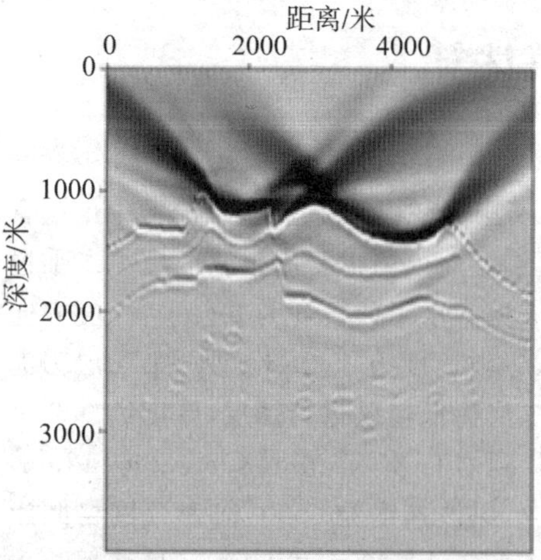

(c)RTM 成像结果

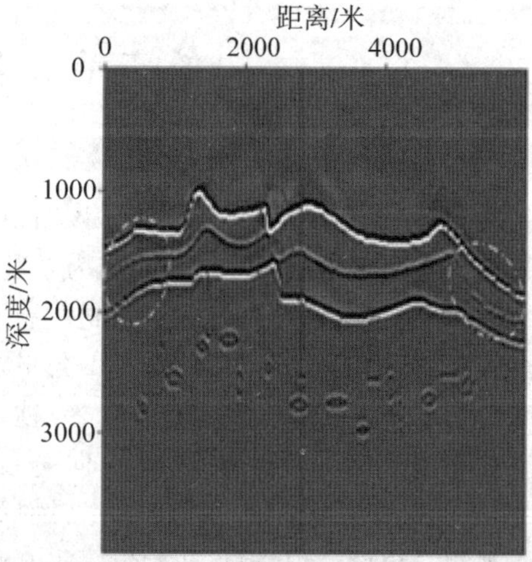

(d)第 30 次迭代的 LSRTM 成像结果

图 9-6 碳酸岩缝洞模型及成像结果

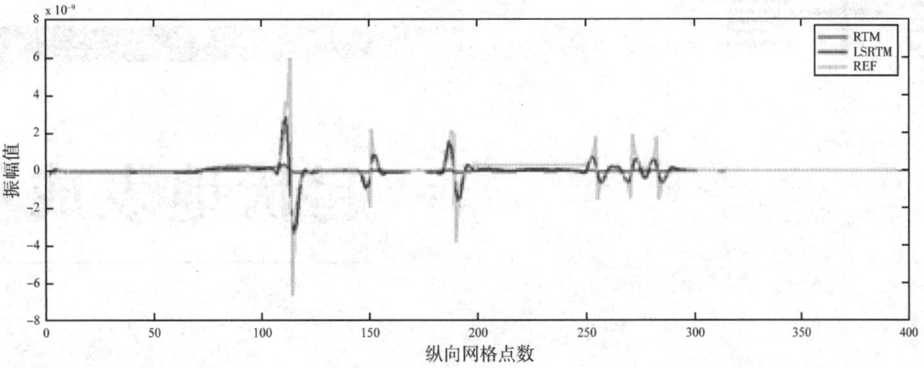

图 9-7　第 282 道对比结果

本章小结

(1)由于传统的成像理论存在不足,用地震波正演算子的共轭转置代替它的逆,所以得到的只能是一个近似解,为了更好地适应地震勘探要求精度越来越高的趋势,一种新的计算方法最小二乘偏移被提出,与此同时计算机水平的整体提高也加速了最小二乘偏移的研究。

(2)在数值分析当中,时间函数的导数通常使用有限差分来表示,矩阵乘法实现的是互相关的运算,褶积运算的共轭算子也是互相关,最小二乘的核心理论就是通过迭代使得计算值与观测值越来越接近直到满足实际的精度要求。

(3)常用的反演方法有最速下降法、共轭梯度法,且共轭梯度法的收敛速度更快,这是因为它的每次迭代步长既考虑了当前的迭代方向又考虑了以前的迭代步长。

第十章

起伏地表成像

第一节　起伏地表高斯束偏移

10.1.1　局部静校正法

在复杂的地表条件下，基于水平地表的常规高斯束偏移需做一定的改进。Gray (2005)提出了一种在复杂地表条件下的实现方法（简称局部静校正法），其基本思想是，当近地表速度变化时，在局部倾斜叠加的过程中，使用每个接收点 $\boldsymbol{x}_r$ 处的速度来计算相移量；当地表起伏变化时，通过简单的高程静校正将窗内接收点的高程校正到束中心所在的基准面上（如图 10-1 所示），若地表起伏不大，单个高斯窗内的接收点之间的高程变化相对较小，直接进行静校正对波场造成的畸变并不会对后续的偏移结果产生太大的影响。然而，当地表高程变化剧烈，简单的高程静校正对波场造成的畸变，依然会对后续的偏移成像特别是近地表的成像造成不利的影响。

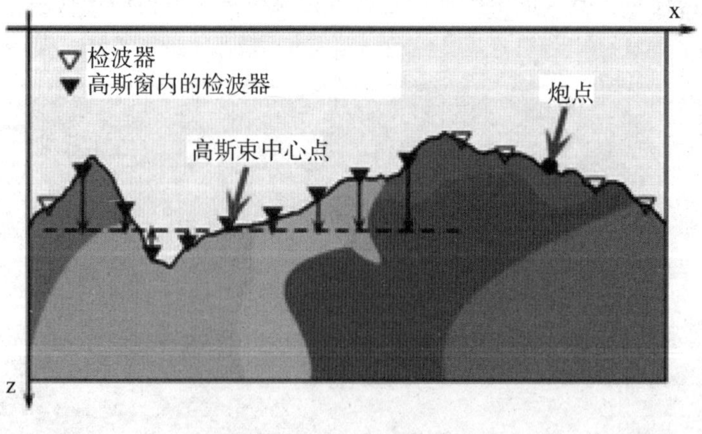

图 10-1　局部静校正法示意图

10.1.2　保幅延拓法

考虑如图 10-2 所示的二维起伏地表模型，假设 S 为起伏地表面，$\boldsymbol{x}_s=(x_s,z_s)$ 为震源 $\boldsymbol{x}_r=(x_r,z_r)$ 为对应震源 $\boldsymbol{x}_s$ 的接收点，$U(\boldsymbol{x}_r,\boldsymbol{x}_s,\omega)$ 为接收到的地震波场，$\boldsymbol{x}=(x,z)$ 为地下成像点，则 $\boldsymbol{x}$ 点处反向延拓的地震波场 $U(\boldsymbol{x},\boldsymbol{x}_s.\omega)$ 可以通过 Kirchhoff-Helmoholtz 积分来表示：

$$U(\boldsymbol{x},\boldsymbol{x}_s.\omega)=\int \mathrm{d}S\left\{\mathrm{G}^*(\boldsymbol{x},\boldsymbol{x}_r,\omega)\frac{\partial U(\boldsymbol{x}_r,\boldsymbol{x}_s,\omega)}{\partial n}-U(\boldsymbol{x}_r,\boldsymbol{x}_s,\omega)\frac{\partial G^*(\boldsymbol{x},\boldsymbol{x}_r,\omega)}{\partial n}\right\} \tag{10-1}$$

其中，$\mathrm{G}(\boldsymbol{x},\boldsymbol{x}_r,\omega)$ 为接收点 $\boldsymbol{x}_r$ 到成像点 $\boldsymbol{x}$ 的格林函数，$\frac{\partial}{\partial n}$ 为沿外法线方向求导，$*$ 代表复共轭。

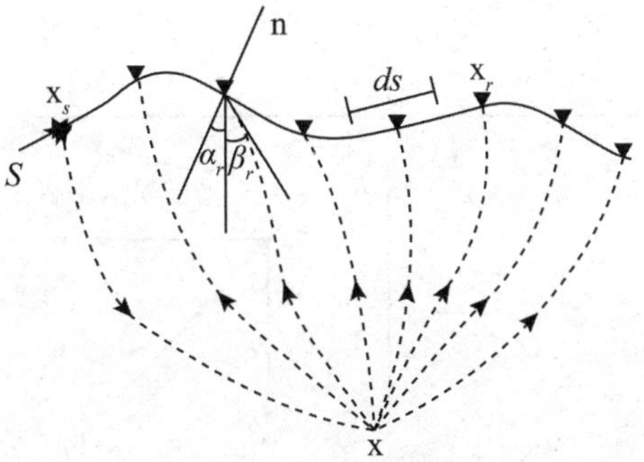

图 10-2　复杂地表条件下的波场反向延拓

当地表水平时，可以选取适当的格林函数来消除接收地震波场的法向导数项，此时式(10-1)可以简化为 Rayleigh II 积分。当地表的起伏在波长范围内变化不大时，反向延拓的地震波场 $U(\boldsymbol{x},\ \boldsymbol{x}_s,\ \omega)$ 依然可以通过 Rayleigh II 积分来近似表示：

$$U(\boldsymbol{x},\boldsymbol{x}_s.\omega)\approx 2i\omega\int \mathrm{d}S\,\frac{\cos\theta_r}{V_r}G^*(\boldsymbol{x},\boldsymbol{x}_r,\omega)U(\boldsymbol{x}_r,\boldsymbol{x}_s,\omega) \tag{10-2}$$

在此，$\theta_r=\beta_r-\alpha_r$ 为接收点 $\boldsymbol{x}_r$ 处射线出射方向同法线之间的角度，β_r 和 α_r 分别为 $\boldsymbol{x}_r$ 处出射到达地下成像点 $\boldsymbol{x}$ 射线的出射角以及地表的倾角；V_r 为 $\boldsymbol{x}_r$ 处地表速度；$*$ 代表复共轭；上式也是 Kirchhoff 基准面校正的基本理论公式。接下来，以式(10-2)为基础，依据常规高斯束偏移的基本思想进行推导。

首先，通过沿水平方向加入一系列的高斯窗函数，将地震记录划分为一系列重叠的区域，此时式(10-2)变为：

$$U(\boldsymbol{x},\boldsymbol{x}_s.\omega)\approx\sqrt{\frac{2}{\pi}}\frac{i\omega\Delta L}{w_0}\left|\frac{\omega}{\omega_r}\right|^{1/2}\sum_L\int \mathrm{d}S\,\frac{\cos\theta_r}{V_r}G^*(\boldsymbol{x},\boldsymbol{x}_r,\omega)\exp\left[-\left|\frac{\omega}{\omega_r}\right|\frac{(x_r-L)^2}{2w_0^2}\right]\times U(\boldsymbol{x}_r,\boldsymbol{x}_s,\omega) \tag{10-3}$$

接下来，根据不同方向的平面波到达接收点 $\boldsymbol{x}_r$ 与束中心 $\boldsymbol{L}$ 的走时延迟(如图 10-3 所示)，将格林函数 $G(\boldsymbol{x},\ \boldsymbol{x}_s,\ \omega)$ 通过 $\boldsymbol{L}$ 处出射的高斯束 $u_{GB}(\boldsymbol{x},\boldsymbol{L},\omega)$ 的积分来近似表示：

$$G(\boldsymbol{x},\boldsymbol{x}_r,\omega)\approx\frac{i}{4\pi}\int\frac{\mathrm{d}p_{Lx}}{p_{Lz}}u_{GB}(\boldsymbol{x},\boldsymbol{L},\omega)\exp[-i\omega\boldsymbol{p}_L\cdot(\boldsymbol{x}_r-\boldsymbol{L})]$$
$$\approx\frac{i}{4\pi}\int\frac{\mathrm{d}p_{Lx}}{p_{Lz}}A_L\exp[i\omega T_L]\exp[-i\omega(p_{Lx}(x_r-L)+p_{Lz}h)] \tag{10-4}$$

其中，$\boldsymbol{p}_L=(p_{Lx},p_{Lz})=(\sin\beta_L/V_L,\cos\beta_L/V_L)$ 为高斯束中心射线的初始慢度，β_L 为射线的出射角，h 为 $\boldsymbol{x}_r$ 和 $\boldsymbol{L}$ 之间的高程差，T_L，A_L 分别为高斯束 $u_{GB}(\boldsymbol{x};\boldsymbol{L};\omega)$ 的复值走时和振幅，$\exp[-i\omega(p_{Lx}(x_r-L)+p_{Lz}h)]$ 为补偿格林函数震源不同于高斯束出射点时相位变化的校正因子。当 $\boldsymbol{x}_r$ 距离 $\boldsymbol{L}$ 较远时，式(10-4)中的近似会存在一定的振幅误差，但由于高斯函数的衰减性质，上述近似并不足以对式(10-3)产生太大影响。

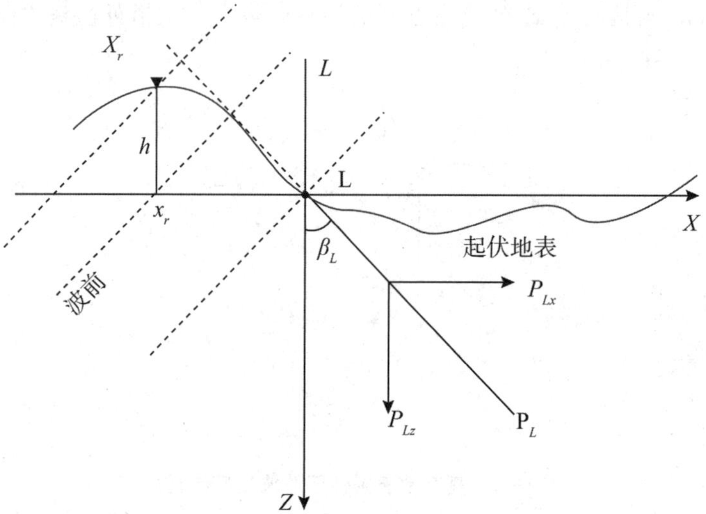

图 10-3　通过 L 处出射高斯束的积分来近似格林函数 $G(x,xr,\omega)$

将式(10-4)代入式(10-3)，得：

$$U(\boldsymbol{x},\boldsymbol{x}_s.\omega)\approx\frac{\omega\Delta L}{2\pi\sqrt{2\pi}w_0}\left|\frac{\omega}{\omega_r}\right|^{1/2}\sum_L\int\mathrm{d}S\frac{\cos\theta_r}{V_r}U(\boldsymbol{x}_r,\boldsymbol{x}_s,\omega)\exp\left[-\left|\frac{\omega}{\omega_r}\right|\frac{(x_r-L)^2}{2w_0^2}\right]$$
$$\times\int\frac{\mathrm{d}p_{Lx}}{p_{Lz}}A_L^*\exp[-i\omega T_L^*]\exp[i\omega(p_{Lx}(x_r-L)+p_{Lz}h)] \tag{10-5}$$

在上式中，对于出射角为 β_L 的高斯束所经过的地下成像点，令 $V_r\approx V_L$，并通过 $\beta_r\approx\beta_L$ 来近似表示由 $\boldsymbol{x}_r$ 到 $\boldsymbol{x}$ 射线的出射角，从而求得 $\theta_r\approx\beta_L-\alpha_r$。交换式(10-5)的积分次序，得到基于高斯束表示的复杂地表波场反向延拓公式：

$$U(\boldsymbol{x},\boldsymbol{x}_s.\omega)=\frac{\omega\Delta L}{2\pi\sqrt{2\pi}w_0V_L}\sum_L\int\frac{\mathrm{d}p_{Lx}}{p_{Lz}}A_L^*\exp[-i\omega T_L^*]D_S(\boldsymbol{L},p_{Lx},\omega) \tag{10-6}$$

其中，D_S 为单个高斯窗内地震记录的局部倾斜叠加，由下式求得：

$$D_S(\boldsymbol{L},p_{Lx},\omega)=\left|\frac{\omega}{\omega_r}\right|^{1/2}\int\mathrm{d}S\cos(\beta_L-\alpha_r)U(\boldsymbol{x}_r,\boldsymbol{x}_s,\omega)\exp[i\omega(p_{Lx}(x_r-L)+p_{Lz}h)]$$
$$\times\exp\left[-\left|\frac{\omega}{\omega_r}\right|\frac{(x_r-L)^2}{2w_0^2}\right] \tag{10-7}$$

式(10-7)不同于常规的局部倾斜叠加之处在于其包含了起伏地表的高程以及倾角信

息，可以直接在起伏地表面进行平面波的合成。当近地表速度剧烈变化时，可以通过接收点处的近地表速度来计算上式中的相移量 $\exp[i\omega(p_{Lx}(x_r-L)+p_{Lz}h)]$，从而提高局部平面波分解的精度。此外，上式中积分间隔 dS 的选取会影响成像结果中的振幅信息，若要得到保幅的成像结果，需选择 dS 为实际的道间隔，本文的数值试算中将对此进行证明。

对于炮域偏移，要得到真振幅意义上的偏移结果，需应用反褶积型的成像条件：

$$R(\boldsymbol{x},\boldsymbol{x}_s)=\frac{1}{2\pi}\int\frac{U(\boldsymbol{x},\boldsymbol{x}_s,\omega)G^*(\boldsymbol{x},\boldsymbol{x}_s,\omega)}{G(\boldsymbol{x},\boldsymbol{x}_s,\omega)G^*(\boldsymbol{x},\boldsymbol{x}_s,\omega)}\mathrm{d}\omega \tag{10-8}$$

其中，$G(\boldsymbol{x},\boldsymbol{x}_s,\omega)$为正向传播的震源格林函数。将 $G(\boldsymbol{x},\boldsymbol{x}_s,\omega)$通过震源出射的高斯束来表示，并将式(10-7)代入式(10-8)，得到初步的成像公式：

$$R(\boldsymbol{x},\boldsymbol{x}_s)=-\frac{\Delta L}{16\pi^3\sqrt{2\pi}w_0}\sum_L\int\mathrm{d}\omega\frac{i\omega}{G(\boldsymbol{x},\boldsymbol{x}_s.\omega)G^*(\boldsymbol{x},\boldsymbol{x}_s,\omega)}\int\frac{\mathrm{d}p_{sx}}{p_{sz}}A_s^*\exp[-i\omega T_s^*]$$
$$\times\frac{1}{V_L}\int\frac{\mathrm{d}p_{Lx}}{p_{Lz}}A_L^*\exp[-i\omega T_L^*]D_S(\boldsymbol{L},\mathrm{p_{Lx}},\omega) \tag{10-9}$$

得到最终的复杂地表条件下保幅高斯束偏移的成像公式：

$$R(\boldsymbol{x},\boldsymbol{x}_s)=-\frac{\Delta L}{4\pi^2w_0}\sum_L\int\omega\mathrm{d}\omega\sqrt{i\omega}\int\mathrm{d}p_{mx}\frac{\cos\beta_s}{\cos\beta_LV_s}$$
$$\times\frac{A_s^*A_L^*\,|T''_s(p_{sx}^0)|}{|A_s|^2\sqrt{T*''(p_{hx}^0)}}\exp[-i\omega(T_s^*+T_L^*)]D_S(\boldsymbol{L},p_{Lx}^0,\omega) \tag{10-10}$$

其中，V_s 为震源处地表速度；β_s 为对应着 p_{sx} 的震源到成像点射线的出射角度；$T''_s(p_{sx})$，$T*''(p_{hx})$ 为走时的二阶导数。

第二节 起伏地表单成波偏移

10.2.1 波动方程基准面校正

基准面校正在地震资料处理中是非常重要的一步，尤其是在地形起伏剧烈和近地表横向变化剧烈的山区。常规地震资料处理中，针对地形起伏剧烈的地震测线，最常用的方法是高程基准面校正，而高程基准面校正的一个基本假设就是地形起伏不大，近地表横向速度变化缓慢，只有在这种情况下其处理精度才能满足地震资料处理的要求。这种简单的时移或者说高程校正，在基准面校正后不能较好地消除地形的影响及适当地调整同相轴的位置和对陡倾角反应，从而降低速度分析精度，导致速度场的偏差，影响 DMO 处理及偏移成像的效果，造成过偏移或欠偏移。为解决高程校正带来的误差，通常是处理员凭经验对速度场进行人工调整来改善偏移归位的效果，这是一种不得已的方法，借以弥补高程静校正带来的误差。

尽管基准面校正存在这些问题，但仍然要把野外地震数据校正到一个水平基准面上去,这不仅仅是因为常规的偏移算法都是从水平面开始,更因为地质家们也要求同一地区的地震剖面需要一个统一的基准面以便对比。为解决这一问题,Berryhill(1979)提出了一种更有效、精确、复杂的方法,即波动方程基准面校正(wave equation datuming)。对$U(x,z=z_1,t)$进行延拓以得到$U(x,z=z_2,t)$。这里提出的波动方程基准面校正法是针对叠后数据而言的,Berryhill(1984)又将这个思路扩展到叠前。采用这种波动方程波场外推技术,可以将野外地震数据从地表面延拓到任一个平面,这个面可以是水平面,也可以是曲面。运用这种方法,可以把观测面定义在任意的平面上,为后续处理奠定良好的基础。

从图 10-4 和图 10-5 中可以清楚地看到波动方程基准面校正与高程静校正的本质区别,从而更深刻地理解它们的不同含义。图 10-4(a)是地下的一个散射点经波动方程基准面校正后,波场上延到高于地表的另一平面的射线路径图。可以清晰地看到波动方程基准面校正波的传播路径与在地表面进行观测的路径完全一致。这样,波动方程波场外推不仅把双曲线的顶点进行了正确的时移,而且还考虑了波动的横向传播,真实地反映了波在介质中的传播过程。图 10-4(b)是常规高程基准面校正的情况。可以看到,高程基准面校正实际上是假设地震波在基准面与地面之间的虚拟层中是垂直传播的,它忽略了波的横向传播。图 10-5(a)、10-5(b)分别是对应图 10-4(a)、10-4(b)的绕射双曲线。通过对比可以看到高程基准面校正才与波动方程基准面校正相重合,而在双曲线的两翼校正量逐步加大。当基准面与地面之间的高差越大时,其校正误差就更大。因此做速度分析时必然导致拾取的速度低于正常的速度值。当使用这样的速度场对经过简单时移后的数据进行偏移时,势必会导致过度偏移。

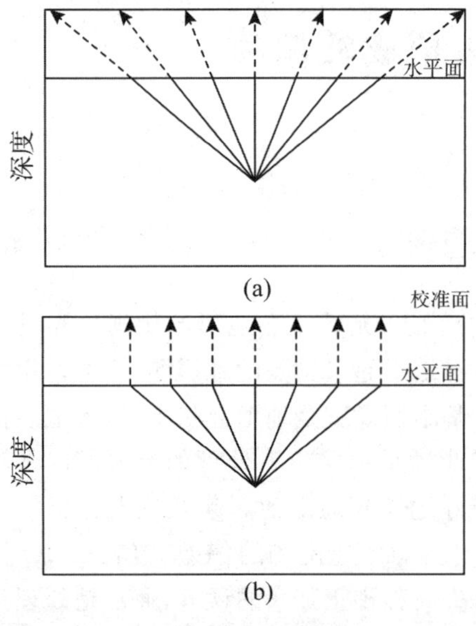

图 10-4　基准面校正示意图

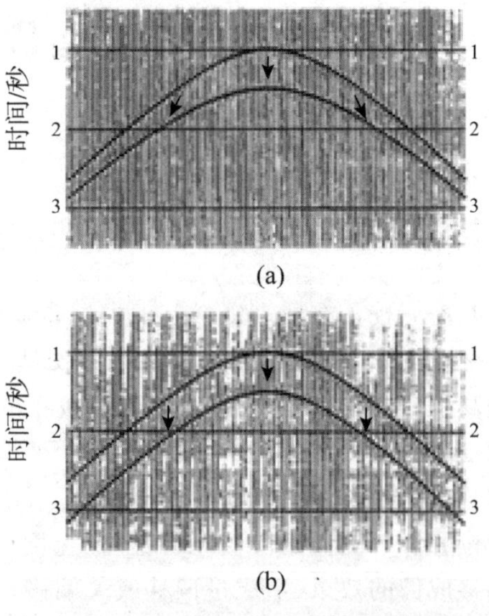

图 10-5　对应图 10-4 的时距曲线图

因此，在地表起伏剧烈及近地表速度横向变化剧烈的地区，简单的高程基准面校正无法达到基准面校正的目的。运用波动方程基准面静校正以消除地形剧烈变化对地下构造的影响，是行之有效的方法之一。

10.2.2 “零速度层”法

常规偏移方法的基本假设是以水平基准面为初始条件。因此，从不规则地表上记录到的地震数据需要在偏移之前校正到水平基准面。简单的时移，即高程静校正，不能反映出宽角度或倾斜反射层在该基准面上记录的结果。为了弥补高程基准面校正所带来的误差，将非水平观测面变为水平观测面，以便采用常规的偏移算子进行偏移，Beasley & Lynn(1989)提出了非常有创意的“零速层”概念。

“零速层”法的基本思想就是为了模拟高程基准面校正，地震波在地表与基准面之间直上直下传播这一过程而提出的。正如高程基准面校正将地表所观测到的数据时移到某一水平基准面上一样，“零速层”是把基准面定义在测线所在区域地表的最高点或最高点之上的某一高度，在地表面与基准面之间插入一个虚拟层，使这个虚拟层的速度为零或一个非常小的数值，然后利用高程基准面静校正将野外数据校正到这个基准面上。经过这样的修改，达到了将非水平观测变成水平观测的目的，然后从这个水平基准面开始做常规的偏移。由于插入的虚拟层的速度很小，在使用波动方程深度外推算子进行波场外推时，地震波在这个层中几乎是直上直下的传播，其横向传播可以忽略不计，即用波动方程的方式“抵消了”高程校正的时移，当到达实际地层时则恢复正常运算——这是通过对速度的重新定义来实现的。“零速层”的最大优点在于无需对偏移算法做任何改动，而只要对速度进行重新定义，就可以实现从非水平观测面偏移的过程，达到消除复杂地表对地下构造的影响的目的。

为简便起见，下面以二维波动方程为例说明这项技术的基本理论。

最佳逼近的波动方程波场外推算子及其差分公式为：

$$\frac{\partial^2 u}{\partial x^2}+\frac{\partial^2 u}{\partial z^2}=\frac{1}{v^2}\frac{\partial^2 u}{\partial t^2} \tag{10-11}$$

由上式导出频率波数域中的深度外推方程：

$$\frac{\partial \tilde{u}}{\partial z}=\pm ik_z\tilde{u} \tag{10-12}$$

其中，$k_z=\pm\frac{\omega}{v}\sqrt{1-\frac{v^2k_x^2}{\omega^2}}$，近似展开后：

$$k_z=\pm\frac{\omega}{v}\frac{a_0+a_1\frac{v^2}{\omega^2}k_x^2}{b_0+b_1\frac{v^2}{\omega^2}k_x^2} \tag{10-13a}$$

上式右端项前的符号的选择原则是：检波点波场向下外推取负号，炮点波场向下外推取正号。将(10-13a)式整理得：

$$k_z\left(b_0+b_1\frac{v^2}{\omega^2}k_x^2\right)=\pm\frac{\omega}{v}\left(a_0+a_1\frac{v^2}{\omega^2}k_x^2\right) \tag{10-13b}$$

由上式导出频率空间域中的深度外推方程为：

$$b_0 \frac{\partial \tilde{u}}{\partial z} - b_1 \frac{v^2}{\omega^2} \frac{\partial^3 \tilde{u}}{\partial x^2 \partial z} = i \frac{\omega}{v} a_0 - a_1 \frac{v}{\omega} \frac{\partial^2 \tilde{u}}{\partial x^2} \tag{10-14}$$

(10-14)式可分裂、整理得：

$$\begin{cases} \dfrac{\partial \tilde{u}}{\partial z} = i \dfrac{a_0}{b_0} \tilde{u} \dfrac{\omega}{v} \\ \dfrac{\partial \tilde{u}}{\partial z} - \dfrac{b_1 v^2}{b_0 \omega^2} \dfrac{\partial^3 \tilde{u}}{\partial x^2 \partial z} = - \dfrac{a_1 v}{b_0 \omega} \dfrac{\partial^2 \tilde{u}}{\partial x^2} \end{cases} \tag{10-15}$$

因此，深度外推的方程为：

$$\left(1 + \alpha \Delta x^2 \frac{\delta^2}{\partial x^2}\right) \frac{\partial \tilde{u}}{\partial z} - \frac{b_1 v^2}{b_0 \omega^2} \frac{\partial^3 \tilde{u}}{\partial z \partial x^2} = - \frac{a_1 v}{b_0 \omega} \frac{\partial^2 \tilde{u}}{\partial x^2} \tag{10-16}$$

将(10-16)式离散化得：

$$(1 - \alpha T_x) \frac{u_i^{n+1} - u_i^n}{\Delta z} + \frac{b_1 v^2}{b_0 \omega^2} \frac{T_x}{\Delta x^2} \left(\frac{u_i^{n+1} - u_i^n}{\Delta z} \right) = \frac{a_1 v}{b_0 \omega} \frac{T_x}{\omega^2} \left(\frac{u_i^{n+1} + u_i^n}{2} \right) \tag{10-17}$$

$$\begin{aligned} &(1 - \alpha T_x) u_i^{n+1} + \frac{b_1 v^2}{b_0 \omega^2 \Delta x^2} T_x u_i^{n+1} - \frac{a_1 v}{2 b_0 \omega} \frac{\Delta z}{\Delta x^2} T_x u_i^{n+1} \\ &= (1 - \alpha T_x) u_i^n + \frac{a_1}{2 b_0} \frac{v}{\omega} \frac{\Delta z}{\Delta x^2} T_x u_i^n + \frac{b_1 v^2}{b_0 \omega^2} \frac{1}{\Delta x^2} T_x u_i^{n+1} \end{aligned} \tag{10-18}$$

将(10-18)式整理并令：

$$\beta_1 = \frac{b_1 v^2}{b_0 \omega^2} \frac{1}{\Delta x^2} \tag{10-19}$$

$$\beta_3 = \frac{a_1 v}{2 b_0 \omega} \frac{\Delta z}{\Delta x^2} \tag{10-20}$$

则(10-18)式可写成：

$$[1 - (\alpha - \beta_1 + \beta_3) T_x] u_i^{n+1} = [1 - (\alpha - \beta_1 - \beta_3) T_x] u_i^n \tag{10-21}$$

当 v=0 时，由(10-19)式可知 $\beta_1 = 0$

由(10-20)式可知 $\beta_3 = 0$

则由(10-21)式有：

$$[1 - \alpha T_x] u_i^{n+1} = [1 - \alpha T_x] u_i^n \tag{10-22}$$

因而有：$u_i^{n+1} = u_i^n$，这就是“零速度层”的基本原理。

在实际计算的过程中，需要对速度重新定义，其形式如下：

$$v_d(x, z) = \begin{cases} 0 & (x, z) \text{ 位于记录面以上} \\ v(x, z) & \text{其他} \end{cases} \tag{10-23}$$

10.2.3 “逐步一累加”法

根据 M. Reshef(1991)首次提出来的“逐步一累加”波场延拓思想，在二维笛卡尔坐标系中，通过相移算子进行波场外推，其表达式如下：

$$\tilde{P}(x, z, \omega) = \tilde{P}(x, z - \Delta z, \omega) e^{-ik_z \Delta z} \tag{10-24}$$

其中，$\tilde{P}(x, z, \omega)$ 是水平位置为 x，深度为 z，频率为 w 处的频率一转换压力波场，是深度延拓步长，k_z 的表达式如下：

$$k_z = \left(\frac{\omega^2}{c^2} - k_x^2\right)^{1/2} \tag{10-25}$$

其中，k_x 是水平波数，$c(z)$ 是横向常速度值。

深度偏移中使用的成像条件如下式所示(Reshef and Kosloff, 1986)：

$$P(x,z) = \sum_w \widetilde{p}(x,z,w)e^{iwt_d} \tag{10-26}$$

其中，$t_d(x,z)$ 是从震源点处到地下位置 (x,z) 处的旅行时，在叠后偏移情况下，旅行时是零。

为了从记录面开始进行偏移，公式(10-26)由下式代替：

$$P(x_s,z_s) = [\widetilde{P}(x_s,z_s,\omega) + \widetilde{P}_{in}(x_s,z_s,\omega)]e^{-ik_z\Delta z} \tag{10-27}$$

由上式可以看出：在某个特定位置处的总波场值由下延波场值和该位置处的记录波场值之和组成。上式中右边项 $\widetilde{P}_{in}$ 是在位置 (x_s,z_s) 处记录的输入值(变化到频率域)，如果假设记录到的数据仅有上行波场，那么 $\widetilde{P}(x_s,z_s)$ 就包含了来自高处的延拓波场。在地表水平的情况下，或者是在地表最高位置时，$\widetilde{P}_{in}$ 项为零。

基于公式(10-27)，在规则网格点 (x,z) 内进行偏移，从零波场开始，这个波场位于地表最高点之上的网格的顶部(M. Reshef, 1991)，见图 10-6 所示，在每个深度层，数据都被加进来，直到接收点到达地表最低点之下的一个基准面为止，在地表线 v_1 之上的所有网格点处可以填充上任意的常速度值，这个速度值通常选取为近地表速度。可以通过使用简单的滤波来消除地表线上区域的延拓能量，见下式所示：

$$\widetilde{P}(x,z,\omega) = \widetilde{P}(x,z,\omega)filt(x,z) \tag{10-28}$$

其中，$filt(x,z)$ 是对真实介质和地表之上零速层的滤波。

上面的步骤同样可以应用到叠前数据偏移过程中，其中共炮点和共接收点道集是交替着向下延拓的(Schultz and Sherwood, 1980)。

其具体实现步骤如下，从共炮点道集出发：

(1)首先在炮点和接收点所在的范围内定义一系列网格点，将地表地形和速度场模型进行网格化；

(2)从地表最高处的水平面开始将接收点向下延拓；

(3)在每个深度层，检查是否有新的波场加入，如果有的话，按照公式(10-27)，将其加入计算，否则直接继续向下延拓；

(4)按照步骤(3)反复进行，直到计算到基准面为止；

(5)结束一个道集的“逐步－累加”计算。

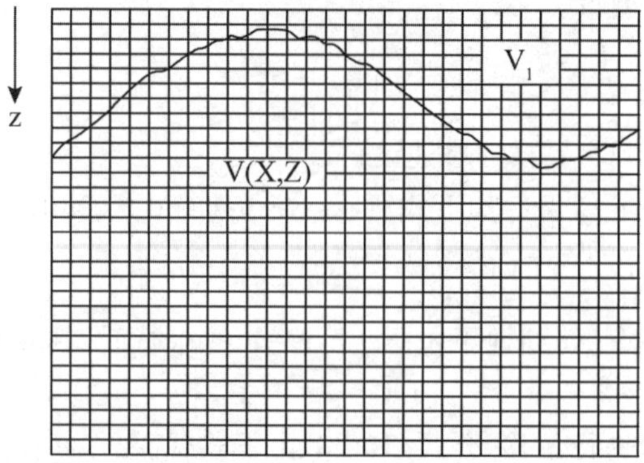

图 10-6　2-D 网格中的速度

10.2.4 "波场上延"法

"波场延拓－偏移"法是从地震波在真实介质中的传播规律出发，借鉴 Beasley & Lynn 提出的"零速层"的概念与 M. Reshef 提出的"逐步—累加"法的思路而提出的。

其具体实现过程是：将基准面定在地震测线所在区域地形的最高点或最高点之上的某一高度的水平面上，然后用任意速度（最好用接近地表的速度）从地形最低点开始，将野外采集到的数据用波动方程深度外推算子向上延拓即波场延拓到基准面上，这样进行修改后，就将非水平观测变为水平观测，消除了地形起伏的影响，因此就可以应用常规的偏移算法，从所定义的基准面开始采用波动方程深度外推的方式"抵消"掉波场延拓的效应，当到达真实地层时恢复正常的运算，这样就把波动方程基准面校正与深度成像有机地结合起来，实现了自非水平观测界面的偏移过程，达到了消除地形起伏变化对地下构造的影响。该工作可以看成是对"零速度层"及"逐步—累加"思路的拓展和延伸。同时在今后的研究中可以考虑设计更优化的深度域外推算子。

"波场延拓"法深度成像无须从一个水平面开始计算。对地表地形进行离散化后，使得在任意复杂地表面上做波场延拓成为可能，只需知道地表层速度即可，而估计地表层速度的方法很多、很成熟，可供我们充分利用。接着就可以采用常规的偏移算法做偏移，而不需对偏移算子进行任何的改动。但是需要注意的是在实际应用时要特别注意恰当地选择波场上延所用的速度，建议应尽可能地接近地表浅层速度。

在"波场上延"这一过程中，可以使用频率空间域有限差分法和最简单的相移法波动方程波场外推。现以相移法波动方程波场外推为例说明"波场上延"的实现过程。在笛卡尔坐标系下，上行波向上深度外推（即波场上延）的相移法公式：

$$\widetilde{P}(x,z,\omega)=\widetilde{P}(x,z-\Delta z,\omega)e^{ik_z\Delta z} \tag{10-29}$$

其中，$k_z=\left(\frac{\omega^2}{c^2}-k_x^2\right)^{1/2}$，$\widetilde{P}(x,z,\omega)$ 是水平位置为 x，深度为 z，频率为 ω 时的压力场，Δz 是深度外推步长。引用相移公式只是因为它能清楚地表达波场逐步外推的思想和概念，此外在插入虚拟层中速度是一常数，虽然它对地下构造复杂，横向速度变化剧烈的地区不能很好地偏移成像，但丝毫不影响表达该方法的思想，这也是选择频率空间域有限差分法来做偏移成像这项工作的原因。

当从不规则记录面上开始进行波场向上外推时，(10-29)式将写成：

$$\widetilde{P}(x,z,\omega)=\sum\left[\widetilde{P}(x,z-\Delta z,\omega)+\widetilde{P}_{in}(x,z-\Delta z,\omega)\right]e^{ik_z\Delta z} \tag{10-30}$$

某一个点 (x,z) 的波场值 $\widetilde{P}(x,z,\omega)$ 是上延至此的波场与该位置所记录的波场值之和。$\widetilde{P}_{in}$ 是原来记录在 $(x,z-\Delta z)$ 处的波场值。如果假设记录数据中只有上行波，而且延拓过程中没有遇到其他波场能量加入的话，那么左端 $\widetilde{P}(x,z,\omega)$ 只会含有从更高的位置延拓下来的波场，也就是说 $\widetilde{P}_{in}$ 项为零。这种情况出现在外推水平记录面的波场或外推尚未到达地表最高点处的接收点时。

"波场上延"法深度偏移可归纳为以下几个步骤：

(1)定基准面的位置；

(2)将炮点、接收点网格化；

(3)进行波场外推计算，每向上外推一步都要检查是否有新的波场加入；

(4)若有新波场则加入一起计算，若没有就照常计算；

(5)波场外推至输出基准面结束；

(6)从(1)所定义的基准面开始，用常规的偏移算子把炮点、检波点分别向下进行正常的波场外推；

(7)按照激励时间成像条件成像。

上面的计算过程是对一炮而言的，随后是重复前面的 7 个步骤，一炮一炮地做直至完成测线上所有的炮记录。

10.2.5 "直接下延"法

波场逐步一累加的"直接下延"法是在实际介质中，从地震波的传播规律出发，基于波场的可叠加性，借助于 M. Reshef 提出来的"逐步一累加"思想提出来的，这种方法最大的优点是无须向上延拓，只需要知道地表的层速度即可进行波场延拓，接着采用相应的偏移算法进行偏移(田文辉，2006；叶月明等，2008a，2008b)。

在"波场下延"这一过程中，根据 M. Reshef 提出的"逐步一累加"思想，首先定义一个基准面，这个基准面定义在地面炮集所在区域的最高点处，或者是最高点之上某一高度处的水平面上，在地表和基准面之间填充非零常速度。当波场向下延拓时，在某个特定位置 (x,z) 处的波场值 $\widetilde{U}(x,z,\omega)$，是向下延拓至此位置的波场值 $\widetilde{U}_e(x,z,\omega)$ 和该位置处记录的波场值 $\widetilde{U}_{in}(x,z,\omega)$ 之和，即：

$$\widetilde{U}(x,z,\omega)=\widetilde{U}_e(x,z,\omega)+\widetilde{U}_{in}(x,z,\omega) \tag{10-31}$$

其具体实现过程如图 10-7 所示：

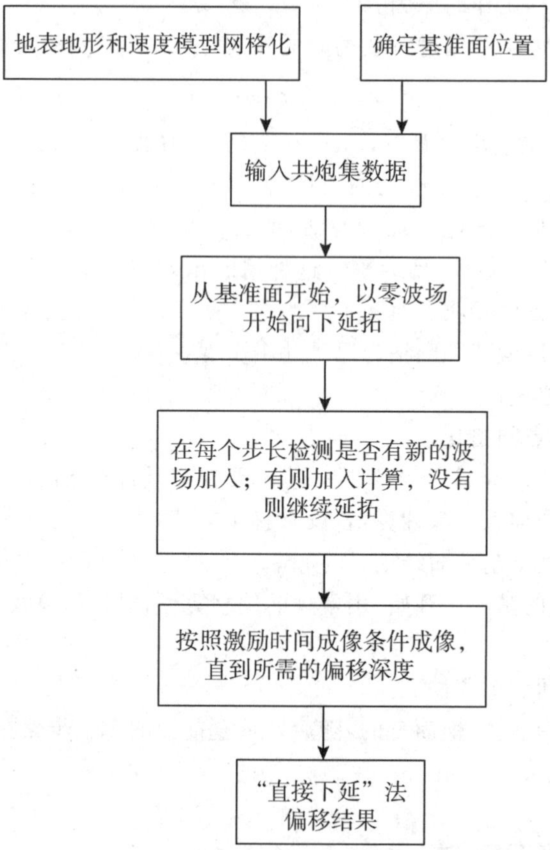

图 10-7 “直接下延”法流程图

10.2.6 复 Pade 逼近波场延拓算子

1.方法原理

这种方法是在波场延拓时，对声波方程中的平方根项进行复 Pade 逼近，通过推导得到基于复 Pade 逼近的傅里叶有限差分算子，借助于波场逐步－累加的“直接下延”法，实现了起伏地表条件下的叠前深度偏移，该算法减少了偏移噪音，从而得到准确、稳定的偏移成像结果，即使采用大的延拓步长，也能得到较好的成像效果，提高了计算效率。

二维情况下，声波方程的下行波方程表示为：

$$\frac{\partial \bar{u}(x,z;w)}{\partial z} = i\frac{w}{v}\sqrt{1+\frac{v^2}{w^2}\frac{\partial^2}{\partial x^2}}\,\bar{u}(x,z;w) \qquad (10\text{-}32)$$

其中，$\bar{u}(x,z;w)$ 是声压波场，$v(x,z)$ 为介质速度，w 为时间频率，对于纵向非均匀介质，Gazdag(1978)指出上述公式中的平方根算子在傅里叶域有一个准确的表示形式；Bamberger 等人(1988)指出对于横向非均匀介质，基于 Pade 逼近得到平方根算子的表示形式：

$$\sqrt{1+X} \approx 1+\sum_{n=1}^{N} \frac{a_n X}{1+b_n X} \tag{10-33}$$

其中，$X=(v/w)^2(\partial/\partial x)^2$，$N$ 是扩展项，在实际应用中，一般取 2 到 4 项就可以，系数 a_n 和 b_n 表示为：

$$a_n=\frac{2}{2N+1}\sin^2\frac{n\pi}{2N+1},\ b_n=\cos^2\frac{n\pi}{2N+1} \tag{10-34}$$

对于常规的一阶 Pade 逼近，$a=0.5$、$b=0.25$。如果 $X<-1$，左边项是一个纯虚数，右边项仍然是一个实数，也就是说逼近不成立。意味着公式(10-33)不能够恰当的处理倏逝波问题，导致在强速度变化情况下傅里叶有限差分(FFD)算法不稳定(Biondi, 2002)。

为了克服这种缺陷，Millinazzo 等人(1997)提出了对公式(10-33)做复 Pade 逼近，在复平面域，通过旋转平方根的分支截断达到这个目的。最终的表示形式为：

$$\sqrt{1+X} \approx R_{a,N}(X)=C_0+\sum_{n=1}^{N} \frac{A_n X}{1+B_n X} \tag{10-35}$$

其中，$A_n=\dfrac{a_n e^{-i\alpha/2}}{[1+b_n(e^{-i\alpha}-1)]^2}$，$B_n=\dfrac{b_n e^{-i\alpha}}{1+b_n(e^{-i\alpha}-1)}$，$C_0=e^{-i\alpha/2}\left[1+\sum\limits_{n=1}^{N}\dfrac{a_n(e^{-i\alpha}-1)}{1+b_n(e^{-i\alpha}-1)}\right]$，$A_n$ 和 B_n 是复 Pade 系数，α 是旋转角度。

因为实际速度是纵横向变化的，所以公式(10-33)中的平方根存在误差：

$$d=\frac{\omega}{v}\sqrt{1+\frac{v^2}{\omega^2}\frac{\partial^2}{\partial x^2}}-\frac{\omega}{c}\sqrt{1+\frac{c^2}{\omega^2}\frac{\partial^2}{\partial x^2}} \tag{10-36}$$

其中，$c=c(z)$ 为常速背景速度，参照公式(10-36)的表达形式，对上式中的两个根式项分别进行复 Pade 逼近得到：

$$d \approx \frac{\omega}{v}\left(C_0+\sum_{n=1}^{N}\frac{A_n X}{1+B_n X}\right)-\frac{\omega}{c}\left(C_0+\sum_{n=1}^{N}\frac{A_n X'}{1+B_n X'}\right) \tag{10-37}$$

其中，$X'=X(c/v)^2$，整理上式得到：

$$d \approx \left(\frac{\omega}{v}-\frac{\omega}{c}\right)C_0+\frac{\omega}{v}\left(1-\frac{c}{v}\right)\left(\sum_{n=1}^{N}\frac{A_n X}{1+B_n X}-\sum_{n=1}^{N}\frac{A_n X}{1+B_n X'}\right) \tag{10-38}$$

则二维情况下，下行波外推公式表示为下式：

$$\frac{\partial \bar{u}}{\partial z} \approx i\sqrt{\frac{w}{c}+\frac{\partial^2}{\partial x^2}}\,\bar{u}+i\left(\frac{\omega}{v}-\frac{\omega}{c}\right)C_0\bar{u}+i\frac{\omega}{v}\left(1-\frac{c}{v}\right)\left(\sum_{n=1}^{N}\frac{A_n X}{1+B_n X}-\sum_{n=1}^{N}\frac{A_n X}{1+B_n X'}\right)\bar{u} \tag{10-39}$$

根据 Ristow 和 Ruhl(1994)给出的近似方法，经过推导得到频率一波数域的算子：

$$p\sqrt{1+X} \approx \sqrt{1+p^2 X}+C_0(p-1)+p(1-p)\sum_{n=1}^{N}\frac{A_n X}{1+\sigma B_n X} \tag{10-40}$$

其中，$\sigma=1+p+p^2$，$p=c/v$ 是均匀背景介质中的传播速度和实际传播速度的比值。

第三节　起伏地表逆时偏移

10.3.1　基于时空双变有限差分算法的逆时偏移

1. 双变网格正演模拟

由于采用交错网格计算，为了使粗、细网格的速度和应力点相互对应，网格步长变化倍数应为任意奇数倍。图 10-8 给出了 3 倍双变网格的计算示意图，双变网格算法具体实现的详细步骤如下：

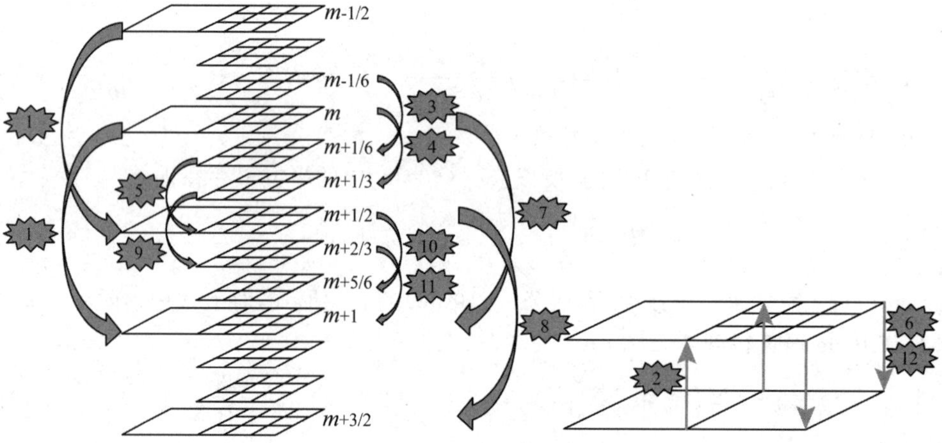

图 10-8　双变网格原理图

假设已知粗网格 $m-1/2$ 时刻的速度初始值 $V^{m-1/2}$ 和 m 时刻的应力初始值 T^m，细网格 m－1/6 时刻的速度初始值 $\nu^{m-1/6}$ 和 m 时刻的应力初始值 τ^m。

(1)更新粗网格区域的 $V^{m+1/2}$ 和 T^{m+1}；

(2)粗细网格过渡区域的边界上，将粗网格的 $m+1/2$ 时刻的速度值 $V^{m+1/2}$ 和 $m+1$ 时刻的应力值 T^{m+1} 传递给对应的细网格，以此判断波场是否传递到细网格区域，若波场未传递到细网格区域，则该区域仍然采用粗网格进行更新；若波场传递到细网格区域，则需要对细网格区域进行精细时间层计算，进入步骤(3)；

(3)更新细网格内部的 $\nu^{m+1/6}$，边界上利用 $m-1/2$ 时刻和 $m+1/2$ 时刻的粗网格速度值进行线性插值获得：$\nu^{m+1/6}=(V^{m-1/2}+2*V^{m+1/2})/3$；

(4)更新细网格内部的 $\tau^{m+1/3}$，边界上利用 m 时刻和 $m+1$ 时刻的粗网格应力值进行线性插值获得：$\tau^{m+1/3}=(2*T^m+T^{m+1})/3$；

(5)更新细网格内部的 $\nu^{m+1/2}$，边界上利用 $m+1/2$ 时刻粗网格速度值直接传递获得；

(6)细网格内部的 $\nu^{m+1/2}$ 传递给对应的粗网格点的 $V^{m+1/2}$；

(7)利用(6)中得到的 $V^{m+1/2}$ 计算细网格内部对应的粗网格的 T^{m+1} ；

(8)利用(7)中得到的 T^{m+1} 计算过渡区域边界上的 $V^{m+3/2}$,用于下面的插值;

(9)更新细网格内部的 $\tau^{m+2/3}$,边界上利用 m 时刻和 m＋1 时刻的粗网格应力值进行线性插值获得：$\tau^{m+2/3} = (T^{m} + 2 * T^{m+1})/3$;

(10)更新细网格内部的 $\nu^{m+5/6}$,边界上利用 m＋1/2 时刻和 m＋3/2 时刻的粗网格速度值进行线性插值获得：$\nu^{m+5/6} = (2 * V^{m+1/2} + V^{m+3/2})/3$;

(11)更新细网格内部 τ^{m+1} ,边界上利用 m＋1 时刻粗网格应力值 T^{m+1} 直接传递获得;

(12)将细网格内部的 τ^{m+1} 传递给对应粗网格的 T^{m+1}。

以上步骤即为双变网格的具体更新流程,可见基于交错网格的双变算法要比基于常规网格的双变算法复杂很多。其中(3)(4)等步骤中的更新细网格中的波场,可以采用变差分系数法(张慧,李振春,2011),也可以采用降阶方法(Tae－Seob,2004)等。由于双变算法中采用了插值等计算,不可避免地会引入虚假反射,下面从理论上推导虚假反射的影响因素,并给出相应的解决方案。

2.虚假反射误差估计

本文从频散关系入手,首次从理论上推导了变网格界面处的虚假反射系数的表达式。为了简便,考虑 1D 均匀介质情况,令密度和速度均为 1,则一阶速度应力弹性波方程可简化为：

$$\begin{cases} \dfrac{\partial \nu}{\partial t} = \dfrac{\partial \tau}{\partial x} \\ \dfrac{\partial \tau}{\partial t} = \dfrac{\partial \nu}{\partial x} \end{cases} \tag{10-41}$$

方程(10-41)在交错网格下的二阶中心差分格式为：

$$\begin{cases} \dfrac{\tau_j^n - \tau_j^{n-1}}{\Delta t} = \dfrac{\nu_{j+1/2}^{n-1/2} - \nu_{j-1/2}^{n-1/2}}{h} \\ \dfrac{\nu_{j+1/2}^{n+1/2} - \nu_{j+1/2}^{n-1/2}}{\Delta t} = \dfrac{\tau_{j+1}^n - \tau_j^n}{h} \end{cases} \tag{10-42}$$

其中 h 和 Δt 分别为网格间距和时间采样间隔,将应力、速度的平面波解 $\tau = Ae^{i(\omega t - kx)}$ 和 $\nu = Be^{i(\omega t - kx)}$ 代入公式(10-42),可得频散关系：

$$k = \pm \frac{2}{h} asin\left(\frac{h}{\Delta t} sin(\omega \Delta t/2)\right) \tag{10-43}$$

粗细网格中 h 和 Δt 不同,因此波数也不相同,分别记为 k_c 和 k_f 。

考虑如图 10-9 所示的 1D 下的 3 倍变网格情形,网格变化界面位于 $j = 0$ 处,细网格和粗网格分别位于左右两侧,平面波由细网格向粗网格区域传播,则细网格中的波场可记为：

$$\begin{pmatrix} \tau \\ \nu \end{pmatrix} = \begin{pmatrix} 1 \\ -1 \end{pmatrix} e^{i(\omega t - k_f x)} + R \begin{pmatrix} 1 \\ 1 \end{pmatrix} e^{i(\omega t + k_f x)}, j < 0 \tag{10-44}$$

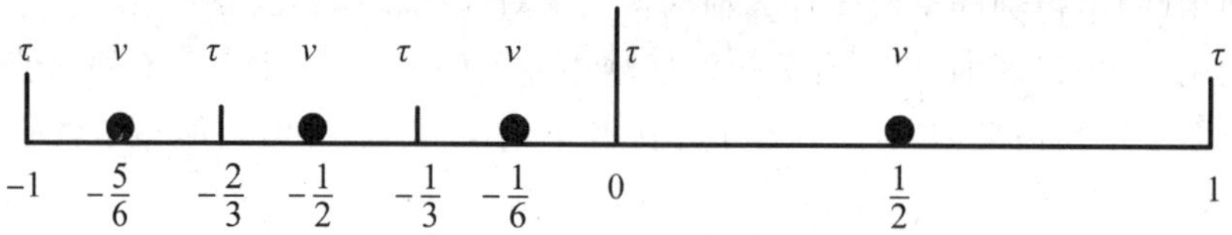

图 10-9　一维情况下 3 倍变网格示意图

其中，R 为变网格界面处的反射系数。相应的粗网格中的波场可记为：

$$\begin{pmatrix}\tau\\ \nu\end{pmatrix}=T\begin{pmatrix}1\\ -1\end{pmatrix}e^{i(\omega t-k_c x)},j>0 \tag{10-45}$$

其中，T 为网格变化界面处的透射系数。$j=0$ 处的应力波场为：

$$\tau(t,\ 0)=Te^{i\omega t} \tag{10-46}$$

分别将(10-44)、(10-45)、(10-46)式代入差分格式 $\frac{\tau_0^n-\tau_0^{n-1}}{\Delta t}=\frac{\nu_{1/2}^{n-1/2}-\nu_{-1/2}^{n-1/2}}{h}$，$\frac{\nu_{-1/6}^{n+1/6}-\nu_{-1/6}^{n-1/6}}{\Delta t/3}=\frac{\tau_0^n-\tau_{-1/3}^n}{h/3}$ 中得到：

$$\begin{bmatrix}a_{11} & a_{12}\\ a_{21} & a_{22}\end{bmatrix}\begin{pmatrix}R\\ T\end{pmatrix}=\begin{bmatrix}b_1\\ b_2\end{bmatrix} \tag{10-47}$$

其中，$a_{11}=e^{-ik_f h/2}$，$a_{12}=\frac{\Delta x}{\Delta t}(e^{i\omega\Delta t/2}-e^{-i\omega\Delta t/2})+e^{-ik_c h/2}$，$b_1=e^{ik_f h/2}$，

$$a_{21}=\frac{\Delta x}{\Delta t}e^{-i\omega\Delta t/6}e^{-ik_f h/6}-\frac{\Delta x}{\Delta t}e^{i\omega\Delta t/6}e^{-ik_f h/6}-e^{-ik_f h/3},\ a_{22}=1,$$

$$b_2=\frac{\Delta x}{\Delta t}e^{-i\omega\Delta t/6}e^{ik_f h/6}-\frac{\Delta x}{\Delta t}e^{i\omega\Delta t/6}e^{ik_f h/6}+e^{ik_f h/3}。$$

从而，可以导出反射、透射系数的表达式：

$$R=\frac{a_{22}b_1-a_{12}b_2}{a_{11}a_{22}-a_{12}a_{21}},T=\frac{a_{11}b_2-a_{21}b_1}{a_{11}a_{22}-a_{12}a_{21}} \tag{10-48}$$

根据公式(10-48)绘制出相应的反射、透射关系曲线如图 10-10 所示，可见只有在 $\omega h/\pi$ 较小时反射和透射系数才较为精确，而当 $\omega h/\pi$ 较大时会产生明显的反射，甚至可能会引起不稳定，即反射误差主要是由高频高波数成分引起的。图 10-10 中反射系数为 1 的区域，左端点对应的波长为 $\lambda_c=3\pi h$，右端点对应的波长为 $\lambda_f=\pi h$，因此，如果不做处理的话，波长 $\lambda<3\pi h$ 的波场经过变网格界面时会引入强反射，从而降低算法精度。关于人为反射误差的定性分析可描述为：波场离散后相速度是网格步长的函数，当相速度变化较大时，即使速度和密度都没有变化，入射波的能量也会部分反射回来，导致数值反射现象。

为了减弱虚假反射的影响，Hayashi 等(2001)研究了几种波场加权传递法，指出九点加权法在减弱数值反射和不稳定方面有一定效果。本文通过研究发现，Lanczos 滤波算子在解决这类问题上较之更有大优势，$2k$ 个点的 Lanczos 滤波算子可以非常好的将波长 $\lambda<k\pi h$ 的波场滤除掉(k 为网格变化倍数)，从而细网格波场中的高频高波数成分通过 Lanczos 滤波算子作用后，不会引起明显的反射误差，数值模拟证实了 Lanczos 滤波算法比九点加权法更能有效地压制虚假反射、提高计算稳定性。

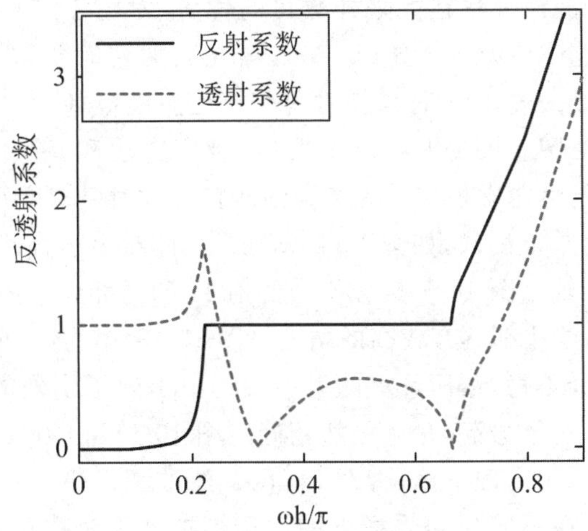

图 10-10　反射/透射系数随 $\omega h/\pi$ 变化关系

3. **Lanczos** 滤波系数计算

假设网格变化倍数为 k 倍，则 Lanczos 滤波系数可表示为：

$$\omega_{mn} = \left(A sinc \pi \frac{m}{k}\right) sinc\left(\pi \frac{n}{k}\right) sinc\left(\pi \frac{\sqrt{m^2+n^2}}{k}/2\right), |m| \leqslant 2k, |n| \leqslant 2k \quad (10\text{-}49)$$

其中，A 的值由 $\sum_{m=-2k}^{2k}\sum_{n=-2k}^{2k}\omega_{mn}=1$ 确定(Duchon，1979)。

双变算法的步骤(6)(12)中，粗网格点上的波场值可以通过周围若干细网格点得出：

$$F(i,j) = \sum_{m=-2k}^{2k}\sum_{n=-2k}^{2k}\omega_{mn} f(i+m, j+n) \quad (10\text{-}50)$$

其中，$F(i,j)$ 为粗网格点值，$f(i+m,j+n)$ 为周围细网格点的值。通过对公式(10-50)的滤波响应分析发现，在波场传递过程中，细网格中的高频高波数成分可以很好地被消弱，从而结合图 10-14 的反射系数曲线可知，本算法能够有效地减弱虚假反射。

近地表起伏模型

实际地下介质构造异常复杂，常含有各种起伏界面或断裂面，由于采用粗网格离散后的起伏界面不够平滑，在离散点处会产生绕射波，因此，为了精细研究这些界面就必须使用精细网格离散，此时若使用常规算法则需要全部采用细网格，导致计算量、内存需求量过大而满足不了实际需求，而时空双变算法则可以在不降低模拟精度的前提下最大化的提高效率降低内存。图 10-11(a)为近地表起伏模型，模型大小为 1800m＊1200m，网格间距为 6m。图 10-11(b)为变网格算法的网格剖分示意图，对含起伏界面区域进行 3 倍网格加密。

图 10-12(a)为全部采用 6m 网格间距离散后得到的单炮记录，10-12(b)为采用本文提出的双变网格算法得到的单炮记录，10-12(c)为全部采用 2m 网格间距离散后得到的单炮记录。对比图 10-12 可以发现，全局粗网格得到的单炮记录中含有许多虚假绕射(椭圆部分)，而变网格和全局细网格由于对速度场离散的较为合理，能够较真实地刻画起伏界面的形态，因此其单炮记录中都未出现虚假绕射信息。与全局采用细网格的常规算法相比，变网格算法在不降低精度的同时显著节省了内存和减少了计算量，充分体现了时空双变算法的优势。

为了体现 Lanczos 滤波算法在大采样数目的优势，对图 10-11 所示模型分别使用全局粗网格、直接传递时空双变（Tae-Seob，2004）、九点加权时空双变（Hayashi，2001）和 Lanczos 滤波时空双变算法进行了长采样时间下的正演模拟，四种方法在 5s－6s 的单炮记录如图 10-13 所示，从图 10-13 中可以看出，直接传递法和九点加权法此时都已不稳定，而 Lanczos 滤波法仍然非常稳定。为了详细研究三种时空双变算法的稳定性问题，从其单炮记录中任取一个单道记录，如图 10-14(a)所示，此时由于直接传递法的剧烈不稳定淹没了正常的反射同相轴。图 10-14(b)为(a)的前 1s 的局部放大图，此时直接传递法、九点加权法和 Lanczos 滤波法都具有较高的精度。图 10-18(c)为(a)的 2s～3s 的局部放大图，此时直接传递法已经不稳定，所计算的地震波场中出现了剧烈的波动，而九点加权法和 Lanczos 滤波法都还十分稳定，并且仍然精确。图 10-14(d)为(a)的 4s～5s 的局部放大图，此时九点加权法开始出现不稳定，而 Lanczos 滤波法仍然十分稳定且精确。

通过几种不同方法在不同时间采样下的波场模拟结果对比可知：Lanczos 滤波法相比于其他方法，能够保持大采样数目下的稳定性，因此本方法更加有利于对地下超深部局部构造进行精细研究。

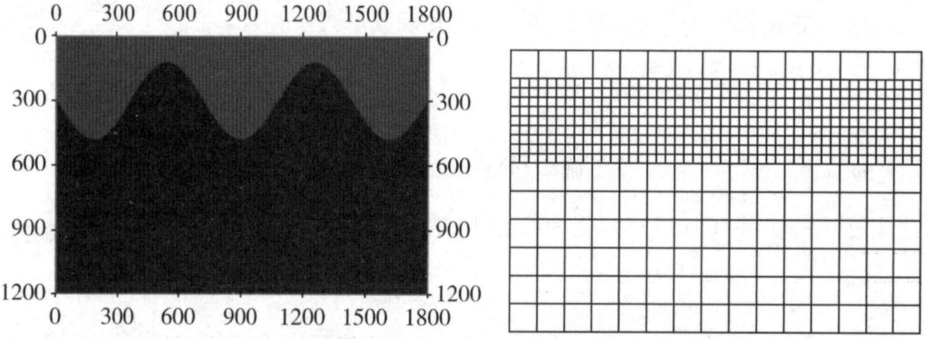

(a)近地表起伏模型　　(b)变网格剖分示意图

图 10-11　变网格算法的网格剖分示意图

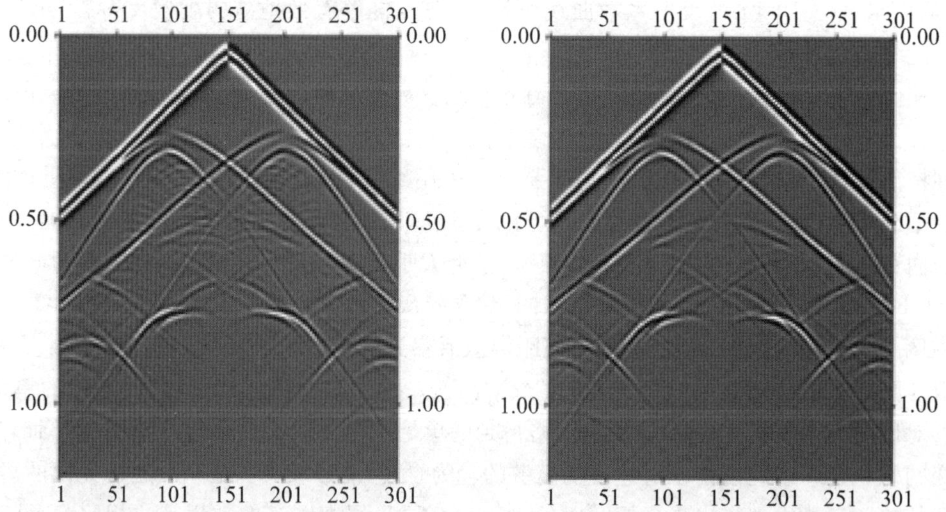

(a)全局粗网格　　(b)变网格

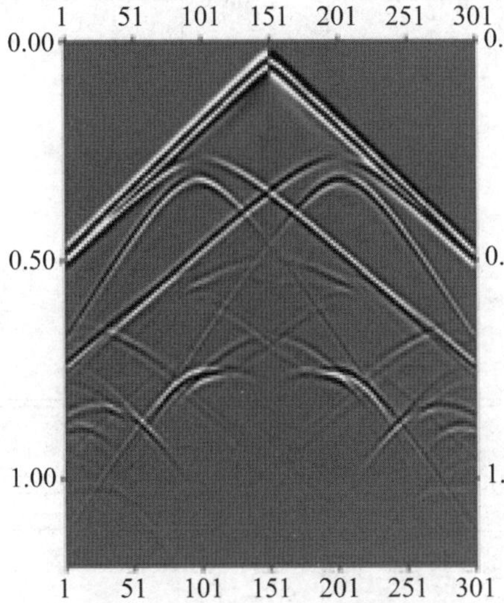

(c)全局细网格

图 10-12 单炮记录

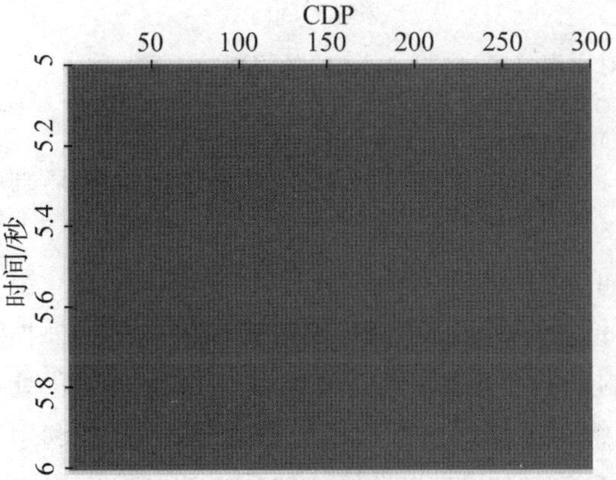

(a) 全局粗网格

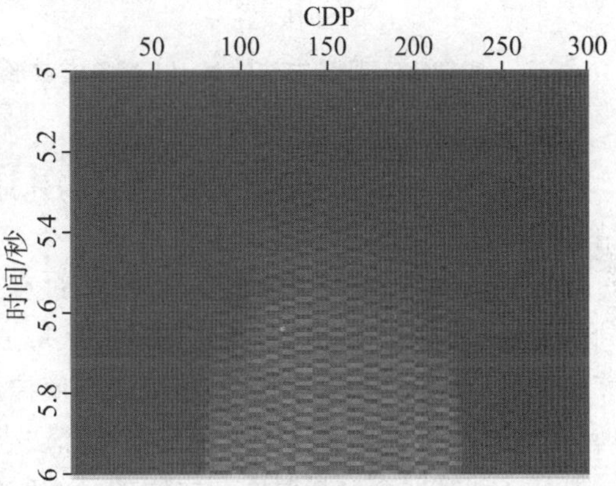

(b) 直接传递法

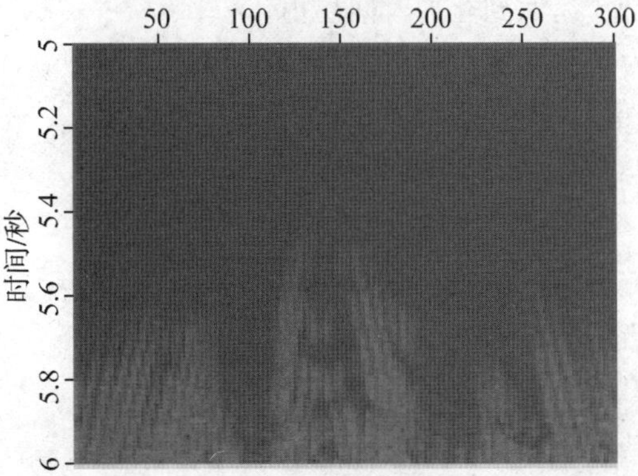

(c) 九点加权法

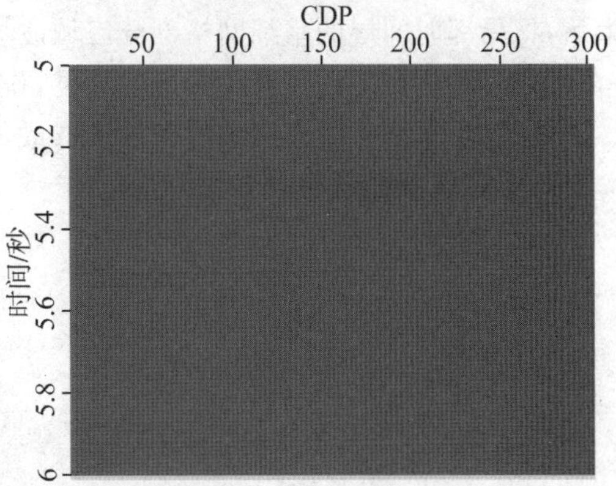

(d) Lanczos 滤波法

图 10-13 四种方法在 6s-8s 的单炮记录

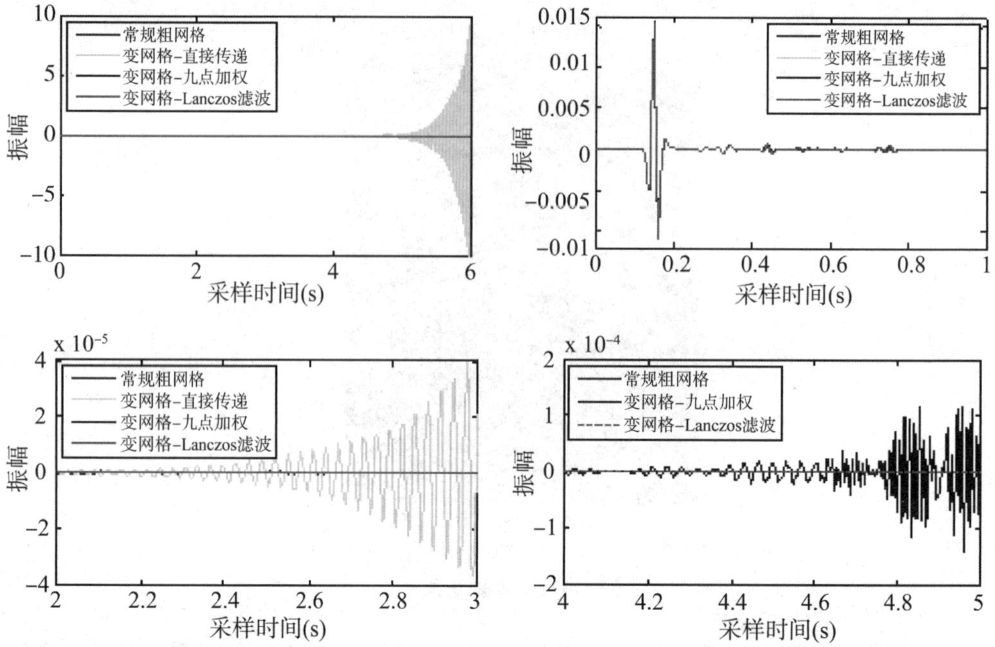

图 10-14　四种方法的第 101 道单道波形对比图,(b)、(c)、(d)为(a)的局部放大图

4. 双变网格逆时偏移

利用可变网格进行逆时延拓,在波场外推的过程中添加波场在全局粗糙网格和局部精细网格之间的转移。具体步骤如下:

第一步:进行震源波场的正向外推,过程如 10.2.2 节中所述。对每一全局时刻 t_i 都判断过渡区域的波场值,若此时刻过渡区域波场值控制函数为零,则按照常规网格的外推算法进行计算。若此时刻过渡区域波场值控制函数不为零,则将时间波场进行精细化处理,在空间网格步长变化处采用变网格算法求解两个全局时间层平面的边界部分,并利用插值公式计算两个全局时间层之间的精细时间采样平面的边界值。然后采用高阶有限差分算法求解每一局部时间层内的精细网格剖分区域的内部网格点波场值。最后在计算结束后,将局部时间层的精细网格剖分区域波场值,返回到全局时间层内;

第二步:进行检波点波场的逆向外推,作为正演的逆过程,过程同第一步算法一致;

第三步:每一时刻应用成像条件求取成像值。

具体实现流程图如图 10-15 所示:

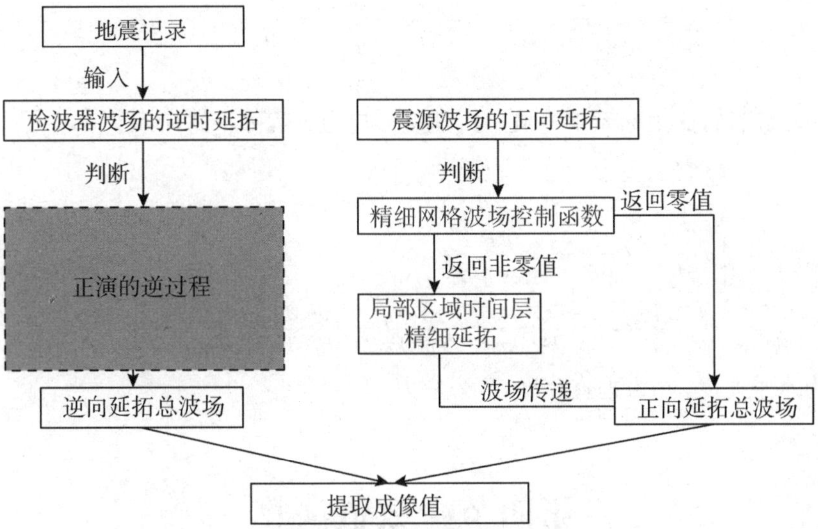

图 10-15　变网格逆时偏移流程图

10.3.2　基于贴体网格的起伏地表逆时偏移

1.贴体网格剖分

物理区域的网格化离散是进行有限差分地震波数值模拟的第一步，也是非常关键的一步，因为它在一定程度上决定了模拟结果的精度和稳定性(Zhang,Chen,2006)。

贴体网格是一种适合复杂地表介质的网格离散方法，网格生成的原则是使离散后的网格边界与地表形态吻合，以避免人为产生的阶梯边界引起的虚假散射(孙建国，蒋丽丽，2009)。如图 10-16 所示，贴体网格可以通过由计算空间到物理空间的坐标变换来获得。

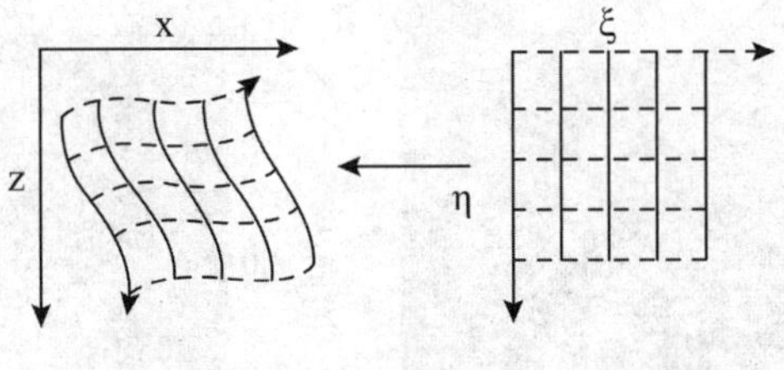

图 10-16　贴体网格和曲线坐标变化

2.贴体网格坐标系下的波动方程

贴体网格生成之后，笛卡尔坐标系和曲线坐标系下的网格点也就建立了一一对应关系：

$$\begin{cases} x = x(\xi,\eta) \\ z = z(\xi,\eta) \end{cases} \tag{10-51}$$

对上式分别关于 x,z 求偏导，由链式法则可得：

$$\begin{cases} 1 = x_\xi \xi_x + x_\eta \eta_x, \quad 0 = x_\xi \xi_z + x_\eta \eta_z \\ 0 = z_\xi \xi_x + z_\eta \eta_x, \quad 1 = z_\xi \xi_z + z_\eta \eta_z \end{cases} \tag{10-52}$$

由上式求得：

$$\xi_x=\frac{1}{J}z_\eta,\quad \xi_z=-\frac{1}{J}x_\eta,\quad \eta_x=-\frac{1}{J}z_\xi,\quad \eta_z=\frac{1}{J}x_\xi,\quad J=(x_\xi z_\eta-x_\eta z_\xi) \tag{10-53}$$

应用链式法则，曲坐标系下声波一阶速度—应力方程如下式所示：

$$\begin{cases}\rho\dfrac{\partial v_x}{\partial t}=\dfrac{\partial P}{\partial \xi}\dfrac{\partial \xi}{\partial x}+\dfrac{\partial P}{\partial \eta}\dfrac{\partial \eta}{\partial x}\\ \rho\dfrac{\partial v_z}{\partial t}=\dfrac{\partial P}{\partial \xi}\dfrac{\partial \xi}{\partial z}+\dfrac{\partial P}{\partial \eta}\dfrac{\partial \eta}{\partial z}\\ \dfrac{1}{V_p^2}\dfrac{\partial P}{\partial t}=\rho\left(\dfrac{\partial v_x}{\partial \xi}\dfrac{\partial \xi}{\partial x}+\dfrac{\partial v_x}{\partial \eta}\dfrac{\partial \eta}{\partial x}+\dfrac{\partial v_z}{\partial \xi}\dfrac{\partial \xi}{\partial z}+\dfrac{\partial v_z}{\partial \eta}\dfrac{\partial \eta}{\partial z}\right)+f\end{cases} \tag{10-54}$$

式中，v_x 为水平速度，v_z 为垂直速度，P 为应力。

第四节　数值试算

1. 简单的起伏地表模型

通过对一个简单的起伏地表模型进行试算，验证保幅延拓法的保幅性。设计了如图 10-17(a)所示的起伏地表速度模型，假设模型速度为 2000m/s，在深度为 1.6km 以及 3.0km 处存在密度差异造成的反射界面，假设各层反射系数相同。模型网格为 601 × 1000，纵横向采样间隔分别为 10m 和 4m，起伏地表最大高程差近 600m。正演单炮记录如图 10-17(b)所示，该炮记录共有 301 道，道与道之间的水平间距为 20m，炮点位于地表 CDP＝301 处，图中可以看到地表起伏造成的非双曲线型的同相轴。

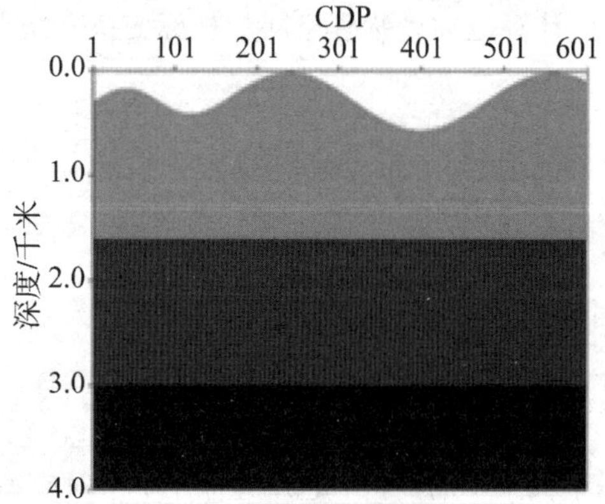

(a) 三层起伏地表模型

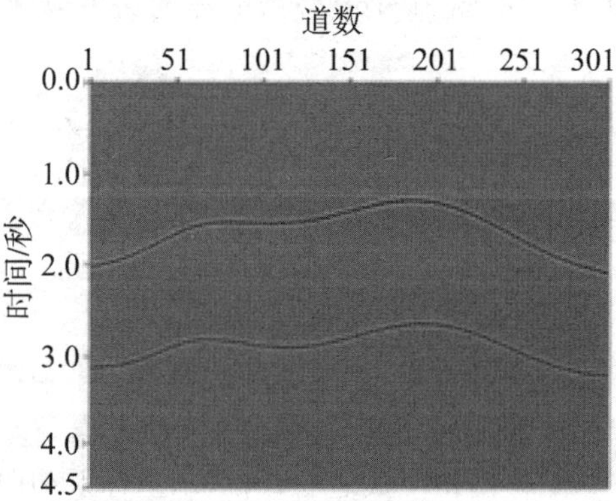

(b) 单炮记录

图 10-17　简单起伏地表模型

应用保幅延拓法，对上述模型进行试算。图 10-18(a)为选取 dS 为实际道间距时的单炮成像结果，图 10-18(c)为沿各反射界面所提取的归一化振幅，可以看到保幅延拓法不但有效地消除了起伏地表的影响对各个反射层进行正确的成像，并且在一定的偏移距范围内正确的恢复了界面的反射率。图 10-18(b)为选取 dS 为常数(所有道间距的几何平均)时的单炮成像结果，图 10-18(d)为沿各反射界面所提取的归一化振幅，可以看到此时虽然模型的水平反射层得到了正确的成像，但其成像振幅同理论值有着较大的误差，由此可知式(10-5)中 dS 的选择，对成像的振幅有着重要的影响。

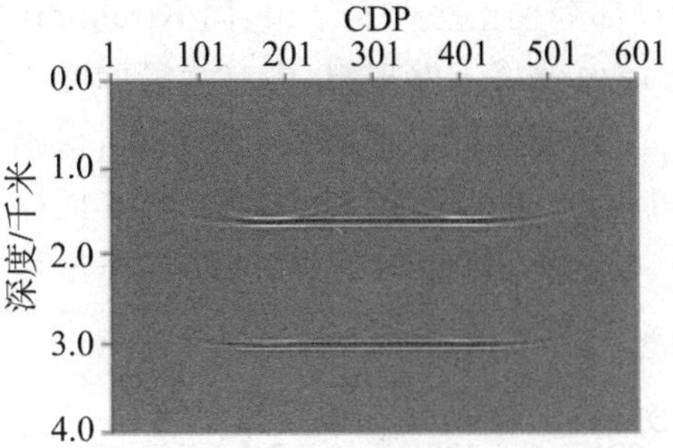

(a)dS 为实际道间距时成像结果

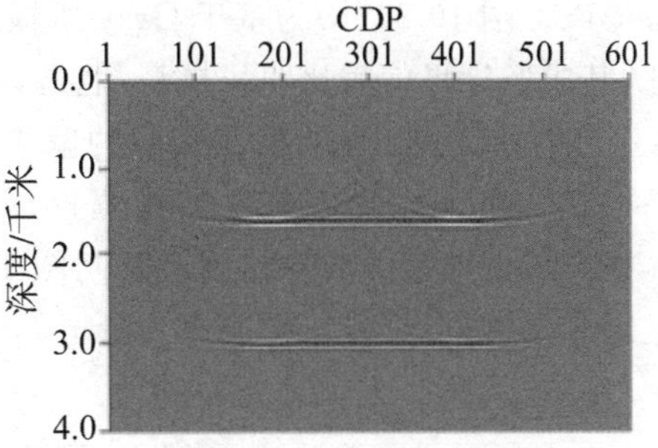

(b)dS 为常数时成像结果

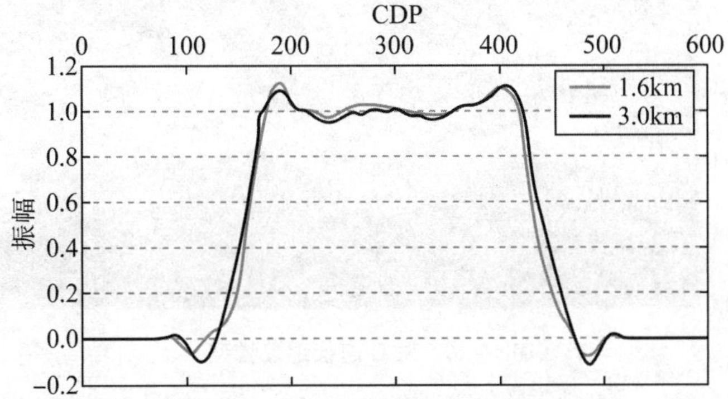

(c)图(a)中各反射层的归一化振幅

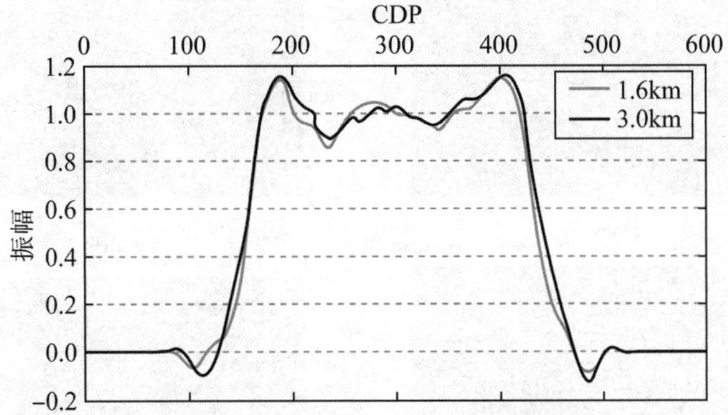

(d)图(b)中各反射层的归一化振幅

图 10-18 简单起伏地表模型偏移试算结果

2. SEG 起伏地表模型

应用 SEG 起伏地表模型进行试算，测试本文方法的成像效果。该模型具有典型的复杂地表构造，由图 10-19 可以看到其地表高程变化剧烈，最大高程差接近 1800m，且近地表速度变化明显。模型网格为 1668 × 1000，纵横向采样间隔分别为 10m 和 15m。模拟数据共有 277 炮，最大道数为 480 道，每道 2000 个采样点，4ms 采样，道间距为 15m，炮间距为 90m，偏移距范围为 15～3600m。

分别采用不同的成像方法对该模型进行试算并进行对比。图 10-20(a)为 Kirchhoff 偏移成像结果，从图中可以看出，虽然模型的基本构造得到成像，但是剖面中含有大量的偏移噪声。图 10-20(b)为基于 Gray 所提出的局部静校正法偏移结果，同 Kirchhoff 偏移相比，其成像结果信噪比明显提高，但是其浅层成像效果不够理想，含有大量的噪声。图 10-20(c)为本文提出的保幅延拓法的偏移结果，可以看到同局部静校正法相比，保幅延拓法不但有效加强了深层(箭头所指位置)的能量强度，并且压制了浅层噪声(方框标示位置)，提高了近地表的成像精度。其同图 10-20(d)所示的“直接下延”波动方程偏移的成像结果非常接近，且浅层构造更为清晰。

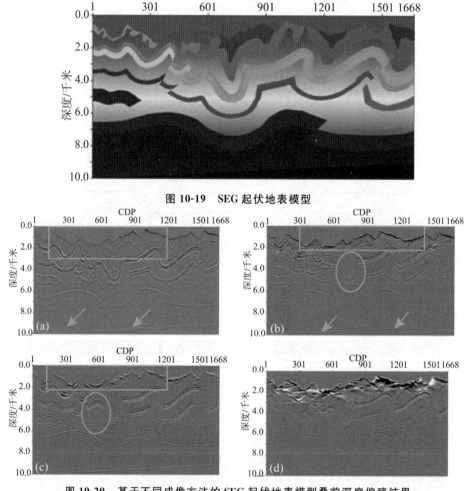

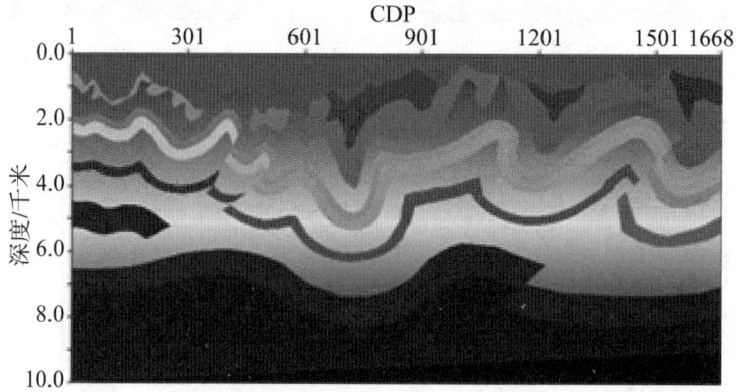

图 10-19　SEG 起伏地表模型

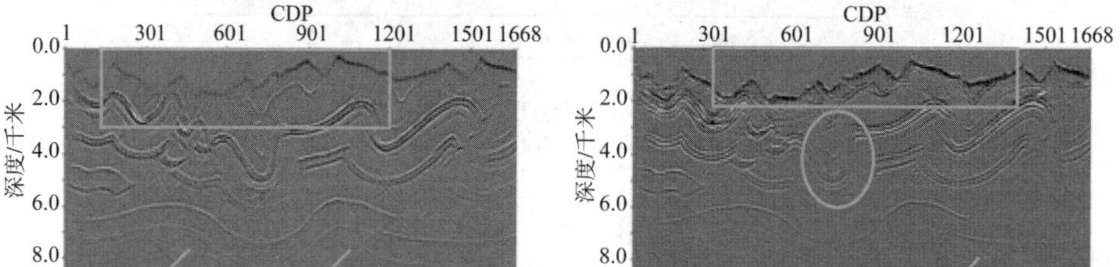

图 10-20　基于不同成像方法的 SEG 起伏地表模型叠前深度偏移结果

3. 模型以及实际资料试算

利用该方法对 2D-SEG 起伏地表模型进行了试算，试算结果验证了该方法对起伏地表和复杂地下地质体地震成像也是适用的。

图 10-21(a)是该起伏地表模型的速度场，图 10-21(b)是某一炮的单炮记录，图 10-21(c)

是该起伏地表模型的高程变化。从图中可以看出,该模型的地表起伏变化较大,而且受起伏地表影响,地下反射同相轴出现明显的扭曲现象。采用中间激发两边接收的放炮方式,共计277炮,最大接收道数是480道,采样点数是2000,采样率 $\Delta t = 4\text{ms}$,道间距和CDP间距是15m,炮间距是90m;速度场横向1668个CDP,纵向深度1000m,深度采样间隔是10m。

基于波场逐步一累加的“直接下延”法,分别应用常规FFD叠前深度偏移方法、选取旋转角度为 $\alpha = 5°$ 、$\alpha = 10°$ 的一阶复Pade逼近FFD叠前深度偏移方法对该模型进行了试算,得到的偏移成像结果如图10-22(a)至图10-22(c)所示。从图中可以看出:基于常规FFD算子的“直接下延”法叠前深度偏移成像结果(图10-21(a))中,偏移噪音较大,影响了一些局部构造细节的刻画和清晰成像;基于复Pade逼近的叠前深度偏移结果(图10-22(b)和图10-22(c))中,偏移噪音得到了明显的压制,浅中层和深层的构造都得到了清晰成像,尤其是深层成像效果的改善更为明显。

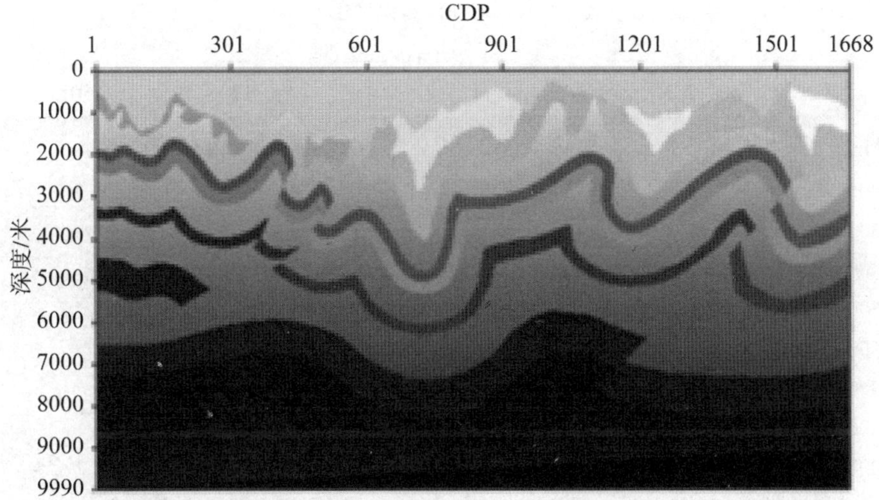

(a)速度场

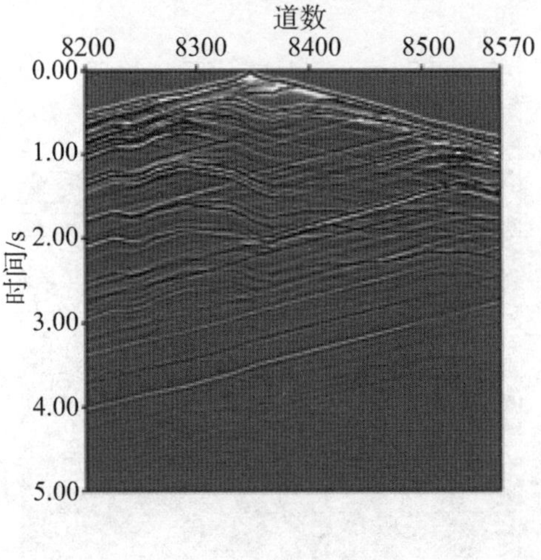

(b)单炮记录

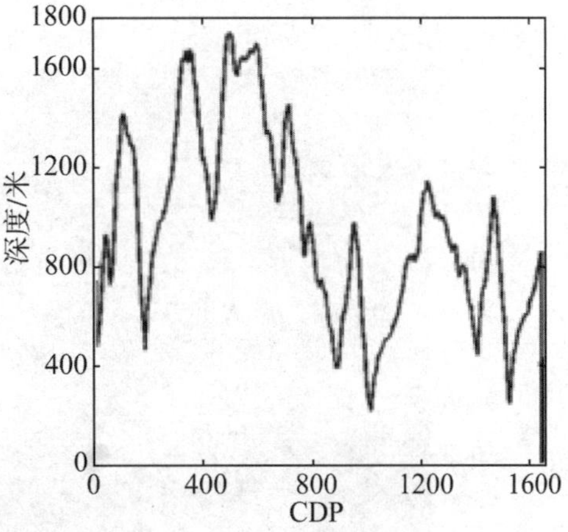

(c)起伏地表的高程

图10-21　2D-SEG起伏地表模型

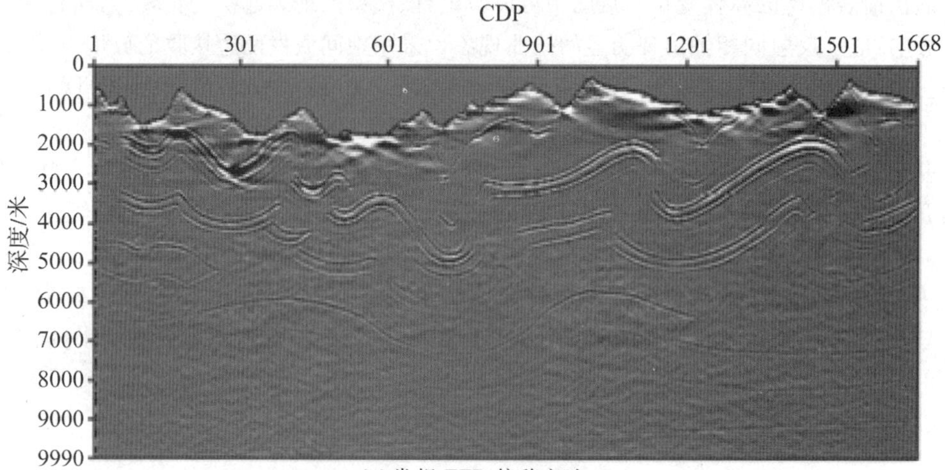

(a)常规 FFD 偏移方法

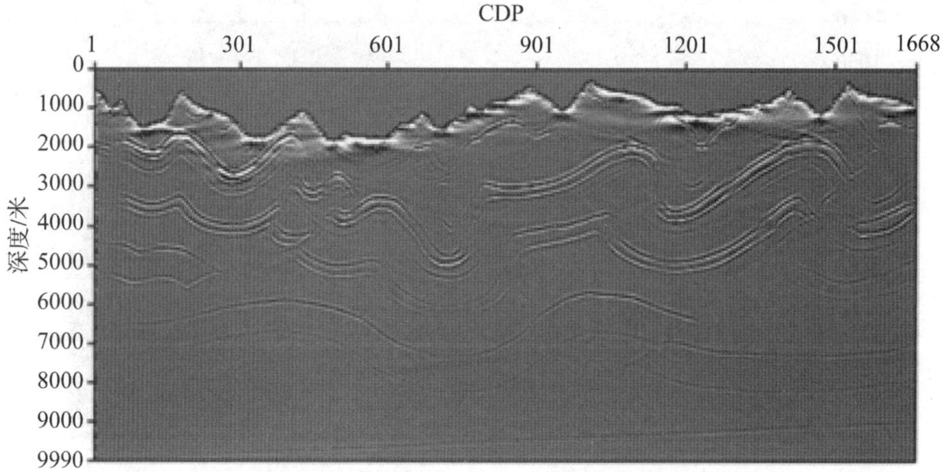

(b)旋转角度 $\alpha=5^{\circ}$的 FFD 偏移方法

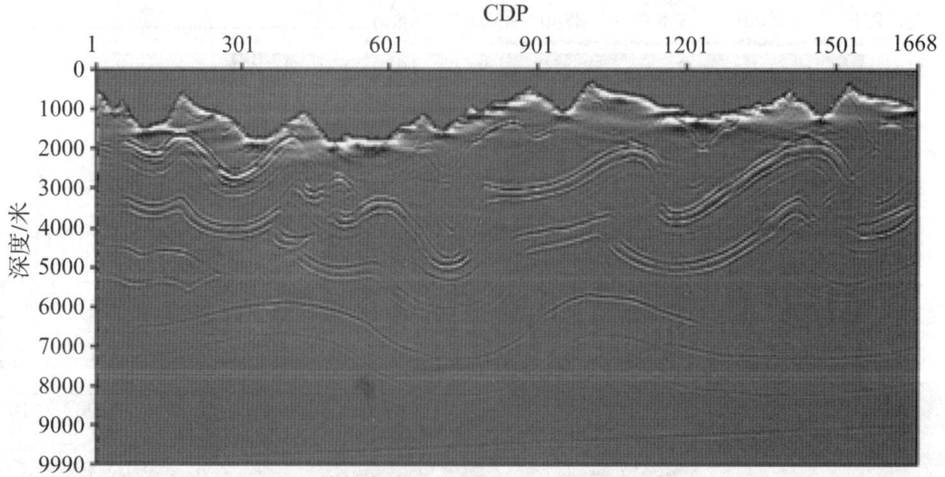

(c)旋转角度 $\alpha=10^{\circ}$的 FFD 偏移方法

图 10-22　2D-SEG 模型的叠前深度偏移结果

4. 模型试算

对图 10-23 所示的模型进行声波 RTM 测试，分别采用粗网格和双变网格逆时偏移得到的成像结果如图 10-24 所示。从两图对比可以看出，采用双变网格逆时偏移得到的成像结果（图 10-24(a)）的同向轴连续性明显好于基于粗网格的常规逆时偏移成像结果（图 10-24(b)）。为了更清楚地进行对比，给出了黑框区域的局部放大图，分别如图 10-24 和图 10-25 所示。两图的结果能够进一步证明，双变网格逆时偏移得到了更加准确的成像结果。

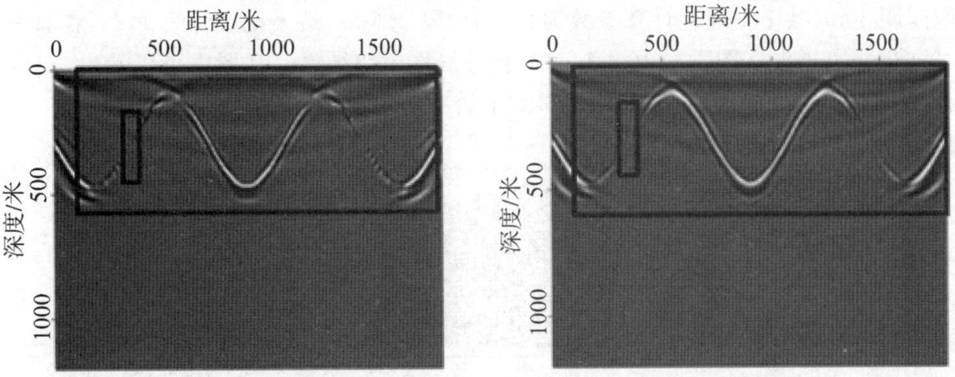

(a)网格　　(b)变网格

图 10-23　逆时偏移成像结果。

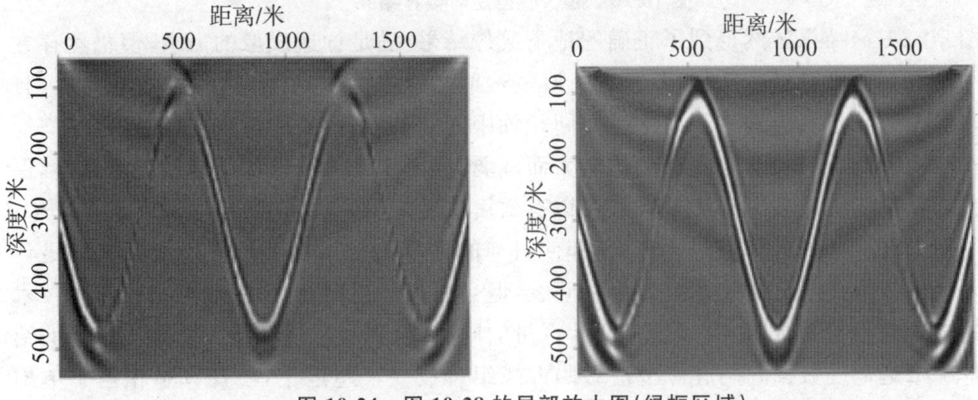

图 10-24　图 10-28 的局部放大图（绿框区域）

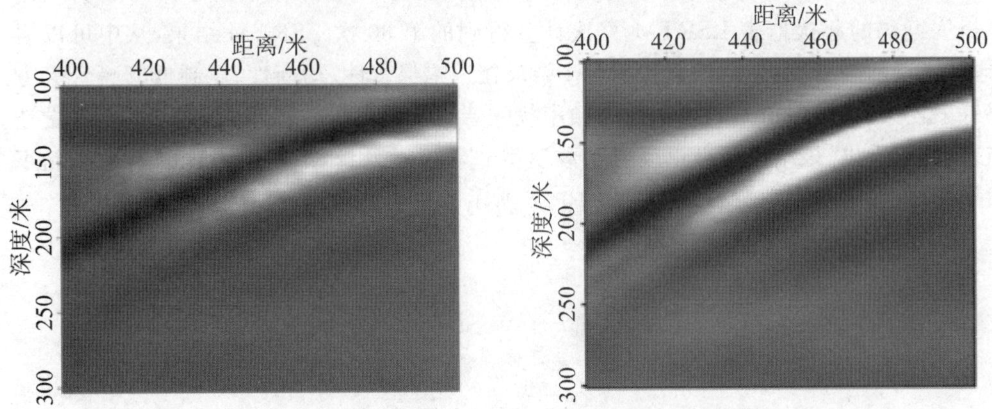

图 10-25　图 10-28 的局部放大图（红框区域）

5.含高斯山峰山谷的洼陷模型

接下来，对含有高斯山峰山谷的洼陷模型进行声波逆时偏移成像测试。图 10-26(a)为含有高斯山峰山谷的洼陷模型，模型共四层，速度分别为 2500m/s，3500m/s，4000m/s，4500m/s，模型大小为 301×201 个网格点，网格间距为 10m，最大高程差可达 400m。图 10-26(b)为贴体网格剖分图，从中可以看出，贴体网格对复杂界面的强适应性及正交性。观测系统为：301 个检波器均匀分布在地表以下 10m 处，道间距 10m，第一炮位于(0m，20m)，炮间距 30m，共 101 炮。计算参数为：时间间隔 0.6ms，最大记录时间 1.8s，震源为主频 20Hz 的雷克子波。图 10-26(c)为声波逆时偏移成像结果。从图中可以看出，起伏地表的影响得到了很好的消除，洼陷构造得到了较准确的成像。

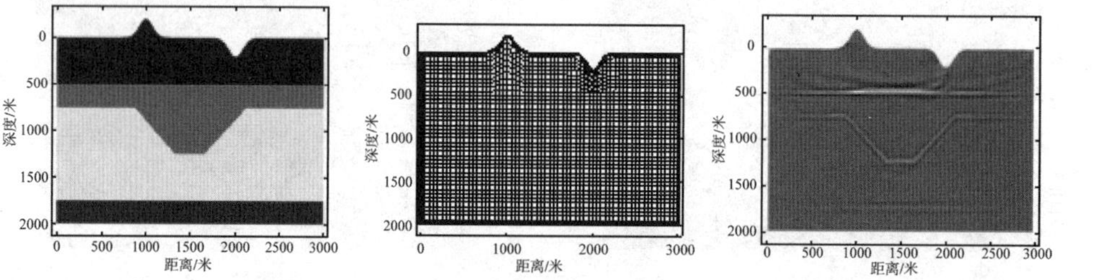

(a)简单起伏层状模型　　(b)贴体网格剖分　　(c)贴体网格逆时偏移成像结果

图 10-26　起伏模型逆时偏移结果

图 10-26(c)结果虽然得到了正确的地下成像结果，满足构造成像的需求，但仍然存在如下问题：(1)偏移噪音大。Laplacian 滤波虽然能有效去除低频噪音，但去除不彻底，且还引入了高频噪音；(2)偏移剖面中反射同相轴中间能量强、两侧能量较弱，即振幅均衡性不佳；(3)由于地下照明强度随深度的增大而减弱，因而 RTM 结果深部能量较弱，振幅保真性差。采用起伏地表 LSRTM 算法可以有效解决常规 RTM 存在的问题。

然而 LSRTM 的计算量过于庞大，即使目前的计算机技术日新月异仍然无法满足计算需要。多震源技术可有效缓解计算量问题，但会引入串扰噪音，采用动态相位编码技术可很好的压制串扰噪音，在大幅度降低计算量的同时，得到与常规 LSRTM 算法相当的结果。将 101 炮地震数据利用震源极性编码方式组合成一个超道集，使计算量相当于单炮情形，从而大大缓解了计算需求。反射系数模型如图 10-27(a)所示，图 10-27(b)为利用基于相位编码的起伏地表 LSRTM 算法计算得到的第 30 次 LSRTM 结果，从中可以看出，地下构造清晰可见，且相比起伏 RTM 结果在振幅保真性、均衡性、压制低频噪音等方面都有了较大改善，但由编码引入的高频串扰噪音也清晰可见。图 10-27(c)为第 80 次迭代结果，可以看出，该结果与理论反射系数模型非常接近，相比于图 10-27(b)有效压制了串扰噪音，得到了令人满意的结果。图 10-28 所示的单道记录也证明了上述内容。

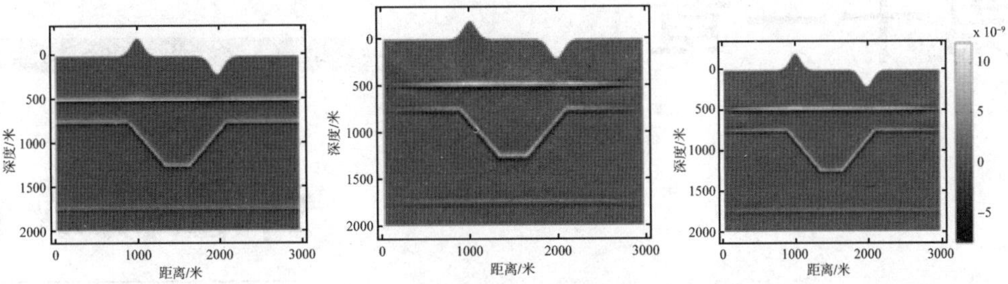

（a）反射系数模型　（b）LSRTM 第 30 次迭代结果　（c）LSRTM 第 80 次迭代结果

图 10-27　起伏地表 LSRTM 结果

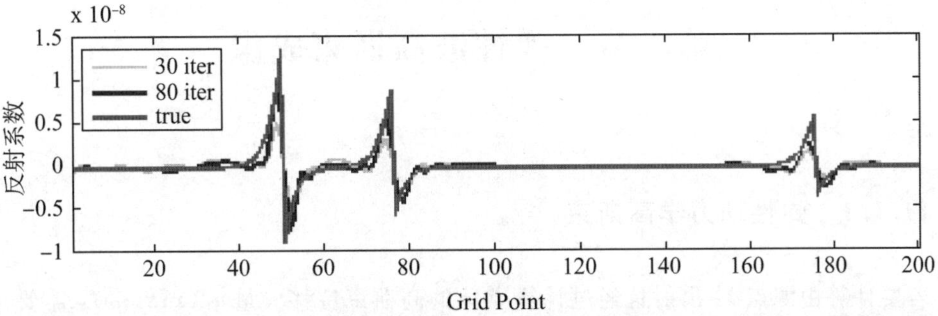

图 10-28　0.5km 处的单道结果

本章小结

（1）起伏地表处理成像的研究从处理流程过渡到成像技术再细化到所用网格、自由地表条件，还原出的地下介质越来越贴近真实情况。

（2）在复杂的地表条件下，地表起伏不大时，局部静校正对后续偏移影响较弱；地表高程变化剧烈时，同局部静校正相比，保幅延拓法在压制浅层噪声的同时，加强深层能量大小，进一步提高近地表的成像精度。

（3）针对复杂的地质构造中常有的起伏界面或断裂面，需采用细网格进行精细研究，变网格算法在保证模拟精度的情况下，极大提高了运算效率。贴体网格是一种适合复杂地表介质的网格离散方法，可有效避免人为因素的虚假散射。

第十一章

弹性波成像

第一节　弹性波高斯束成像

11.1.1　弹性动力学高斯束

若要计算由源点 $\boldsymbol{x}_0$ 出射且经过计算点 $\boldsymbol{x}$ 的高斯束位移矢量 $\hat{\boldsymbol{u}}^v(\boldsymbol{x};\boldsymbol{x}_0;\omega)$，需要构建如图 11-1 所示的以 S 点为原点，以切向矢量 $\boldsymbol{t}$ 和法向矢量 $\boldsymbol{n}$ 为坐标轴的射线中心坐标系，其中 s 为从 $\boldsymbol{x}_0$ 开始测量的弧长，n 为坐标轴 $\boldsymbol{n}$ 方向的坐标。在构建的射线中心坐标系中，高斯束位移 $\hat{\boldsymbol{u}}^v(\boldsymbol{x};\boldsymbol{x}_0;\omega)$ 可以通过下式来表示：

$$\hat{\boldsymbol{u}}^v(\boldsymbol{x};\boldsymbol{x}_0;\omega)=\frac{\varphi^v}{\sqrt{V^v(s)\rho(s)q(s)}}\boldsymbol{e}^v\exp\left[i\omega\tau(s)+\frac{i\omega}{2}\frac{p(s)}{q(s)}n^2\right] \tag{11-1}$$

其中，上标 v 代表不同的波型；φ^v 为复值常数；为对应不同波型的传播速度，对于 P 波，$V^v(s)$ 为 $v_p(s)$，对于 SV 波，$V^v(s)$ 为 $v_s(s)$；$\rho(s)$ 为介质密度；$\tau(s)$ 为 Q 点走时；$p(s)$，$q(s)$ 为复值动力学射线追踪参量；$\boldsymbol{e}^v$ 为 $\boldsymbol{x}$ 处高斯束的极化矢量，对于 P 波，$\boldsymbol{e}^p=\left[\boldsymbol{t}+\boldsymbol{n}v_p(s)\frac{p(s)}{q(s)}n\right]$，其中主分量为 $\boldsymbol{t}$，次分量为 $\boldsymbol{n}$；对于 SV 波，$\boldsymbol{e}^{sv}=\left[\boldsymbol{n}-\boldsymbol{t}v_s(s)\frac{p(s)}{q(s)}n\right]$，其中主分量为 $\boldsymbol{n}$，次分量为 $-\boldsymbol{t}$。

利用弹性动力学高斯束，可将由 $\boldsymbol{x}_0$ 处全方位 v 型波震源引起的 $\boldsymbol{x}$ 处的位移矢量 $U_m^v(\boldsymbol{x};\boldsymbol{x}_0;\omega)$ 通过一系列以 $\boldsymbol{x}_0$ 为初始点，具有不同出射角且对 $\boldsymbol{x}$ 有贡献的高斯束的叠加来表示：

$$U_m^v(\boldsymbol{x};\boldsymbol{x}_0;\omega)\approx\Psi^v\int\frac{\mathrm{d}p_1(\boldsymbol{x}_0)}{p_2(\boldsymbol{x}_0)}\hat{u}_m^v(\boldsymbol{x};\boldsymbol{x}_0;\omega) \tag{11-2}$$

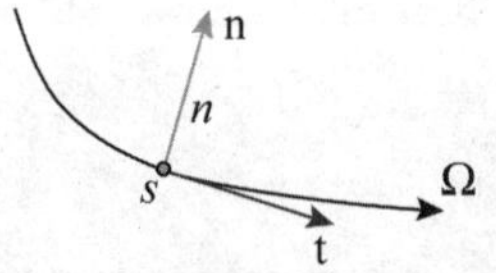

图 11-1　高斯束传播示意图

其中，$p_1(\boldsymbol{x}_0)$，$p_2(\boldsymbol{x}_0)$ 分别为高斯束初始射线参数的水平和垂直分量，Ψ^v 为通过对比均匀介质中位移矢量的解析解与上式的高频渐进解的加权因子：

$$\Psi^v = \frac{i}{4\pi(V^v(\boldsymbol{x}_0))^2}\sqrt{\frac{\omega_r w_0^2}{\rho(\boldsymbol{x}_0)}} \tag{11-3}$$

其中，$\rho(\boldsymbol{x}_0)$ 为 $\boldsymbol{x}_0$ 处介质的密度。

11.1.2 弹性波波场反向延拓

在 S 所描述的观测面上，假设由震源 $\boldsymbol{x}_s$ 激发，接收点 $\boldsymbol{x}_r$ 接收到的两分量弹性波地震记录为 $u_i(\boldsymbol{x}_r;\omega)$，则反向延拓的弹性波位移场 $u_m(\boldsymbol{x};\boldsymbol{x}_r;\omega)$ 可以通过 Kirchhoff-Helmholtz 积分来表示：

$$u_m(\boldsymbol{x};\boldsymbol{x}_r;\omega) = \int_S \mathrm{d}x_r\left[t_i(\boldsymbol{x}_r;\omega)G_{im}^*(\boldsymbol{x};\boldsymbol{x}_r;\omega) - u_i(\boldsymbol{x}_r;\omega)\sum\nolimits_{im}^*(\boldsymbol{x};\boldsymbol{x}_r;\omega)\right] \tag{11-4}$$

其中，为 $*$ 代表复共轭；$G_{lm}(\boldsymbol{x};\boldsymbol{x}_r;\omega)$ 为位移格林张量，其代表 $\boldsymbol{x}_r$ 处 l 方向单位体力所造成的 $\boldsymbol{x}$ 处位移的 m 方向的分量；$t_i(\boldsymbol{x}_r)$ 为 $\boldsymbol{x}_r$ 处应力；$\sum_{im}(\boldsymbol{x};\boldsymbol{x}_r)$ 为应力格林张量。上述参量具有以下性质：

$$t_i = n_j C_{ijkl}\frac{\partial u_l}{\partial x_k},\ G_{im}(\boldsymbol{x};\boldsymbol{x}_r;\omega) = \sum_v g_{im}^v(\boldsymbol{x};\boldsymbol{x}_r;\omega),\ \sum\nolimits_{im} = n_j C_{ijkl}\frac{\partial G_{lm}}{\partial x_k} \tag{11-5}$$

其中，n_j 为 $\boldsymbol{x}_r$ 处沿外法线方向的单位矢量；$g_{im}^v(\boldsymbol{x};\boldsymbol{x}_r;\omega)$ 为波型 v 的格林函数；C_{ijkl} 为四阶刚度参数，其在二维各向同性介质中具有如下性质：

$$C_{ijkl}(\boldsymbol{x}) = \delta_{ij}\delta_{kl}\lambda(\boldsymbol{x}) + (\delta_{ik}\delta_{jl} + \delta_{il}\delta_{jk})\mu(\boldsymbol{x}) \tag{11-6}$$

上式中，$\lambda(\boldsymbol{x})$，$\mu(\boldsymbol{x})$ 为拉梅弹性参数，其满足如下关系：

$$\lambda(\boldsymbol{x}) + 2\mu(\boldsymbol{x}) = \rho(\boldsymbol{x})v_p^2(\boldsymbol{x}),\ \mu(\boldsymbol{x}) = \rho(\boldsymbol{x})v_s^2(\boldsymbol{x}) \tag{11-7}$$

δ_{ik} 为 Kronecker Delta 函数。

若假设 S 为自由地表，则根据自由应力边界条件：

$$\boldsymbol{t}(\boldsymbol{x};\omega) = 0\ \boldsymbol{x} \in S(z = 0) \tag{11-8}$$

式(11-4)可以简化为：

$$u_m(\boldsymbol{x};\boldsymbol{x}_r;\omega) = -\int_S \mathrm{d}x_r u_i(\boldsymbol{x}_r;\omega)\sum\nolimits_{im}^*(\boldsymbol{x};\boldsymbol{x}_r;\omega) \tag{11-9}$$

将 $n_j = (0, -1)$ 代入上式可得：

$$\begin{aligned} u_m(\boldsymbol{x};\boldsymbol{x}_r;\omega) = \int_S \mathrm{d}x_r\Bigg\{& u_1(\boldsymbol{x};\omega)\mu(\boldsymbol{x}_r)\left[\frac{\partial g_{1m}^*(\boldsymbol{x};\boldsymbol{x}_r;\omega)}{\partial x_2} + \frac{\partial g_{2m}^*(\boldsymbol{x};\boldsymbol{x}_r;\omega)}{\partial x_1}\right] \\ &+ u_2(\boldsymbol{x}_r;\omega)\Bigg[[\lambda(\boldsymbol{x}_r) + 2\mu(\boldsymbol{x}_r)]\frac{\partial g_{2m}^*(\boldsymbol{x};\boldsymbol{x}_r;\omega)}{\partial x_2} \\ &+ \lambda(\boldsymbol{x}_r)\frac{\partial g_{1m}^*(\boldsymbol{x};\boldsymbol{x}_r;\omega)}{\partial x_1}\Bigg]\Bigg\} \end{aligned} \tag{11-10}$$

对上式中格林函数的偏导数，取其高频近似解：

$$\frac{\partial g_{lm}(\boldsymbol{x};\boldsymbol{x}_r;\omega)}{\partial x_k} \approx i\omega\sum_v p_k^v(\boldsymbol{x}_r)g_{lm}^v(\boldsymbol{x};\boldsymbol{x}_r;\omega) \tag{11-11}$$

其中，$p_k^v(\boldsymbol{x}_r)$ 为对应 v 型波的初始慢度矢量。格林函数 $g_{lm}^v(\boldsymbol{x};\boldsymbol{x}_r;\omega)$ 可以通过 $\boldsymbol{x}_r$ 处震源所引起的 $\boldsymbol{x}$ 处的位移 $U_m^v(\boldsymbol{x};\boldsymbol{x}_r;\omega)$ 来表示：

$$g_{lm}^v(\boldsymbol{x};\boldsymbol{x}_r;\omega)=e_l^v(\boldsymbol{x}_r)U_m^v(\boldsymbol{x};\boldsymbol{x}_r;\omega) \tag{11-12}$$

其中，$e_l^v(\boldsymbol{x}_r)$ 为 $\boldsymbol{x}_r$ 处的极性矢量。将式(11-11)、(11-12)代入式(11-10)得：

$$\begin{aligned}u_m(\boldsymbol{x};\boldsymbol{x}_r;\omega)&=u_m^p(\boldsymbol{x};\boldsymbol{x}_r;\omega)+u_m^s(\boldsymbol{x};\boldsymbol{x}_r;\omega) \\ &=-i\omega\sum_v\int_S \mathrm{d}x_r\rho(\boldsymbol{x}_r)U_m^{v*}(\boldsymbol{x};\boldsymbol{x}_r;\omega)\left[u_1(\boldsymbol{x}_r;\omega)W_1^v(\boldsymbol{x}_r)+u_2(\boldsymbol{x}_r;\omega)W_2^v(\boldsymbol{x}_r)\right]\end{aligned} \tag{11-13}$$

式(11-13)为解耦的弹性波波场延拓公式，其中，$u_m^p(\boldsymbol{x};\boldsymbol{x}_r;\omega)$，$u_m^s(\boldsymbol{x};\boldsymbol{x}_r;\omega)$ 分别为位移场 $u_m(\boldsymbol{x};\boldsymbol{x}_r;\omega)$ 中的 P 波和 S 波成分。权值 $W_1^v(\boldsymbol{x}_r)$，$W_2^v(\boldsymbol{x}_r)$ 具有以下形式：

$$\begin{cases}W_1^p(\boldsymbol{x}_r)=2v_s^2(\boldsymbol{x}_r)p_2^p(\boldsymbol{x}_r)e_1^p(\boldsymbol{x}_r) \\ W_2^p(\boldsymbol{x}_r)=2v_s^2(\boldsymbol{x}_r)p_2^p(\boldsymbol{x}_r)e_2^p(\boldsymbol{x}_r)+\left(\dfrac{v_p^2(\boldsymbol{x}_r)-2v_s^2(\boldsymbol{x}_r)}{v_p(\boldsymbol{x}_r)}\right) \\ W_1^s(\boldsymbol{x}_r)=v_s^2(\boldsymbol{x}_r)p_2^s(\boldsymbol{x}_r)e_1^s(\boldsymbol{x}_r)+v_s^2(\boldsymbol{x}_r)p_1^s(\boldsymbol{x}_r)e_2^s(\boldsymbol{x}_r) \\ W_2^s(\boldsymbol{x}_r)=-2v_s^2(\boldsymbol{x}_r)p_1^s(\boldsymbol{x}_r)e_1^s(\boldsymbol{x}_r)\end{cases} \tag{11-14}$$

其对提取弹性波记录中的本型波能量，压制非本型波干扰有着重要的作用，本文数值算例中将对此进行验证。

利用式(11-2)所表示的弹性动力学高斯束的叠加积分来计算式(11-13)中的位移矢量 $U_m^v(\boldsymbol{x};\boldsymbol{x}_r;\omega)$，便可以得到基于高斯束表示的弹性波场延拓公式。由于高斯束的初始波前为平面波，可以利用此特点将多分量地震记录分解为不同波型不同初始方向的局部平面波，然后利用相对应的高斯束进行波场延拓，其具体实现过程如下：

首先，对地震记录加入一系列高斯窗，将其分为一系列重叠的局部区域。高斯窗函数具有如下性质：

$$\frac{\Delta L}{\sqrt{2\pi}w_0}\sqrt{\left|\frac{\omega}{\omega_r}\right|}\sum_L\exp\left[-\left|\frac{\omega}{\omega_r}\right|\frac{(x_r-L)}{2w_0^2}\right]\approx 1 \tag{11-15}$$

其中，$x=L$ 为高斯窗的中线，也是束中心 $\boldsymbol{L}$ 的水平坐标；ΔL 为其水平间隔。将式(11-15)代入式(11-13)得：

$$\begin{aligned}u_m(\boldsymbol{x};\boldsymbol{x}_r;\omega)=&-\frac{i\omega\Delta L}{\sqrt{2\pi}w_0}\sqrt{\left|\frac{\omega}{\omega_r}\right|}\sum_v\sum_L\int_S dx_r\rho(\boldsymbol{x}_r)U_m^{v*}(\boldsymbol{x};\boldsymbol{x}_r;\omega)\left[u_1(\boldsymbol{x}_r;\omega)W_1^v(\boldsymbol{x}_r)\right. \\ &\left.+u_2(\boldsymbol{x}_r;\omega)W_2^v(\boldsymbol{x}_r)\right]\exp\left[-\left|\frac{\omega}{\omega_r}\right|\frac{(x_r-L)}{2w_0^2}\right]\end{aligned} \tag{11-16}$$

接下来，根据不同方向的平面波到达接收点 $\boldsymbol{x}_r$ 与束中心 $\boldsymbol{L}$ 的走时延迟引入相移校正因子，将 $U_m^v(\boldsymbol{x};\boldsymbol{x}_r;\omega)$ 通过 $\boldsymbol{L}$ 处出射的高斯束来表示：

$$U_m^v(\boldsymbol{x};\boldsymbol{x}_r;\omega)\approx\boldsymbol{\Psi}^v\int\hat{u}_m^v(\boldsymbol{x};\boldsymbol{L};\omega)\exp\left[-i\omega p_1^v(\boldsymbol{L})(x_r-L)\right]\frac{\mathrm{d}p_1^v(\boldsymbol{L})}{p_2^v(\boldsymbol{L})} \tag{11-17}$$

将上式代入式(11－16)，令 $\rho(\boldsymbol{x}_r)\approx\rho(\boldsymbol{L})$，$W_1^v(\boldsymbol{x}_r)\approx W_1^v(\boldsymbol{L})$，$W_2^v(\boldsymbol{x}_r)\approx W_2^v(\boldsymbol{L})$，并交换积分次序，便可以得到反向延拓的 P 波位移 $u_m^p(\boldsymbol{x};\boldsymbol{x}_r;\omega)$ 以及 S 波位移 $u_m^s(\boldsymbol{x};\boldsymbol{x}_r;\omega)$：

$$u_m^p(\boldsymbol{x};\boldsymbol{x}_r;\omega)=-\frac{\Delta L\omega}{4\pi}\sum_L\int\frac{\mathrm{d}p_1^p(\boldsymbol{L})}{p_2^p(\boldsymbol{L})}\sqrt{\rho(\boldsymbol{L})}\,\hat{u}_m^{p*}(\boldsymbol{x};\boldsymbol{L};\omega)$$

$$\times\left[W_1^p(\boldsymbol{L})D_1^p(L;p_1^p;\omega)+W_2^p(\boldsymbol{L})D_2^p(L;p_1^p;\omega)\right] \tag{11-18}$$

$$u_m^s(\boldsymbol{x};\boldsymbol{x}_r;\omega)=-\frac{\Delta L\omega}{4\pi}\sum_L\int\frac{\mathrm{d}p_1^s(\boldsymbol{L})}{p_2^s(\boldsymbol{L})}\sqrt{\rho(\boldsymbol{L})}\,\hat{u}_m^{s*}(\boldsymbol{x};\boldsymbol{L};\omega)$$

$$\times\left[W_1^s(\boldsymbol{L})D_1^s(L;p_1^s;\omega)+W_2^s(\boldsymbol{L})D_2^s(L;p_1^s;\omega)\right] \tag{11-19}$$

其中，$D_n^v(L;P_1^v;\omega)$ 为对不同波型多分量地震记录的加窗局部倾斜叠加：

$$D_n^v(L;P_1^v;\omega)=\sqrt{\frac{|\omega|}{2\pi}}\int_S dx_r u_n(\boldsymbol{x}_r;\omega)\exp\left[i\omega p_1^v(\boldsymbol{L})(x_r-L)-\left|\frac{\omega}{\omega_r}\right|\frac{(x_r-L)^2}{2w_0^2}\right] \tag{11-20}$$

权值 $W_1^v(\boldsymbol{L})$，$W_2^v(\boldsymbol{L})$ 此时为：

$$W_1^p(\boldsymbol{L})=2\gamma^2(\boldsymbol{L})p_2^p(\boldsymbol{L})e_1^p(\boldsymbol{L})\text{，}W_2^p(\boldsymbol{L})=2\gamma^2(\boldsymbol{L})p_2^p(\boldsymbol{L})e_2^p(\boldsymbol{L})+\left(\frac{1-2\gamma^2(\boldsymbol{L})}{v_p(\boldsymbol{L})}\right) \tag{11-21a}$$

$$W_1^s(\boldsymbol{L})=p_2^s(\boldsymbol{L})e_1^s(\boldsymbol{L})+p_1^s(\boldsymbol{L})e_2^s(\boldsymbol{L})\text{，}W_2^s(\boldsymbol{L})=-2p_1^s(\boldsymbol{L})e_1^s(\boldsymbol{L})\text{，}\gamma(\boldsymbol{L})=\frac{v_s(\boldsymbol{L})}{v_p(\boldsymbol{L})} \tag{11-21b}$$

11.1.3　成像公式及极性校正

根据 Claerbout 成像原理，在此通过求取震源波场与不同波型的反向延拓的接收波场之间的零时刻互相关来计算成像值。首先将震源位移波场 $U_m^p(\boldsymbol{x};\boldsymbol{x}_s;\omega)$ 通过弹性动力学高斯束来表示：

$$U_m^p(\boldsymbol{x};\boldsymbol{x}_s;\omega)\approx\frac{i}{4\pi v_p^2(\boldsymbol{x}_s)}\sqrt{\frac{\omega_r w_0^2}{\rho(\boldsymbol{x}_s)}}\int\frac{\mathrm{d}p_1^p(\boldsymbol{x}_s)}{p_2^p(\boldsymbol{x}_s)}\hat{u}_m^p(\boldsymbol{x};\boldsymbol{x}_s;\omega) \tag{11-22}$$

接下来根据 P 波以及 S 波的传播特点，结合式(11-18)，式(11-19)所表示的反向延拓的接收波场，定义如下成像公式：

$$I^{pp}(\boldsymbol{x})=\int U_2^{p*}(\boldsymbol{x};\boldsymbol{x}_s;\omega)u_2^p(\boldsymbol{x};\boldsymbol{x}_r;\omega)\mathrm{d}\omega$$

$$=\frac{\Delta L\sqrt{\omega_r w_0^2}}{16\pi^2}\sum_L\int\mathrm{d}\omega\frac{i\omega}{v_p^2(\boldsymbol{x}_s)}\sqrt{\frac{\rho(\boldsymbol{L})}{\rho(\boldsymbol{x}_s)}}\iint\frac{\mathrm{d}p_1^p(\boldsymbol{x}_s)\mathrm{d}p_1^p(\boldsymbol{L})}{p_2^p(\boldsymbol{x}_s)p_2^p(\boldsymbol{L})} \tag{11-23}$$

$$\times\hat{u}_2^{p*}(\boldsymbol{x};\boldsymbol{x}_s;\omega)\hat{u}_1^{p*}(\boldsymbol{x};\boldsymbol{L};\omega)\left[W_1^p(\boldsymbol{L})D_1^p(L;p_1^p;\omega)+W_2^p(\boldsymbol{L})D_2^p(L;p_1^p;\omega)\right]$$

$$I^{ps}(\boldsymbol{x})=\int U_2^{p*}(\boldsymbol{x};\boldsymbol{x}_s;\omega)u_1^s(\boldsymbol{x};\boldsymbol{x}_r;\omega)\mathrm{d}\omega$$

$$=\frac{\Delta L\sqrt{\omega_r w_0^2}}{16\pi^2}\sum_L\int\mathrm{d}\omega\frac{i\omega}{v_p^2(\boldsymbol{x}_s)}\sqrt{\frac{\rho(\boldsymbol{L})}{\rho(\boldsymbol{x}_s)}}\iint\frac{\mathrm{d}p_1^p(\boldsymbol{x}_s)dp_1^s(\boldsymbol{L})}{p_2^p(\boldsymbol{x}_s)p_2^s(\boldsymbol{L})} \tag{11-24}$$

$$\times\hat{u}_2^{p*}(\boldsymbol{x};\boldsymbol{x}_s;\omega)\hat{u}_1^{s*}(\boldsymbol{x};\boldsymbol{L};\omega)\left[W_1^s(\boldsymbol{L})D_1^s(L;p_1^s;\omega)+W_2^s(\boldsymbol{L})D_2^s(L;p_1^s;\omega)\right]$$

其中，$I^{pp}(\boldsymbol{x})$ 为 P-P 单炮成像值，$I^{ps}(\boldsymbol{x})$ 为 P-S 单炮成像值，将所有炮记录进行偏移并叠加，便得到最终的弹性波成像结果。

在对转换波进行成像时，往往出现转换波偏振方向不同而导致的成像剖面中的极性反转现象(如图 11-3(e))，严重影响叠加成像的效果。针对上述问题，在此提出一种校正方法。图 11-2 显示了 P-S 转换波的传播过程,可以看到由于入射 P 波具有不同符号的入射角($\alpha_1>0$, $\alpha_2<0$,以逆时针为正),使得 O_1 点产生的 P-S 转换波具有正水平方向(以向右为正)的位移分量, O_2 产生的 P-S 转换波具有负水平方向的位移分量,最终使 R_1 , R_2 点接收到的 X 分量地震记录具有相反的极性。也就是说 X 分量记录中转换 S 波的极性同 P 波入射角的正负有关,因此可以根据 P 波入射角 α 的正负直接对成像结果进行校正,为此引入符号函数,将 P-S 成像公式(11-24)改写为:

$$I^{ps}(\boldsymbol{x})=\frac{\Delta L\ \sqrt{\omega_r w_0^2}}{16\pi^2}\sum_L\int \mathrm{d}\omega\,\frac{i\omega}{v_p^2(\boldsymbol{x}_s)}\sqrt{\frac{\rho(\boldsymbol{L})}{\rho(\boldsymbol{x}_s)}}\iint\frac{\mathrm{d}p_1^p(\boldsymbol{x}_s)\,\mathrm{d}p_1^s(\boldsymbol{L})}{p_2^p(\boldsymbol{x}_s)\,p_2^s(\boldsymbol{L})}\mathrm{sgn}(\alpha) \tag{11-25}$$

$$\times\hat{u}_2^{p*}(\boldsymbol{x};\boldsymbol{x}_s;\omega)\,\hat{u}_1^{s*}(\boldsymbol{x};\boldsymbol{L};\omega)\left[W_1^s(\boldsymbol{L})D_1^s(L;p_1^s;\omega)+W_2^s(\boldsymbol{L})D_2^s(L;p_1^s;\omega)\right]$$

在高斯束偏移的过程中包含着地下射线的传播角度信息,可以直接利用此角度信息来对 P 波入射角进行求取。

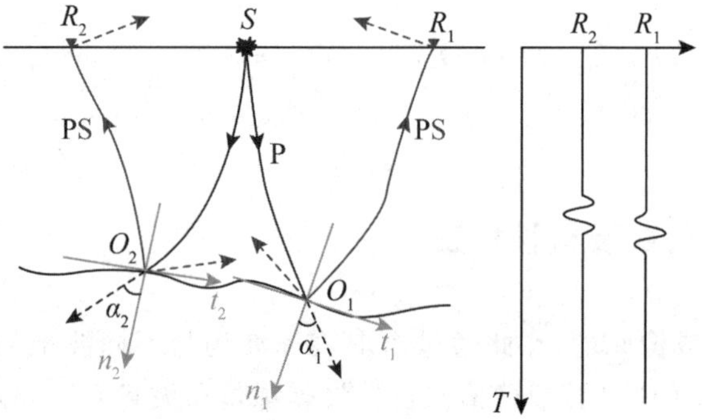

图 11-2　P-S 转换波在反射界面处的偏振

震源 S 产生的 P 波入射到反射界面处的 O_1,O_2 点处,产生 P-S 转换波并被地面 R_1, R_2 处水平分量检波器接收。其中,虚线线代表转换波极化方向,t,n 代表反射界面处的切线和法线。

第二节　弹性波逆时偏移

11.2.1　基本原理

多分量逆时偏移主要包括两种类型:第一种是标量逆时偏移。该方法先将多分量地震记录分为纵波分量和横波分量,然后对纵横波地震记录分别应用逆时偏移进行成像。该方法存在几个问题:(1)地震记录难以准确地分离成纵横波记录;(2)无法处理转换波。第二种方法是矢量弹性波逆时偏移方法,该方法也是目前应用最广泛的方法。为了减少纵横波串扰成像噪音,在应用成像条件之前,首先对波场的纵横波进行分离。在各向同性介质中,对波场应用 Helmholtz 分解,可以很容易地得到纵横波分离的波场。另外,在 PS

和 SP 成像结果中，需要横波的极性进行校正。

弹性波逆时偏移的处理流程与声波类似，包含三个步骤：(1)震源波场正向延拓；(2)检波点波场逆向延拓；(3)成像条件应用。前两个步骤跟与声波方程完全类似，在本章将不再介绍，接下来重点针对成像条件进行阐述。

11.2.2　成像条件

在弹性波逆时偏移过程中，常规两分量互相关成像条件为：

$$\begin{cases} \boldsymbol{I}_x(\boldsymbol{x}) = \int_0^T \boldsymbol{U}_x^S(\boldsymbol{x},t)\boldsymbol{U}_x^R(\boldsymbol{x},t)\,\mathrm{d}t, \\ \boldsymbol{I}_z(\boldsymbol{x}) = \int_0^T \boldsymbol{U}_z^S(\boldsymbol{x},t)\boldsymbol{U}_z^R(\boldsymbol{x},t)\,\mathrm{d}t. \end{cases} \tag{11-26}$$

其中，$\boldsymbol{I}_x$ 和 $\boldsymbol{I}_z$ 分别水平分量和垂直分量的成像结果。$\boldsymbol{U}_x^S(\boldsymbol{x},t)$ 和 $\boldsymbol{U}_z^S(\boldsymbol{x},t)$ 分别为水平分量和垂直分量的震源波场，$\boldsymbol{U}_x^R(\boldsymbol{x},t)$ 和 $\boldsymbol{U}_z^R(\boldsymbol{x},t)$ 分别为水平分量和垂直分量的检波点波场。为了更准确地反应纵横波信息，通常对纵横波进行分离后成像，基于波场分离的四分量的成像公式为：

$$\begin{cases} \boldsymbol{I}_{pp}(\boldsymbol{x}) = \int_0^T \boldsymbol{U}_p^S(\boldsymbol{x},t)\boldsymbol{U}_p^R(\boldsymbol{x},t)\,\mathrm{d}t, \\ \boldsymbol{I}_{ps}(\boldsymbol{x}) = \int_0^T \boldsymbol{U}_p^S(\boldsymbol{x},t)\boldsymbol{U}_s^R(\boldsymbol{x},t)\,\mathrm{d}t, \\ \boldsymbol{I}_{sp}(\boldsymbol{x}) = \int_0^T \boldsymbol{U}_s^S(\boldsymbol{x},t)\boldsymbol{U}_p^R(\boldsymbol{x},t)\,\mathrm{d}t, \\ \boldsymbol{I}_{ss}(\boldsymbol{x}) = \int_0^T \boldsymbol{U}_s^S(\boldsymbol{x},t)\boldsymbol{U}_s^R(\boldsymbol{x},t)\,\mathrm{d}t. \end{cases} \tag{11-27}$$

其中，$\boldsymbol{I}_{pp}$，$\boldsymbol{I}_{ps}$，$\boldsymbol{I}_{sp}$ 和 $\boldsymbol{I}_{ss}$ 分别为 PP、PS、SP 和 SS 的成像结果。$\boldsymbol{U}_p^S(\boldsymbol{x},t)$ 和 $\boldsymbol{U}_s^S(\boldsymbol{x},t)$ 分别为纵波分量和横波分量的震源波场，$\boldsymbol{U}_p^R(\boldsymbol{x},t)$ 和 $\boldsymbol{U}_s^R(\boldsymbol{x},t)$ 分别为纵波分量和横波分量的检波点波场。

第三节　数值试算

1. 平层模型

模型一为三层水平层状介质模型。模型网格为 301×401，纵横向采样间隔都为 10m，两个水平反射层分别位于 1400m 以及 2700m 处。随着深度的增大，P 波速度分别为 2500m/s，2900m/s，3200m/s，S 波速度分别为 1500m/s，1800m/s，2600m/s，密度设定为常数。模拟弹性波记录主频为 30Hz，共有 51 炮，每炮 151 道，道间距为 20m，时间采样点数为 1500，采样间隔为 2ms。图 11-3(a)，图 11-3(b)分别为第 26 炮单炮记录的 X，Z 分量。图 11-3(c)为仅对 Z 分量记录的 P-P 单炮成像结果，可以明显看到 Z 分量记录中的 S 波成分所导致的串扰噪声(箭头所指处)，图 11-3(d)为采用式(11-21)对两分量记录加权后得到的 P-P 单炮成像结果，此时串扰噪声得到了有效的压制。图 11-3(e)为 X 分量记录的 P-S 单炮成像结果，图 11-3(f)为两分量记录加权后的 P-S 单炮成像结果，可以看到，相比于图 11-3(e)，图 11-3(f)中的串扰噪声得到了有效的压制(箭头所指处)，且成像结果中的极性反转现象得到了有效的校正(椭圆所标识处)。图 11-3(g)，11-3(h)分别为对所有炮偏移叠加后的 P-P，P-S 成像结果，可以两者均清晰的反映了界面的真实形态，且由于 S 波传播速度较慢，使得 P-S 成像结果具有相对更高的分辨率。

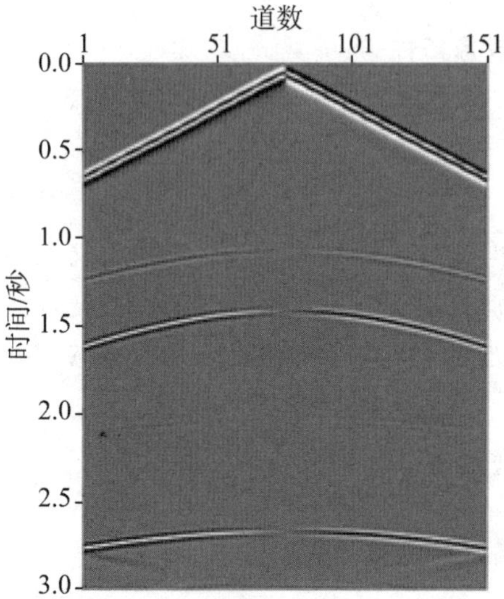

(a)水平分量单炮记录

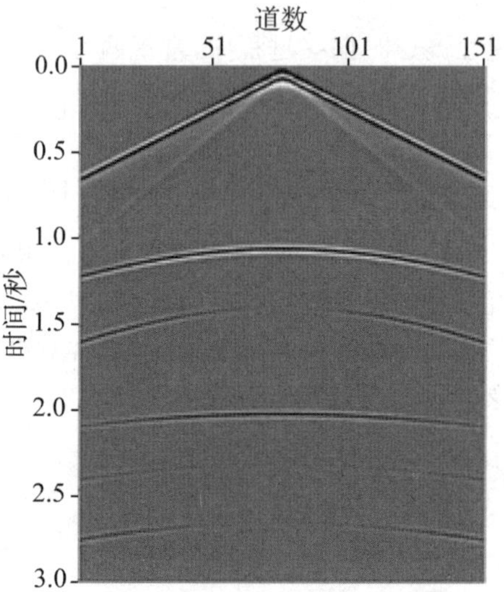

(b)垂直分量单炮记录

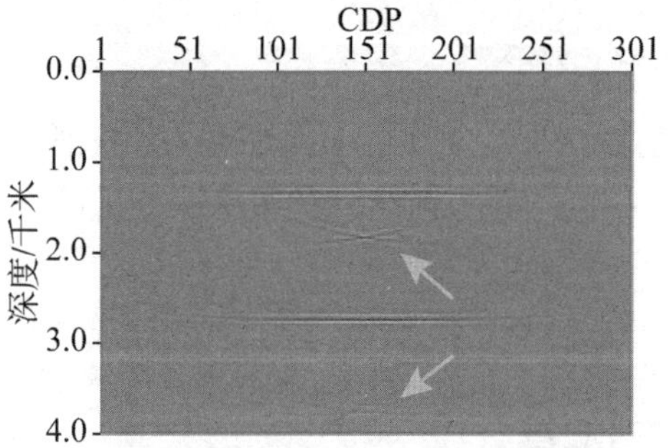

(c) 垂直分量记录 P-P 波单炮成像结果

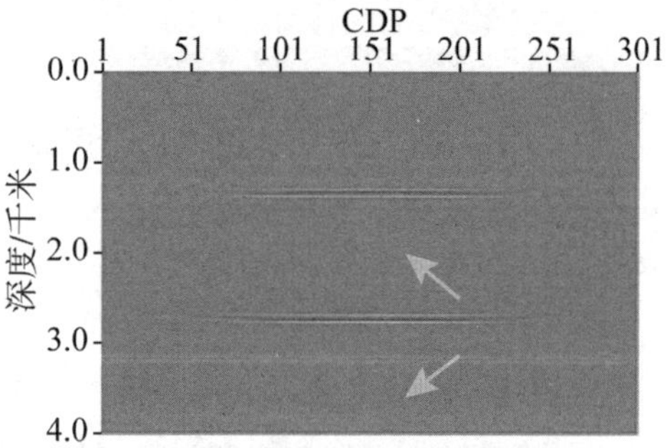

(d)两分量记录的 P-P 单炮成像结果

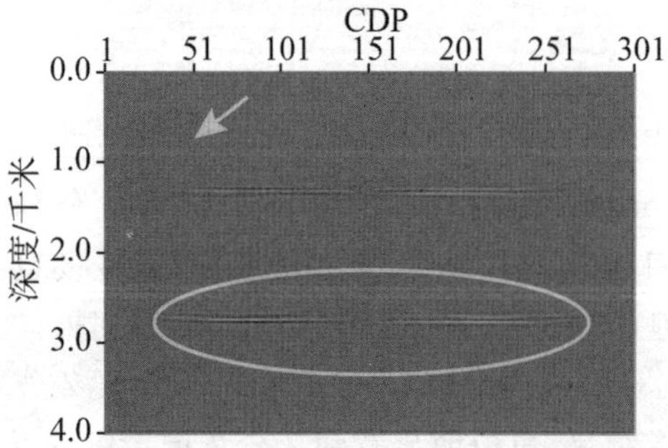

(e) 水平分量记录 P-S 波单炮成像结果

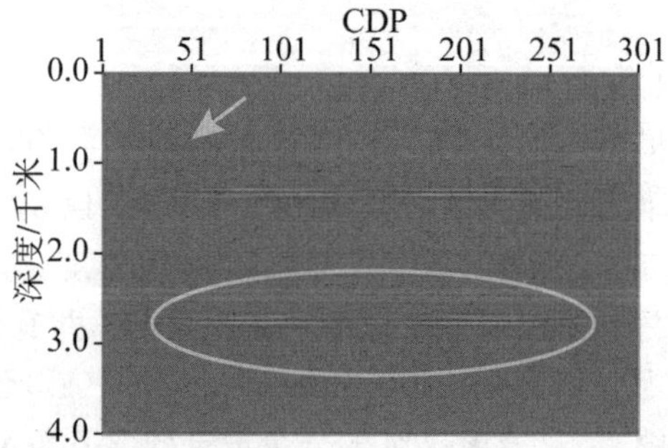

(f)经过极性校正后的两分量记录的 P-S 成像结果

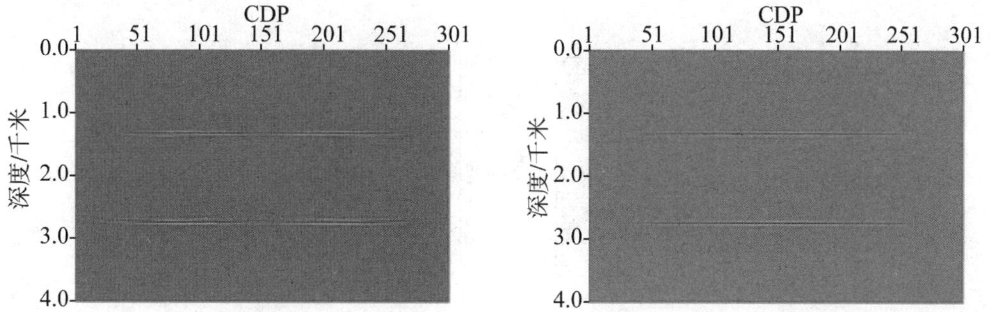

(g)P-P 波成像叠加结果　　(h) P-S 波成像叠加结果

图 11-3　层状模型偏移试算

2.起伏海底界面上覆液相弹性层状介质

首先,我们采用如图 11-4(a)所示的起伏海底界面上覆液相弹性层状介质进行测试。模型的大小为 3484m×2276m,网格点数为 871×569,网格间距为 4m。弹性参数在图 11-4(a)中进行了展示。图 11-4(b)展示的是变换到曲坐标系下的模型。图 11-5 所示的为该模型使用的网格剖分图,其中 11-5(a)为笛卡尔坐标系下的全局正交曲网格,图 11-5(b)为笛卡尔坐标系下的局部正交网格,图 11-5(c)曲坐标系下的全局矩形网格,图 11-5(d)为曲坐标系下的局部矩形网格。采用的激发震源为爆炸震源,激发位置为(1742m, 4m),采用的子波为雷克子波,主频为 25Hz。合成地震记录由 871 个多分量检波器记录得到。检波器之间的间距为 4m,均匀地分布于起伏海底界面处。时间采样间隔为 0.5ms,总计算时间为 2s。

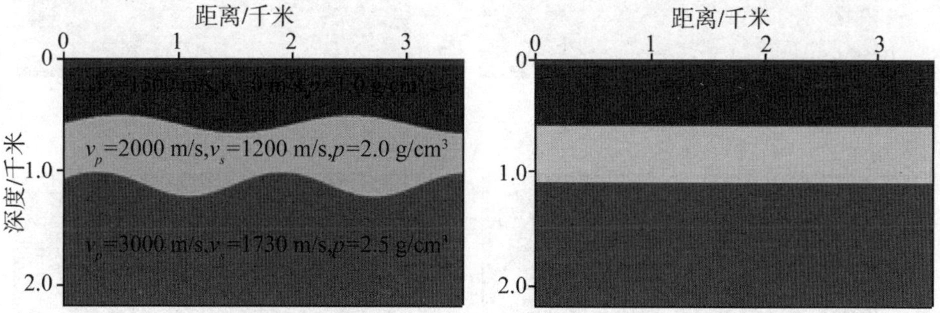

(a)笛卡尔坐标系　　(b)曲坐标系

图 11-4　起伏海底界面上覆液相弹性层状模型

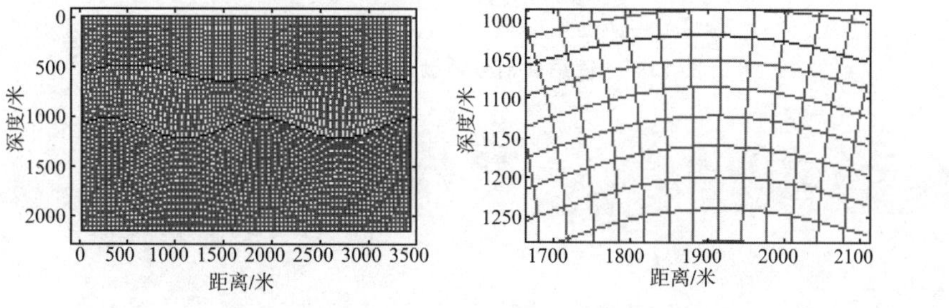

(a)笛卡尔坐标系下的全局正交曲网格　　(b)笛卡尔坐标系下的局部正交网格

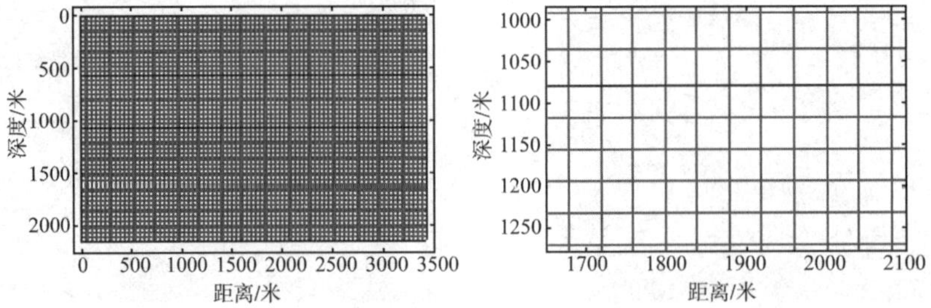

(c)曲坐标系下的全局矩形网格　　(d)曲坐标系下的局部矩形网格

图 11-5　网格剖分图

采用固定排列的观测系统：震源个数为 50，均匀分布于水面以下 4m 处，相邻震源间隔为 70m。每炮的接收点数为 871，相邻接收点间隔为 4m。使用该声弹耦合介质逆时偏移方法对海底电缆数据进行成像。图 11-6 和图 11-7 所示的为采用曲网格剖分得到的四分量和两分量成像结果。这两种方法得到的成像结果中，所有的起伏反射界面都得到了准确的成像。

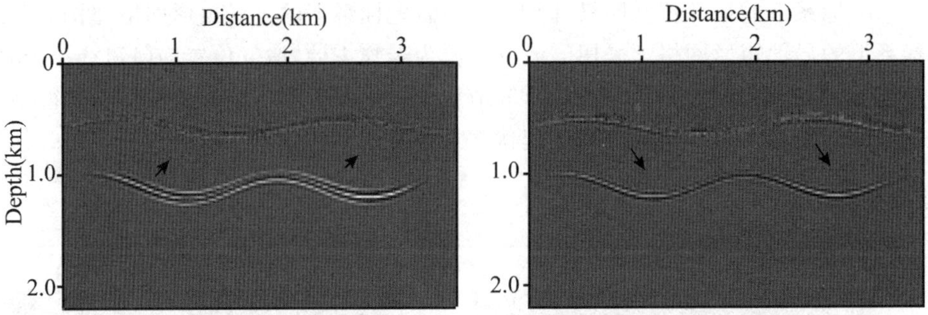

(a)Ipp　　(b)Ips

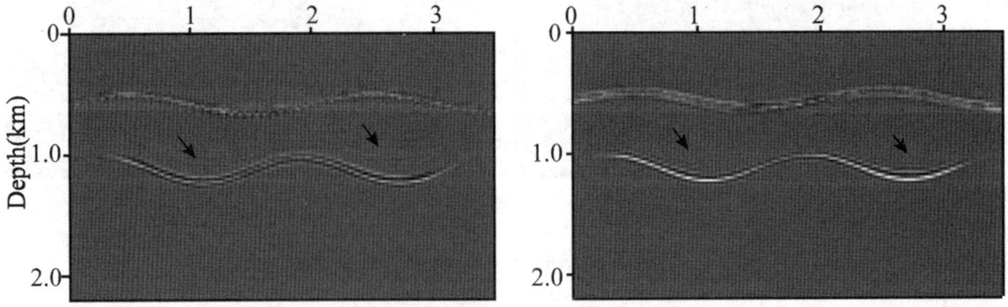

(c)Isp　　(d)Iss

图 11-6　使用曲剖分得到的四分量成像结果

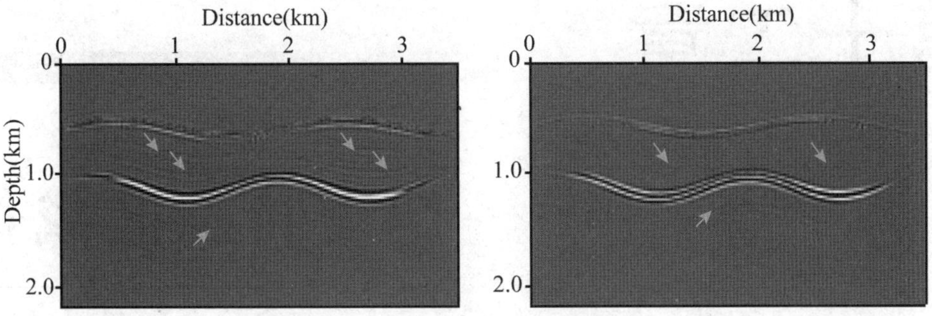

(a)I_x (b)I_z

图 11-7 使用曲剖分得到的两分量成像结果

本章小结

(1)利用弹性动力学高斯束中的叠加积分计算位移场矢量,可表示出解耦的弹性波波场延拓公式。

(2)单分量记录成像时易导致串扰噪声和极性反转现象,四分量和两分量可对起伏反射界面进行精确的成像。

(3)弹性波逆时偏移的成像条件与声波逆时偏移的成像条件略有不同,分为常规两分量互相关成像条件和基于波场分离的四分量的成像条件,两者均可有效的还原出地下真实情况。

第十二章

地震特殊波成像

第一节　多次波成像

12.1.1　多次波逆时偏移的原理

一般来说,海上数据通常含有很强的自由表面多次波,此类多次波通常被视为噪音。尽管多次波一直被归类为噪音,但其通常可以传播到一次波无法到达的区域。例如,在盐丘区域,多次波可以提供很多一次波所不包含的信息。而且多次波的反射角通常小于一次波的反射角,反射角越小,垂直分辨率越高。基于多次波的这些优势,Liu et al(2011)提出了多次波逆时偏移,类似于 Jiang et al(2007)利用 Kirchhoff 方法成像多次波或是 Muijs(2005)利用相移法成像多次波。他们将每一个检波器都转化为时间记录长度与此道记录数据时间相同的虚拟点震源。这些虚拟点震源正向向下外推,与逆向向下外推的自由表面多次波在同一时间点上互相关从而得到成像结果。将 Liu et al(2011)的方法称为多次波逆时偏移(MRTM)。基于 Liu et al 等提出的多次波逆时偏移方法原理,我们对多次波逆时偏移的成像效果进行分析。

本章提出的多次波逆时偏移思路和常规逆时偏移一次波成像的区别和联系如图 12-1 所示。

	常规逆时偏移一次波成像	多次波逆时偏移
震源波场	脉冲子波	同时包含一次波和表层多次波的地震记录
输入接收波场	一次反射波场	预测的多次波波场
成像条件	互相关成像条件	互相关成像条件

图 12-1　多次波逆时偏移思路

多次波逆时偏移中,将每一个检波器都转化为时间记录长度与此道记录数据时间相同的虚拟点震源来代替脉冲震源子波,用预测出的多次波代替地表一次波地震记录。在逆时偏移过程中,预测出的多次波逆时外推至地下每一深度层,地表记录的同时含有一次波和多次波的地震记录正向外推至相同的深度层，在每一深度层上应用互相关成像条件即可得到地下介质的成像结果。

将多次波成像方法分为两步。第一步是利用多次波预测方法例如拉东变换、预测反褶积和表层多次波消除方法等得到多次波。第二步是利用逆时偏移进行成像。作为双程波动方程方法，逆时偏移可以处理悬浮构造和强横向速度变化。

地表爆炸震源激发地震波并在地球介质中传播，在地表 z_0 处记录接收的地震数据通常同时包含一次波和多次波，在频率域中介质对震源的响应可表达为：

$$D(z_0,z_0)=-XS(z_0) \tag{12-1}$$

其中，$D(z_0,z_0)$ 代表包含一次波和多次波的地震记录，X 代表地球介质响应矩阵，$S(z_0)$ 代表震源子波。也可用下面的公式表示：

$$D(z_0,z_0)=D^{(0)}(z_0,z_0)+M(z_0,z_0) \tag{12-2}$$

其中，$D^{(0)}(z_0,z_0)$ 为一次反射波场，$M(z_0,z_0)$ 代表多次波场。在 $D(z_0,z_0)$ 中去除多次波后，我们可以用逆时偏移等偏移方法成像一次波。基于地震波传播与反射的反馈模型(Berkhout，2003)，一次反射波可以表达为：

$$D^{(0)}(z_0,z_0)=G(z_0)X(z_0,z_0)S(z_0) \tag{12-3}$$

其中，$S(z_0)$ 为震源矩阵，$X(z_0,z_0)$ 代表地球介质响应矩阵，$G(z_0)$ 为检波器响应。如果一次波在地面发生反射后继续向下传播并经地下反射界面反射后重新传播回地面并被接收，此时检波器接收记录到的即为多次波：

$$M(z_0,z_0)=G(z_0)X(z_0,z_0)R(z_0,z_0)D^{-}(z_0,z_0) \tag{12-4}$$

其中，$D^{-}(z_0,z_0)$ 是没有检波器响应的上行波分支，$R(z_0,z_0)$ 代表自由表面的反射系数矩阵。将公式(12-4)带入公式(12-2)可以得到：

$$D(z_0,z_0)=D^{(0)}(z_0,z_0)+G(z_0)X(z_0,z_0)S(z_0)S^{-1}(z_0)R(z_0,z_0)G^{-1}(z_0)G(z_0)D^{-}(z_0,z_0) \tag{12-5}$$

设 $$A(z_0,z_0)=S^{-1}(z_0)R(z_0,z_0)G^{-1}(z_0) \tag{12-6}$$

结合公式(12-3)可以得到：

$$\begin{aligned} D(z_0,z_0) &= D^{(0)}(z_0,z_0)+D^{(0)}(z_0,z_0)A(z_0,z_0)D(z_0,z_0) \\ &= D^{(0)}(z_0,z_0)[I+A(z_0,z_0)D(z_0,z_0)] \end{aligned} \tag{12-7}$$

将公式(12-7)改变形式，可以得到一次波的表达式如下：

$$D^{(0)}(z_0,z_0)=[I+A(z_0,z_0)D(z_0,z_0)]^{-1}D(z_0,z_0) \tag{12-8}$$

公式(12-8)包含一个不易求解的逆矩阵。因此，将公式(12－8)改变为纽曼级数序列的形式，以避免直接在逆矩阵中求解。

$$\begin{aligned} D^{(0)}(z_0,z_0) &= [I+A(z_0,z_0)D(z_0,z_0)]^{-1}D(z_0,z_0) \\ &= D(z_0,z_0)-\sum_{n=1}^{\infty}(-1)^{n-1}[A(z_0,z_0)D(z_0,z_0)]^{n}D(z_0,z_0) \end{aligned} \tag{12-9}$$

公式(12-9)的第二项即为预测的多次波。

$$M(z_0,z_0)=\sum_{n=1}^{\infty}(-1)^{n-1}[A(z_0,z_0)D(z_0,z_0)]^{n}D(z_0,z_0) \tag{12-10}$$

假设 $$X=-\sum_{n=1}^{\infty}(-1)^{n-1}[A(z_0,z_0)D(z_0,z_0)]^{n} \tag{12-11}$$

$$则公式(12\text{-}9)变为 M(z_0,z_0)=-XD(z_0,z_0) \tag{12-12}$$

$M(z_0,z_0)$ 为预测的多次波，X 代表地下反射层的响应矩阵，它包含了所有一次波和反射层产生的多次波。

与公式(12-1)相比，同时包含一次波和多次波的地震记录 $D(z_0,z_0)$ 代替了原来的脉冲震源子波 $S(z_0)$，预测的多次波 $M(z_0,z_0)$ 代替了原来的同时包含一次波和多次波的地震记录 $D(z_0,z_0)$，由此可知，$D(z_0,z_0)$ 可被视为虚拟震源并向下传播至地球介质中产生一阶多次波或是更高阶多次波 $M(z_0,z_0)$。同时包含一次波和多次波的地震数据可以被视为是地表震源并传播至地下产生自由表面多次波，一次波产生一阶多次波同时多次波产生更高阶的多次波，等等。如果要实现多次波成像，震源波场需要为同时含有一次波和多次波的地震记录数据 $D(z_0,z_0)$ 并正向外推，输入接收波场需要为预测的多次波数据 $M(z_0,z_0)$ 并逆向外推。逆时偏移成像时，正向外推的复杂震源波场和逆向外推的多次波波场中成对的地震波场可通过互相关成像条件正确成像地下介质，例如震源波场中的一次波波场和接收波场中的一阶多次波波场，震源波场中的一阶多次波场和接收波场中的二阶多次波波场，等等。

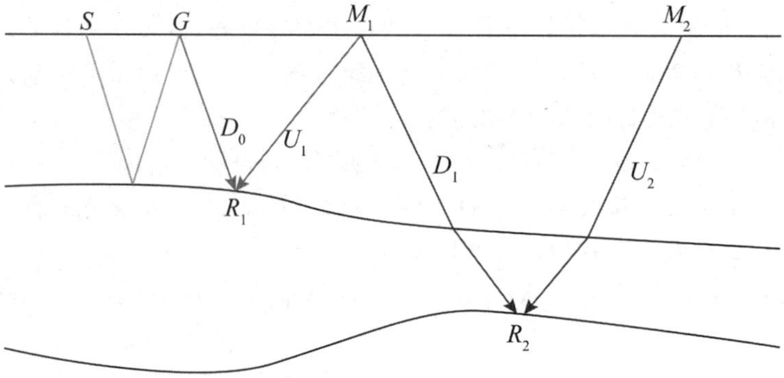

图 12-2 多次波逆时偏移原理说明

提出的方法主要成像多次波的最后一支上行波。正如图 12-2 中所示，G 处接收的为一次反射波，M_1 处接收的为一阶多次波，M_2 处接收的为二阶多次波。M_1 处记录的一阶多次波逆时反向外推，在 R_1 处和 G 处正向外推至此处的一次波进行互相关可得到反射点 R_1 的成像值。M_2 处记录的二阶多次波反向外推，和 M_1 处正向外推的一阶多次波进行互相关可得到反射点 R_2 的成像。通过更高阶和更低阶的多次波进行互相关可以成像中间阶的多次波，此即为多次波逆时偏移的基本原理。

总之，只要震源波场中含有某低阶多次波场(一次波可视为零阶多次波)并正向向下外推，同时输入接收波场中含有此低阶多次波继续在地球介质中反射传播产生的更高一阶的多次波并逆时向下外推，结合成像条件，即可实现多次波成像。

12.1.2 多次波逆时偏移的成像效果分析

1. 多次波逆时偏移的成像条件及噪音分析

同时外推震源和检波器波场成像地质构造的偏移方法有很多。逆时偏移由于其基于双程波动方程，可有效处理多个初至的地震波并正确成像悬浮或是陡倾角反射层。逆时偏移的成像条件包括互相关成像条件等。为了应用多次波中的信息，将反向外推的多次波和正向外推的同时含有一次波和多次波的地震记录进行互相关。

多次波的成像条件可以表达为震源波场和检波器波场零延时互相关：

$$\mathrm{Im}\,age(x,y,z)=\sum_{t=0}^{t\max}\{P_F(x,y,z,t)+M_F(x,y,z,t)\}*M_B(x,y,z,t) \quad (12\text{-}13)$$

其中，$\mathrm{Im}\,age(x,y,z)$ 是点 (x,y,z) 处的成像值，$t_{\max}$ 是总记录时间。总场数据 $D(z_0,z_0)$ 包括一次波 $P_F(x,y,z,t)$ 和多次波 $M_F(x,y,z,t)$，其作为震源波场正向外推，同时检波器接收的多次波波场 $M_B(x,y,z,t)$ 反向逆时外推。

地表多次波可以在水面上反射多次，因此它由各种不同阶的多次波组成：

$$M(x,y,z)=M^1(x,y,z,t)+M^2(x,y,z,t)+M^3(x,y,z,t)+\ldots \quad (12\text{-}14)$$

其中，$M^1(x,y,z,t)$，$M^2(x,y,z,t)$ 和 $M^3(x,y,z,t)$ 分别为一阶、二阶和三阶多次波。因此公式(12-13)可以写为：

$$\mathrm{Im}\,age(x,y,z)=\sum_{t=0}^{t\max}\begin{bmatrix}P_F(x,y,z,t)\\ M_F^1(x,y,z,t)\\ M_F^2(x,y,z,t)\\ M_F^3(x,y,z,t)\\ \ldots\end{bmatrix}*\begin{bmatrix}M_B^1(x,y,z,t)\\ M_B^2(x,y,z,t)\\ M_B^3(x,y,z,t)\\ \ldots\end{bmatrix} \quad (12\text{-}15)$$

当 $P_F(x,y,z,t)$，$M_F^i(x,y,z,t)$ 和 $M_B^i(x,y,z,t)$ 在地球介质中传播时会产生上行一次波、上行多次波、下行一次波和下行多次波。将公式(12-15)进行扩展，得到公式(12-16)：

$$\begin{aligned}&\mathrm{Im}\,age(x,y,z)=\\ &\sum_{t=0}^{t\max}\begin{array}{l}(P_F(x,y,z,t)*(M_B^1(x,y,z,t)+M_B^2(x,y,z,t)+M_B^3(x,y,z,t)+\ldots))+\\ (M_F^1(x,y,z,t)*(M_B^1(x,y,z,t)+M_B^2(x,y,z,t)+M_B^3(x,y,z,t)+\ldots))+\\ (M_F^2(x,y,z,t)*(M_B^1(x,y,z,t)+M_B^2(x,y,z,t)+M_B^3(x,y,z,t)+\ldots))+\\ (M_F^3(x,y,z,t)*(M_B^1(x,y,z,t)+M_B^2(x,y,z,t)+M_B^3(x,y,z,t)+\ldots))+\\ \ldots\end{array}\end{aligned} \quad (12\text{-}16)$$

将公式(12-16)表示为更明显的成像条件表达式：

$$\begin{aligned}&\mathrm{Im}\,age(x,y,z)=\\ &\sum_{t=0}^{t\max}\begin{bmatrix}P_F(x,y,z,t)*M_B^1(x,y,z,t)+\\ M_F^1(x,y,z,t)*M_B^2(x,y,z,t)+\\ M_F^2(x,y,z,t)*M_B^3(x,y,z,t)+\\ \ldots\end{bmatrix}+\sum_{t=0}^{t\max}\begin{bmatrix}P_F(x,y,z,t)*M_B^2(x,y,z,t)+\ldots\\ +M_F^1(x,y,z,t)*M_B^3(x,y,z,t)+\ldots\\ +M_F^2(x,y,z,t)*M_B^4(x,y,z,t)+\ldots\\ \ldots\end{bmatrix}\\ &+\sum_{t=0}^{t\max}\begin{bmatrix}M_F^1(x,y,z,t)*M_B^1(x,y,z,t)+\\ M_F^2(x,y,z,t)*M_B^1(x,y,z,t)+M_F^2(x,y,z,t)*M_B^2(x,y,z,t)\\ M_F^3(x,y,z,t)*M_B^1(x,y,z,t)+M_F^3(x,y,z,t)*M_B^2(x,y,z,t)\\ +M_F^3(x,y,z,t)*M_B^3(x,y,z,t)\\ \ldots\end{bmatrix}\end{aligned} \quad (12\text{-}17)$$

在公式(12-17)中,第一项产生构造成像,第二项产生偏移假象,第三项不产生任何图像。在第一项的第一行中,记录的一次反射波能量在自由地表再次反射形成两次反射下行能量,然后沿时间正向外推,与反向逆时外推的三次反射检波点波场互相关成像。在第二行中,记录到的三次反射能量在自由地表再次反射形成四次反射下行能量,然后沿时间正向外推,与反向逆时外推的五次反射检波点波场互相关成像。一般来说,记录到的 $2n-1$ 次能量在自由地表再次反射形成下行虚震源能量,将此能量沿时间正向外推,与反向逆时外推的第 $2n+1$ 次反射检波点波场互相关成像。正如应用一次反射波的标准偏移方法,所有的相加项描述了正向外推的震源波场和逆向外推的检波器波场(由相应的震源波场经地下单个反射层形成)的相互影响关系。在公式(12-17)的第二个相加项里,每一项都代表第 $2n$ 次反射的下行虚震源能量,与反向逆时外推的至少第 $2n+3$ 次能量进行互相关。当震源能量与多次波进行互相关时,这些互相关产生了不必要的串音干扰。在公式(12-17)中,所有在实际中可能相互影响的波场都在前两个相加项里。第三个相加项包含了实际中不可能发生的互相关项。它表明正向外推的来自震源的一阶多次波不可能和反向外推的来自检波器的一阶多次波相遇。一般来说,当正向外推的第 m 阶多次波和第 m 阶或更低阶的多次波互相关不能产生有效的构造成像,因为这些同相轴在实际的波场传播中不可能相遇。

总结一下,多次波逆时偏移的成像条件如表 12-1 所示。

表 12-1 多次波逆时偏移的成像条件

检波器波场 / 震源波场	一阶多次波	二阶多次波	三阶多次波	……
一次反射波	成像	假象	假象	……
一阶多次波	无成像	成像	假象	……
二阶多次波	无成像	无成像	成像	……
……	……	……	……	……

2. 多次波逆时偏移成像照明范围分析

下面分析多次波逆时偏移的成像照明范围。如图 12-3 所示,为多次波逆时偏移的成像照明范围示意图。一次波照明范围如图 12-3(a)所示,照明区域为矩形框范围。震源和左侧最远检波点的中心点为左边照明最远点,震源和右侧最远检波点的中心点为右边照明最远点,检波点所覆盖范围的一半近似于横向照明范围。表层多次波和一次波联合成像照明范围如图 12-3(b)所示,一次波传播路径如实线箭头所示,表层多次波传播路径即如虚线箭头所示。从图中可以看出,一次波的照明范围与表层多次波的照明范围之和即为联合成像的照明范围,联合成像点为反射界面上所有产生一次波反射和多次波反射的点(如圆所示),可知紫色矩形框所示的照明范围近似于检波点所覆盖的范围。因此,多次波逆时偏移具有比一次波逆时偏移更宽的照明和成像范围。

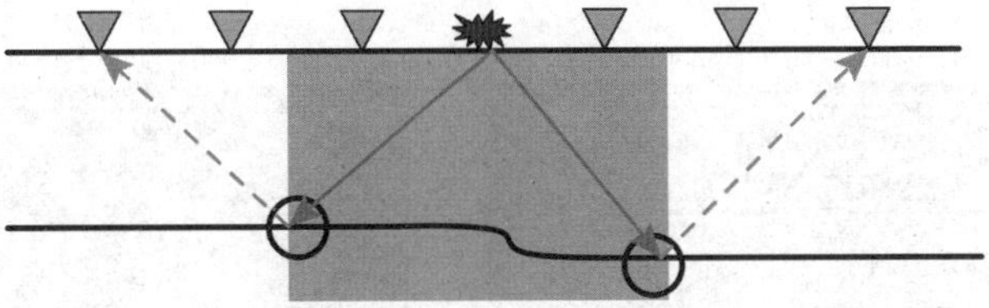

（a）

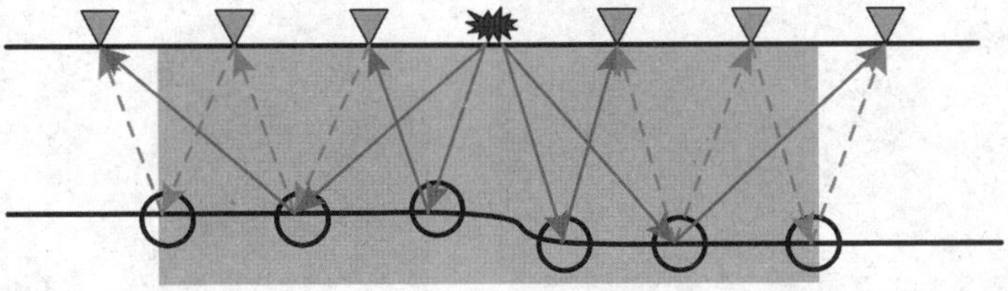

（b）

图 12-3　一次波(a)和一次波与多次波联合(b)照明范围示意图，黑色圆圈代表成像点

图 12-4 为三层水平模型的常规逆时偏移成像结果和多次波逆时偏移成像结果，图 12-5 为洼陷模型的常规 RTM 结果和多次波 RTM 结果，由两种结果对比，多次波逆时偏移的照明和成像范围明显要大于常规逆时偏移。

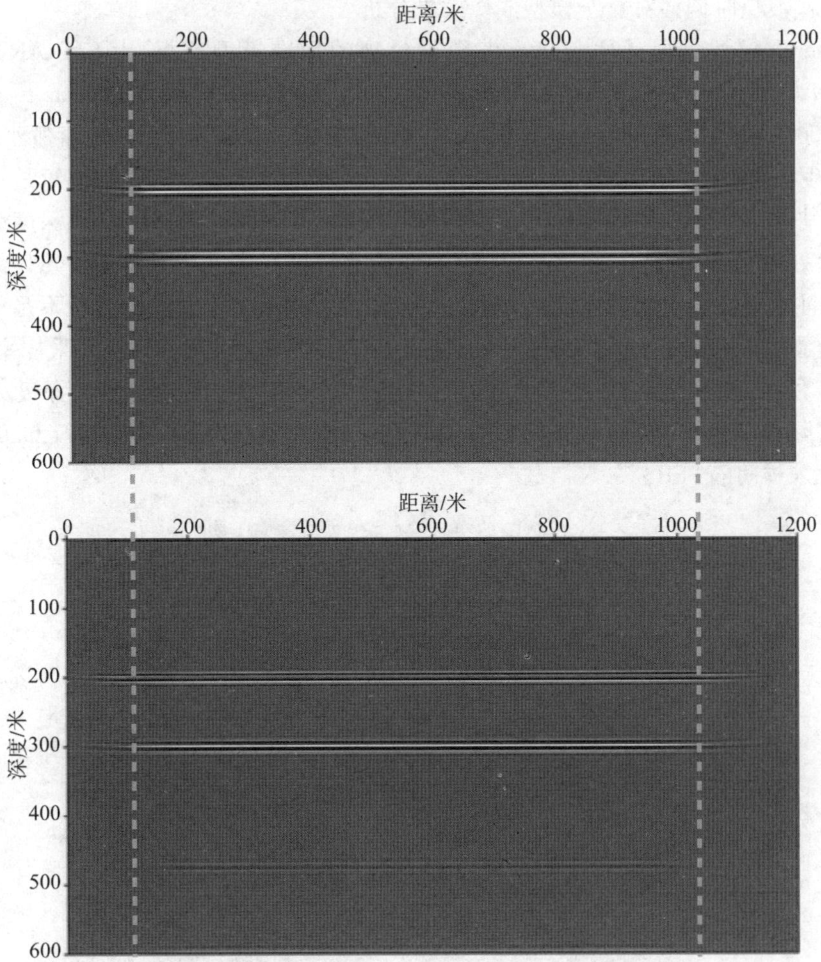

图 12-4　三层水平模型常规 RTM 成像(上)和多次波 RTM 成像(下)

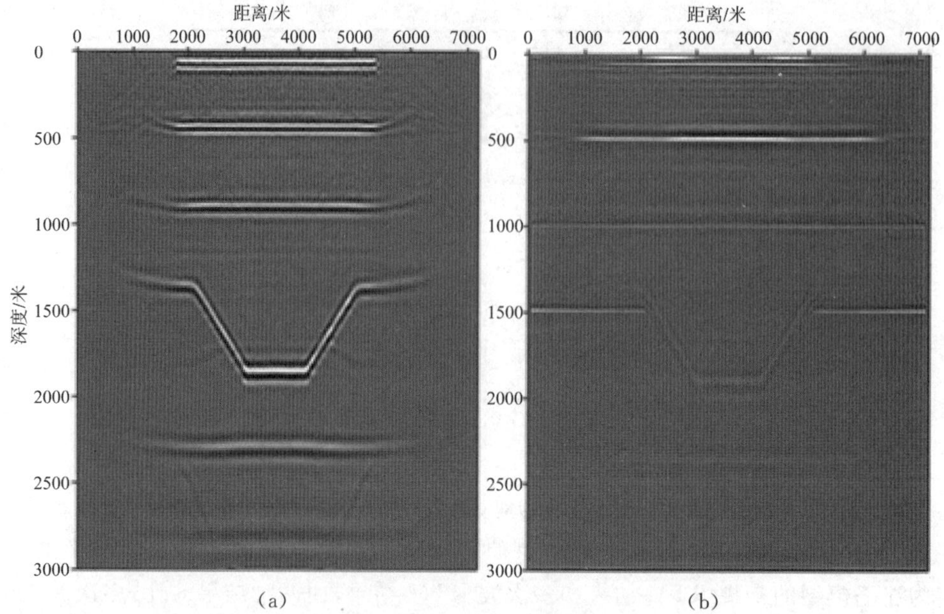

图 12-5 洼陷模型常规 RTM 成像(a)和多次波 RTM 成像(b)

3. 多次波逆时偏移对复杂模型成像效果分析

Sigsbee2B 模型数据是用于多次波数据处理的标准模型数据，由 SMAART(Subsalt Multiples Attenuation And Reduction Team)协会推出。Sigsbee2B 模型(Paffenholz et al 2002)含有一个有许多正断层和逆冲断层的沉积序列。水底、水顶面和盐体反射层底面强烈的速度对比可以产生很强的自由表面多次波和层间多次波，因此模型数据中含有各类多次波。

模型中包含的沉积序列的速度范围是从泥线的 1437m/s(4716ft/s)到深度为 9144m (30000ft)处的 4511m/s(14800ft/s)，盐体即埋没在此沉积序列中。盐体的几何结构产生了值得关注的多路径时差和非双曲时差，并导致了常规一次波成像的照明不足问题。模型地震记录共有 496 炮，每炮含有不同的接收道，左边放炮，记录时间 12s，采样率为 8ms。如图 12-6 所示，模型横向维数 2133，CDP 间隔为 37.5ft，纵向维数 1201，深度采样间隔 25ft，在实际程序运算中对速度场进行了抽稀处理，模型维数为 1055 * 1201，CDP 间隔为 75ft，深度采样间隔 25ft。

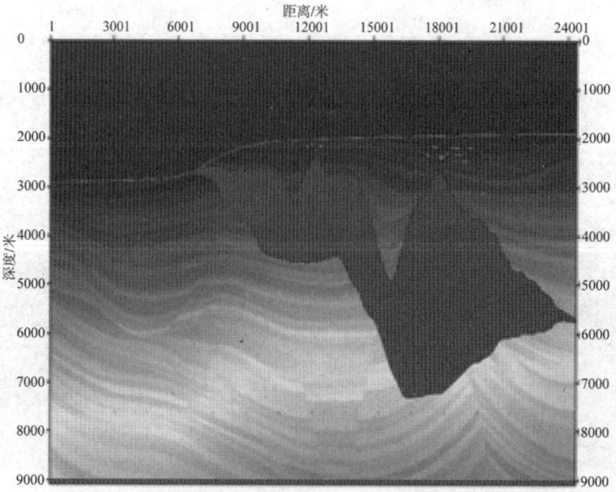

图 12-6 Sigsbee2B 速度模型

图 12-7(a)是多次波逆时偏移所用的震源波场的一个单炮记录,记录中同时含有一次波和表层多次波,用于正向向下外推;图 12-7(b)是多次波逆时偏移所用的输入接收波场的一个单炮记录,记录中只含有 SRME 方法预测出的表层多次波,用于逆向向下外推。

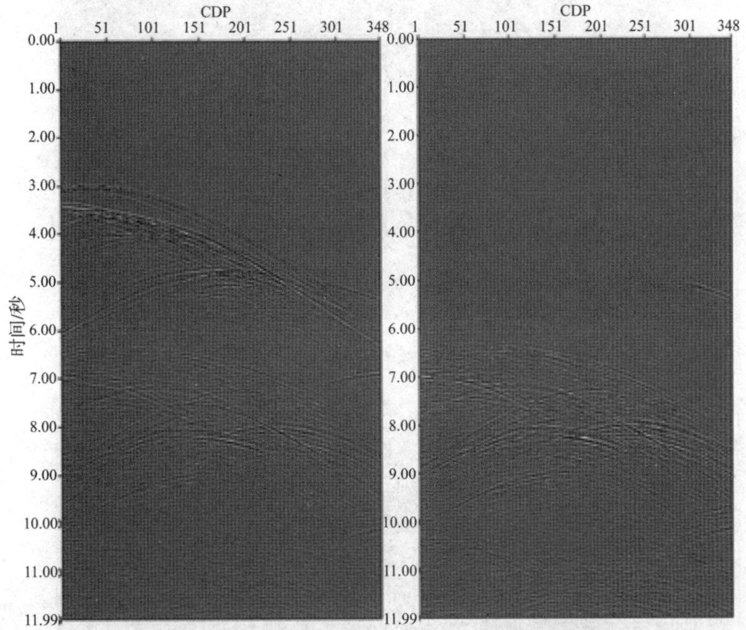

(a)同时包含一次波和多次波的单炮记录　(b)只含有多次波的单炮记录

图 12-7　Sigsbee2B 模型数据多次波逆时偏移所用的震源和接收波场单炮记录

首先测试偏移孔径对逆时偏移的影响,偏移孔径是指倾斜地层、断层、绕射点等地质特征能够正确归位的距离,倾斜地层和断层的偏移孔径可根据其倾角大小通过射线路径计算来确定。利用去除多次波后的地震记录和速度模型进行逆时偏移,偏移孔径分别取 30(偏移结果如图 12-8(a))、200(偏移结果如图 12-8(b))和 9999(偏移结果如图 12-8(c)),对比三图椭圆处可以看出,不管偏移孔径取大或是取小,逆时偏移都能正确成像陡倾角构造;取不同的偏移孔径时,偏移孔径越大,逆时偏移对陡倾角构造的成像效果越好,深部构造的照明越清晰。在对 sigsbee2b 进行多次波逆时偏移时,为了对比结果的正确性和公平性,统一选取相同的偏移孔径,探索在偏移孔径相同的情况下,多次波逆时偏移相对于常规逆时偏移有何优势。

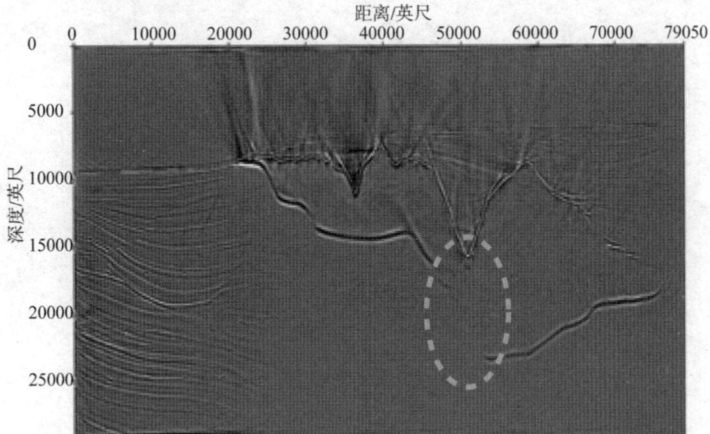

(a)偏移孔径为 30

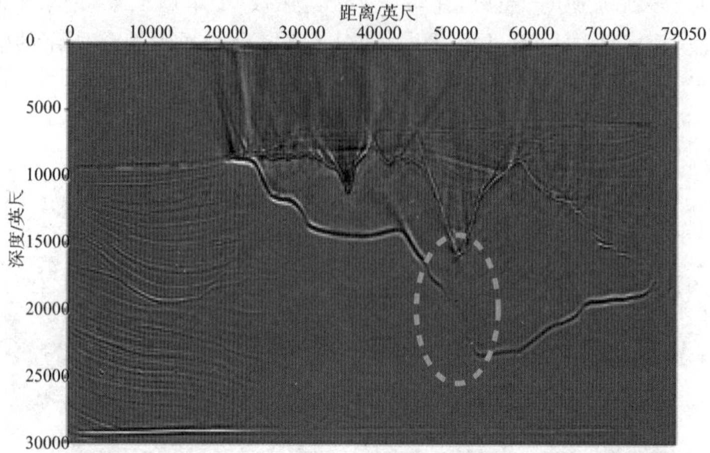

(b)偏移孔径为 200

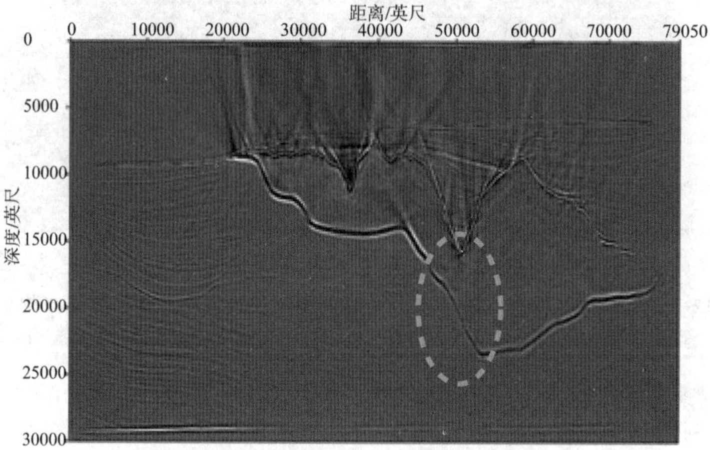

(c)偏移孔径为 9999

图 12-8 不同偏移孔径的 sigsbee2b 常规逆时偏移结果(不含多次波)

选取偏移孔径为 200,利用常规逆时偏移和多次波逆时偏移对 Sigsbee2B 模型数据进行成像,同时采用 2012 年郭书娟提出的利用单程波偏移方法实现一次波和表层多次波联合成像的方法对 Sigsbee2B 模型进行成像,将以上各种成像结果进行对比分析,成像结果对比如图 12-9 所示。

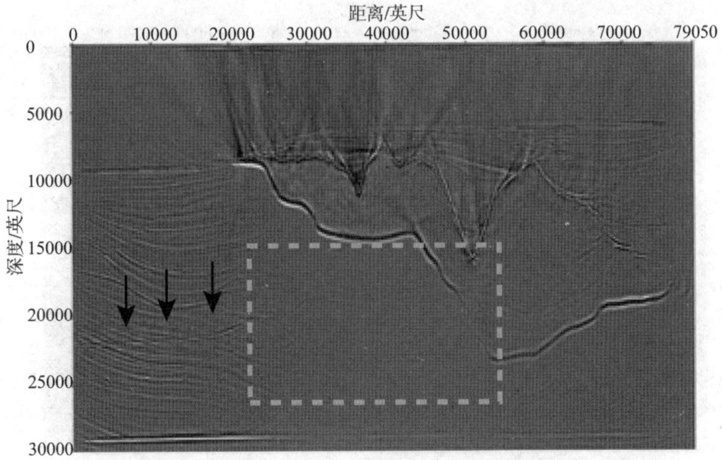

(a)常规逆时偏移对含有多次波的地震记录进行成像的结果

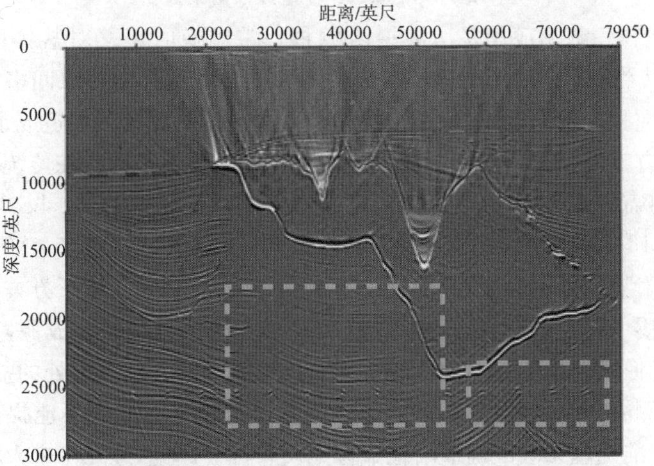

(b)多次波逆时偏移的成像结果

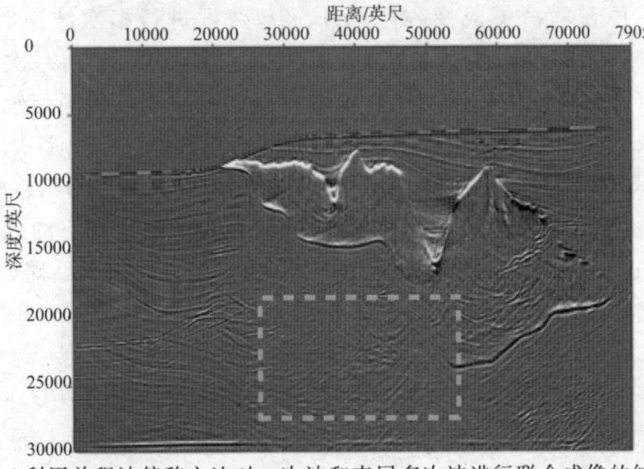

(c)利用单程波偏移方法对一次波和表层多次波进行联合成像的结果

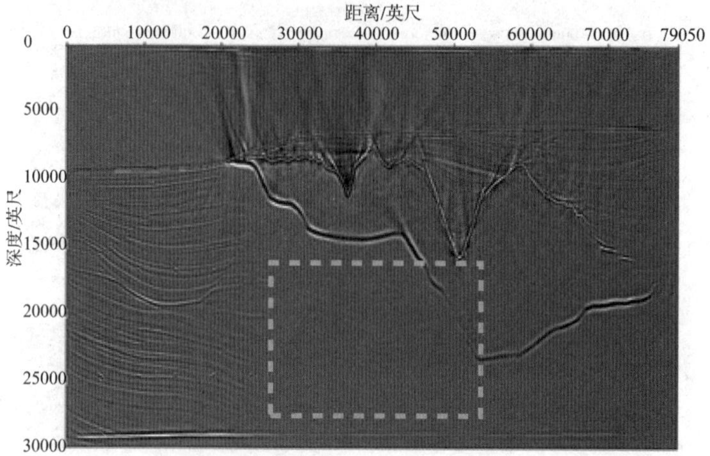

(d)常规逆时偏移对不含多次波的地震记录进行成像的结果

图 12-9 Sigsbee2B 模型成像结果对比

对 Sigsbee2B 模型数据应用多次波逆时偏移。常规逆时偏移对盐体的成像结果如图 12-9(a)所示,可以看到图中的照明很弱。成像剖面中含有很强的由层间多次波和自由表面多次波引起的镜面和非镜面假象,如箭头所指处。复杂的盐体覆盖层造成了地震照明很弱,因此悬伸盐体下方方框标志所指的区域未能成像或成像振幅很弱。在传统的地震数据处理流程中,偏移之前需将多次波去除,因此对不含自由表面多次波的 Sigsbee2B 数据进行逆时偏移成像。如图 12-9(d)所示,成像结果中不再含有自由表面多次波产生的构造假象。垂直倾角和悬伸的反射界面都正确成像,但是由于地震照明弱,悬伸盐体下方方框标识处成像效果仍然很差。利用单程波偏移方法对一次波和表层多次波进行联合成像,其原理与多次波逆时偏移类似,成像结果如图 12-9(c)所示,可见其不能成像方框标志处的盐体下方构造,且不能成像陡倾角侧翼,深部构造的成像效果也很差。如果采集系统不能提供合适的地震照明,即使速度模型准确也无法准确清晰地成像地质目标。因此,近几年来人们越来越关注利用宽方位角拖曳电缆成像盐体。但是,宽方位角采集系统花费大且耗时多。

为了得到更高质量的盐体成像,对 Sigsbee2B 数据进行多次波逆时偏移成像。由 SRME 方法预测得到表面多次波。在方框标识处的悬伸盐体下方,一次波无法到达,但是利用多次波可以得到很好的成像。反射界面和断层的成像结果同相轴很连续,特别是在一次波不能成像的模型右下角区域几个散射点可清晰成像。虽然多次波的反射角范围小于一次波,但是多次波可提供地下构造的更多的信息,尤其是深部构造的成像结果更为清晰连续,而且在相同的偏移孔径下,多次波逆时偏移对陡倾角侧翼的成像能力更强,如图 12-9(b)所示。这是因为多次波在偏移过程中包含大量不同的射线路径。

4. 实际资料试处理

下面选取某海上实际资料进行试处理,该实际资料只提供了一个炮记录和一个均方根速度场,炮记录如图 12-10(a)所示,可见资料中含有丰富的多次波,可用于测试本文中的多次波逆时偏移方法。将原始资料的均方根速度场转化为层速度场,联合原始炮记录进行常规逆时偏移和多次波逆时偏移。截取 100 炮的炮记录,每炮 121 道,3000 采样点,采样率 4ms。转化来的层速度场维数为 529 * 1401,水平采样间隔为 25m,垂直采样间隔为 5m,如图 12-10(b)所示。

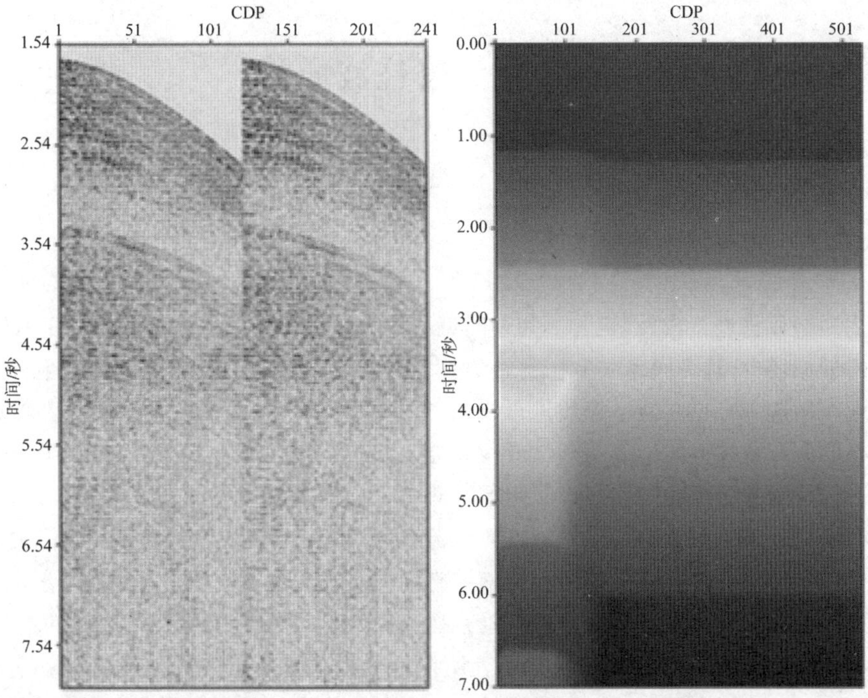

（a）　　　　　　　　（b）

图 12-10　某海上实际资料的炮记录(a)和层速度场(b)

如图 12-11(a)所示，为用常规逆时偏移对含有多次波的实际资料炮记录进行成像的结果，图中方框标志内箭头所示同相轴是由表层多次波和层间多次波所产生的成像假象。图 12-11(b)是利用本章的多次波逆时偏移方法得到的成像结果，可见在方框处同相轴较为连续丰富，成像效果较好，在深部的成像也更为清晰，但是多次波逆时偏移的成像噪音较多，尤其是上方低频噪音的影响较为严重，成像剖面的信噪比较低。

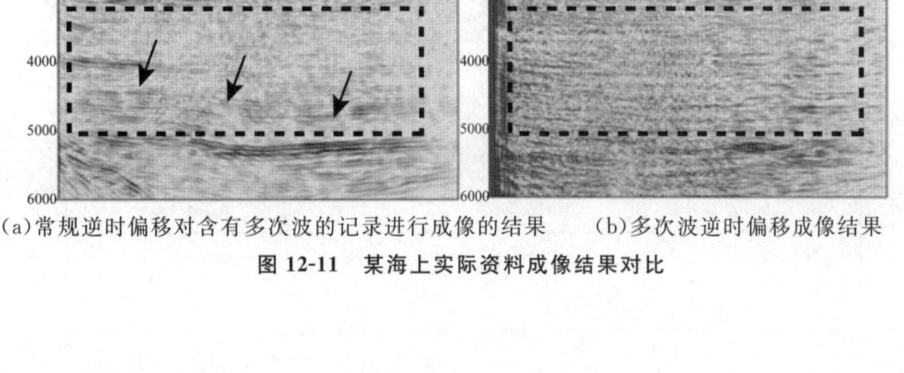

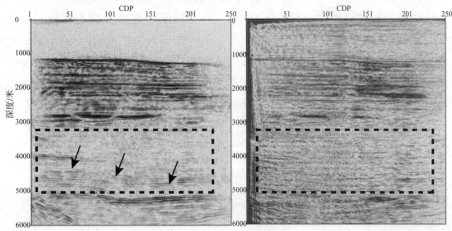

(a)常规逆时偏移对含有多次波的记录进行成像的结果　　(b)多次波逆时偏移成像结果

图 12-11　某海上实际资料成像结果对比

第二节　棱柱波成像

12.2.1　棱柱波的基础知识

选用逆时偏移进行成像，也是因为逆时偏移作为一种利用双程波的叠前深度偏移，对地震波场的近似较少，且无倾角限制。另一方面，由于地下照明范围有限，有必要利用多次波照明宽度大的这一特点对地下介质进行成像，但是多次波的能量较一次波的能量来说太弱，因此有必要研究棱柱波的传播原理与成像机制，提取出棱柱波的逆时偏移成像算子进行单独成像。传统的基于双曲时差假设时间域处理方法直接无视掉棱柱波的存在，模型测算结果也表明棱柱波与一次波的运动学特征不一致的属性，因此诸如静校正、动校正、叠前时间偏移的处理中去除了棱柱波。叠前深度偏移直到现在还是被主要用来对一次反射波进行成像的。大部分偏移算法是不具备对地下垂直构造例如断层、盐丘侧翼进行成像的本领，而这些地方的一次反射波又确实被记录到了。所以针对地下垂直构造的研究进展就有两个分支，一个方向是加强一次反射波的能量，另一个方向是单独研究产自垂直构造的棱柱波。早期棱柱波有两种翻译，duplex waves 和 prismatic waves，前者是从地震波传播路径包含的个数来诠释棱柱波的，后者是从地震波传播路径的形状来解释棱柱波的。

从 1987 年开始对于棱柱波的研究工作正式拉开序幕，棱柱波分为两种，共同点是都包含两段传播路径与一个反射点。到现在为止，棱柱波还经常被视为噪声滤除掉，但不可否认的是棱柱波确实包含了地下高陡构造的有效信息。虽然正确的初始偏移速度场能还原出地下的垂直构造，但是在实际的生产勘探中，无法提前预知真实的地下速度场，因此有必要研发出一套适合实际生产的针对还原真实地下高陡构造介质的成像方法。

本文定义第一种棱柱波 prism1(图 12-12(a))在震源激发后先到垂直构造发生反射后到达反射界面，然后在反射界面又一次发生反射传播到地面的检波点处被检波器接收，也可称为 FI；定义第二种棱柱波 prism2(图 12-12(b))在震源激发后先到反射界面发生反射后到达垂直构造，然后在垂直构造又一次发生反射传播到地面的检波点处被检波器接收，也可称为 FI。图 12-12 中统一定义棱柱波的传播路径与垂直构造的交点为 A，与垂直构造的交点为 B。

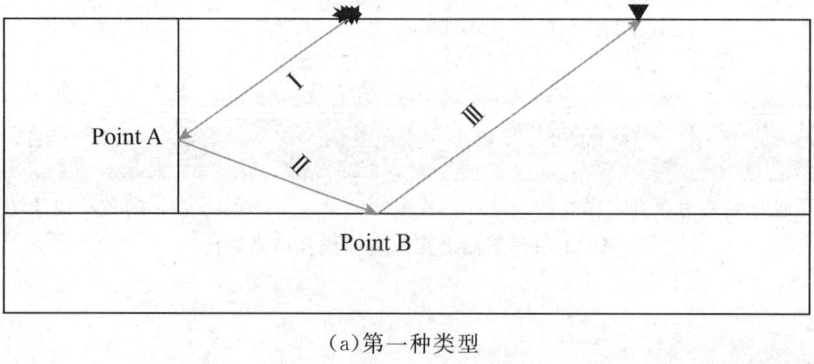

(a)第一种类型

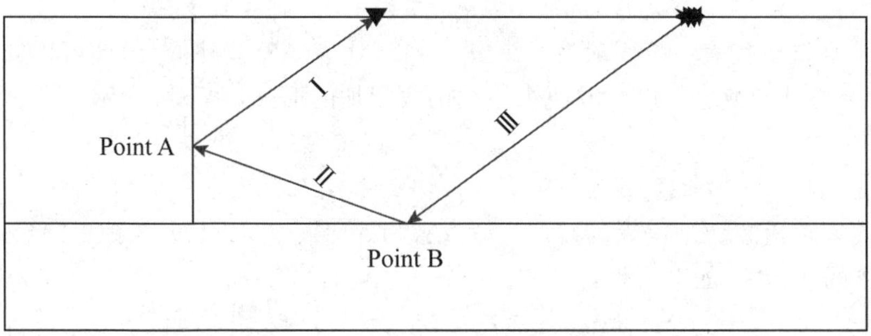

(b)第二种类型

图 12-12　棱柱波(声波)的两种类型

Broto 和 Lailly(2001)通过对 2D 盐丘模型的测算结果总结出了以下几条:1. 两种棱柱波必定有一种与其自身相交,另一种与其自身不相交;2. 棱柱波与棱柱反射波和它传播到垂直构造产生的首波都是同相位的;3. 最先到达检波点的棱柱波就是与其自身不相交的棱柱波;4. 共中心点道集的零偏移距处,两种棱柱波相交且棱柱波在零偏移距处的斜率不为零;5. 共炮点道集中两种棱柱波相交。

Cavalca 和 Lailly(2001)充分调研了各种情况下棱柱波存在的条件,可以根据倾角的大小划分为 3 种情况进行讨论:倾角大于直角的陡峭侧翼、倾角等于直角的垂直侧翼、倾角小于直角的悬伸侧翼,每一种情况下都分析讨论了两种棱柱波存在的条件。

Wei(2012)提出一种适合于实际生产的单独利用棱柱波成像的逆时偏移算法,它不需要提前预知真实的地下介质模型,可采用做过平滑处理后的真实速度场作为偏移速度场进行偏移成像。本章在它提出的棱柱波逆时偏移的基础上实现起伏地表条件下的声波棱柱波逆时偏移与起伏地表条件下的解耦弹性波棱柱波逆时偏移。

12.2.2　棱柱波逆时偏移

由于格林函数是基于数学理论推导得来的,因此可以避免多值走时问题的发生并且可以减缓不精确的振幅计算带来的误差,所以先在频率域中对棱柱波的格林函数进行分析,再利用格林函数合成正传和反传波场,然后基于互相关成像条件实现共炮域的棱柱波逆时偏移成像。

基于前人的研究内容,棱柱波逆时偏移成像共分四步完成:1. 偏移速度场做常规逆时偏移得到反射系数模型 m_0;2. 结合 *Born* 近似对震源波场做地震波波场反射;3. 采用合适的成像条件对震源波场与检波点波场做棱柱波逆时偏移成像;4. 结合 *Born* 近似对检波点波场做地震波波场反射并成像。

频率域中,共炮域的逆时偏移成像如下所示:

$$m_{mig}(x \mid x_s) = \sum_{w}\sum_{g}\omega^2 W^*(\omega)G^*(x \mid x_s)G^*(x \mid x_g)d(x_g \mid x_s) \tag{12-18}$$

式中,$m_{mig}(x \mid x_s)$ 代表逆时偏移成像结果的波场值,$W^*(\omega)$ 代表震源频谱,x_s 代表检波点位置,$*$ 代表复数共轭,G 代表格林函数,$d(x_g \mid x_s)$ 代表炮记录。现忽略除了棱柱波以外的多次波,将炮记录分为一次反射波和二次棱柱波,如下式所示:

$$d(x_g \mid x_x)=d_1(x_g \mid x_x)+d_2(x_g \mid x_x) \tag{12-19}$$

式中，$d_1(x_g \mid x_x)$ 代表一阶反射波，$d_2(x_g \mid x_x)$ 代表二阶棱柱波，由此可以知道式(12-18)中的两个格林函数也可以写成两个格林函数相加的形式，如下式所示：

$$G(x \mid x_s)=G_0(x \mid x_s)+G_1(x \mid x_s) \tag{12-20}$$

$$G(x \mid x_g)=G_0(x \mid x_g)+G_1(x \mid x_g) \tag{12-21}$$

式中，G_0 代表直达波，G_1 代表反射波。联立式(12-18)、式(12-19)、式(12-20)、式(12-21)得到偏移核的表达式，如下所示：

$$m_{mig}(x \mid x_s)=\sum_{\omega}\omega^2 W^*(\omega)[G_0^*(x \mid x_s)+G_1^*(x \mid x_s)][G_0^*(x \mid x_g)+G_1^*(x \mid x_g)][d_1(x_g \mid x_s)+d_2(x_g \mid x_s)] \tag{12-22}$$

$$=\sum_{\omega}\omega^2 W^*(\omega)\cdot G_0^*(x \mid x_s)\cdot G_0^*(x \mid x_g)\cdot d_1(x_g \mid x_s)+ \tag{12-23}$$

$$\sum_{\omega}\omega^2 W^*(\omega)\cdot G_0^*(x \mid x_s)\cdot G_0^*(x \mid x_g)\cdot d_2(x_g \mid x_s)+ \tag{12-24}$$

$$\sum_{\omega}\omega^2 W^*(\omega)\cdot G_1^*(x \mid x_s)\cdot G_0^*(x \mid x_g)\cdot d_1(x_g \mid x_s)+ \tag{12-25}$$

$$\sum_{\omega}\omega^2 W^*(\omega)\cdot G_0^*(x \mid x_s)\cdot G_1^*(x \mid x_g)\cdot d_1(x_g \mid x_s)+ \tag{12-26}$$

$$\sum_{\omega}\omega^2 W^*(\omega)\cdot G_1^*(x \mid x_s)\cdot G_0^*(x \mid x_g)\cdot d_2(x_g \mid x_s)+ \tag{12-27}$$

$$\sum_{\omega}\omega^2 W^*(\omega)\cdot G_0^*(x \mid x_s)\cdot G_1^*(x \mid x_g)\cdot d_2(x_g \mid x_s) \tag{12-28}$$

$$+ \quad \text{others}$$

为了量化地分析每个偏移核的成像结果，规定反射系数为 r，现令直达波 G_0 的振幅阶数为 $o(1)$，那么反射波 G_1 的振幅阶数为 $o(r)$，反射波 d_1 的振幅阶数为 $o(r)$，棱柱波 d_2 的振幅阶数为 $o(r^2)$。由此可知式(12-23)的偏移核阶数为 $o(r)$；式(12-24)的偏移核阶数为 $o(r^2)$；式(12-25)的偏移核阶数为 $o(r^2)$；式(12-26)的偏移核阶数为 $o(r^2)$；式(12-27)的偏移核阶数为 $o(r^3)$；式(12-28)的偏移核阶数为 $o(r^3)$。为了更好地说明每一项偏移核的成图形象，以一个只含水平反射层的偏移速度场(图 12-13(a))的棱柱波逆时偏移结果(图 12-13(b))为例展示每一项偏移核的成图。

(a)含水平反射层的速度模型

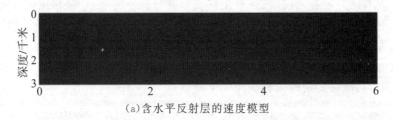

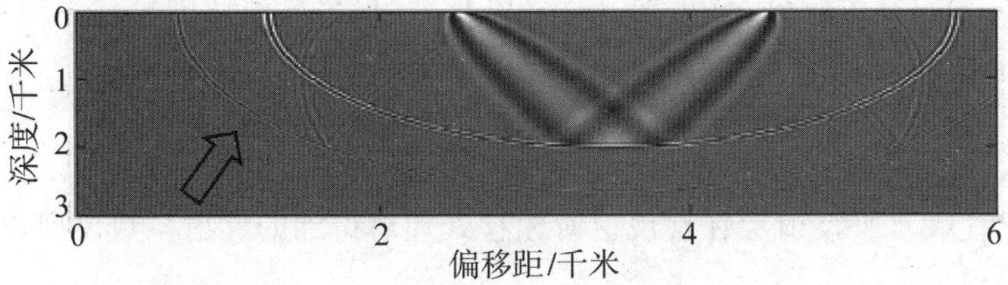

(b)非均匀速度场的偏移图像

图 12-13　只含水平层的偏移速度场(Wei,2012)

式(12-23)代表图 12-13(b)中的第一个椭圆;式(12-24)代表图 12-13(b)中的第二个椭圆,由于能量较弱用箭头标出;式(12-25)与式(12-26)代表两个“兔耳”;式(12-27)代表图 12-14 的图像;式(12-28)代表图 12-15 的图像。

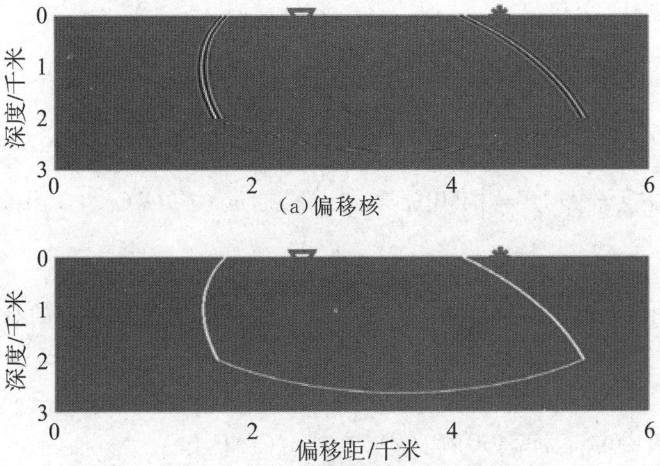

(a)偏移核

(b)地质解释

图 12-14　式(12-27)偏移核成像图(Wei,2012)

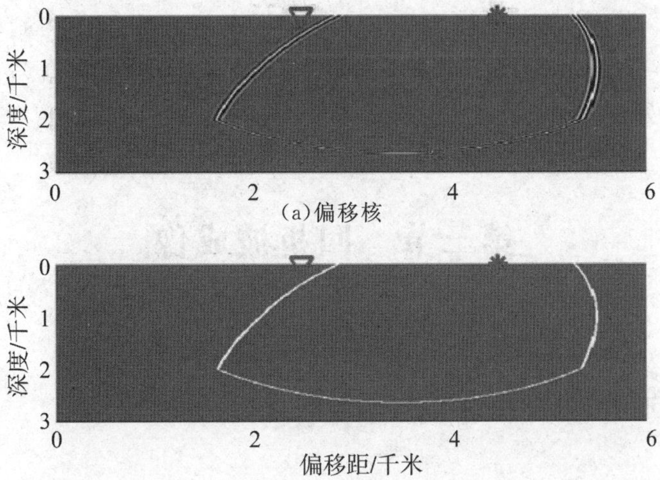

(a)偏移核

(b)地质解释

图 12-15　式(12-28)偏移核成像图(Wei,2012)

现对式(12-26)进行研究，Stolt 和 Benson(1986)提出反射波的格林函数可以用 *Born* 近似来计算，如下所示：

$$G_1(x \mid x_s) = \int_{x'} \omega^2 m_1(x') G_0(x' \mid x_s) G_0(x' \mid x) \mathrm{d}x' \tag{12-29}$$

式中，$m_1(x')$ 代表水平反射层在常规逆时偏移处理后得到的反射系数模型；G_0 可通过偏移速度计算得到。

将式(12-29)代入式(12-27)得：

$$\begin{aligned}
&\sum_{\omega} \omega^2 W^*(\omega) \cdot G_0^*(x \mid x_s) \cdot G_1^*(x \mid x_g) \cdot d_1(x_g \mid x_s) \\
= &\sum_{\omega} \omega^2 W^*(\omega) \cdot \int_{x'} \omega^2 m_1(x') \cdot G_0^*(x' \mid x_s) \cdot G_0^*(x' \mid x) \cdot dx' \cdot G_0^*(x \mid x_g) \cdot d_2(x_g \mid x_s) \\
= &\sum_{\omega} \omega^2 \int_{x'} \omega^2 W^*(\omega) \cdot G_0^*(x' \mid x_s) \cdot m_1(x') \cdot G_0^*(x' \mid x) \cdot dx' \cdot G_0^*(x \mid x_g) \cdot d_2(x_g \mid x_s) \\
= &\sum_{\omega} \omega^2 [P_1(x \mid x_x)]^* [Q_0(x \mid x_x)]
\end{aligned} \tag{12-30}$$

式中，

$$\begin{cases}
P_1(x \mid x_x) = \int_{x'} \omega^2 W(\omega) G_0(x' \mid x_s) m_1(x') G_0(x' \mid x) \mathrm{d}x' \\
Q_0(x \mid x_s) = G_0^*(x \mid x_g) d_2(x_g \mid x_s)
\end{cases} \tag{12-31}$$

观察式(12-30)、式(12-31)可知：式(12-27)已经可以通过数值上的有限差分法求出，具体需要求解的公式如下所示：

$$\begin{cases}
(\nabla^2 + \omega^2 s_0^2(x)) P_0(x) = W(\omega)\delta(x - x_s) \\
(\nabla^2 + \omega^2 s_0^2(x)) P_1(x) = \omega^2 m_1(x) P_0(x) \\
(\nabla^2 + \omega^2 s_0^2(x)) Q_0(x \mid x_s) = d_2(x_g \mid x_s)\delta(x - x_g)
\end{cases} \tag{12-32}$$

由式(12-32)可以看出通过三次有限差分计算即可获得与式(12-27)一样的成像值。因此，棱柱波逆时偏移共有四个步骤：(1)震源波场 $P_0(x)$ 在震源 x_s 位置出向下传播；(2)震源波场 $P_0(x)$ 在传播过程中遇到水平界面产生反射波场 $P_1(x)$；(3)检波点波场 $Q_0(x)$ 在检波点 x_g 处向下传播；(4)反射波场 $P_1(x)$ 与检波点波场 $Q_0(x)$ 采用合适的成像条件进行成像处理。

第三节　回折波成像

12.3.1　回折波基础知识

均匀介质中的直达波从震源出发后，传播过程中没有遇到界面，直接传播到地面各接收点，其传播路径是直线。而当地震波的速度随着深度线性增加时，地震波的射线路径是圆弧。此时在地面各观测点可接收到一种与均匀介质中的直达波类似的一种波，都是从震源出发没有遇到界面就直接传到地面各观测点的，这种波沿着一条圆弧形的射线传播，先向下到达某一深度，在不接触反射界面的条件下接着向上拐回地面，被检波点接收，一般把这种“直达波”称为回折波。

在图 12-16 中可以看出，$z_{\max}$ 为最大穿透深度，每一个 $z_{\max}$ 对应着一条回折波射线，射线到达 $z_{\max}$ 后改变传播方向开始上拐传播回地面。如图 12-17 所示，回折波一条射线的圆弧半径减去 $\frac{1}{\beta}$ 即为其最大穿透深度，即：

$$z_{\max} = \frac{1}{\beta}\csc \alpha_0 - \frac{1}{\beta} = \frac{1}{\beta}(\csc \alpha_0 - 1) \tag{12-33}$$

下面推导回折波的时距曲线方程。已知当速度为 $v = v(z)$ 时的射线方程和等时线方程分别为 $x = \int_0^z \frac{Pv(z)}{\sqrt{1-P^2v^2(z)}}\mathrm{d}z$ 和 $t = \int_0^z \frac{\mathrm{d}z}{v(z)\sqrt{1-P^2v^2(z)}}$，将我国各探区的速度资料收集起来，对它们进行综合分析，可以得出这样一个结论：随着深度的增加，速度大致呈现为线性增加的规律，即速度随深度的变化率是一个正的常数 $\frac{\mathrm{d}v(z)}{\mathrm{d}z} = v_0\beta$，$v(z)$ 可表示为 $v(z) = v_0(1+\beta z)$。将 $v(z) = v_0(1+\beta z)$ 带入上面均匀速度时的射线方程和等时线方程，可以得到速度随深度线性增加情况下的地震波射线方程式和等时线方程式：

$$x = \frac{1}{Pv_0\beta}\left[\sqrt{1-P^2v_0^2} - \sqrt{1-P^2v_0^2(1+\beta z)^2}\right] \tag{12-34}$$

$$t = \frac{1}{v_0\beta}\ln\frac{(1+\beta z)(1+\sqrt{1-P^2v_0^2})}{1+\sqrt{1-P^2v_0^2(1+\beta z)^2}} \tag{12-35}$$

将公式(12-34)和(12-35)进行适当变换，以便更清楚地看出射线和等时线的几何形状，用 α_0 代替射线参数 P，变换后射线方程(12-34)变为：

$$\left(x - \frac{1}{\beta}\cot \alpha_0\right)^2 + \left[z - \left(\frac{-1}{\beta}\right)\right]^2 = \left(\frac{1}{\beta}\csc \alpha_0\right)^2$$

可见，地震波的射线是一个圆弧，圆心为 $x_m = \frac{1}{\beta}\cot \alpha_0$，$z_m = \frac{-1}{\beta}$，半径 $r = \frac{1}{\beta}\csc \alpha_0$，如图 12-17 所示。

变换后的等时线方程(12-35)变为：

$$x^2 + \left[z - \frac{ch(v_0\beta t) - 1}{\beta}\right]^2 = \left[\frac{sh(v_0\beta t)}{\beta}\right]^2$$

可见此时地震波的等时线是一系列的圆，圆心都位于 z 轴上，给定一个 t_i 就可以求出对应的圆心位置 $z_i = \frac{ch(v_0\beta t_i) - 1}{\beta}$ 和半径 $R_i = \frac{sh(v_0\beta t_i)}{\beta}$，如图 12-17 所示。

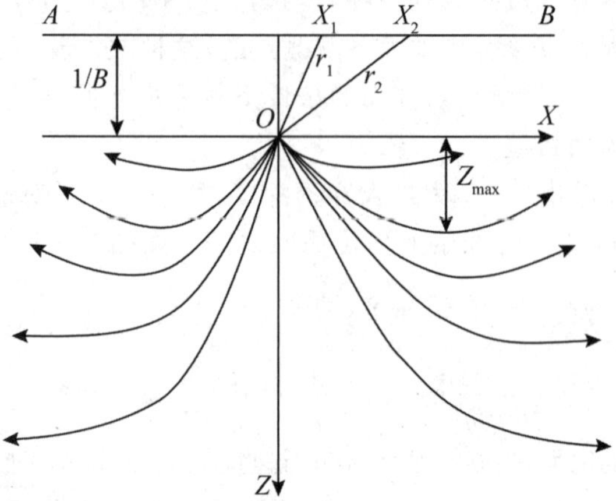

图 12-16　速度为 $v(z) = v_0(1+\beta z)$ 地震波射线

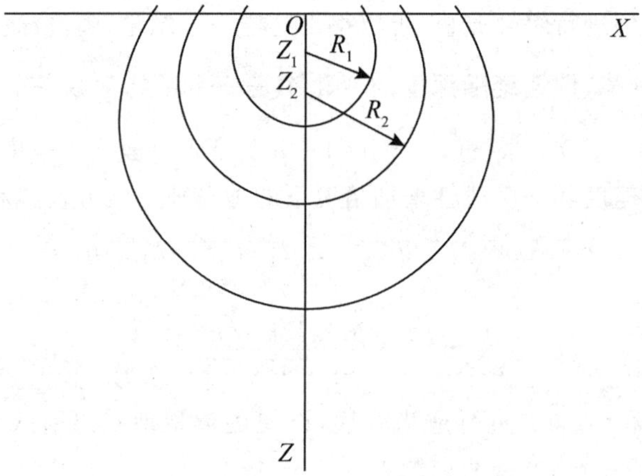

图 12-17　速度是 $v(z) = v_0(1+\beta z)$ 地震波等时线

将公式(12-34)和(12-35)消去参数 P，得到：

$$x = \frac{1}{\beta}\sqrt{2(1+\beta z)ch(v_0\beta t) - (1+\beta z)^2 - 1} \tag{12-36}$$

再将(12-36)化为 $t = f(x,z)$ 的形式，就得到回折波的等时线方程：

$$t = \frac{1}{v_0\beta}arch\left[1 + \frac{\beta^2(x^2+z^2)}{2(1+\beta z)}\right] \tag{12-37}$$

如果想得到回折波的时距曲线方程，只要将 $z=0$ 带入式(12-37)即可，此时相当于是在地面上沿着 x 轴观测：

$$t = \frac{1}{v_0\beta}arch\left(1 + \frac{\beta^2 x^2}{2}\right) \tag{12-38}$$

当盖层是连续介质时的反射波与回折波时距曲线如图 12-18 所示。

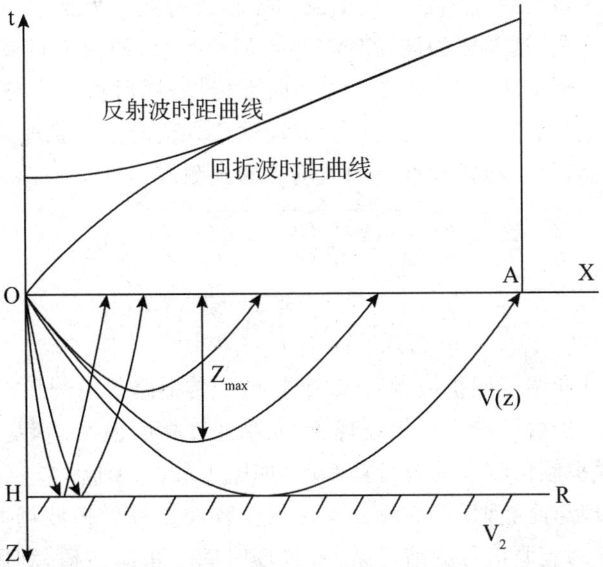

图 12-18　盖层是连续介质时的反射波和回折波示意图

我国华北探区通常取 $v_0=1880\text{m/s}$，$\beta=0.00026/\text{m}$，利用式(12-38)计算回折波的时距曲线数据并画出其曲线，如图 12-19 所示。从图中可以看出，当速度为 $v(z)=v_0(1+\beta z)$ 时，回折波时距曲线是一条向下弯的曲线，在 x 不大时，它同 $v(z)=v_0$ 的均匀介质中的直达波时距曲线基本重合。

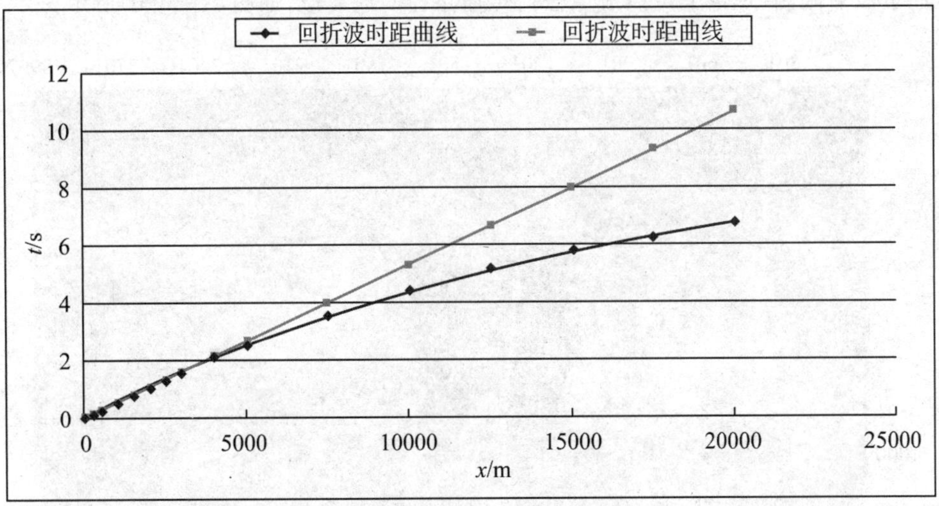

图 12-19　华北探区回折波的时距曲线

12.3.2　逆时偏移对回折波的成像效果分析

重建反射波的原始波场是使用波动方程进行偏移的前提，通常认为刚刚在反射界面上产生的反射波即为该反射面的像。使用波动方程进行波场外推时，一般将其分解为上行波方程和下行波方程，这是因为波动方程一般都两个解，即为下行波和上行波，如下公式(12-39)和(12-40)所示，假定震源波场总是向下传播，同时检波点波场总是向上传播，外推波场在深度上递归计算，以上就是单程波动偏移方法的基本原理。因为其假设条件，若波场接近水平传播，就不能得到准确的波场外推预测值。

$$\frac{\partial}{\partial z}+\frac{i\omega}{v}\sqrt{1+\frac{v^2}{\omega^2}\left(\frac{\partial^2}{\partial x^2}+\frac{\partial^2}{\partial y^2}\right)}D=0 \tag{12-39}$$

$$\frac{\partial}{\partial z}-\frac{i\omega}{v}\sqrt{1+\frac{v^2}{\omega^2}\left(\frac{\partial^2}{\partial x^2}+\frac{\partial^2}{\partial y^2}\right)}U=0 \tag{12-40}$$

在本节第一部分介绍了回折波的特点，回折波的传播路径呈圆弧状，不是仅上行传播或仅下行传播，因此，折射可产生回折波现象，如果速度梯度很大，单程波偏移方法无法模拟此现象，也无法模拟倾角较大的波传播问题(如图 12-20(a)所示)。

逆时偏移的原理与此类似，但逆时偏移使用全程波方程延拓波场而不是近似波动方程，以包含震源位置的震源信号为前提条件，波场时间上正向传播，利用前一时刻的波场预测后一时刻的波场，将每个反射层上的入射波场进行预测，逆时偏移的震源波场正向外推过程是一个标准的正演过程。相反地，依据波动方程在时间上逆向外推波场也是可行的，利用后一时刻的波场预测前一时刻的波场，检波点的接收波场可重构从最大时刻到零时刻的波场。通过以上正推和外推过程得到了地下每个反射点所有时刻的波场，然后在每个反射点上应用成像条件得到该点成像值。因此，逆时偏移没有振幅近似，对波场的传播方向也没有限制，理论上可以成像任何传播路径的地震波，如图 12-20(b)所示。

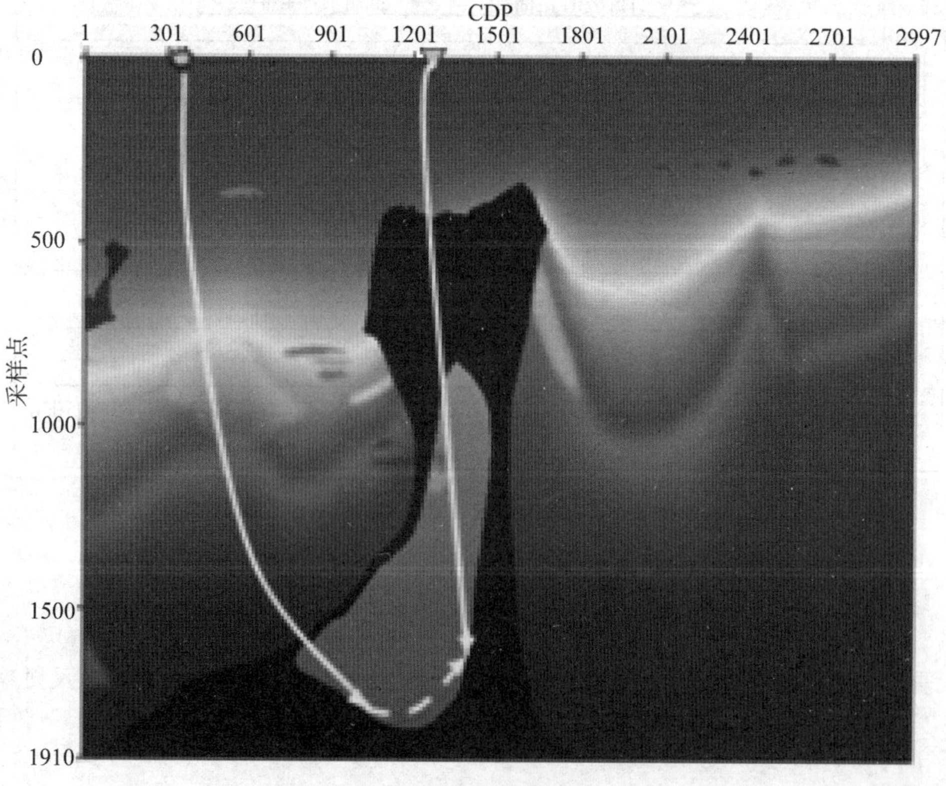

(a)单程波偏移不能得到虚线处波场路径

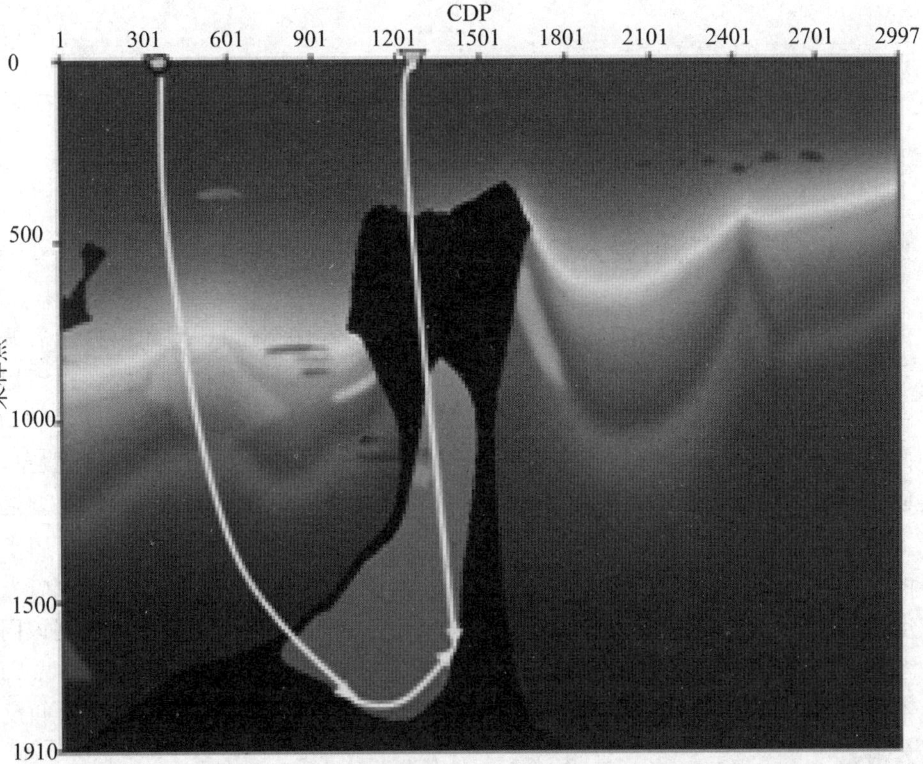

(b)RTM 可得到全部波场路径

图 12-20　单程波与 RTM 的路径对比

如图 12-20 所示的盐体构造，大部分具有工业价值的油气聚集带都与盐丘构造有或多或少的联系。表明盐丘构造的特征和分析盐丘周围的覆盖介质有利于地球物理学家有效地勘探油气藏。精确的盐丘成像有利于选择陡倾角盐丘侧翼的最佳钻井位置，帮助确定潜在储层砂层的上倾限制范围，而且还有利于判定盐体下方介质的构造特征，盐体下方的构造有可能会圈闭数量可观的烃类油气藏。盐体成像技术也可以减少盐体侧翼、盐体悬伸构造和小盐体构造钻井的风险。

正确成像盐体和盐体遮挡下构造是成像技术的一大挑战，正如上文分析，因为算法本身的倾角限制，单程波动偏移方法无法成像陡请教盐体侧翼，而逆时偏移不对波动方程做任何近似，对成像陡倾角盐体侧翼具有显著的优势。下面以 *BP* 模型为例，详细分析逆时偏移成像陡倾角盐体侧翼产生的回折波的效果。

第四节　绕射波成像

12.4.1　倾角域绕射波分离依据

由于未叠加的地震数据中包含这地下介质速度及岩性等信息，因此偏移之后叠加之前的共成像点（CIG）道集可以作为速度分析和 AVO 岩性分析的有力手段。由于炮域和偏移距域共成像点道集在强横向变速情况下因为地下多波至问题会产生运动学和动力学上的假象（ten Kroode and Smit，1994；Nolan and Symes，1996），为了避免这些假象，角度域共成像点道集备受青睐。目前常用的速度分析道集为散射角 CIG 道集，该类型道集可用于 AVA 分析和速度分析，不易受到多路径假象的影响。散射角域 CIG 道集用于速度分析的原理是如果速度模型准确，则同一位置处的成像能量在共成像点道集中应当在同一深度，也就是说来自同一成像点的成像值同相轴是拉平的，如果速度不准确则该同相轴发生弯曲，因此通常利用同相轴的剩余曲率信息进行速度更新，并且在散射角域 CIG 道集上不论是反射界面还是绕射点的成像同相轴形态都是类似的，无法进行绕射和反射能量的分离。

事实上，角度域偏移中的成像值是由散射角与地质倾角两者共同描述的。将散射角和地层倾角冗余信息分开一方面有利于提高道集的信噪比，提高自动化速度更新的稳定性，另一方面，可以只得到假定地层倾角附近的反射界面倾角信息（Xu et al.，2001；Brandsberg－Dahl et al.，2003；Ursin，2004），也就是倾角域共成像点道集。

如图 12-21 给出了两个平面反射界面和一个绕射点构成的模型，模型长度为 1.5km，深度为 3.0km；图 12-22 绘制了其理论倾角域共成像点道集示意图。其中第一层反射界面倾角为 45°，第二层反射界面为水平界面，绕射点位于反射界面以下 1.5km 处。绕射点的响应用蓝色虚线表示，水平反射界面响应用红色实线表示，倾斜反射界面响应用黑色实线表示。由图可知：在偏移速度正确时，绕射点位置（0.5km）处其响应表现为水平线性质，远离绕射点位置处其响应为拟线性倾斜同相轴，倾斜度与偏离绕射点的距离成正比。对于反射界面响应，不管界面是否倾斜，其响应都表现为开口向上的拟抛物线“笑脸”形式，稳相点位置的角度代表地层倾角信息；如图 12-23 和图 12-24 所示，在偏移速度存在误差时，反射界面响应形式与速度正确时变化不大，不论偏移速度高于还是低于正确介质速度时，仍表现为“笑脸”形式，且反应地层真实倾角的稳相点角度位置不变，只是其深度位置产生较大的误差。而对于绕射点来说，此时，绕射响应由速度正确时的线性同相轴变成曲线，当偏移速度高于介质真实速度时，向下弯曲，当偏移速度低于介质真实速度时，向上弯曲，但是相对于反射响应来说，绕射响应的曲率较小。因此，不论偏移速度正确与否，绕射与反射响应在倾角域共成像点道集上都存在较明显的能量差异，易于波场分离，另外，由于绕射波在 CIG 道集上对偏移速度的敏感性，可用于速度分析。

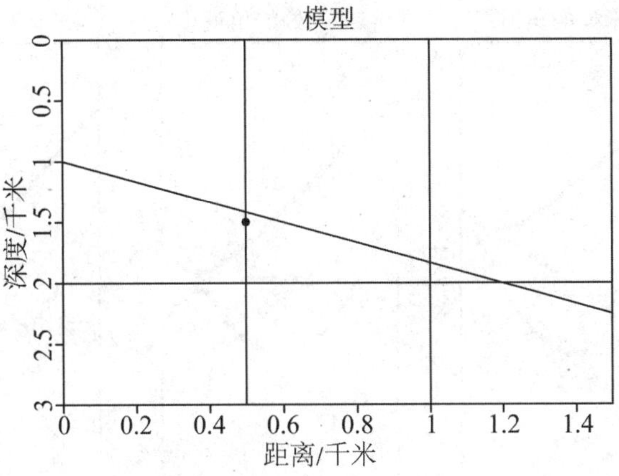

12-21　包含两个反射界面和一个绕射点的理论模型

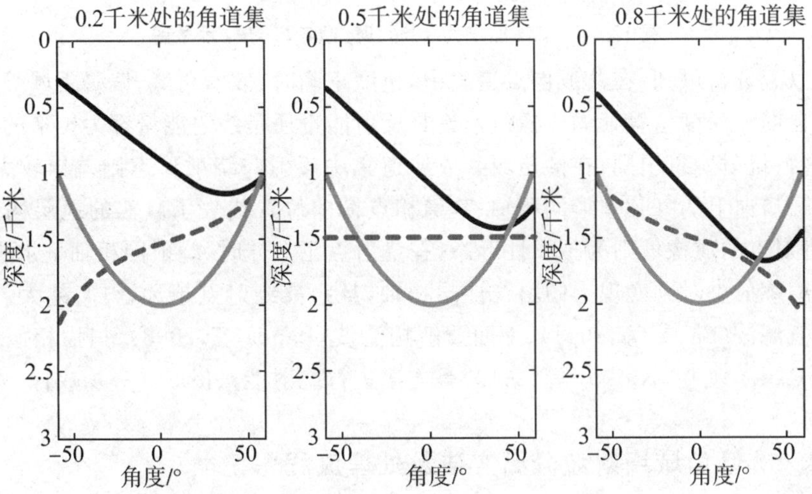

图 12-22　偏移速度正确时，倾角域 CIG 示意图

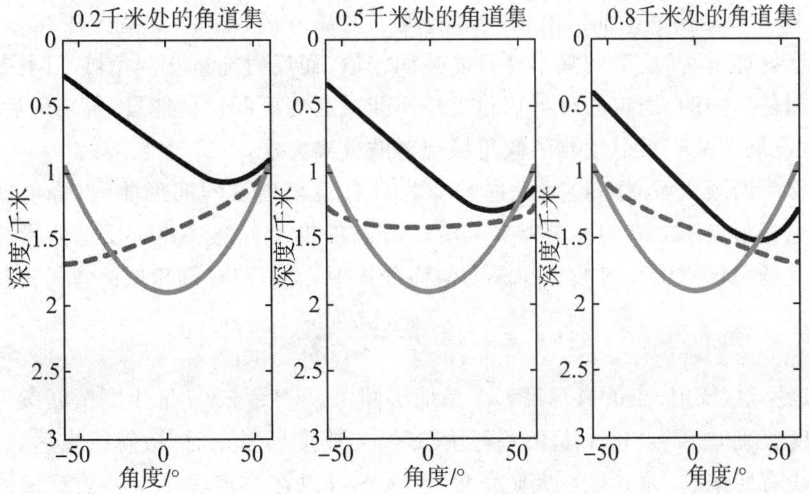

图 12-23　偏移速度为 90%时，倾角域 CIG 示意图

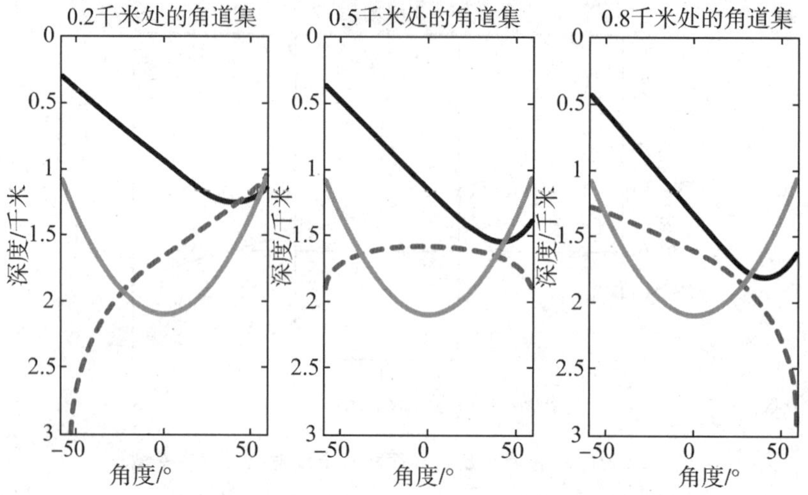

图 12-24 偏移速度为 105%时,倾角域 CIG 示意图

通过以上分析可知:在共成像点道集中,速度正确时,散射角域、偏移距域等共成像点道集上来自同一深度位置处的成像值不论是反射能量还是绕射能量都为拉平的水平同相轴,无法进行绕射能量识别;在倾角域共成像道集中反射与绕射形态则差异较大:反射能量表现为开口向上的"凹"字形同相轴,其稳相点横向位置代表了真实的地层构造倾角信息;来自绕射点的成像值则为拟线性形态,在绕射点正上方时,绕射同相轴呈水平线性,横向方向远离绕射点时则变现为倾斜线性同相轴,且距离绕射点越远,斜率越大。因此,可以利用中值滤波(Bai Y 等,2011)、平面波解构滤波(Landa 等,2008)、扫描相似度顶点去除+混合 Radon 变换(Klokov 等,2010)等方法进行绕射能量提取并叠加成像。

12.4.2 倾角域绕射波分离方法及处理流程

根据上述两节分析可知:在倾角域可以实现绕射波和反射波的分离。据此前人分别应用混合 Radon 变换和平面波解构技术实现了波场分离,然而,这些方法在压制反射顶点附近的反射能量时,反射切除半径只能是固定值,而反射能量在倾角域不同深度处的横向分布范围是不同的,固定的反射切除半径不能灵活的压制反射能量,影响最后的分离效果。因此,发展了基于反射预测的倾角域绕射波分离方法。

在偏移后的倾角域 CIGs 中,反射响应为具有稳相顶点的凹形曲线,绕射波拟线性,且不具有稳相顶点。二者的显著差异为波场分离提供了可能。鉴于反射能量相对较强,可以从全波场中预测出反射波。在深度偏移过程中,反射波在倾角域的解析表达为:

$$z(a) = z_0 \gamma \frac{\cos a_0 \cos a + \varepsilon}{1 - \gamma \sin a_0 \sin a} \tag{12-41}$$

式中,z_0 是反射(绕射)点的真深度,a_0 是地层倾角,$\gamma = v_m/v$ 是速度精度参数,当所用的偏移速度正确时 $\gamma = 1$。ε 是偏差补偿参数,当速度场复杂时,该解析表达式与倾角域的反射曲线有所偏差,尤其是在大倾角处,引入 ε 可以在一定程度上补偿该偏差,使二者在小倾角(反射顶点)处最佳吻合。

利用反射波在倾角域的解析表达式(12-41)构建一对变换算子:从数据空间 $\boldsymbol{d}_r$ 到模型空间 $\boldsymbol{m}_r$ 的变换算子 $\boldsymbol{L}_r^T$ 为:

$$\boldsymbol{m}_r(\gamma, a_0, \varepsilon, z_0) = \sum_a \boldsymbol{d}_r[a, z(\gamma, a_0, \varepsilon, z_0)] \tag{12-42}$$

从模型空间 $\boldsymbol{m}_r$ 到数据空间 $\boldsymbol{d}_r$ 的变换算子 $\boldsymbol{L}_r$:

$$\boldsymbol{d}_r(\gamma, a_0, a, z) = \sum_\varepsilon \boldsymbol{m}_r[\varepsilon, z_0(\gamma, a_0, \varepsilon, z)] \tag{12-43}$$

在上述变换中,地层倾角 a_0 可以在倾角域 CIGs 中利用已知的反射解析式通过相似扫描得到,当所用的偏移速度正确时,$\gamma = 1$。

为了在倾角域得到最佳预测的反射同相轴,构建如下目标函数:

$$\boldsymbol{F}(\boldsymbol{m}_r) = \|\boldsymbol{L}_r\boldsymbol{m}_r - \boldsymbol{d}_r\|_2 \tag{12-44}$$

利用共轭梯度法使目标函数 $\boldsymbol{F}$ 达到最小,即可在数据空间得到最佳预测的反射响应。

图 12-25 展示了倾角域绕射波分离与成像处理流程,该技术基于倾角域共成像点道集,利用高斯束角度域偏移算法得到倾角域 CIG,对其直接叠加即可得到全波场偏移结果;在倾角域 CIG 中利用上述算法压制反射同相轴,将剩余的能量作为绕射叠加即可实现绕射波成像。需要指出的是:当前绕射波成像仍不是主流的地震成像手段,它可以作为传统全波场成像的一个补充,二者有效结合,联合解释即可实现地震高精度解释。

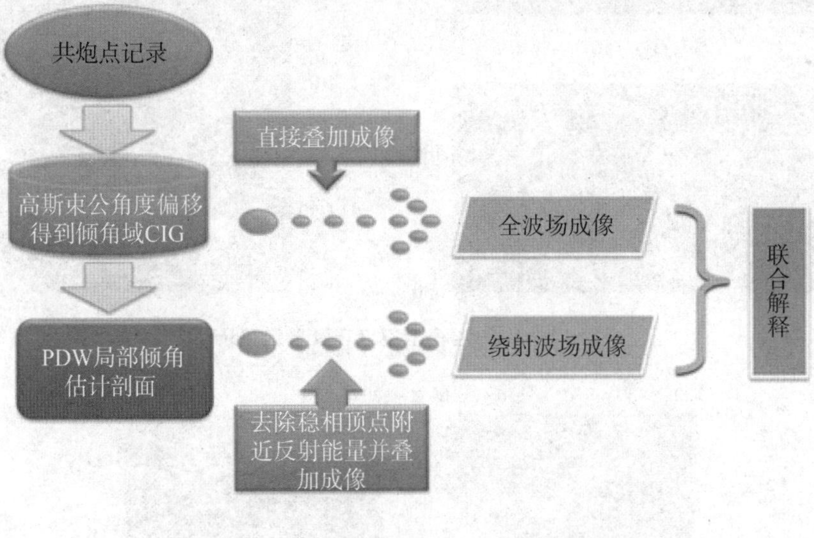

图 12-25　倾角域绕射波分离与成像处理流程

第五节　数值试算

12.5.1　简单三层模型

下面用一个简单三层模型的数据试验结果来测试以上提出的多次波逆时偏移方法的理论正确性和可行性。图 12-26 是三层模型速度场，模型维数 600×600，横向采样间隔 2m，纵向采样间隔 1m，共 118 炮，每炮 101 道，时间采样率 0.5ms，总时间 1.8s，图 12-26 所示的炮记录中含有直达波、一次反射波和多次波。

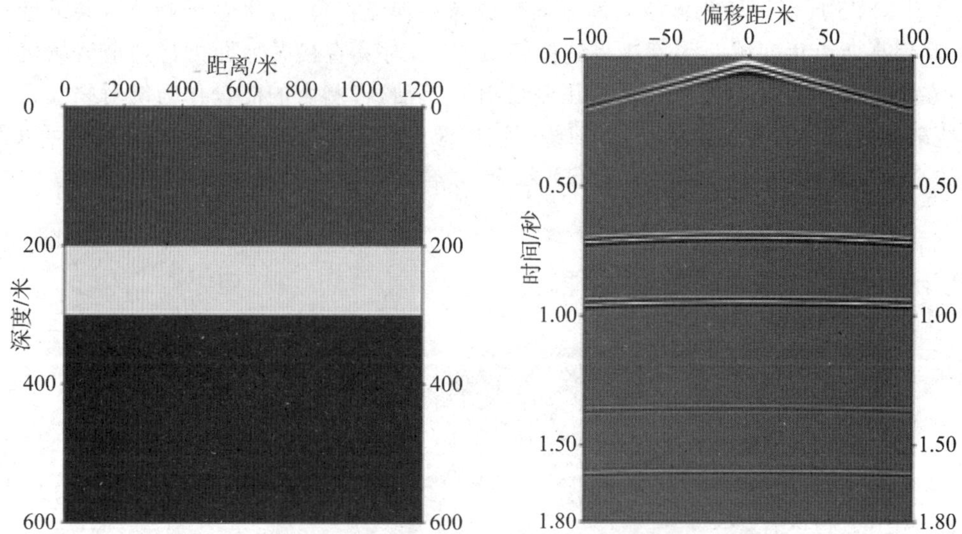

图 12-26　三层模型速度场及单炮记录

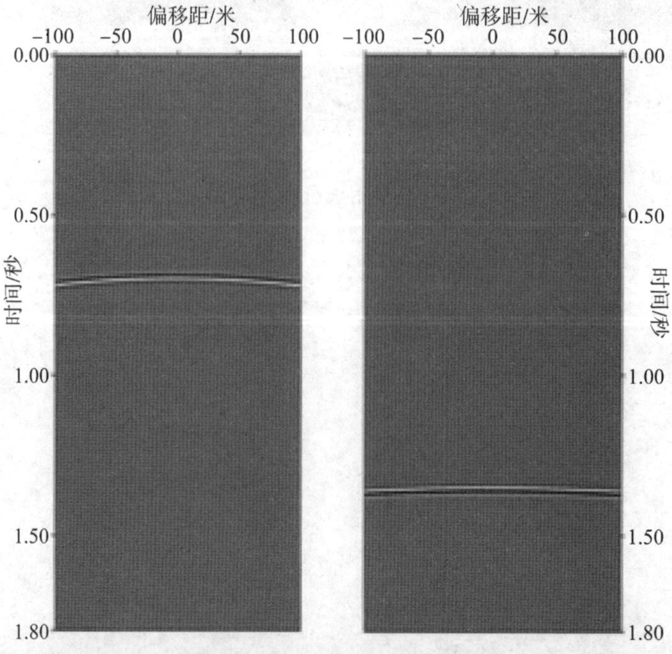

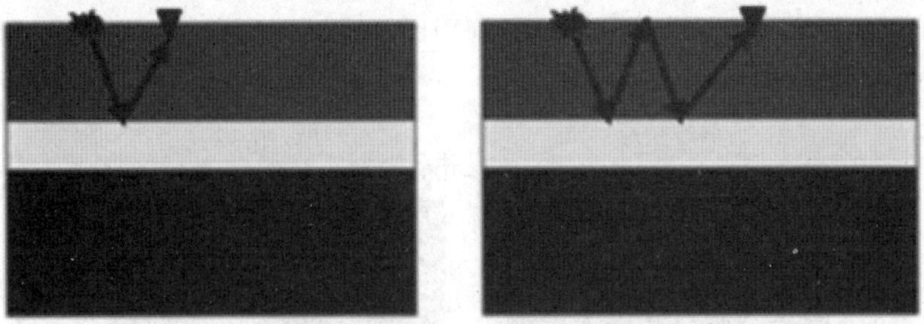

(a)一次波单炮记录及其传播路径示意图　　(b)一次波继续传播并在第一层反射传播回地面的表层多次波单炮记录及其传播路径示意图

图 12-27　三层模型一次波和多次波单炮记录(上)和其传播路径示意图(下)

三层模型的某单炮记录如图 12-27 所示，来自于第一个界面反射的一次波及其传播路径如图 12-27(a)所示，图 12-27(a)中的一次波继续向下传播并又在第一个界面反射传播回地面得到图 12-27(b)所示的表层多次波单炮记录，由此可见，第一个反射界面的信息包含在图 12-27(b)的多次波中，此多次波可成像一次波继续向下传播并发生反射的第一个反射界面的信息。图 12-27(a)中的单炮一次波波场作为复杂震源，图 12-27(b)中的单炮多次波波场作为接收波场，应用互相关成像条件，可得到如图 12-27 所示的单炮偏移成像结果。可以看到，利用图 12-27(b)中的多次波确实可以获取地下第一个反射界面的成像信息。

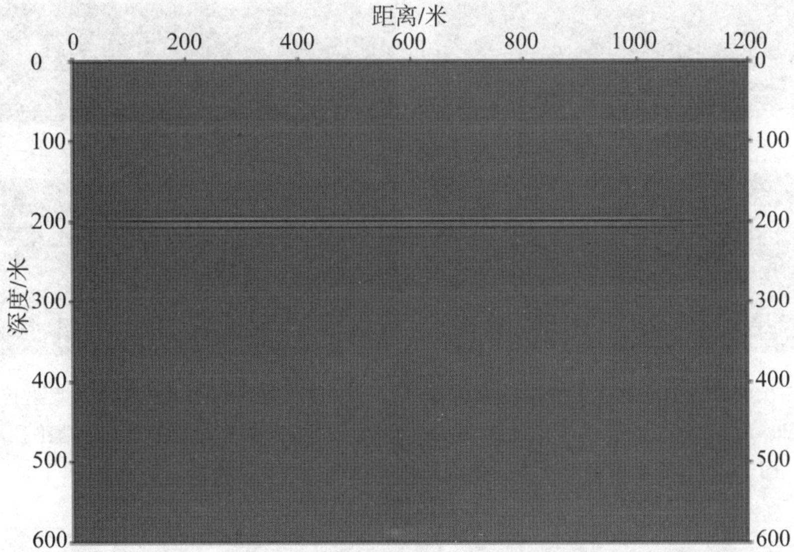

图 12-28　图 12-27(a)中一次波波场作为复杂震源，图 12-27(b)中多次波波场作为接收波场得到的单炮成像结果

与图 12-27a 类似，图 12-29a 也是来自于第一个反射界面的一次波，图 12-29b 是一次波在地表继续向下传播至第二个反射界面并反射回地面所接收到的表层多次波单炮记录。所以，第二个反射界面的信息蕴含在图 12-29b 所示的多次波记录中，此多次波可成像一次波继续向下传播并发生反射的第二个反射界面的信息。将图 12-29a 中所示一次波波场作为复杂震源，图 12-29b 中所示多次波波场作为接收波场，用逆时偏移对其进行成像所得结果如图 12-30 所示，可以看到，利用图 12-29b 中的多次波确实可以获取地下第二个反射界面的成像信息。

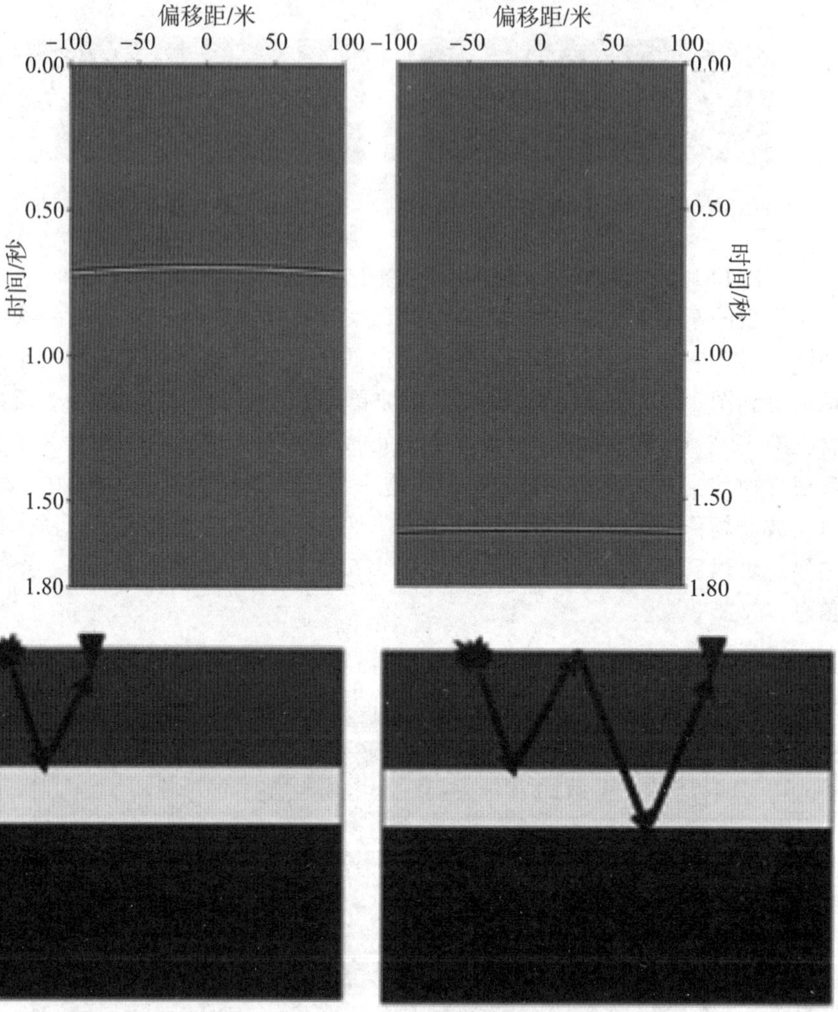

(a)一次波单炮记录及其传播路径示意图　(b)一次波继续传播并在第二层反射传播回地面的表层多次波单炮记录及其传播路径示意图

图 12-29　三层模型一次波和多次波单炮记录(上)及其传播路径示意图(下)

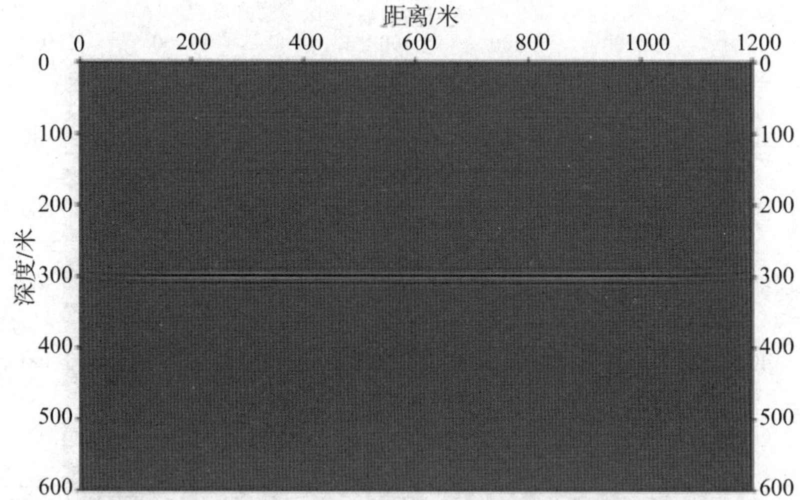

图 12-30　图 12-29(a)中一次波波场作为复杂震源，图 12-29(b)中多次波波场作为接收波场得到的单炮成像结果

结合上述两种情况，如图 12-31 所示，图 12-31(b)的波场记录中同时包含了一次波继续传播到第一个和第二个反射界面并反射回地面的多次波场，将图 12-31(a)所示波场作为复杂震源，图 12-31(b)所示波场作为接收波场并用逆时偏移对其进行成像，理论上会同时得到第一和第二反射界面的成像信息，也确实得到了这样的结果，如图 12-32 所示。

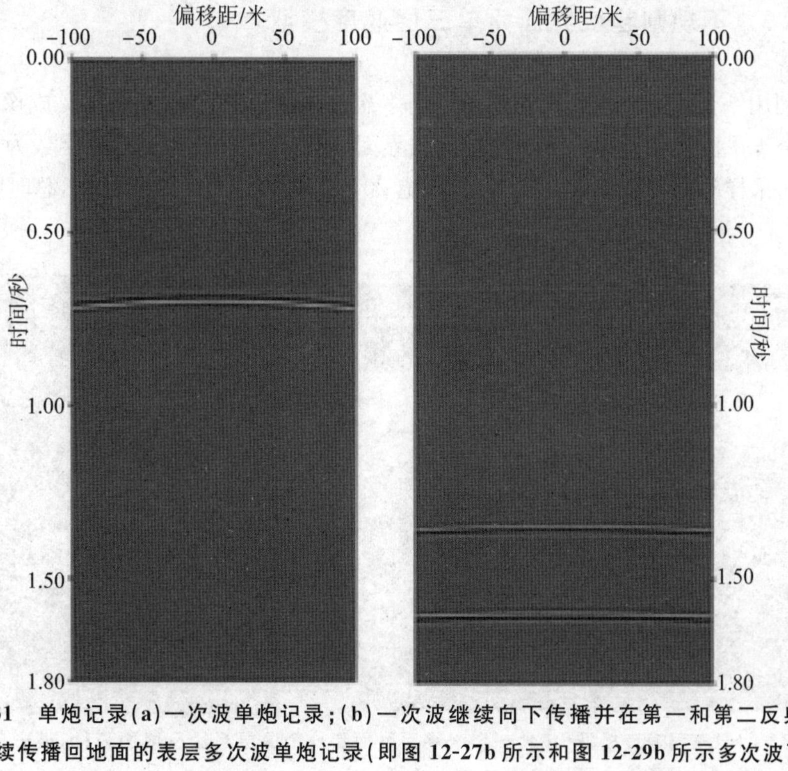

图 12-31　单炮记录(a)一次波单炮记录；(b)一次波继续向下传播并在第一和第二反射界面都发生反射并继续传播回地面的表层多次波单炮记录(即图 12-27b 所示和图 12-29b 所示多次波两者之和)

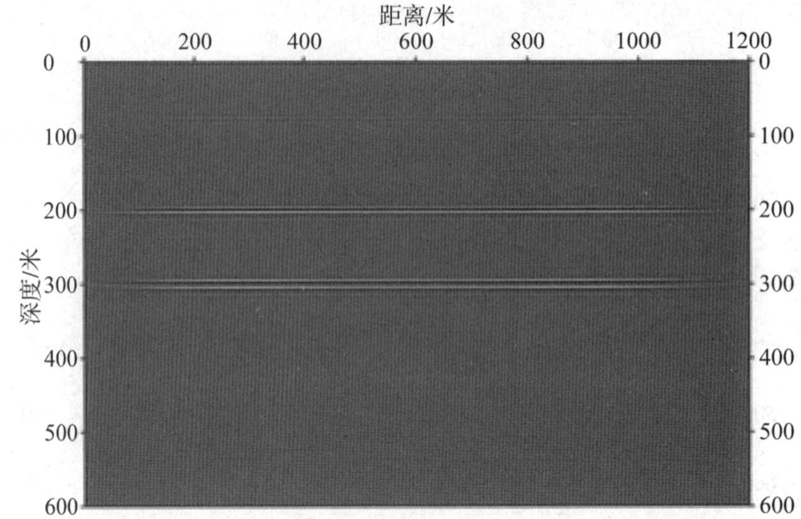

图 12-32 图 12-31a 中一次波波场作为复杂震源，图 12-31b 中多次波波场作为接收波场得到的单炮成像结果

由以上三层模型数据测试结果可知，要实现多次波逆时偏移，需在正向向下外推的震源波场中包含低阶多次波场，即震源信息中含有多次波信息，逆向向下外推的输入接收波场中包含表层多次波信息。

12.5.2 不规则起伏界面简单三层速度模型

下面利用一个简单三层速度模型来说明多次波逆时偏移的成像条件及成像噪音，模型中含有一个水平反射界面和一个不规则起伏界面，如图 12-33 所示。模型维数为 850×500，纵向和横向采样间隔都是 5m，共 129 炮，每炮 201 道，时间采样率为 0.5ms，总时间为 2.4s。

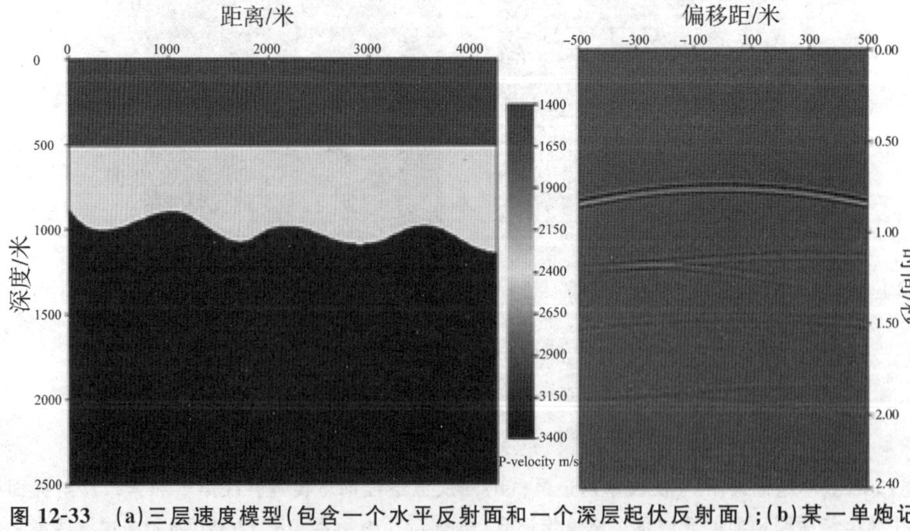

图 12-33 (a)三层速度模型(包含一个水平反射面和一个深层起伏反射面)；(b)某一单炮记录(包含一次反射波、不同阶的表层多次波波和层间多次波)

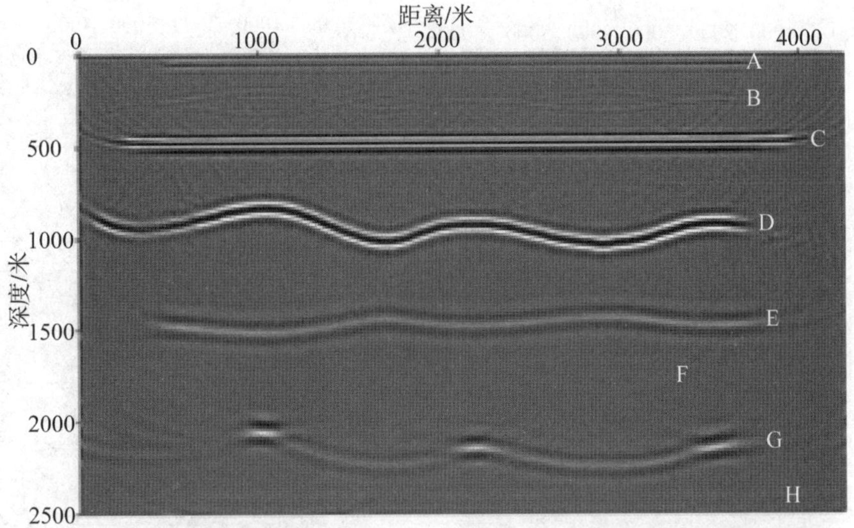

图 12-34　多次波逆时偏移成像结果，C 和 D 是正确成像的反射界面，其他都为假象

将同时包含一次波和多次波的地震记录作为复杂震源波场，将多次波记录作为接收波场，结合互相关成像条件，进行逆时偏移得到的模型成像结果如图 12-34 所示。C 和 D 是多次波逆时偏移正确成像的模型反射界面。其他的同相轴是由不同的互相关噪音产生的假象。A 是第一界面的一阶多次波和第二界面的二阶多次波产生的假象。B 是第一界面的一次波和第二界面的一阶多次波产生的假象。E 是第一界面的二阶多次波产生的假象。F 是第二界面的二阶多次波产生的假象。G 是第二界面的三阶多次波产生的假象。位于第二层反射界面以下的假象的振幅减弱很多。一阶多次波可以正确成像反射界面，但是更高阶的多次波可以造成或真或假的成像结果，在实际成像应用中需详细分析成像假象，以免对解释工作造成误解。

12.5.3　简单 L 模型

在数值模拟部分，用一个简单的 L 模型测试棱柱波逆时偏移，以说明棱柱波逆时偏移相对于传统常规 RTM 的优势。

图 12-35(a)中的简单 L 模型网格划分为 601×301，网格间距为 10m。在 x 轴上平均分布 31 炮，第一炮位 $x = 0$m 处，炮点深度为 10m，炮间距为 200m。对于一个固定分布的观测系统，每一炮有 601 道，检波点深度为 10m，间距为 10m。正演模拟中采样率为 0.5ms，采样总时间为 6s。图 12-35 为炮点在 $x = 4600$m 处的炮记录，炮记录中清晰地显示了直达波、来自垂直反射层顶部的绕射波、水平反射层的反射波和棱柱波，棱柱波用箭头显示。

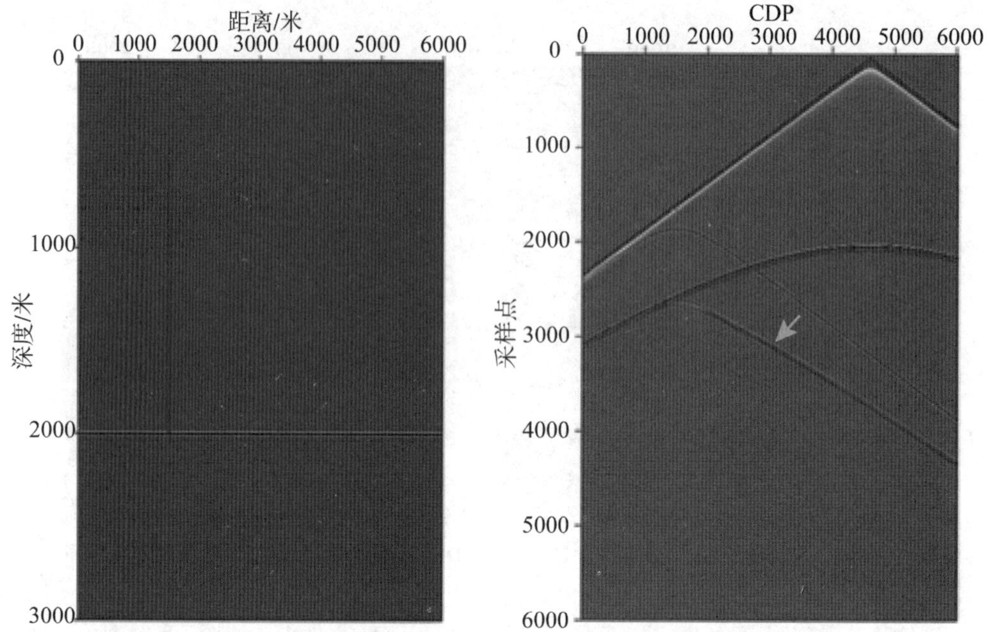

图 12-35　*L* 速度模型和炮点位于处的单炮记录

图注：单炮记录包含直达波、来自垂直反射层顶部的绕射波、水平反射层的反射波和棱柱波。其中黄色箭头表示棱柱波。

首先，用常规 RTM 对这 31 炮的炮记录和原始速度场(如图 12-35 左图所示)进行偏移，成像结果如图 12-36(a)所示，可以看到水平反射层和垂直反射层都被成像出来了，这说明了常规逆时偏移相对于单程波偏移方法的优越性，即可以对陡倾角和垂直断层进行正确成像，但是这种优越性建立在偏移速度场精确的前提下，对速度场的精度要求很高。在实际中，在偏移成像前很难得到如此精确的速度场，这是制约常规 RTM 发展的瓶颈之一，而下面提到的棱柱波逆时偏移在某种程度上减小了 RTM 对速度场的依赖性。

下面测试常规 RTM 对速度场精度的依赖程度。用常规 RTM 对这 31 炮的炮记录和一个均匀速度场(2000m/s)进行偏移，成像结果如图 12-36(b)所示，可以看到只有水平反射层被成像出来了，垂直反射层只有两个散射点可见。然后，在均匀速度场 $z=2000$m 深度处插入一个介质速度为 2500m/s 的水平反射层，用此速度模型和相同的 31 炮炮记录进行常规 RTM，成像结果如图 12-36(c)所示，可见此时常规 RTM 可正确成像棱柱波来显示垂直断层。

最后测试棱柱波逆时偏移的成像效果。对相同的 31 炮炮记录、相同的均匀速度场和常规 RTM 成像结果(图 12-36(b))运用棱柱波逆时偏移，结果如图 12-36(d)所示，图中可以清晰地看到垂直反射层的成像结果。在棱柱波逆时偏移过程中，水平反射层相当于二次震源所在的位置，如在图 12-36(d)中所示。棱柱波逆时偏移对速度场的依赖度降低，只需要一个均匀速度场即可正确成像陡倾角和垂直断层，这也是棱柱波逆时偏移的优势所在。

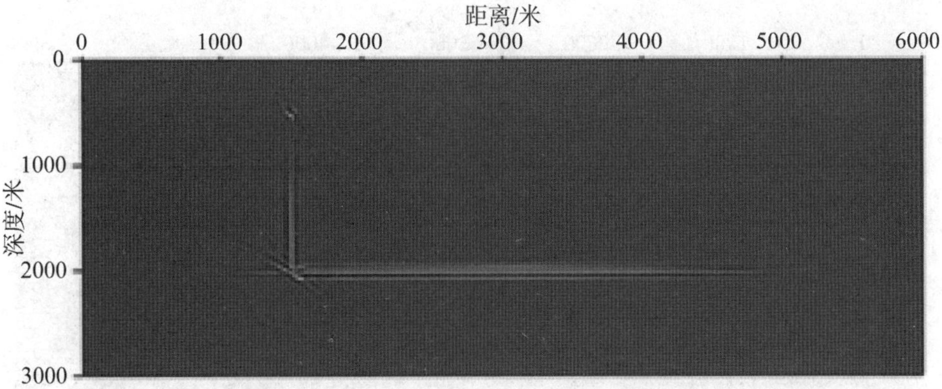

(a)原始速度场的常规 RTM 成像结果，原始速度场中包含一个水平反射层和一个垂直反射层

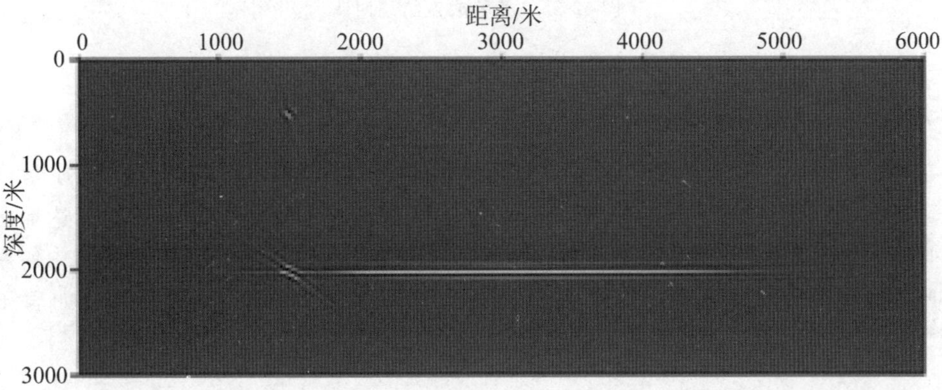

(b)均匀速度场的常规 RTM 成像结果，均匀速度场中不包含任何反射层，介质速度为 2000m/s

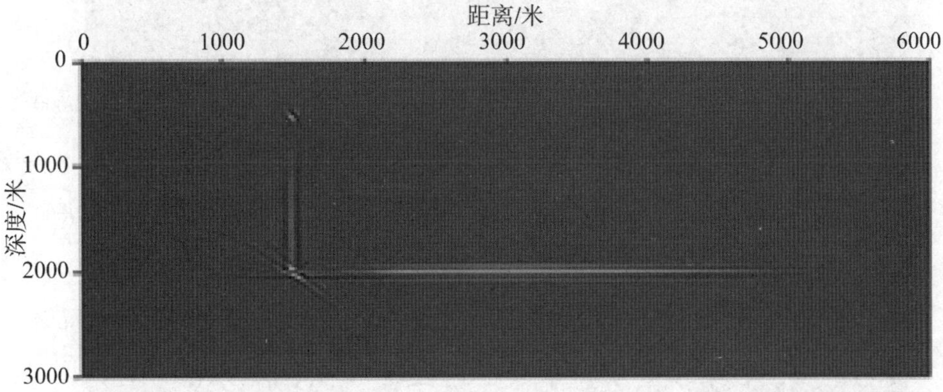

(c)只含有水平反射层速度场的常规 RTM 成像结果，背景速度场为 2000m/s，水平反射层介质速度为 2500m/s

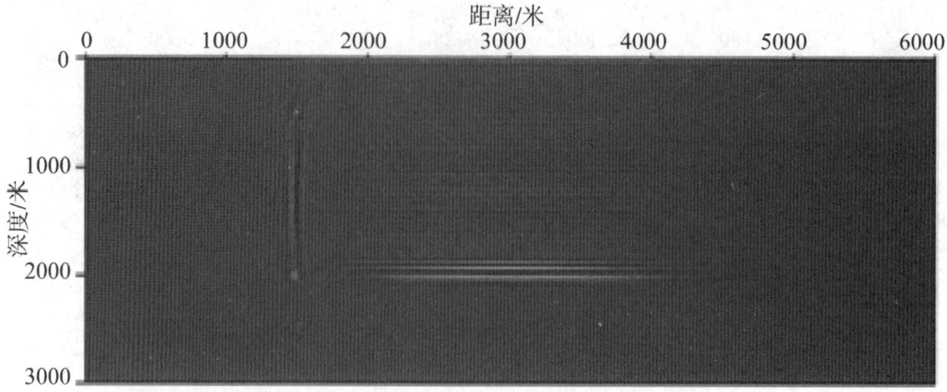

(d)均匀速度场棱柱波 RTM 成像结果,均匀速度场介质速度为 2000m/s

图 12-36 偏移成像结果对比

12.5.4 BP 模型

BP 模型共由三个模拟部分组成,从左到右依次模拟了墨西哥湾西部的地质学横切面、墨西哥湾东部和中部及安哥拉近海岸的地质构造情况和里海北海和特立尼达地区的速度问题。BP 模型的陡倾角(超过 90 度)的盐体侧翼会形成回折波。逆时偏移中使用的是 BP 模型平滑后的速度场,如图 12-37 所示,BP 模型和炮记录的相关参数如表 12-2 所示。

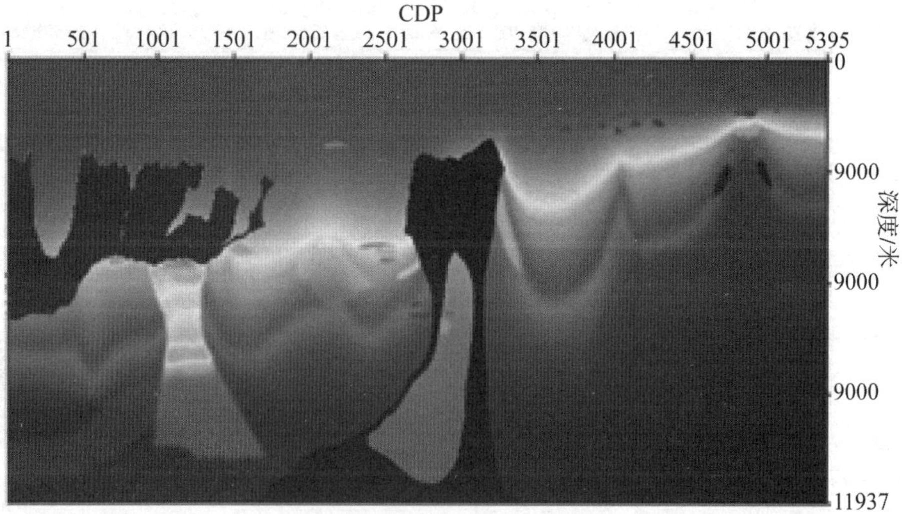

图 12-37 BP 模型偏移速度场

表 12-2　BP 模型和炮记录的相关参数

横向采样点数	纵向采样点数	横向采样率	纵向采样率	炮数	道间距	炮间距	炮记录采样点数	炮数据采样率
5395	1911	12.5m	6.25m	1348	12.5m	50m	1201	6ms

BP 模型的中间部分是单程波偏移方法的成像难点，如图 12-38(左)所示，只有地震波高角度传播或是存在回折波才能对盐丘边界尤其是陡倾角侧翼和反转边界处成像，利用单程波 Fourier 积分法对盐体部分的成像结果如图 12-38(右)所示，可见单程波方法对陡倾角的盐体侧翼成像效果很差。

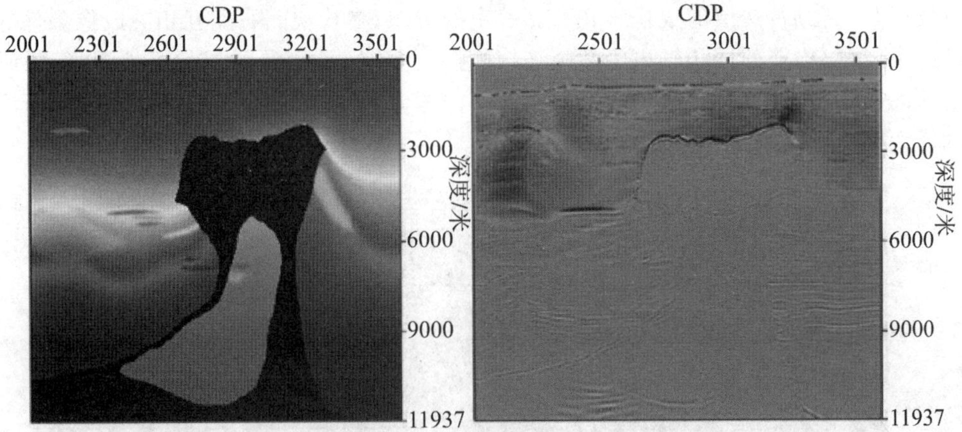

图 12-38　BP 模型中盐体部分成像难点及其单程波 Fourier 积分法结果

下面利用逆时偏移对 BP 模型进行成像，主要成像其盐体部分。互相关成像条件一般被应用在逆时偏移中，而互相关成像条件又可以分为三类，分别为互相关成像条件、震源归一化互相关成像条件和检波归一化互相关成像条件。

$$I(x,y,z) = \int_0^{t\max} S(x,y,z,t)R(x,y,z,t)\,\mathrm{d}t \tag{12-45}$$

$$I(x,y,z) = \int_0^{t\max} S(x,y,z,t)R(x,y,z,t)\,\mathrm{d}t \Big/ \sum_{t=0}^{t=t\max} S(x,y,z,t)^2 \tag{12-46}$$

$$I(x,y,z) = \int_0^{t\max} S(x,y,z,t)R(x,y,z,t)\,\mathrm{d}t \Big/ \sum_{t=0}^{t=t\max} R(x,y,z,t)^2 \tag{12-47}$$

互相关成像条件的表达式如公式(12-45)所示，它的物理意义几乎没有，因为震源波场和检波波场相乘后单位变成了振幅的平方，与震源的能量比例可以为任意值，成像结果具有较低的分辨率；公式(12-46)是震源归一化互相关成像条件，它的成像振幅某种程度上可以代表反射率模型，而且其符号和比例都正确，但是不能得到正确的反射振幅值；检波归一化互相关成像条件的表达式如公式(12-47)所示，其物理意义与震源归一化互相关成像条件类似，振幅比成像条件的成像分辨率较高。在振幅比成像条件中，若记录波场振幅和震源振幅/检波振幅都取最大时刻(即波场峰值)时的数值，则其比例会得到正确的数值且成像分辨率最好;但是当接收波场振幅和炮点振幅/检波振幅计算来源不同时,模型的反射率就不能用此时的振幅比值来代表了。

图 12-39 是互相关成像条件得到的 BP 模型盐体部分原始成像滤波后的结果,图 12-40 利用的是震源归一化互相关成像条件,图 12-41 是利用检波归一化互相关成像条件得到的。由三图对比可以看出,BP 模型的盐体部分都可正确成像,包括盐体的顶界面、盐体内部构造和盐体的陡倾角侧翼成像效果都很好,也很好地展示了地下地质层位的特征,可见逆时偏移可以正确成像陡倾角构造和回折波。

具体分析不同成像条件的成像效果,可以看出互相关成像条件成像噪音较少,但是分辨率不高,深部构造的成像振幅较弱;振幅比互相关成像条件的成像分辨率要高于前者,经过震源归一化后,浅层的成像噪音有了一定的衰减;在检波归一化互相关成像条件的成像结果中,深部构造的同相轴更为清晰连续,且盐体陡倾角侧翼的成像更为清晰,说明深部构造的照明可以经检波归一化来加强,深部的基本构造特征可以在经过拉普拉斯滤波后的成像剖面上清晰地看到。

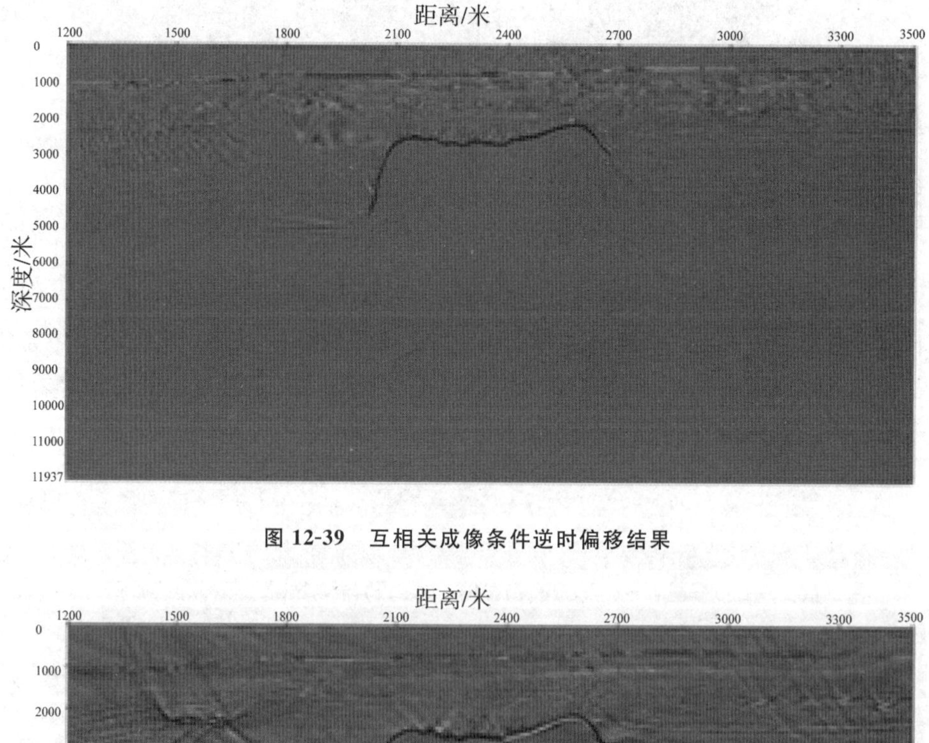

图 12-39　互相关成像条件逆时偏移结果

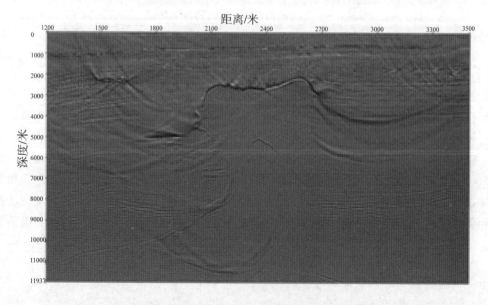

图 12-40　震源归一化互相关成像条件逆时偏移结果

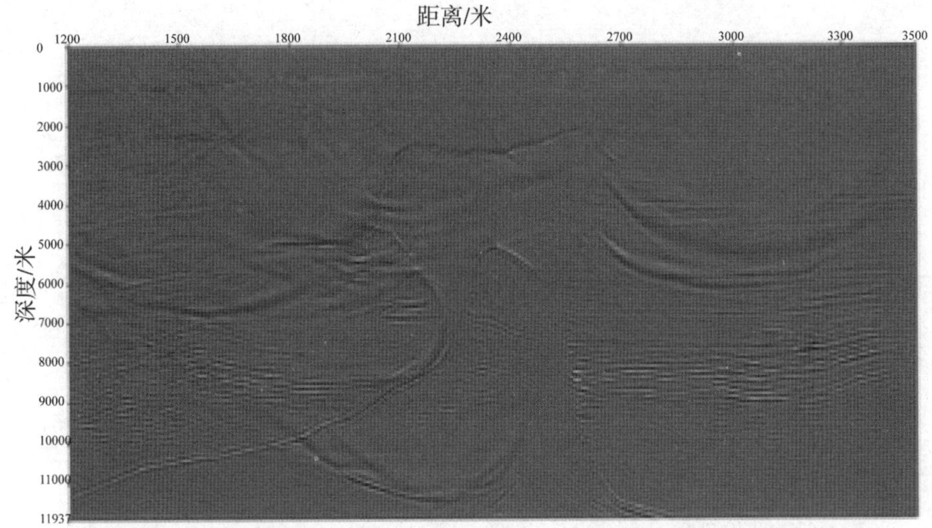

图 12-41 检波器归一化互相关成像条件逆时偏移结果

12.5.5 断块砂体模型试算

图 12-42 为一断块砂体模型,模型中有两个明显反射界面,在界面中部有一个地堑构造,在地堑区域发育许多不同形态砂体,并且有不同的充填物(油、气、水等)。该模型纵、横向采样点数分别为 5601 * 1201,采样间隔均为 5m,采用有限差分正演模拟得到炮记录。模型中的地堑构造的两边的两个正断层可以作为绕射目标,另外模型中部的小尺度断块砂体也是所要识别的绕射目标。图 12-43 为断块砂体模型的全波场成像结果,该成像剖面由高斯束偏移算法得到。由于是理论模型,从全波场成像结果中可以很好地识别模型中的大尺度反射界面以及小尺度绕射目标。

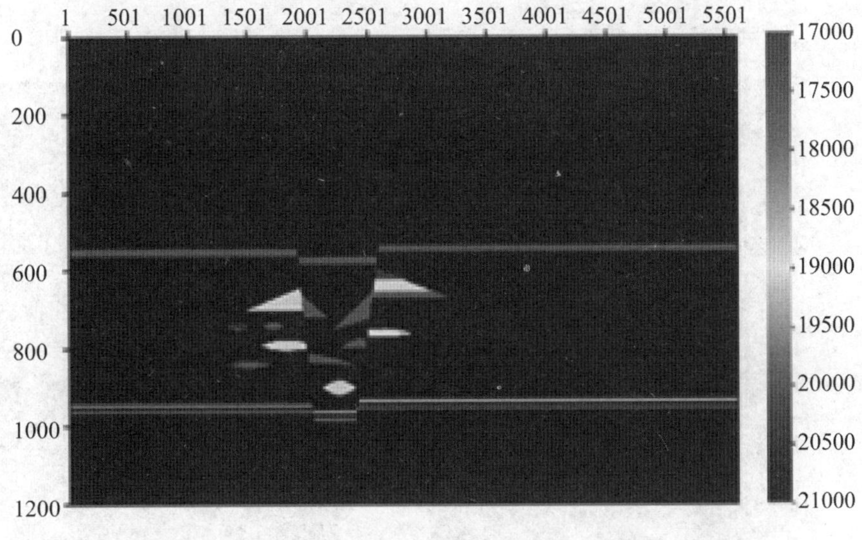

图 12-42 断块砂体模型

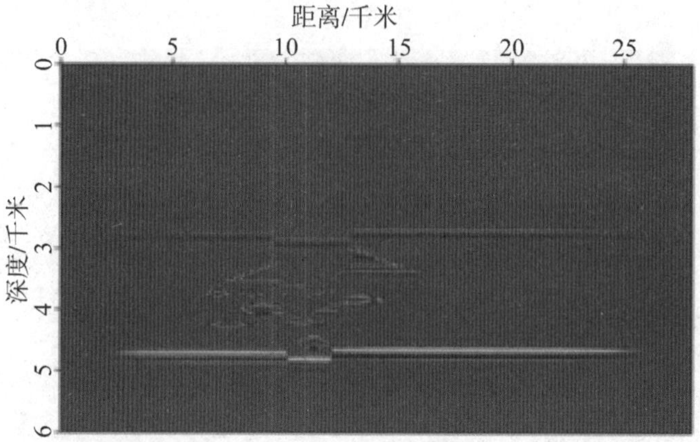

图 12-43　断块砂体模型全波场成像

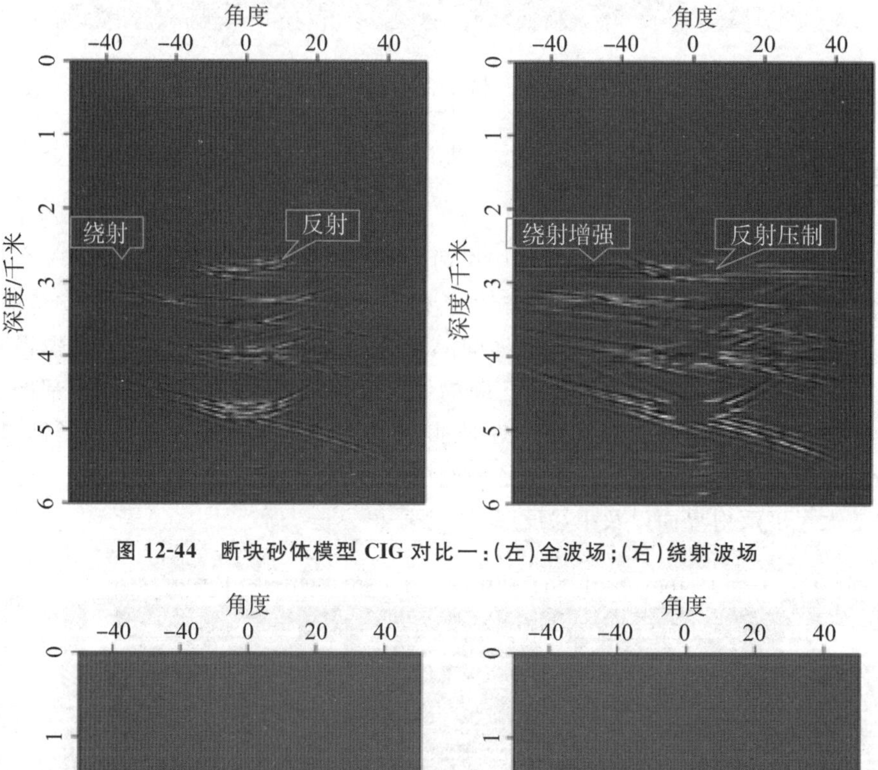

图 12-44　断块砂体模型 CIG 对比一：(左)全波场；(右)绕射波场

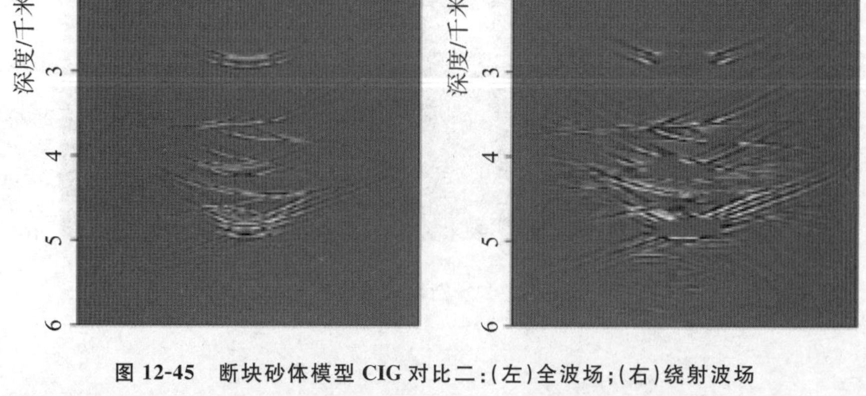

图 12-45　断块砂体模型 CIG 对比二：(左)全波场；(右)绕射波场

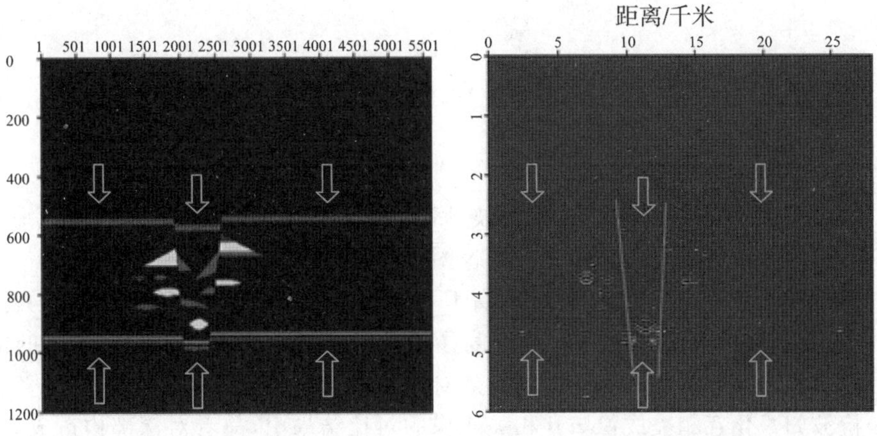

(a)模型速度场　　　　(b)绕射成像结果

图 12-46　断块砂体模型绕射波场成像

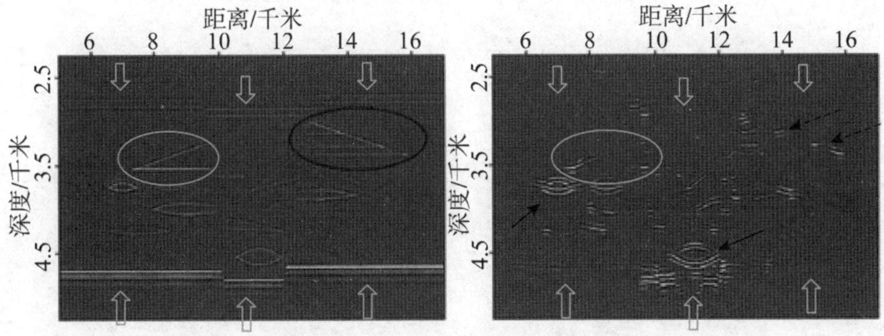

(a)全波场成像结果　　　　(b)绕射成像结果

图 12-47　断块砂体模型目标区域局部方法对比

在图 12-43 中两条竖线所在位置处分别提取倾角域 CIG 示意倾角域绕射波分离技术。图 12-44 展示了第一条竖线位置处的 CIG，左边为全波场 CIG，可以看出其中的反射同相轴呈现明显的"笑脸"状，绕射同相轴表现为拟线性，由于反射能量较强，绕射同相轴不易识别；右图所示为分离后的绕射波 CIG，可以看出，强反射同相轴压制后，弱的绕射能量相对突出。同理，图 12-45 展示了第二条竖线位置处分离前后 CIG。对分离后的绕射波 CIG 沿着倾角方向叠加即可得到绕射波成像结果（图 12-46b）。对比模型速度场（图 12-46a）和绕射波成像结果（12-46b）可知，绕射波成像结果可以很好地压制反射界面（箭头所指），保留的断点可以很好地勾勒出地堑构造两边的断层界面（实线所示）。

为了更加清晰的对比分析波场分离前后的目标区域，将目标区域截取放大显示于图 12-47，图（a）为全波场局部显示，图（b）为绕射波场局部显示。通过对比可知：绕射结果中，模型中尺度较小的椭圆形砂体得到很好的成像；另外，由于某些三角形砂体尺度较大，只保留了几个顶点处的能量（椭圆所示）。综上所述，通过模型试算，验证了方法的正确性和有效性。

本章小结

(1)综合特殊地震波中多次波、棱柱波、回折波和绕射波,具有包含信息广和垂直分辨率高等特点,可有效解决地质体中盐丘成像困难的问题。

(2)多次波可获取多层反射波界面,高于一阶的多次波成像具有或真或假的特点,实际成像中需重点分析假象。棱柱波逆时偏移相对于传统常规 RTM,对速度场的依赖度大幅度降低,仅需继续均匀速度场即可有效对陡倾角和垂直断层成像。

(3)检波归一化互相关成像与互相关成像的对比结果中,前者对深部构造成像精度、深层地层成像均有很大的优势。绕射波成像与模型速度场相比,可有效对断层断点精确成像。

第十三章

复杂介质成像

第一节　黏介质成像

13.1.1　黏声逆时偏移与最小二乘逆时偏移

当所研究的介质并非理想情况，即考虑介质的黏滞性时，应该注意地震波在传播过程中的吸收衰减效应，这种衰减特性可以用品质因子 Q 来表征。常用来描述介质吸收的参数还包括吸收系数。其中吸收系数与品质因子的关系为：

$$Q=\frac{\pi}{\alpha\lambda} \tag{13-1}$$

由公式(13-1)可知，品质因子与吸收系数成反比。也就是说介质模型的品质因子 Q 越小，地震波吸收衰减作用越大；反过来讲，品质因子 Q 越大，地震波能量衰减损耗越小，如图 13-1 所示。因此，当品质因子 Q 趋近于无穷大的时候，该介质模型就变成理想的完全弹性模型。大量的观测数据都证明在地震勘探频带内品质因子 Q 基本稳定为一个常数，并不随频率而改变。因此，学者大多选择对常 Q 模型的研究，而不是吸收系数，从而减少黏性介质中的参数。

在实际的石油勘探得到的记录中，地下介质的品质因子 Q 对地震资料存在着巨大的影响，如高频成分的吸收，能量的衰减等。因此在后续处理当中，可以通过品质因子来研究地震波在实际地球地层中传播过程造成的能量衰减和损耗，用来进行补偿。国内外许多学者在品质因子的求取过程中，付出大量的精力，大致从时间域和频率域两方面出发，其中包括频率域的频谱对比法，时间域的振幅衰减法等；在实际操作中常用的常速扫描法，还有就是利用品质因子 Q 和速度 V 之间的关系得到的经验公式(李氏经验公式法)；反 Q 滤波方法以及反演 Q 值方法等。

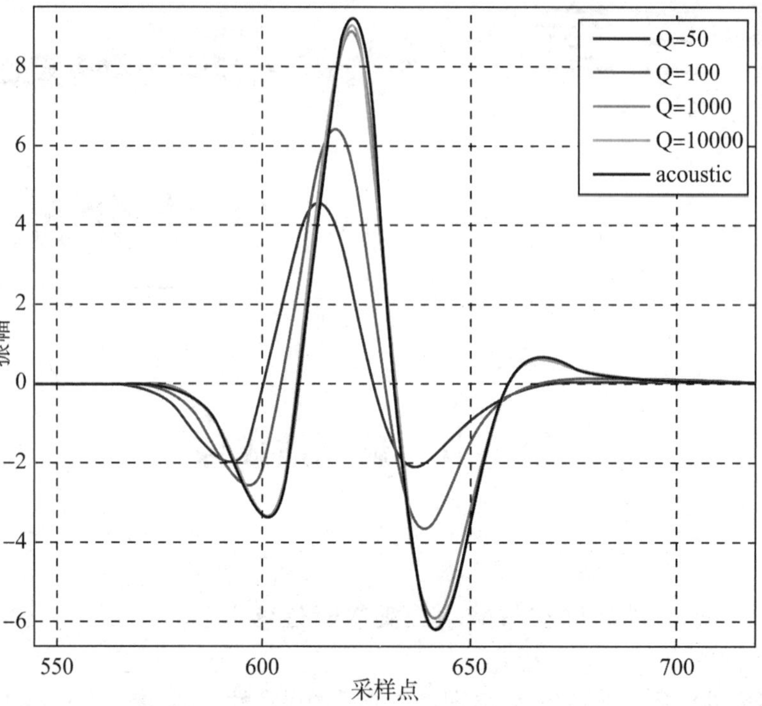

图 13-1　品质因子 Q 对波的影响

13.1.2　黏声逆时偏移基本原理

RTM 现在已经是比较成熟的一种深度偏移方法，实现时主要有三个步骤：(1)震源激发地震波通过一个合适的地球模型正向传播，震源波场可表示为 $S(\boldsymbol{x},t)$，$\boldsymbol{x}$ 为空间位置向量；(2)检波波场通过相同的模型逆向传播，检波波场可表示为 $R(\boldsymbol{x},t)$；(3)应用合适的成像条件，比如零延迟互相关成像条件：

$$I(\boldsymbol{x}) = \int_0^T S(\boldsymbol{x},t)R(\boldsymbol{x},t)\mathrm{d}t \tag{13-2}$$

其中，$S(\boldsymbol{x},t)$ 和 $R(\boldsymbol{x},t)$ 是在非衰减介质中 t 时刻正向传播的震源波场和逆向传播的检波波场，T 是数据的时间长度。显然地，在这种成像条件中，表示反射相对振幅的成像值由震源波场和检波波场的幅值决定。

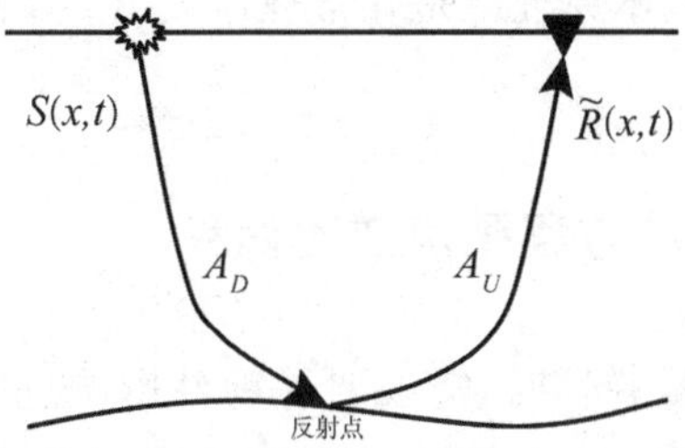

图 13-2　衰减介质中的地震波传播反射示意图

在黏声介质中，地震波在地下传播时是衰减并频散的，为了说明成像中黏性的影响，考虑黏声介质的平面波解，即在声介质的平面波解上乘一个指数衰减项，在这里用 A 表示，它是衰减系数和传播距离的函数。地震波的传播反射示意图如图 13-2 所示，波由震源激发传播到反射层并被反射到检波点处。当考虑平面波解时，波在黏声介质的传播过程中仅存在黏性影响，因此很明显黏声介质中接收到的检波波场与声介质中相比受到下行和上行过程中黏性累积的影响：

$$\widetilde{R}(\boldsymbol{x},t) = A_D A_U R(\boldsymbol{x},t) \tag{13-3}$$

其中，A 表示黏性影响，下标 D 和 U 分别表示下行波和上行波，在这里起衰减的作用。由上式可以看出，若实现完全的补偿，应对接收到的检波波场做 $A_D^{-1}A_U^{-1}$ 的校正。

在声介质中，考虑平面波解，对于得到的检波波场 $R(\boldsymbol{x},t)$，正向延拓时各处的波场都等同于 $S(\boldsymbol{x},t)$，反向延拓时各处的波场都等同于 $R(\boldsymbol{x},t)$，而在黏声介质中，正向传播的震源波场在反射点处为 $A_D S(\boldsymbol{x},t)$，反向传播的检波波场 $\widetilde{R}(\boldsymbol{x},t)$ 补偿后在反射点处为 $A_U^{-1}A_D A_U R(\boldsymbol{x},t) = A_D R(\boldsymbol{x},t)$，因此对于黏声介质中接收到的检波波场 $\widetilde{R}(\boldsymbol{x},t)$，若做常规声波 RTM，则：

$$\widetilde{I}(\boldsymbol{x}) = \int_0^T S(\boldsymbol{x},t)\widetilde{\mathrm{R}}(\boldsymbol{x},t)\mathrm{d}t = A_D A_U I(\boldsymbol{x}) \tag{13-4}$$

由式(13-4)可以看出，这种情况下相较于非衰减介质中成像值包含一次上行波黏性的影响和一次下行波黏性的影响，即整个传播路径上的黏性衰减影响。因此对于不同的成像位置，深度越深，传播距离越长，黏性影响越大，成像值相对越小。

如果仅在反向延拓中补偿黏性影响，震源波场正向延拓仍然是衰减的，则成像时震源波场为 $A_D S(\boldsymbol{x},t)$，检波波场为 $A_D R(\boldsymbol{x},t)$，成像值为：

$$\widetilde{I}_2(\boldsymbol{x}) = \int_0^T A_D S(\boldsymbol{x},t) A_D R(\boldsymbol{x},t)\mathrm{d}t = A_D^2 I(\boldsymbol{x}) \tag{13-5}$$

由式(13-5)可以看出，这种情况下相较于非衰减介质中成像值包含两次下行波的黏性影响，与常规声波 RTM 的式(13-4)相比，也达不到黏性衰减补偿的目的。

观察(13-2)到(13-5)式，很明显可以看出，若要达到振幅补偿的目的，或者实现完全的补偿，可以在反向延拓过程中补偿检波波场的同时令震源波场为 $A_D^{-1}S(\boldsymbol{x},t)$，此时有：

$$\widetilde{I}_3(\boldsymbol{x}) = \int_0^T A_D^{-1} S(\boldsymbol{x},t) A_D R(\boldsymbol{x},t)\mathrm{d}t = I(\boldsymbol{x}) \tag{13-6}$$

这样成像值与非衰减介质中相同，这里震源波场 $A_D^{-1}S(\boldsymbol{x},t)$ 也是有意义的，可以看做是在正向延拓过程中对震源波场也做黏性衰减补偿。

综上所述，$Q-$RTM 的基本原理就是在常规声波 RTM 的基础上在正反向延拓过程中都进行吸收衰减补偿。

13.1.3 二阶黏声波动方程黏声逆时偏移

当地下介质存在明显的黏弹性时，需要对黏弹性影响进行校正。基于 GSLS 模型的一阶波动方程在波场反传时存在一些困难。而且，因为该方程存在记忆变量，因此规则化算子难以应用。因此，很多不含记忆变量的黏声拟微分波动方程被不断推导出来，用来实现黏声介质的逆时偏移成像。在黏声逆时偏移中，采用 Bai(2013)提出的黏声拟微分方程：

$$\left(\frac{\partial^2}{\partial t^2}+\frac{\tau v}{2}\frac{\partial}{\partial t}\sqrt{-\nabla^2}-v^2\nabla^2\right)p=0 \tag{13-7}$$

其中，∇^2 为拉普拉斯算子，$\tau=\tau_\varepsilon/\tau_\sigma-1$ 由 Q 值确定。应力松弛时间 τ_σ 和应变松弛时间 τ_ε 可通过 $\tau-Q$ 关系计算得到(Carcione，2001)：

$$\tau_\sigma=\frac{\sqrt{Q^2+1}-1}{\omega Q} \tag{13-8}$$

$$\tau_\varepsilon=\frac{\sqrt{Q^2+1}+1}{\omega Q} \tag{13-9}$$

其中，ω 为角频率。式(13-7)中第二项为衰减项。在黏声拟微分方程中不含记忆变量项。当 τ 等于零时，黏声拟微分波动方程变为声波方程。反向传播时，或者黏声介质补偿时，只需将第二项变号，为：

$$\left(\frac{\partial^2}{\partial t^2}-\frac{\tau v}{2}\frac{\partial}{\partial t}\sqrt{-\nabla^2}-v^2\nabla^2\right)p=0 \tag{13-10}$$

数值求解式(13-7)和式(13-10)时可采用高阶有限差分方法，分数阶拉普拉斯算子可在波数域处理。在这里采用时间二阶，空间 $2M$ 阶的有限差分格式，具体的离散形式如下：

$$\left.\frac{\partial^2 p}{\partial t^2}\right|_{t=n}\approx\frac{1}{\Delta t^2}(p^{n+1}+p^{n-1}-2p^n) \tag{13-11}$$

$$\left.\frac{\partial}{\partial t}\sqrt{-\nabla^2}\,p\right|_{t=n}\approx\frac{1}{\Delta t}F^{-1}[\,|k|F(p^n-p^{n-1})] \tag{13-12}$$

$$\left.\frac{\partial^2 p}{\partial x^2}\right|_{x=i}\approx D_x^2 p=\frac{1}{\Delta x^2}\left[c_0 p+\sum_{m=1}^{M}c_m(p_{i+m}+p_{i-m})\right] \tag{13-13}$$

其中，Δt 和 Δx 分别是时间和空间 x 方向的间隔，上标表示时间离散，下标表示空间离散，k 是波数，F 和 F^{-1} 分别表示空间一波数的傅里叶变换和反变换，c 为差分系数，可由泰勒展开得到，空间 z 方向的二阶导数与 x 方向类似。这样计算时的递推更新格式为：

$$p^{n+1}=2p^n-p^{n-1}\pm\frac{\tau}{2}v_0\Delta tF^{-1}[\,|k|F(p^n-p^{n-1})]+\Delta t^2 v_0^2(D_x^2p^n+D_z^2p^n) \tag{13-14}$$

其中，等号右边第三项前面的符号，取“$-$”时表示衰减介质的正演模拟，取“$+$”时表示衰减介质的反向传播或"反"衰减介质的正向传播，此时能量是增强的，具有吸收补偿的作用，在本文的 Q－RTM 方法中，正反向延拓都采用这一吸收补偿的格式，这里上标仅代表递推延拓的先后，并不代表物理意义上的时间前后，或者说对于正向延拓，这一格式是由前一时刻推出后一时刻，而对于反向延拓来说，这一格式是由后一时刻推出前一时刻。由上式也可以看出，与常规声波方程相比，这里需要进行空间的傅里叶变换和反变换，这会大大增加计算量，不过下面的几个数值试验表明，在现有硬件和计算能力的条件下，这还是可以承受的，不过实际应用时需要注意和考虑。

需要说明的是在正反向延拓过程中进行吸收补偿时，解是呈指数增长的，而且高频成分增长更快，数值计算时就会造成不稳定，使误差和高频噪声快速增长扩散，影响整个结果，可以采用规则化或者低通滤波处理。

衰减介质中 Q－RTM 的整个流程与常规声波 RTM 基本一致，主要包括三个步骤：

(1)震源波场的正向延拓。利用公式(13-14)求解方程(13-7)，得到吸收补偿的正向传播的震源波场；

(2)检波波场的反向延拓。对衰减介质中接收到的检波波场进行反向传播，数值求解时所用格式与步骤(1)相同，但意义不同，而且在时间上翻转炮记录并作为检波点处的边界条件，得到吸收补偿的反向传播的检波波场；

(3)应用成像条件。最后一步是采用式(13-6)对得到的震源波场和检波波场做零延迟互相关提取成像值，并压制低频噪音。

13.1.4　规则化处理

前面已经提到，在正反向延拓过程中对吸收衰减进行补偿，解是呈指数增长的，尤其高频增长更为严重，因此数值计算时误差和高频噪音会增强扩散影响计算结果，这时为了保持稳定就需要进行规则化，主要有两种方式：添加规则化项和波数域滤波，其实这两种方式本质一样，都可看作是低通滤波，只是形式和实现方式不同，下面分别阐述。

1. 添加规则化项

添加规则化项是使吸收补偿保持稳定的规则化方式之一。规则化项的构造在平面波解的角度来看有很多方式，本文在方程(13-10)的基础上构造如下：

$$\left(\frac{\partial^2}{\partial t^2}-\frac{\tau v_0}{2}\frac{\partial}{\partial t}\sqrt{-\nabla^2}-v_0^2\nabla^2-\sigma\frac{\tau v_0^2}{2}\frac{\partial}{\partial t}\nabla^2\right)p=0 \tag{13-15}$$

上式与方程(13-15)相比多了等号左边最后一项，其中 σ 是一个小的正的规则化参数，可以经验获取，也可以通过其对平面波解的影响选择阈值获取。

下面从波动方程平面波解的角度进行解释。首先定义算子 $\varphi=v_0\sqrt{-\nabla^2}$，其空间傅里叶变换是波数 $|k|$ 的线性函数，则方程(13-10)可以写为：

$$\left(\frac{\partial^2}{\partial t^2}-\frac{\varphi}{2/\tau}\frac{\partial}{\partial t}+\varphi^2\right)p=0 \tag{13-16}$$

其中，φ 可以看作是一个空间域的拟微分算子。

然后定义算子：

$$\Lambda_t = e^{-\frac{\varphi}{4/\tau}t} \tag{13-17}$$

并引入中间波场：

$$q(\boldsymbol{x},t) = \Lambda_t p(\boldsymbol{x},t) \tag{13-18}$$

将式(13-18)代入式(13-16)可得：

$$\left(\frac{\partial^2}{\partial t^2} - \frac{\varphi}{2/\tau}\frac{\partial}{\partial t} + \varphi^2\right)\Lambda_t^{-1} q - 0 \tag{13-19}$$

方程(13-19)等号两边同时作用算子 Λ_t 并化简整理可以得到下面的波动方程：

$$\left[\frac{\partial^2}{\partial t^2} + (1 - \frac{1}{(4/\tau)^2})\varphi^2\right] q = 0 \tag{13-20}$$

由上式可以看出，这样转换以后方程中不再含有一阶时间导数项，且形式类似于常规二阶声波方程：

$$\left[\frac{\partial^2}{\partial t^2} - v_0^2 \nabla^2\right] p = 0 \tag{13-21}$$

这样黏声介质反向传播的波动方程(13-16)可以等价地改写为：

$$\begin{cases}\left[\dfrac{\partial^2}{\partial t^2} + (1 - \dfrac{1}{(4/\tau)^2})\varphi^2\right] q(\boldsymbol{x},t) = 0 \\ p(\boldsymbol{x},t) = e^{\frac{\varphi}{4/\tau}t} q(\boldsymbol{x},t)\end{cases} \tag{13-22}$$

其中，波场 $q(\boldsymbol{x},t)$ 可以看作是常规二阶声波波动方程的解，它的通解具有一般平面波解的形式，而波场 $p(\boldsymbol{x},t)$ 关于时间 t 或波数 $|k|$ 呈指数增长的形式，这样数值求解时就会产生不稳定。

为了缓解不稳定的情况，可以对指数项进行改造，在上面加一个关于 φ 的高次项的规则化项，将式(13-22)改写为：

$$\begin{cases}\left[\dfrac{\partial^2}{\partial t^2} + (1 - \dfrac{1}{(4/\tau)^2})\varphi^2\right] q(\boldsymbol{x},t) = 0 \\ p(\boldsymbol{x},t) = e^{\frac{\varphi - \sigma\varphi^2}{4/\tau}t} q(\boldsymbol{x},t)\end{cases} \tag{13-23}$$

其中，σ 是规则化参数。

再将方程(13-23)合并，近似化简并整理可以得到规则化的波动方程：

$$\left(\frac{\partial^2}{\partial t^2} - \frac{\varphi - \sigma\varphi^2}{2/\tau}\frac{\partial}{\partial t} + \varphi^2\right) p = 0 \tag{13-24}$$

方程(13-24)将算子 φ 代入并整理后与方程(13-15)是一致的。综上可以看出，由于算子 φ 的空间傅里叶变换是关于波数 $|k|$ 的线性函数，所以也可以将添加规则化项的本质看作是低通滤波，只不过滤波时窗相当于一个指数窗，不同的规则化项具有不同的指数形式，除了本文的形式还可以有其他的构造方式，这里的指数项的核心是波数的平方，因此这种添加规则化项的方式对所有波数的波场都会有所改造，只不过低波数影响小，高波数被压制严重。另外添加的规则化项在时空域有明确的形式，与原来的方程相比，只进行较小的改动即可，而且它可以看作是局部的，因为波数与速度有关，解的指数增长与品质因子有关，这样可以针对不同的品质因子和不同的传播速度，构造与二者相关的规则化参数，这对品质因子变化大，速度差异大等非均匀性严重的情况比较有意义。

2. 低通滤波

前面已经提到，产生不稳定的主要原因是高频的误差和噪音增长很快，所以进行低通滤波也是比较有效的稳定化方式之一，在这里可以对每一个时间步长进行空间－波数傅里叶变换和波数域低通滤波。不过傅里叶变换和滤波可以看作是全局的，只能对整个波场进行同样的滤波，由于波数与传播速度有关，不稳定增长与品质因子有关，当速度和品质因子变化较大时，只能按照最坏的情况进行较为严格的滤波，这对波场可能产生较大的影响。

由于一阶时间导数项是不稳定产生的根源，在这里延拓时只对这一项进行低通滤波，截止波数可以根据子波最大频率与速度计算出的波数并经验调整得到，滤波时采用 Tukey 窗，其窗函数为：

$$w(x)=\begin{cases}\dfrac{1}{2}\left\{1+\cos\left[\dfrac{2\pi}{r}(x-r/2)\right]\right\} & 0\leqslant x<\dfrac{r}{2}\\ 1 & \dfrac{r}{2}\leqslant x<1-\dfrac{r}{2}\\ \dfrac{1}{2}\left\{1+\cos\left[\dfrac{2\pi}{r}(x-1+r/2)\right]\right\} & 1-\dfrac{r}{2}\leqslant x\leqslant 1\end{cases} \tag{13-25}$$

其中，x 是归一化的自变量，$w(x)$ 是函数值，r 是调节参数，三者取值范围均为[0, 1]，选择不同的调节参数时它的结果如图 13-3 所示，由图 13-3 中可以看出，它是矩形窗和两个余弦窗的叠加，为了最大限度地保护有效波场，并防止吉布斯现象发生，本文选择 $r=0.5$ 进行滤波。

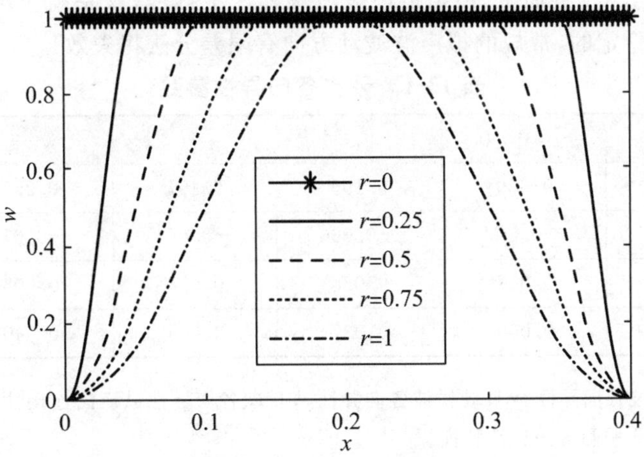

图 13-3　Tukey 窗函数

第二节　各向异性介质成像

13.2.1　各向异性的基本概念

1.各向异性的定义

所谓各向异性,从广义上讲是指对于物质的同一质点,从不同观测方向上所观测到的物理性质有所差异,即物质的物理性质是观测方向的函数。特别地,当这里的物理性质是地震波的传播速度时,即波速表现为观测方向的函数时,则称地震波传播速度存在各向异性,即通常所说的速度各向异性。本文研究的正是这种狭义的地震波速度各向异性,探讨地震波波速存在各向异性时所展现出来的地震波传播特征。

速度各向异性介质理论的提出是建立在岩石物理实验基础之上的,岩石物理学家通过对大量岩石样品的观测和总结,得到了砂岩、碳酸盐岩、泥页岩等的各向异性参数变化范围,分别如表13-1至表13-3所示。分析参数表可以得出:(1)无论砂岩、碳酸盐岩还是泥页岩都存在或浅或弱的速度各向异性特征;(2)对比来看,泥页岩的各向异性参数变化范围较大,存在强纵波各向异性,砂岩次之,碳酸盐岩较弱;(3)砂岩和碳酸盐岩都存在$\eta<0$的情形,这给声学近似下,模拟拟声波波场提出了挑战,这是由于声学近似下,$\eta<0$的区域是物理不稳定的,常规的拟声波波动方向有限差分法将失效。

表13-1　砂岩各向异性参数

Type	ε	γ	δ	σ	η
最大值	0.359	0.195	0.197	0.257	0.097
最小值	−0.007	−0.003	−0.074	−0.073	−0.019
中值	0.057	0.035	0.038	0.008	0.003
平均值	0.069	0.037	0.046	0.040	0.015

附注:ε反映纵波各向异性,γ反映横波各向异性,δ反映各向异性纵横向连接性参数,σ反映伪横波的几何形态,η反映非椭圆各向异性特征。

表13-2　碳酸盐岩各向异性参数

Type	ε	γ	δ	σ	η
最大值	0.130	0.136	0.147	0.728	0.263
最小值	−0.016	−0.049	−0.164	−0.265	−0.062
中值	0.007	0.004	−0.022	0.092	0.024
平均值	0.017	0.014	−0.016	0.124	0.040

表 13-3　泥页岩各向异性参数

Type	ε	γ	δ	σ	η
最大值	0.512	0.553	0.242	2.016	1.049
最小值	0.081	0.025	−0.174	0.001	0.0
中值	0.218	0.177	0.028	0.452	0.157
均值	0.232	0.226	0.046	0.575	0.197

2. 各向异性的成因及分类

根据 Crampin 的实验测量与理论研究，地下岩石的速度各向异性成因可概述为如下三种类型：

(1)固有各向异性，该类各向异性是连续的、均匀的，主要由岩石的固有结构和特性产生，如：①介质自身的晶体排列；②介质在外力作用下发生优势取向等，都会引起固有各向异性性质。

(2)裂隙诱导各向异性，地壳中存在的大量孔隙、裂缝以及溶洞等特殊地质体，在应力场或其他外界条件的作用下，孔缝洞通常展现出方向性分布特征，这势必导致各向异性地震响应。

(3)长波长各向异性，当单个薄层的最小厚度相较于地震波长来说非常小时，由多层不同性质、不同厚度的各向同性薄层组成的岩层会产生总体上的平均各向异性响应，因与观测的地震波长有关，又称为视各向异性。

关于各向异性的研究都基于一个假设，即具有固有各向异性的最小粒子与次生各向异性体，在长波长的条件下的地震波响应理论上是没有区别的。

13.2.2　TI 介质纯 qP 波传播算子

在各向异性介质中，构建一种既简单又精确的纯 qP 波传播算子是实现 TI 介质高精度正演模拟、逆时偏移以及全波形反演的首要任务。仿照经典的各向同性伪解析法原理(Zhang　and Zhang，2009b；Etgen and Brandsberg－Dahl，2009；Crawley et al.，2010)，当介质速度与各向异性参数随着空间位置变化时，地震波场时间外推公式可由空间－波数混合域相移算子来近似表征：

$$P(\boldsymbol{k},t+\Delta t)=e^{\pm i\Phi(\boldsymbol{x},\boldsymbol{k})\Delta t}P(\boldsymbol{k},t) \tag{13-26}$$

其中，t 是时间坐标，$\boldsymbol{x}$ 是空间坐标，$\boldsymbol{k}$ 是空间波矢量；Φ 代表角频率函数，由介质参数及传播方向共同决定；$P(\boldsymbol{k},t)$ 与 $P(\boldsymbol{k},t+\Delta t)$ 分别是相邻两时刻的波数域地震波场，Δt 表示时间步长；在点震源的情况下，± 号分别表示会聚波和发散波。本文中，空间傅氏变换对满足如下定义：

$$P(\boldsymbol{k},t)=\int p(\boldsymbol{x},t)e^{-i\boldsymbol{k}\cdot\boldsymbol{x}}\mathrm{d}\boldsymbol{x}$$

$$P(\boldsymbol{x},t)=\int p(\boldsymbol{k},t)e^{i\boldsymbol{k}\cdot\boldsymbol{x}}\mathrm{d}\boldsymbol{k} \tag{13-27}$$

公式(13-27)中，δ 和 P 分别表示傅氏变换前后的空间域和波数域地震波场。

从公式(13-26)可知,角频率函数是决定延拓算子性质的关键,为了构建数值模拟可行的纯纵波延拓算子,将公式(13-26)代入 TI 介质波动方程,在高频近似下可导出角频率关系式(Fomel,2004),即:

$$\Phi(\boldsymbol{x},\boldsymbol{k})=v(\boldsymbol{x},\boldsymbol{k})\left|\boldsymbol{k}\right|+\frac{1}{2}v(\boldsymbol{x},\boldsymbol{k})(\nabla v)\cdot\boldsymbol{k}\Delta t+\cdots \tag{13-28}$$

公式(13-28)中,符号 v 表示地震波相速度,对于各向同性介质,v 仅为空间位置坐标的函数,而在 TI 介质中,由于地震波传播速度随传播方向变化,因此,v 不仅与空间位置有关,还是波矢量 $\boldsymbol{k}$ 的函数,可见 TI 介质相速度本身即为空间一波数混合域形式;∇表示梯度算子,如果相速度梯度 ∇v 或时间步长 Δt 足够小,可以进一步忽略高阶项,于是方程(13-28)可简化为:$v(\boldsymbol{x},\boldsymbol{k})\left|\boldsymbol{k}\right|$。

为了进一步推导基于 Thomsen 参数表征的角频率公式,可借助于 qP 波频散关系,在空间一波数域,VTI 介质 qP 波精确频散关系可表示为(Tsvankin,1996;Fowler et al.,2003):

$$\omega_{qP}=\sqrt{\frac{1}{2}\left[(v_h^2+v_s^2)k_h^2+(v_v^2+v_s^2)k_z^2\right]+\sqrt{\frac{1}{2}\sqrt{\left[(v_h^2-v_s^2)k_h^2-(v_v^2-v_s^2)k_z^2\right]^2+4(v_v^2-v_s^2)\left[v_{nmo}^2-v_s^2\right]k_h^2k_z^2}}} \tag{13-29}$$

公式(13-29)中,v_v 表示沿着对称轴方向的 qP 波相速度,v_h 表示在各向同性面内的 qP 波相速度,$v_h=v_v\sqrt{1+2\varepsilon}$,$v_{nmo}$ 表示 qP 波动校正速度,$v_{nmo}=v_v\sqrt{1+2\delta}$,其中,$\varepsilon$ 和 δ 是 Thomsen 弱各向异性参数,v_s 表示沿着对称轴方向的 qSV 波相速度;k_x、k_y、分别是波数分量,并且有 $k_h^2=k_x^2+k_y^2$。需要说明的是,TI 介质 qP 波传播特征受横波速度影响,导致纵横波相互耦合。为了简化公式(13-29),目前通常采用近似频散公式,而精度最高的当属声学近似下的频散方程(Alkhalifah,1998),即:

$$\omega_{qP}=\sqrt{\frac{1}{2}(v_h^2k_h^2+v_v^2k_z^2)+\frac{1}{2}\sqrt{(v_h^2k_h^2+v_v^2k_z^2)^2-\frac{8\eta}{1+2\eta}v_h^2v_v^2k_h^2k_z^2}} \tag{13-30}$$

公式(13-30)中,$\eta=(\varepsilon-\delta)/(1+2\delta)$ 代表椭圆各向异性参数。由于该公式能够较为准确地描述 qP 波运动学特征,且在简化波动方程方面有一定的优势,因此正广泛应用于成像处理中。结合公式(13-30),则公式(13-28)可以重写为:

$$\Phi(\boldsymbol{x},\boldsymbol{k})\approx \mathrm{v}(\boldsymbol{x},\boldsymbol{k})\left|\boldsymbol{k}\right|=\sqrt{\frac{1}{2}(v_h^2k_h^2+v_v^2k_z^2)+\frac{1}{2}\sqrt{(v_h^2k_h^2+v_v^2k_z^2)^2-\frac{8\eta}{1+2\eta}v_h^2v_v^2k_h^2k_z^2}} \tag{13-31}$$

最后,将公式(13-31)代入公式(13-26)中即可得到 VTI 介质纯 qP 波传播算子。值得一提的是,本文采用 Low-rank 分解地震波延拓方案可以直接处理上述空间一波数混合域算子,无需推导显式的时空域波动方程,且在横波速度已知的前提下,可进一步采用精确频散方程(即公式(13-29))来构建纯 qP 波传播算子以提高计算精度。

接下来,考察 TTI 介质。受构造运动的影响,TI 介质对称轴并不总是竖直向下,相对于观测坐标系,经常存在倾斜与旋转,即极化各向异性和方位各向异性两种情况。为方便数学描述,首先定义如图 13-4 所示的观测坐标系,倾角 θ 为介质对称轴方向与 z 轴的夹角，并规定绕 y 轴以逆时针方向旋转为正，方位角 φ 为对称轴方向在 xoy 面内的投影与 x 轴的夹角，且在图中以顺时针方向旋转为正，根据上述规定，TTI 介质对称轴方向矢量可表示为：

$$\boldsymbol{n} = (\sin\theta\cos\varphi, \sin\theta\sin\varphi, \cos\theta) \tag{13-32}$$

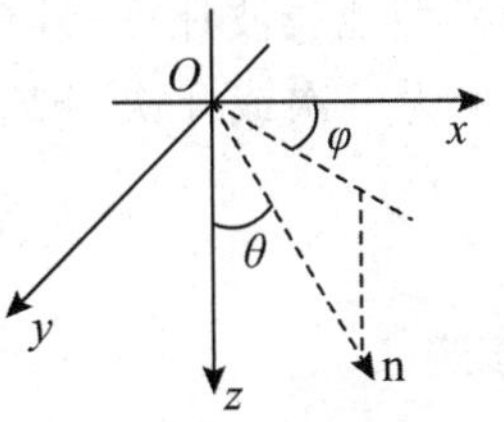

图 13-4　观测坐标系

借助局部旋转坐标变换可以将 VTI 介质纯 qP 波传播算子扩展到 TTI 的情形，即采用新的空间波数分量 $\tilde{k}_x$、$\tilde{k}_y$、$\tilde{k}_z$ 代替公式(13-31)中的 k_x、k_y、k_z。在三维(3D)模型中，与 TTI 介质对称轴方向矢量(即公式(13-32))对应的局部坐标变换关系为：

$$\begin{pmatrix} \tilde{k}_x \\ \tilde{k}_y \\ \tilde{k}_z \end{pmatrix} = \begin{pmatrix} \cos\theta\cos\varphi & \cos\theta\sin\varphi & -\sin\theta \\ -\sin\varphi & \cos\varphi & 0 \\ \sin\theta\cos\varphi & \sin\theta\sin\varphi & \cos\theta \end{pmatrix} \begin{pmatrix} k_x \\ k_y \\ k_z \end{pmatrix} \tag{13-33}$$

在二维(2D)情况下，只存在极化倾角，令方位角为 0，且不考虑 y 方向，公式 13-33 可简化为：

$$\begin{aligned} \tilde{k}_x &= \cos\theta k_x - \sin\theta k_z \\ \tilde{k}_z &= \sin\theta k_x + \cos\theta k_z \end{aligned} \tag{13-34}$$

联立公式(13-26)、(13-31)、(13-33)，即可得到 TTI 介质纯 qP 波传播算子。如果直接采用一步法延拓求解上述纯 qP 波算子，虽然波场延拓过程稳定，且人工边界易于处理，但是该方法涉及复矩阵分解，在时间步长一定的情况下，一步法延拓需耗费更多的计算量和存储空间(Du et al.，2014)。为了避免复数处理，本文采用简化的两步法时间延拓方案，下面讨论纯 qP 波两步法延拓公式。

所谓两步法时间延拓，即为欲求下一时刻的地震波场，必须预先知道前两个时刻的波场。首先基于公式(13-26)可得一步法逆向时间延拓公式为：

$$P(\boldsymbol{k}, t-\Delta t) = e^{\mp i\Phi(\boldsymbol{x},\boldsymbol{k})\Delta t} P(\boldsymbol{k}, t) \tag{13-35}$$

其次，将公式(13-26)与公式(13-35)左右两端对应相加，再将其反变换到空间域，可得两步法时间延拓公式(Tal－Ezer，1986；Etgen，1986，1989；Soubaras and Zhang，2008)，即：

$$p(\boldsymbol{x}, t+\Delta t) + p(\boldsymbol{x}, t-\Delta t) = \int 2\cos[\Phi(\boldsymbol{x},\boldsymbol{k})\Delta t] P(\boldsymbol{k}, t) e^{i\boldsymbol{k}\cdot\boldsymbol{x}} \mathrm{d}\boldsymbol{k} \tag{13-36}$$

对于均匀介质，公式(13-36)无条件稳定，即取任意时间步长，都能保证地震波稳定地传播；而对于非均匀或各向异性介质，只要时间步长 Δt 足够小，也能提供较为合理的数值近似解(Fomel et al.，2013)。

观察公式(13-36)可知，方程右端被积函数中的空间－波数混合域算子刻画了纯 qP 波所有传播特征，本文称之为纯 qP 波传播矩阵，记为：

$$W(\boldsymbol{x},\boldsymbol{k}) = 2\cos[\Phi(\boldsymbol{x},\boldsymbol{k})\Delta t] \approx 2\cos[v(\boldsymbol{x},\boldsymbol{k})|\boldsymbol{k}|\Delta t] \tag{13-37}$$

方程(13-36)可直接采用高维空间傅氏变换进行求解,但对复杂介质,在时间方向每延拓一步,需进行一次傅氏正变换(FFT,Fast Fourier Transforms)和多次($N_x \times N_z$ 次,N_x、N_z 表示模型网格点数)傅氏反变换(IFFT,Inverse Fast Fourier Transforms),计算成本极其昂贵,不利于大规模复杂模型地震波计算;另一种是采取基于 Low-rank 分解的波场延拓方案,可将多次 IFFT 减少为一次或几次 IFFT,从而降低计算成本。下一节将探讨 Low-rank 分解延拓算法。

13.2.3 Low-rank 延拓算法

从高效稳健的计算方法是设计地震成像处理软件的核心,也是提高计算效率的关键。Low-rank 分解的基本思想是从矩阵 $\boldsymbol{W}$ 中分别选择一组具有代表性的空间位置 $\boldsymbol{x}$ 和一组具有代表性的空间波数 $\boldsymbol{k}$,去近似表征全矩阵 $\boldsymbol{W}$,从而降低计算成本,它本质上是一种广义的插值算法,在插值中通过 Low-rank 近似来选择最佳的参考速度和权值(Fomel et al.,2010;Song et al.,2013;Wu and Alkhalifah,2014;Yan and Liu,2016)。

为实现空间一波数混合域算子的分离与求解,通过 Low-rank 分解将传播矩阵 $\boldsymbol{W}$ 近似分解为三个子矩阵,即:

$$W(\boldsymbol{x},\boldsymbol{k}) \approx 2\cos[v(\boldsymbol{x},\boldsymbol{k})|\boldsymbol{k}|\Delta t] \approx \sum_{m=1}^{M}\sum_{n=1}^{N} W_1(\boldsymbol{x},\boldsymbol{k}_m)a_{mn}W_2(\boldsymbol{x}_n,\boldsymbol{k}) \tag{13-38}$$

其中,$\boldsymbol{W}_1$、$\boldsymbol{W}_2$ 都是全矩阵 $\boldsymbol{W}$ 的子矩阵,$\boldsymbol{W}_1$ 由矩阵 $\boldsymbol{W}$ 中 M 个线性无关的列向量组成,$\boldsymbol{W}_2$ 由矩阵 $\boldsymbol{W}$ 中 N 个线性无关的行向量组成,a_{mn} 是连接 $\boldsymbol{W}_1$ 与 $\boldsymbol{W}_2$ 的系数矩阵,也是实现矩阵最佳分离的权系数。

根据 Fomel 等(2010)建立的 Low-rank 矩阵分解流程,在模型给定的情况下,通过预先设置容许误差和时间步长 Δt,即可求出上述两个子矩阵和系数矩阵,以及对应子矩阵的秩 M 和 N。最后,将公式(13-38)带入公式(13-36),即可导出基于 Low-rank 分解的两步法时间延拓公式:

$$\begin{aligned} p(\boldsymbol{x},t+\Delta t) + \mathrm{p}(\boldsymbol{x},t-\Delta t) &= \int 2cos[\Phi(\boldsymbol{x},\boldsymbol{k})\Delta t]P(\boldsymbol{k},t)e^{i\boldsymbol{k}\cdot\boldsymbol{x}}\mathrm{d}\boldsymbol{k} \\ &\approx \sum_{m=1}^{M} W_1(\boldsymbol{x},\boldsymbol{k}_m)\left\{\sum_{n=1}^{N} a_{mn}\left[\int W_2(\boldsymbol{x}_n,\boldsymbol{k})P(\boldsymbol{k},t)e^{i\boldsymbol{k}\cdot\boldsymbol{x}}\mathrm{d}\boldsymbol{k}\right]\right\} \end{aligned} \tag{13-39}$$

从公式(13-39)可见:Low-rank 分解是一种解决空间一波数混合域算子的有效工具,为伪解析法波场延拓提供了新的思路。需要强调的是,秩 N 的大小决定时间层每延拓一步需执行的 IFFT 次数,也即控制着计算成本的高低,秩越低延拓速度越快。事实上,M 表示选取的具有代表性的特定波数的个数,N 表示选取的具有特定介质参数大小的空间位置个数,其大小都受控于介质结构的复杂程度、纵横向参数变化情况和预定误差大小等因素,介质结构越复杂、参数变化越剧烈、容许误差越小,值就越大,这是因为模型越复杂,必将导致更多线性无关的空间位置和波数位置,要在给定误差范围内准确表征原始混合域矩阵 W,必然需要更大的 M 和 N 值(Song and Alkhalifah,2013)。

根据公式(13-39)可设计如下基于 Low-rank 分解的纯 qP 波场延拓算法流程：

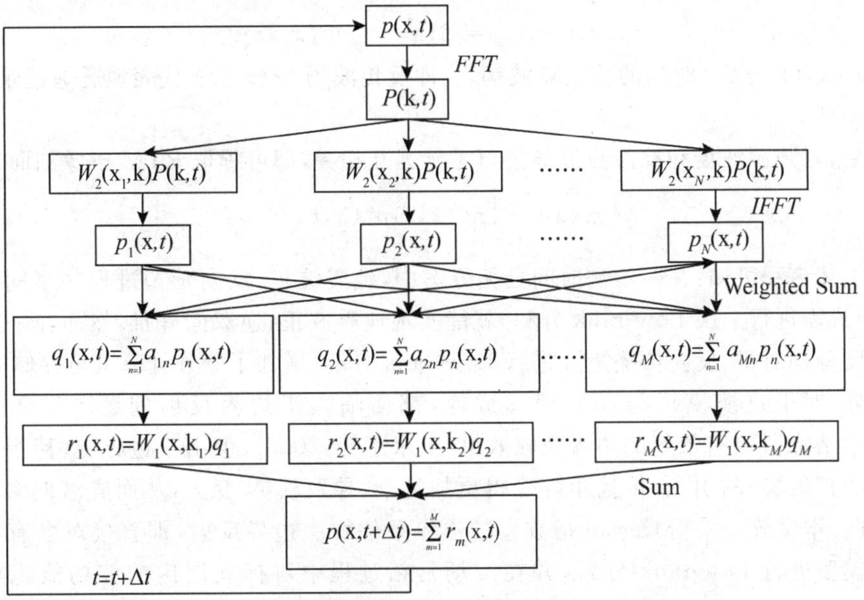

图 13-5　基于 Low-rank 分解的纯 qP 波场延拓算法流程图

从上述算法流程可以看出：(1)在时间方向每递推一步，需要执行一次 FFT 和 N 次 IFFT 运算，以及必要的乘法与求和运算，这些运算构成了波场延拓算法的主要计算量；(2)正是因为 Low-rank 分解方法兼顾了所有的波数成分和空间位置，特别是高波数段、高速岩体、参数剧变区域，因此在计算过程中不会产生数值频散和不稳定现象；(3)对频散关系始终未进行平方运算，也不必推导显式的波动方程，所以方程不会产生增根，也就避免了伪横波干扰的产生以及对模型参数的限制。

13.2.4　基于 Low-rank 分解的逆时偏移成像流程

逆时偏移是一种基于双程波动方程的精确成像方式，不受反射界面倾角的限制，在偏移速度较为可靠的前提下，能够同时使回转波和多次波准确成像。实现基于 Low-rank 分解的各向异性逆时偏移成像主要包括三个步骤，即：震源波场正向延拓、检波点波场反向延拓以及零延迟互相关提取成像剖面。

首先，以震源函数作为初始条件，通过地震波沿时间正向延拓构建震源波场，其定解问题可描述为：

$$p^f(\boldsymbol{x},t+\Delta t)=-p^f(\boldsymbol{x},t-\Delta t)+\int(W(\boldsymbol{x},\boldsymbol{k})-1)P^f(\boldsymbol{k},t)e^{i\boldsymbol{k}\cdot\boldsymbol{x}}\mathrm{d}\boldsymbol{k}+p^f(\boldsymbol{x},t),$$

$$p^f(\boldsymbol{x},t)\big|_{x=x_s}=\delta(\boldsymbol{x}-\boldsymbol{x}_s)f(t). \tag{13-40}$$

式中，$p^f(\boldsymbol{x},t)$ 表示 t 时刻的震源波场，即正传波场，$f(t)$ 代表震源子波，$\boldsymbol{x}_s$ 为震源坐标。

其次，以炮记录作为边界条件，通过地震波沿时间逆向外推构建检波点波场，其定解问题可表示为：

$$p^b(\boldsymbol{x},t-\Delta t)=-p^b(\boldsymbol{x},t+\Delta t)+\int(W(\boldsymbol{x},\boldsymbol{k})-1)P^b(\boldsymbol{k},t)e^{i\boldsymbol{k}\cdot\boldsymbol{x}}\mathrm{d}\boldsymbol{k}+p^b(\boldsymbol{x},t),$$
$$p^b(\boldsymbol{x},t)|_{x=x_g}=\delta(\boldsymbol{x}-\boldsymbol{x}_g)r(\boldsymbol{x}_g,t). \tag{13-41}$$

其中，$p^b(\boldsymbol{x},\mathrm{t})$ 表示 t 时刻的检波点波场，也即反传波场，$r(\boldsymbol{x}_g,t)$ 代表地震炮记录，$\boldsymbol{x}_g$ 为接收点坐标。

最后，对震源波场和检波点波场进行零延迟互相关，即可提取 RTM 成像剖面 m，即：

$$m(\boldsymbol{x})=\int_t p^f(\boldsymbol{x},t)p^b(\boldsymbol{x},t)\mathrm{d}t \tag{13-42}$$

由上述流程可知：在两步法时间延拓方案中，地震波正、反向延拓过程共享同一传播矩阵，即只需进行一次 Low-rank 分解，就能实现地震波正、逆双向外推，然而在一步法延拓中需要分别对正、反向传播矩阵进行 Low-rank 分解，增加了额外计算量与存储空间。

此外，对于正演模拟与逆时偏移成像，都面临人工边界反射问题。完全匹配层(PML)边界条件具有最好的边界吸收效果(王永刚等，2007)，但由于边界层(特指含有衰减因子的扩展层)的引入，传播矩阵变得更加复杂，导致秩 N 变大，从而成倍地增加计算量。为此，本文统一采用 Cerjan 指数衰减边界条件解决边界反射，即直接对含有扩展层的速度模型进行 Low-rank 分解，并在波场延拓过程中对扩展层内的波场值施加指数衰减。

第三节 数值试算

13.3.1 Marmousi 模型

选用一个较为复杂的 Marmousi 模型来对算法进行测试。其中品质因子模型由经验公式给出。利用凹陷模型进行补偿粘声逆时偏移算法的测试。计算观测系统参数为：共 25 炮正演模拟，炮间距 100m，道间距 10m，检波点数 250 个，采样间隔 1ms，主频 30Hz。其中速度模型和品质因子模型如图 13-6 及图 13-7 所示。补偿逆时偏移结果如图 13-8 所示。图 13-9 及图 13-10 分别为常规声波逆时偏移结果及未使用补偿逆时偏移算子的粘声波逆时偏移结果。可以看出由于吸收衰减效应的影响，下部构造成像结果比较模糊，补偿能量后下部能量得到恢复，反射面成像比较清楚。

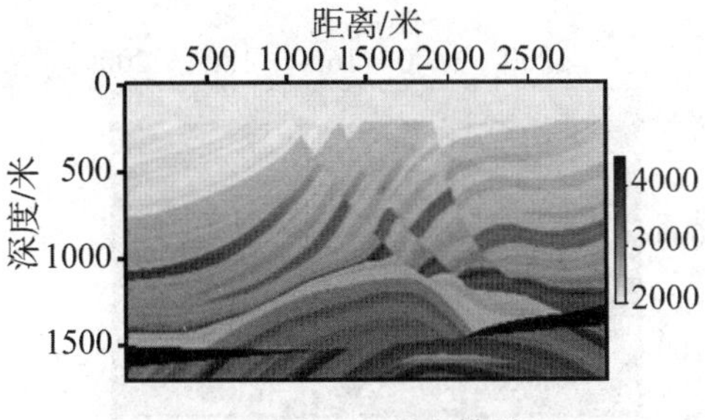

图 13-6　速度模型

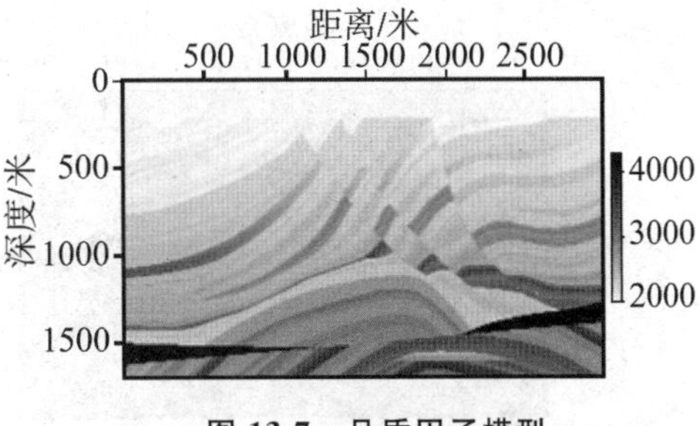

图 13-7　品质因子模型

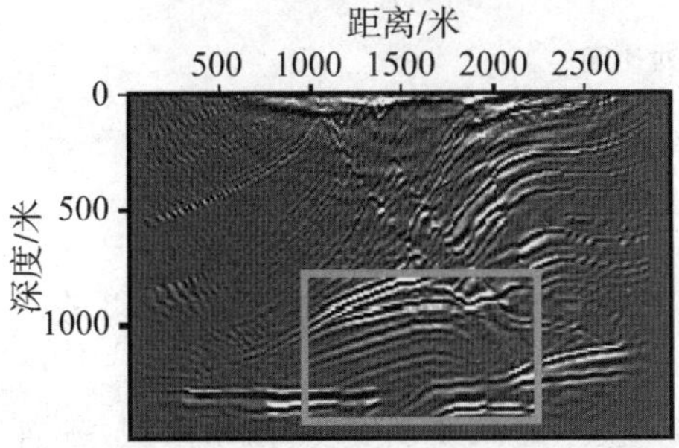

图 13-8　补偿粘声波逆时偏移成像结果

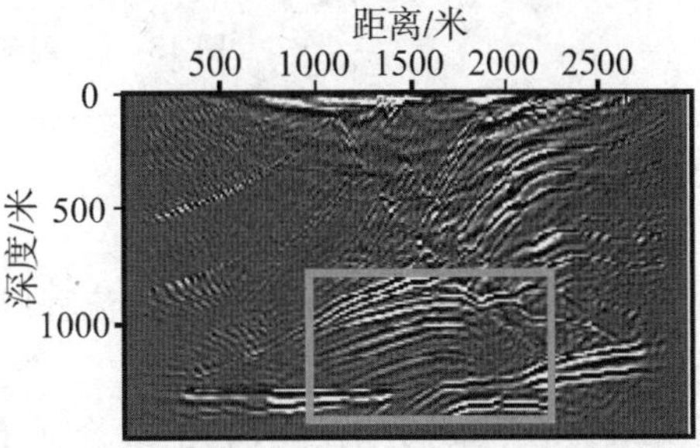

图 13-9　声波逆时偏移成像结果

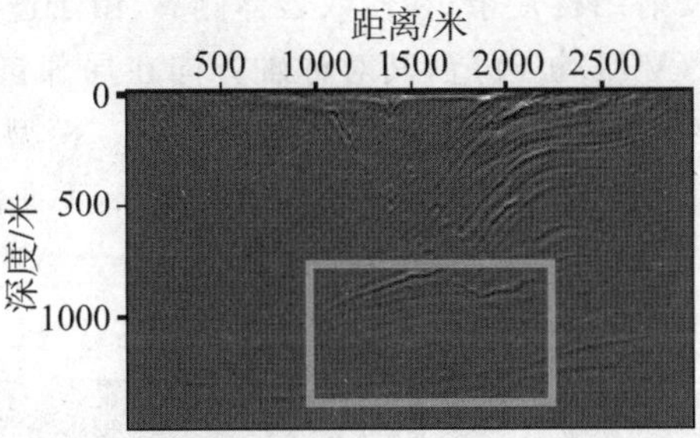

图 13-10　粘声波逆时偏移成像结果

图 13-11 为有代表性的构造位置局部放大的偏移结果。可以看出图 13-11(b)中由于吸收衰减效应的影响，深层构造几乎难以成像。图 13-11(c)为应用了能量补偿的逆时偏移成像结果。可以看出补偿黏声逆时偏移方法能够对黏滞性介质主要构造进行成像。由于对能量进行了恢复，可以得到深部构造较为清晰的成像结果，并且能量比较均衡。采用补偿黏声逆时偏移方法能够更准确地反映此区域的构造形态和界面位置，分辨率相对更高，说明了本文方法的正确性和有效性。

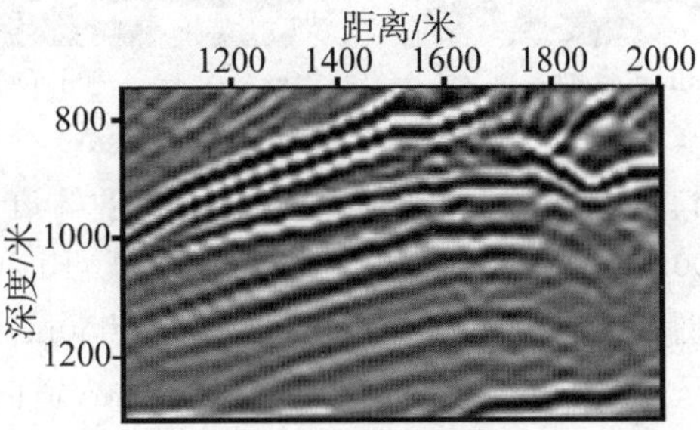

(a)声波

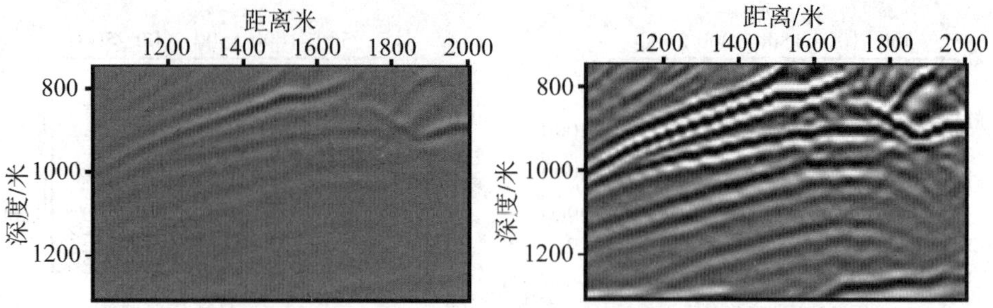

（b）未补偿　　　　　　　　　　　（c）补偿

图 13-11　局部放大对比图

13.3.2　复杂 BP2007 模型

将上述纯 qP 波叠前逆时偏移成像流程应用于复杂 BP2007 模型成像试处理，以进一步验证本方法对更复杂模型的适用性。

图 13-12(a)～(d)分别展示了 TTI 介质 BP2007 模型的纵波速度场，倾角模型，各向异性 Thomsen 参数 Epsilon 及 Delta。该模型在沉积地层的背景下受高速岩体侵入，高陡构造及断裂系统发育，反射结构复杂；在侵入岩体侧翼，由于遭受强烈的构造挤压，沉积产生的横向各向同性地层（VTI）被改造，其对称轴方向在局部挤压应力的作用下发生倾斜，最终形成极化各向异性，宏观上呈现出 TTI 介质特征。模型网格数为 6298×901，网格间距 $\triangle x = \triangle z = 12.5 m$，因此，模型横向距离是 78712.5m，垂向深度为 11250.0m，此外，浅水层的速度是 1492m/s。

（a）速度模型　　　　　　　　　　（b）倾角模型

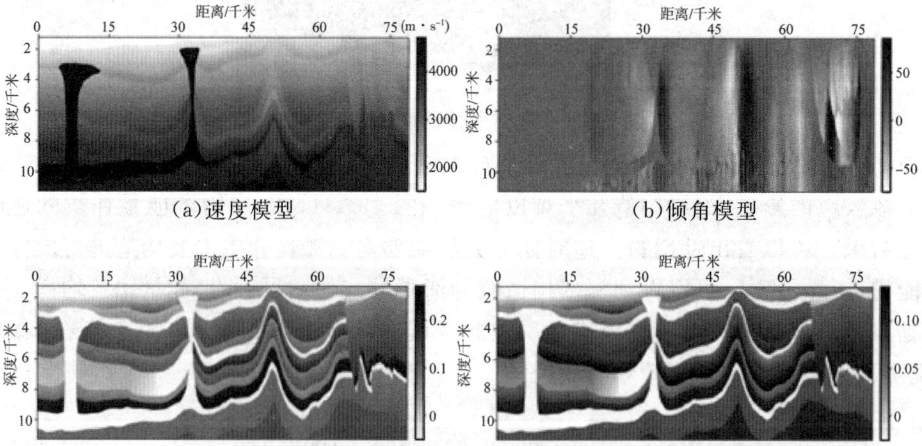

（c）Epsilon 模型　　　　　　　　　（d）Delta 模型

图 13-12　2D TTI BP2007 模型参数

为了使模型边界充分照明，模型左右两端分别扩充了 802 道和 263 道，也即模型范围扩展成：−10025m～82000m。观测系统采用单边接收方式：BP2007 模型共有 1641 炮地震数据，第一炮炮点位置是 x＝0m，激发井深 6m，炮点间距 50m；每炮均为 800 道接收，接收点深度 8m，近偏移距是 −37.5m，远偏移距是 −10025m，道间距为 12.5m；记录长度

9.2s,采样间隔 8ms,所以每道 1151 个采样点;震源主频是 40Hz,子波延迟时间 48ms。图 13-13(a)～(c)分别展示了 BP2007 模型第 1 炮、第 821 炮和第 1641 炮地震记录,对应激发点坐标分别是 x=0m、x=41.0km 和 x=82.0km,从中可以看出炮记录信噪比高,反射波等接收信息丰富。

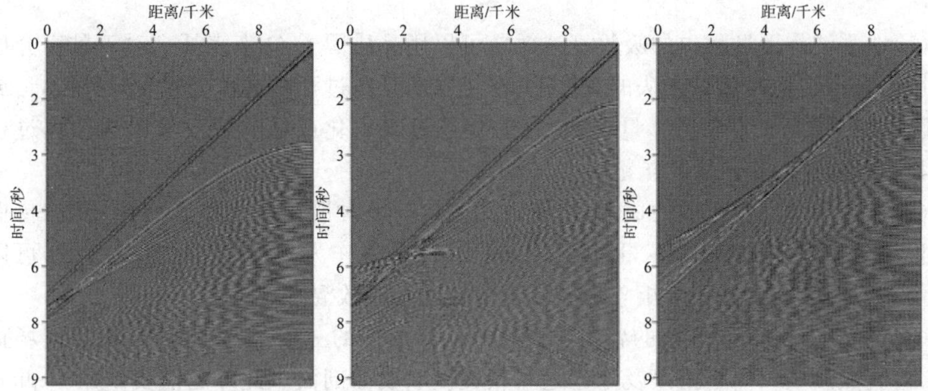

图 13-13　地震炮记录

图注:激发点坐标分别是 (a)x=0km;(b)x=41.0km;(c)x=82.0km。

图 13-14 为 BP2007 模型 Low-rank 纯 qP 波逆时偏移成像剖面,图中可见:模型中的主要反射体都归位到正确的空间位置,两套高速岩体得到很好的刻画,岩体轮廓及侧翼成像清晰,高陡断层的边界展布清楚分明,由浅层至深层的各反射同相轴连续均衡,该剖面总体上信噪比高,成像效果较好。上述成像特点表明:本方法计算稳定且不存在伪横波干扰,对复杂模型成像具有较好的适应性,在改善深部构造的成像质量方面也具有一定的优势,此外,各向异性对构造成像具有较大的影响,针对强各向异性区域,特别是倾角急剧变化的区域,通过考虑各向异性偏移成像算法,有利于显著改善复杂构造的成像质量。

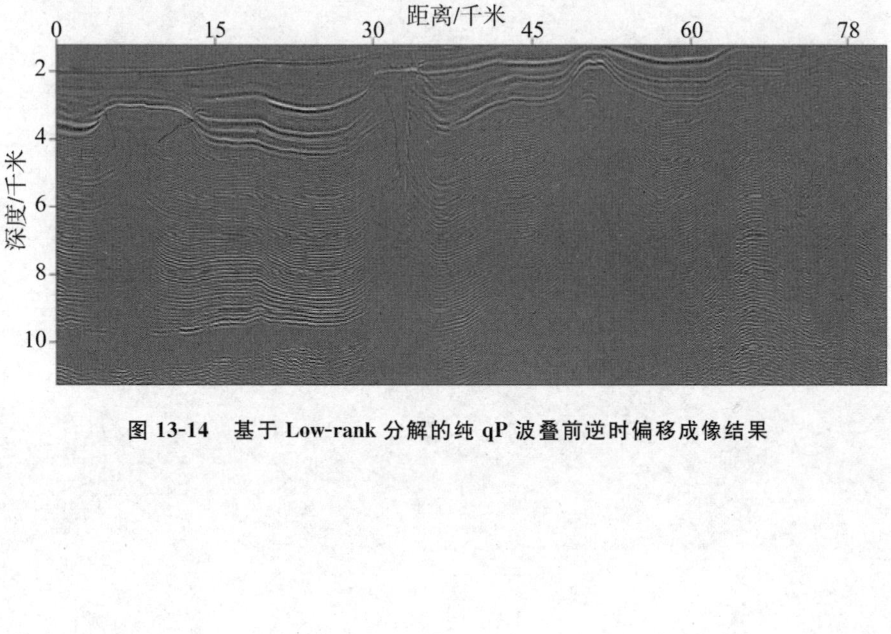

图 13-14　基于 Low-rank 分解的纯 qP 波叠前逆时偏移成像结果

本章小结

(1)地震波传播过程中的吸收衰减效应可以用品质因子 Q 来表征。对于黏声介质的成像可以在传统逆时偏移方法的基础上,在正反向延拓过程中进行吸收衰减补偿,形成 Q－RTM 法。但是该方法运算量较大,且需要通过规则化或低通滤波来压制计算过程中误差和高频噪声的快速增长扩散。

(2)对于各向异性介质的成像,传统方法是构建一种既简单又精确的纯 qP 波传播算子,但遇到复杂介质时其计算量过大。Low-rank 分解作为一种广义的插值算法,可以通过将传播矩阵分解成三个子矩阵来高效求解空间－波数混合域算子。

(3)基于 Low-rank 分解的各向异性逆时偏移成像的三个主要步骤为:震源波场正向延拓、检波点波场反向延拓以及零延迟互相关提取成像剖面。此外还需要采用 Cerjan 指数衰减边界条件解决边界反射,从而避免由于边界反射造成的运算量成倍增长问题。

第十四章

全波形反演

第一节　基本概论

正问题和反问题是在勘探地震学领域当中的两个重要概念。正问题是通过地球介质参数，探索在地下介质中地震波的传播规律。反问题是基于观测到的地震数据反演地下介质参数。在公式(14-1)当中阐释了地震波的正向过程，具体为：

$$D = \boldsymbol{L}(\boldsymbol{m}) \tag{14-1}$$

在上式当中：数据矢量用 D 代表，模型参数矢量用 M 代表。正演算子用 $L(\cdot)$ 代表(用来描述地震波传播的)。那么反演过程用公式表示则是：

$$M = \boldsymbol{L}^{-1}(D) \tag{14-2}$$

在上述公式当中，地震数据的反演算子用 $\boldsymbol{L}^{-1}(\cdot)$ 代表。

波形反演的基本原理是随意定义某个函数(有误差)，通过它测量模拟数据和观测数据间的重合程度，并得出模型，在这个过程中，采用反问题发现模拟数据和观测数据的偏差可以最小化。因此，它也可以用来近似表示真实的模型。

本文是基于最小二乘法来构造误差泛函，最小二乘法(又称最小平方法)是一种数学优化技术，它通过最小化误差的平方和寻找数据的最佳函数匹配。利用最小二乘法可以简便地求得未知的数据，并使得这些求得的数据与实际数据之间误差的平方和为最小。最小二乘法还可用于曲线拟合。其他一些优化问题也可通过最小化能量或最大化熵用最小二乘法来表达。正演模拟的效果深刻影响了反演的质量，反演是基于正演模拟进行的。因此，反演方法的选择非常重要，进行准确有效的反演对研究来说意义重大。针对这种情况，本文将会对如何利用迭代算法来解决非线性反演的问题进行系统概括。

从概率论的角度进行分析，无论是地震波场的传播过程或者是记录到的地震有关数据都被认为是随机事件。对贝叶斯反演来说，其按照传统经验模型以及分析求解出来的数据信息，针对概率结果做出验证，使得后验概率能够变成最大化条件。后验概率是信息理论的基本概念之一。在一个通信系统中，在收到某个消息之后，接收端所了解到的该消息发送的概率称为后验概率。后验概率的计算要以先验概率为基础，而后验概率的最大值则是与最优模型 $\boldsymbol{m}_{opt}$ 相对应的。

在此，假设所建立起来的数据与模型皆可以与高斯分布条件相匹配，而若 m_{prior} 属于先验模型矢量，则 m 对应的后验概率密度就应该是：

$$P(\boldsymbol{m}) \propto \exp\left\{ \begin{array}{l} -\dfrac{1}{2}[(\boldsymbol{L}(\boldsymbol{m})-\boldsymbol{d}_{obs})^T\boldsymbol{C}_D^{-1}(\boldsymbol{L}(\boldsymbol{m})-\boldsymbol{d}_{obs}) \\ +(\boldsymbol{m}-\boldsymbol{m}_{prior})^T\boldsymbol{C}_M^{-1}(\boldsymbol{m}-\boldsymbol{m}_{prior})] \end{array} \right\} \tag{14-3}$$

所以误差函数能够做出下述定义：

$$E(\boldsymbol{m}) = \frac{1}{2}[(\boldsymbol{L}(\boldsymbol{m})-\boldsymbol{d}_{obs})^T\boldsymbol{C}_D^{-1}(\boldsymbol{L}(\boldsymbol{m})-\boldsymbol{d}_{obs})+(\boldsymbol{m}-\boldsymbol{m}_{prior})^T\boldsymbol{C}_M^{-1}(\boldsymbol{m}-\boldsymbol{m}_{prior})] \tag{14-4}$$

当 $E(\boldsymbol{m})$ 它取最小，则 $P(\boldsymbol{m})$ 最大。

其中，$\boldsymbol{C}_D^{-1}=1$，$\boldsymbol{C}_M^{-1}=0$，可表示为：

$$E(\boldsymbol{m}) = \frac{1}{2}[(\boldsymbol{L}(\boldsymbol{m})-\boldsymbol{d}_{obs})^T(\boldsymbol{L}(\boldsymbol{m})-\boldsymbol{d}_{obs})] \tag{14-5}$$

可以看出，它是最小二乘意义上的目标函数，也把一个没有先验的模型信息的误差函数给定义了出来，同时还解决了存在于非线性二次函数极值问题的反演问题。在确定性的方法中，最小二乘法的使用广泛度最大。由此可见贝叶斯估计下的反演问题的概率与确定性保持一致性。

第二节　非线性反问题求解

14.2.1　梯度类法

1. 梯度法

梯度法又称梯度下降法，梯度下降是迭代法的一种，可以用于求解最小二乘问题(线性和非线性都可以)。在求解机器学习算法的模型参数，即无约束优化问题时，梯度下降(Gradient Descent)是最常采用的方法之一，另一种常用的方法是最小二乘法。在求解损失函数的最小值时，可以通过梯度下降法来一步步的迭代求解，得到最小化的损失函数和模型参数值。反过来，如果需要求解损失函数的最大值，这时就需要用梯度上升法来迭代了。在机器学习中，基于基本的梯度下降法发展了两种梯度下降方法，分别为随机梯度下降法和批量梯度下降法，它是给定一个小的固定步长 γ_0，可以寻找到实现最大化误差泛函 E 下降值的方向 $\boldsymbol{h}_0$，即最小化公式：

$$\mathrm{E}(\boldsymbol{m}_1)-\mathrm{E}(\boldsymbol{m}_2) \approx \gamma_0\boldsymbol{h}_0 \cdot \nabla_m\mathrm{E}(\boldsymbol{m}_0) \tag{14-6}$$

在此设 $\boldsymbol{h}_0$ 范数为 1，也就是 $\|\boldsymbol{h}_0\|_2=1$，由此可以有：

$$\gamma_0\boldsymbol{h}_0 \cdot \nabla_m\mathrm{E}(\boldsymbol{m}_0) \geqslant -\gamma_0\|\nabla_m\mathrm{E}(\boldsymbol{m}_0)\|_2\|\boldsymbol{h}_0\|_2 = -\gamma_0\|\nabla_m\mathrm{E}(\boldsymbol{m}_0)\|_2 \tag{14-7}$$

据此可知误差泛函于左右两式相等的情况下，可以实现最快的下降，于是能够确定出最速下降方向，即：

$$h_0 = -\frac{\nabla_m E(m_0)}{\| \nabla_m E(m_0) \|_2} \tag{14-8}$$

针对上式进行多次迭代可以有：

$$m_{i+1} = m_i - \gamma_i \nabla_m E(m_i) \tag{14-9}$$

梯度法相对较为简单的同时效率也是比较低的，原因在于该法求得的误差最快下降方向并非是针对整个问题的，只是针对当前位置的求解，也极易出现锯齿效应。

2.共轭梯度法

为让收敛效率得到提升，对最速下降法进行改进是很有必要的，所以提出了共轭梯度法，共轭梯度法(Conjugate Gradient)是介于最速下降法与牛顿法之间的一个方法，这种方法只需利用一阶导数的信息，但是它克服了最速下降法收敛慢的缺点，同时又避免了牛顿法需要存储和计算并求逆的缺点。共轭梯度法不仅是解决大型线性方程组最有用的方法之一，也是解大型非线性最优化最有效的算法之一。在各种优化算法中，共轭梯度法是非常重要的一种。其优点是所需存储量小，具有步收敛性，稳定性高，而且不需要任何外来参数。该方法会持续修改梯度方向，以最后一次迭代值来取代当前位置的迭代值。

该法需要用到共轭梯度修正因子 β_i，而对该修正因子存在非常多种定义，常见的如下：

(1)FR 法：

$$\beta_i = \frac{\| \nabla_m E(m_{i+1}) \|_2^2}{\| \nabla_m E(m_i) \|_2^2} \tag{14-10}$$

(2)PRP 法：

$$\beta_i = \frac{\nabla_m E(m_{i+1}) \cdot [\nabla_m E(m_{i+1}) - \nabla_m E(m_i)]}{\nabla_m E(m_i) \cdot \nabla_m E(m_i)} \tag{14-11}$$

(3)HS 法：

$$\beta_i = \frac{\nabla_m E(m_{i+1}) \cdot [\nabla_m E(m_{i+1}) - \nabla_m E(m_i)]}{h_i \cdot [\nabla_m E(m_{i+1}) - \nabla_m E(m_i)]} \tag{14-12}$$

具体的迭代步骤为：

(1)选定初始模型 m_0，迭代次数及方向分别为 $i = 0$、1、2...，$h_0 = -\nabla_m E(m_0)$。

(2)求解最优迭代步长：

$$\gamma_i = -\frac{h_i \cdot \nabla_m E(m_i)}{h_i \cdot H(m_i) \cdot h_i} \tag{14-13}$$

(3)对模型参数进行更新：

$$m_{i+1} = m_i + \gamma_i h_i \tag{14-14}$$

(4)求解下次迭代对应的梯度大小 $\nabla_m E(m_{i+1})$

(5)求解下降方向 h_{i+1}：

$$\beta_i = \frac{\| \nabla_m E(m_{i+1}) \|_2^2}{\| \nabla_m E(m_i) \|_2^2} \tag{14-15}$$

$$h_{i+1} = -\nabla_m E(m_{i+1}) + \beta_i h_i \tag{14-16}$$

(6) 令 k 等于 $k+1$，返回第(2)步重新进行迭代，直至达到精度要求时结束。

14.2.2 牛顿法

对模型参数而言，梯度法确定其一阶导数下降方向时利用的是误差函数，牛顿法（牛顿法最初由艾萨克·牛顿在《流数法》（Method of Fluxions，1671 年完成，在牛顿去世后的 1736 年公开发表）中提出。约瑟夫·鲍易也曾于 1690 年在 Analysis Aequationum 中提出此方法）确定其二阶导数下降方向时利用的则是误差导数。对与最优模型 $\boldsymbol{m}_{opt}$ 相邻误差函数进行线性近似可得到下式：

$$0 = \nabla_m E(\boldsymbol{m}_{opt}) \approx \nabla_m E(\boldsymbol{m}) + \boldsymbol{H}(\boldsymbol{m}) \cdot (\boldsymbol{m}_{opt} - \boldsymbol{m}) \tag{14-17}$$

即有：

$$\boldsymbol{m}_{opt} \approx \boldsymbol{m} - \boldsymbol{H}^{-1}(\boldsymbol{m}) \cdot \nabla_m E(\boldsymbol{m}) \tag{14-18}$$

故而得出如下迭代式：

$$\boldsymbol{m}_{i+1} = \boldsymbol{m}_i - \boldsymbol{H}^{-1}(\boldsymbol{m}_i) \cdot \nabla_m E(\boldsymbol{m}_i) \tag{14-19}$$

学者 FichtnerA 发现牛顿法的收敛速度为速率的平方，相较于其他优化法来说收敛更为快速。但该法需求得二阶导数，也就是 Hessian，该法对于误差函数的二阶导数极为依赖，且对模型提出了充分接近最优解的要求，不然收敛缓慢甚至于无法收敛。为可以省略 Hessian 的求解过程，下文将介绍两种改进后的算法。

14.2.3 拟牛顿法

该法的关键思想在于不针对迭代公式内的 Hessian 算子，而是针对近似 Hessian 算子，对其逆进行估计。用 $\boldsymbol{B} \approx \boldsymbol{H}^{-1}$ 来表示，袁亚湘的文献提出了非常多的估计法，本文选用了较为经典的 BFGS 法，其修正公式如下：

$$\boldsymbol{B}_{i+1} = \boldsymbol{B}_i - \frac{\boldsymbol{B}_i \boldsymbol{s}_i \boldsymbol{s}_i^T \boldsymbol{B}_i}{\boldsymbol{s}_i^T \boldsymbol{B}_i \boldsymbol{s}_i} + \frac{\boldsymbol{y}_i \boldsymbol{y}_i^T}{\boldsymbol{s}_i^T \boldsymbol{y}_i} \tag{14-20}$$

$$\boldsymbol{H}_{i+1} = \boldsymbol{H}_i - \frac{\boldsymbol{H}_i \boldsymbol{y}_i \boldsymbol{s}_i^T + \boldsymbol{s}_i \boldsymbol{y}_i^T \boldsymbol{H}_i}{\boldsymbol{y}_i^T \boldsymbol{s}_i} + \left(1 + \frac{\boldsymbol{y}_i^T \boldsymbol{H}_i \boldsymbol{y}_i}{\boldsymbol{s}_i^T \boldsymbol{y}_i}\right) \frac{\boldsymbol{s}_i \boldsymbol{s}_i^T}{\boldsymbol{s}_i^T \boldsymbol{y}_i} \tag{14-21}$$

式中，$\boldsymbol{s}_i = \boldsymbol{m}_{i+1} - \boldsymbol{m}_i$ 表示两次迭代后所得到的模型的残差，$\boldsymbol{y}_i = \nabla_m \mathrm{E}(\boldsymbol{m}_{i+1}) - \nabla_m \mathrm{E}(\boldsymbol{m}_i)$ 则表示梯度残差。

14.2.4 高斯牛顿法

该法的关键思想是利用 Hessian 算法的线性部分来计算。也就是 $\mathrm{E} = \mathrm{E}[\boldsymbol{u}(\boldsymbol{m})]$，那么有

$$\boldsymbol{H} = \nabla_u \nabla_u \mathrm{E}(\nabla_m \boldsymbol{u}\ \nabla_m \boldsymbol{u}) + \nabla_u \mathrm{E}(\nabla_m \nabla_m \boldsymbol{u}) \tag{14-22}$$

等式右边的第一二项分别为 Hessian 算子的线性部分、非线性项。假设 $\nabla_u \mathrm{E}(\nabla_m \nabla_m \boldsymbol{u})$ 等于 0，那么计算成本就可得到极大的降低。*Tarantola* 认为非线性项在满足下述条件的情况下才会趋于极小值：(1)数据残差 $\Delta \boldsymbol{d}$ 远远小于数据 $\boldsymbol{d}$；(2) $\boldsymbol{u}(\boldsymbol{m})$ 对于模型参数

$\boldsymbol{m}$ 存在线性依赖。

在符合上述条件的情况下，迭代公式能够被简化成：

$$\boldsymbol{m}_{i+1} = \boldsymbol{m}_i - \boldsymbol{H}_a^{-1}(\boldsymbol{m}_i) \cdot \nabla_m E(\boldsymbol{m}_i) \tag{14-23}$$

式中，$\boldsymbol{H}_a$ 代表的是算子的线性近似。

分析以上多种反演法可知，梯度法最简单但收敛也非常缓慢，牛顿法可视为该法的变体。共轭梯度法则是对于最速下降方向进行连续校正。但是，Hessian 算子计算过程相当繁杂且不易存储。故而在牛顿法的基础上给出了两种改进牛顿法。对上述方法进行综合考量后，在更新速度上本文选用的是共轭梯度法。

第三节　时间域声波波形反演

14.3.1　构建误差泛函

针对常密度声波方程而言：

$$\frac{1}{\boldsymbol{v}^2}\frac{\partial^2 \boldsymbol{u}}{\partial t^2} = \frac{\partial^2 \boldsymbol{u}}{\partial \boldsymbol{x}^2} + \frac{\partial^2 \boldsymbol{u}}{\partial \boldsymbol{z}^2} + \boldsymbol{S} \tag{14-24}$$

本质而言，模型参数主要有：介质速度场 $\boldsymbol{v}$，激发点及其检波点坐标 $\boldsymbol{x}_s$、$\boldsymbol{x}_r$，观测数据 $\boldsymbol{d}_{obs}(t,\boldsymbol{x}_r,\boldsymbol{x}_s)$，正演波场 $\boldsymbol{u}(t,\boldsymbol{x}_r,\boldsymbol{x}_s;\boldsymbol{v})$，和当前速度场有着极大的相关性。基于此对最小二乘误差的泛函进行定义，具体为：

$$\mathrm{E}(\boldsymbol{v}) = \frac{1}{2}\sum_{x_s}\sum_{x_r}\sum_{t}(\boldsymbol{u}(t,\boldsymbol{x}_r,\boldsymbol{x}_s;\boldsymbol{v}) - d_{obs}(\boldsymbol{x}_r,\boldsymbol{x}_s,t))^2 \tag{14-25}$$

14.3.2　求解梯度

针对声波方程而言，借助 $\boldsymbol{g}(\boldsymbol{v})$ 能够代表泛函之于模型参数的梯度 $\nabla_m E(\boldsymbol{m})$，并被简化为 $\boldsymbol{g}$。于是最速下降法对应的迭代公式 $\boldsymbol{m}_{i+1} = \boldsymbol{m}_i - \gamma_i \nabla_m \mathrm{E}(\boldsymbol{m}_\mathrm{i})$ 可以转化为：

$$\boldsymbol{v}_{i+1} = \boldsymbol{v}_i - \gamma_\mathrm{i}\boldsymbol{g}_i \tag{14-26}$$

下文对误差泛函在速度上的梯度进行推导，具体为：

$$\boldsymbol{g}(\boldsymbol{v}) = \frac{\partial \boldsymbol{E}(\boldsymbol{v})}{\partial \boldsymbol{v}} \tag{14-27}$$

在式(14-26)中代入式(14-27)，可知：

$$\begin{aligned}\boldsymbol{g}(\boldsymbol{v}) &= \sum_{x_s}\sum_{x_r}\sum_{t}(\boldsymbol{u}(t,\boldsymbol{x}_r,\boldsymbol{x}_s;\boldsymbol{v}) - \mathrm{d}_{obs}(\boldsymbol{x}_r,\boldsymbol{x}_s,t))\frac{\partial \boldsymbol{u}(t,\boldsymbol{x}_r,\boldsymbol{x}_s;\boldsymbol{v})}{\partial \boldsymbol{v}} \\ &= \left(u - d_{obs}, \frac{\partial u}{\partial v}\right)\end{aligned} \tag{14-28}$$

在上式当中：(·)代表的是内积的运算。为求得梯度，下文对正传波场对速度的导数进行推演，由导数的定义可知：

$$\frac{\partial \boldsymbol{u}}{\partial \boldsymbol{v}}=\lim_{\varepsilon\to 0}\frac{\boldsymbol{u}(\boldsymbol{v}+\varepsilon\Delta\boldsymbol{v})-\boldsymbol{u}(\boldsymbol{v})}{\varepsilon\Delta\boldsymbol{v}} \tag{14-29}$$

其中，$\Delta\boldsymbol{v}$ 代表的是速度场上出现的扰动。

鉴于 $\boldsymbol{u}(\boldsymbol{v}+\varepsilon\Delta\boldsymbol{v})$ 与 $\boldsymbol{u}(\boldsymbol{v})$ 均符合声波波动方程(14-24)，将其代入后可得：

$$\begin{cases}\dfrac{1}{\boldsymbol{v}^2}\dfrac{\partial^2\boldsymbol{u}(\boldsymbol{v})}{\partial t^2}=\dfrac{\partial^2\boldsymbol{u}(\boldsymbol{v})}{\partial \boldsymbol{x}^2}+\dfrac{\partial^2\boldsymbol{u}(\boldsymbol{v})}{\partial \boldsymbol{z}^2}+\boldsymbol{S}\\ \dfrac{1}{(\boldsymbol{v}+\varepsilon\Delta\boldsymbol{v})^2}\dfrac{\partial^2\boldsymbol{u}(\boldsymbol{v}+\varepsilon\Delta\boldsymbol{v})}{\partial t^2}=\dfrac{\partial^2\boldsymbol{u}(\boldsymbol{v}+\varepsilon\Delta\boldsymbol{v})}{\partial \boldsymbol{x}^2}+\dfrac{\partial^2\boldsymbol{u}(\boldsymbol{v}+\varepsilon\Delta\boldsymbol{v})}{\partial \boldsymbol{z}^2}+\boldsymbol{S}\end{cases} \tag{14-30}$$

在 v 处对 $\dfrac{1}{(\boldsymbol{v}+\varepsilon\Delta\boldsymbol{v})^2}$ 进行泰勒展开，可知：

$$\frac{1}{(\boldsymbol{v}+\varepsilon\Delta\boldsymbol{v})^2}=\frac{1}{\boldsymbol{v}^2}-\frac{2\varepsilon\Delta\boldsymbol{v}}{\boldsymbol{v}^3}+O(\varepsilon\Delta \mathrm{v})^2 \tag{14-31}$$

在式(14-30)的第二个方程中代入式(14-31)左侧的一阶线性项，可知

$$\left(\frac{1}{v^2}-\frac{2\varepsilon\Delta v}{v^3}\right)\frac{\partial^2\boldsymbol{u}(\boldsymbol{v}+\varepsilon\Delta\boldsymbol{v})}{\partial t^2}=\frac{\partial^2\boldsymbol{u}(\boldsymbol{v}+\varepsilon\Delta\boldsymbol{v})}{\partial \boldsymbol{x}^2}+\frac{\partial^2\boldsymbol{u}(\boldsymbol{v}+\varepsilon\Delta\boldsymbol{v})}{\partial \boldsymbol{z}^2}+\boldsymbol{S} \tag{14-32}$$

联合上式和式(14-30)的第二个方程可知：

$$\left(\frac{1}{\boldsymbol{v}^2}\frac{\partial^2}{\partial t^2}-\frac{\partial^2}{\partial \boldsymbol{x}^2}-\frac{\partial^2}{\partial \boldsymbol{z}^2}\right)\frac{\partial \boldsymbol{u}}{\partial \boldsymbol{v}}\varepsilon\Delta\boldsymbol{v}=\frac{2\varepsilon\Delta\boldsymbol{v}}{\boldsymbol{v}^3}\frac{\partial^2\boldsymbol{u}(\boldsymbol{v}+\varepsilon\Delta\boldsymbol{v})}{\partial t^2} \tag{14-33}$$

这里定义拉普拉斯算子$\nabla_2=\dfrac{\partial^2}{\partial \boldsymbol{x}^2}+\dfrac{\partial^2}{\partial \boldsymbol{z}^2}$，根据 Born 近似，在一次场远远大于扰动场的时候，上式可以转换成：

$$\left(\frac{1}{\boldsymbol{v}^2}\frac{\partial^2}{\partial t^2}-\nabla^2\right)\frac{\partial \boldsymbol{u}}{\partial \boldsymbol{v}}=\frac{2}{\boldsymbol{v}^3}\frac{\partial^2\boldsymbol{u}(\boldsymbol{v})}{\partial t^2} \tag{14-34}$$

和声波方程相比较可知，$\dfrac{\partial \boldsymbol{u}}{\partial \boldsymbol{v}}$是把上式右侧当作震源时形成的正传播波场。

把$\dfrac{\partial \boldsymbol{u}}{\partial \boldsymbol{v}}$定义为正传播算子 L，可得：

$$\frac{\partial \boldsymbol{u}}{\partial \boldsymbol{v}}=\mathrm{L}\left[\frac{2}{\boldsymbol{v}^3}\frac{\partial^2\boldsymbol{u}(\boldsymbol{v})}{\partial t^2}\right] \tag{14-35}$$

那式(14-35)可转换成：

$$\boldsymbol{g}(\boldsymbol{v})=\left(\boldsymbol{u}-\boldsymbol{d}_{obs},\frac{\partial \boldsymbol{u}}{\partial \boldsymbol{v}}\right)=\left(\boldsymbol{u}-\boldsymbol{d}_{obs},L\left[\frac{2}{\boldsymbol{v}^3}\frac{\partial^2\boldsymbol{u}(\boldsymbol{v})}{\partial t^2}\right]\right)=\left(L^*(\boldsymbol{u}-\boldsymbol{d}_{obs}),\frac{2}{\boldsymbol{v}^3}\frac{\partial^2\boldsymbol{u}(\boldsymbol{v})}{\partial t^2}\right) \tag{14-36}$$

上式实际上运用了共轭状态法。L^* 代表的是共轭算子，也就是在其作用下可以得到反传波场。

由上文所做的诸多推导可得出梯度，具体如下：

$$\boldsymbol{g}(\boldsymbol{v})=\frac{2}{\boldsymbol{v}^3}\sum_{x_s}\sum_{x_r}\sum_{t}\frac{\partial^2\boldsymbol{u}}{\partial t^2}L^*(\boldsymbol{u}-\boldsymbol{d}_{obs}) \tag{14-37}$$

可对上式做如下理解：在对全波形进行反演时，速度更新的梯度方向是地震波前向波场对时间的二次导数与正演得到的数据残差反向波场的内积。

由式(14-37)可知，波场的二阶导数实际上等同于高通滤波器算子的函数，所以对高波数信息而言，波形反演法会相当较为敏感，而在低频信息上的效果则会非常差。假设初始模型并没有很好的效果，那波形反演法得到的迭代结果一般也不会准确。

14.3.3　求解迭代步长

对于波形反演法而言，迭代方向找出后还需确定迭代步长，这就相当于进行一维线性搜索。从理论层面来看，一维搜索法可以分成如下两种：(1)试探法(2)插值法，也叫作函数逼近法。牛顿逼近法是牛顿在 17 世纪提出的一种在实数域和复数域上近似求解方程的方法。多数方程不存在求根公式，因此求精确根非常困难，甚至不可能，从而寻找方程的近似根就显得特别重要。方法使用函数 $f(x)$ 的泰勒级数的前面几项来寻找方程 $f(x)=0$ 的根。牛顿迭代法是求方程根的重要方法之一，其最大优点是在方程 $f(x)=0$ 的单根附近具有平方收敛，而且该法还可以用来求方程的重根、复根，此时线性收敛，但是可通过一些方法变成超线性收敛。为了简化计算，一般都会假定误差函数的系统与其相邻抛物线类型相符，可以看作是二次函数的近似。但只有明确间隔之后才可使用该法，这样间隔内的最小值范围就得到了保证。本文对外推法进行了详细的介绍，得出与条件相符的搜索区间，最后通过抛物线拟合法的运用得出相关步长数据。

假定模型附近的误差泛函是一条抛物线，也就是：

$$E(\alpha)=b_0+b_1\alpha+b_2\alpha^2 \tag{14-38}$$

式中，α 表示的是步长，E 表示的是误差，b_0,b_1,b_2 则是系数。需给出 $\alpha_0<\alpha_1<\alpha_2$ 确保 E_0,E_1,E_2 符合 $E_1<E_0$ 而且 $E_1<E_2$ 。主要步骤为：

(1)初始化 α_0 、h ，得出 $E_0=E(\alpha_0)$ ；

(2)算出 $\alpha_1=\alpha_0+h$ 以及 $E_1=E(\alpha_1)$ ；

(3)对比函数值，看满足 $E_1\geqslant E_0$ 与否，不满足就跳入第(6)步，满足就继续执行；

(4)使得 $h=-h$ ，$\alpha_2=\alpha_0$ ，$E_2=E_0$ ；

(5)令 $\alpha_0=\alpha_1$ ，$E_0=E_1$ ，$\alpha_1=\alpha_2$ ，$E_1=E_2$ ；

(6)算出 $\alpha_2=\alpha_1+h$ 以及 $E_2=E(\alpha_2)$ ；

(7)对比函数值，看满足 $E_2\geqslant E_1$ 与否，不满足就令 $h=2h$ 并跳转至第(5)步，满足就继续执行；

(8)对 $h<0$ 成立与否进行判定，成立就可明确 $[\alpha_2,\alpha_0]$ 作为搜索区间，不成立就可明确 $[\alpha_0,\alpha_2]$ 作为搜索区间，如此就可得出与条件相符的单谷区间。

利用以上方法可求出包括最小值在内的搜索区间，之后利用两端点值以及中间值，通过抛物线拟合函数法可对二次函数取得最小值时步长的大小进行拟合，这时得到的步长是能够满足要求的。但是从实际生产生活来看，选用相对合适的较小值即可，也就是说第(4)步之后的步骤都可以不予执行。

14.3.4　反演流程

上文已经对交错网格有限差分正演模拟法进行了介绍，对非线性反问题的各种优化算法进行了总结，出于收敛速度与复杂度这两方面的考量选用了共轭梯度法，并且基于最小二乘对目标函数进行了构造，对梯度方向进行了推演，得出了共轭梯度方向，再采取抛物线拟合的方式求得更新步长。按照迭代步长大小以及模型更新方向，重复迭代更新参数直至符合条件。截至目前，已经搭建好时间域声波介质波形反演法的框架，其实现流程可见如图 14-1 所示。

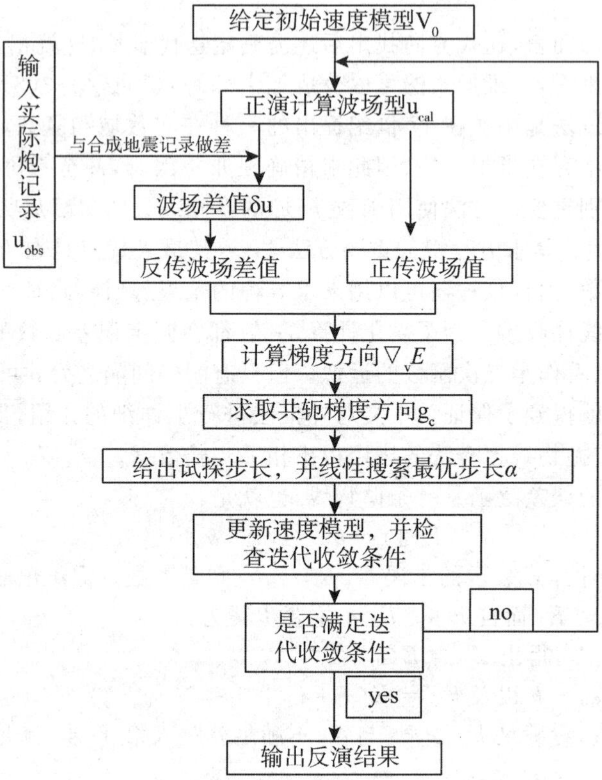

图 14-1　常规全波形反演的流程图

第四节　数值试算

本节通过 Marmousi 模型(图 14-2)对上述方法进行测试。模型大小为 281 * 1201，网格间距均为 10m。观测系统的起始炮点在 100m 处，每炮之间的间隔为 600m，一共激发 20 炮。采用全孔径接收，8Hz 雷克子波。采用平滑后的模型(图 14-3)作为初始模型进行全波形反演。

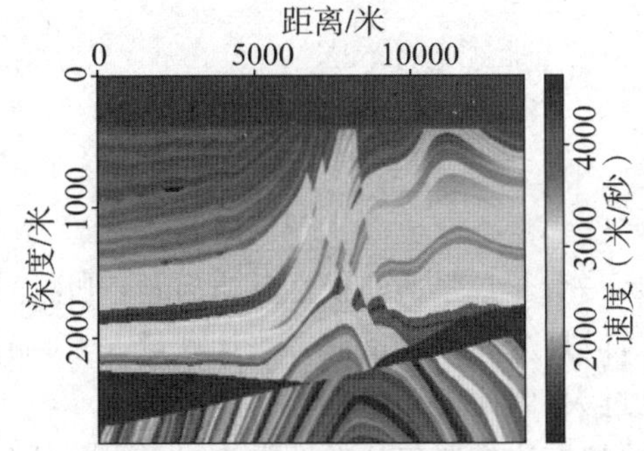

图 14-2　真实模型

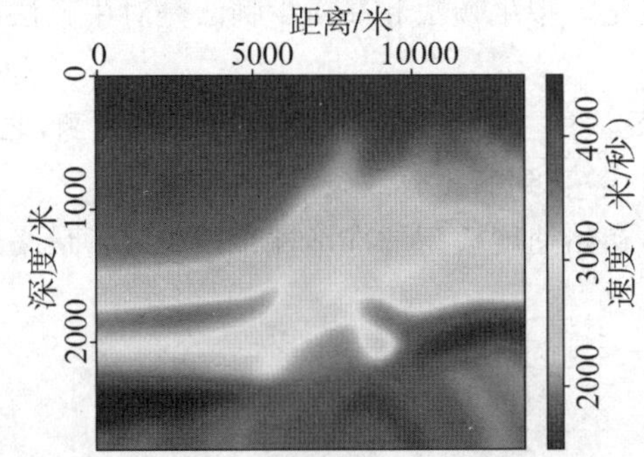

图 14-3　平滑后的初始模型

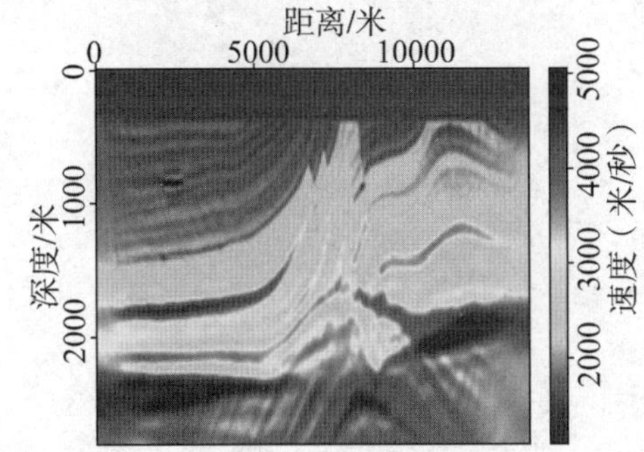

图 14-4　反演结果

图 14-4 为 FWI 迭代 50 次的反演结果。可以看出，在准确的初始速度场的前提下，利用大孔径、远偏移距数据，可以实现对地下介质的精细反演：层位和异常体的位置及速度得到了准确的反演，深层的构造也基本明显。但由于照明的限制，深层两侧的反演效果不是很好。

本章小结

(1)全波形反演方法是一个非常强的非线性反演问题,利用全局寻优反演的方法可以很好地找到可靠的反演解,但是全局寻优反演方法计算量太大,局部寻优化中 Hessian 矩阵和逆矩阵的计算需要也过大,因此常用梯度导引类方法。

(2)求解非线性类问题的方法主要包括梯度类法,牛顿法,拟牛顿法以及高斯牛顿法。其中梯度法最简单但收敛也非常缓慢,牛顿法可视为该法的变体。共轭梯度法则是对于最速下降方向进行连续校正。拟牛顿法和高斯牛顿法是对牛顿法中的 Hessian 算法进行了改进。

(3)时间域声波波形反演的主要步骤为首先构造误差泛函,之后求解共轭梯度方向,最后求解迭代步长进行迭代,直到满足收敛条件。

(4)对于波形反演法,初始速度模型的准确性直接决定了最终迭代结果的准确性。

第十五章

基于压缩感知和人工智能的地震成像探索

近年来压缩感知理论在地震数据的去噪与重构中取得了较好的应用效果，许多学者将其应用于波形反演理论，阐述了压缩感知在地震反演中所起到的物理意义和数学意义，形成了基于稀疏约束的反演方法（Yuan et al.，2015；Li et al.，2016；Dutta，2017）。Dutta 和 Li 等应用稀疏约束思想提升最小二乘反演成像质量（Dutta，2017；Li et al.，2017），而 Li & Hermann 等将稀疏约束思想引入到全波形反演过程中，利用稀疏变换约束反演梯度（LI and Herrmann，2010），压制由欠采样产生的虚像噪声，Xue 等改变波形反演的目标函数（Xue et al.，2017），实现了基于 seislet 变换域稀疏约束的全波形反演方法，对反演剖面进行噪音压制，改善反演效果。Zhu 在频率域多震源反演中引入了正交匹配字典学习技术自适应的构造变换基，压制多震源反演中的串扰噪音（Zhu et al.，2017）；Li 等根据反演结果利用 K-SVD(K-Singular value decomposition)字典学习构造变换基约束全波形反演，改善盐下反演效果（Li and Harris，2018）。

第一节　原理

全波形反演的目标函数通常定义为模拟数据与观测数据残差的目标函数，通过目标泛函最小寻找最佳模型参数。常规的基于 L2 范数全波形反演理论的目标函数为（Tarantola，1984）：

$$E(v) = \sum_{n=1}^{N_s} \| \boldsymbol{p}(\boldsymbol{v}, \boldsymbol{s}_n) - \boldsymbol{d}_n \|^2 \tag{15-1}$$

其中，$E(v)$ 为目标函数，$\boldsymbol{p}(\boldsymbol{v},\boldsymbol{s}_n)$ 为用震源 $\boldsymbol{s}_n$ 对速度模型 $\boldsymbol{v}$ 正演模拟的炮记录，$\boldsymbol{d}_n$ 为野外观测的地震记录，N_s 为炮记录的总数量. 将编码技术引入到反演过程，并对震源和炮记录进行编码并且本文将所有炮都编成一个超级炮得到基于编码的多震源波形反演的目标函数（Krebs et al.，2009）：

$$E(v) = \left\| \boldsymbol{p}(v, \sum_{n=1}^{N_s} \boldsymbol{e}_n \otimes \boldsymbol{s}_n) - \sum_{n=1}^{N_s} \boldsymbol{e}_n \otimes \boldsymbol{d}_n \right\|^2 \tag{15-2}$$

其中，$\boldsymbol{e}_n$ 为编码矩阵序列。$\otimes$ 表示时间域褶积。需要指出的是：对于正交极性编码序列 $\boldsymbol{e}_n$ 来源于正交矩阵 $\boldsymbol{e}$ 满足或近似满足以下条件：$\boldsymbol{e}\boldsymbol{e}^T=\boldsymbol{I}$，其中 T 表示矩阵转置运算，$\boldsymbol{I}$ 为对角单位阵。

多震源编码技术可以极大地提高反演的计算效率，但是在求取梯度的过程中存在交叉噪音的影响，而稀疏约束可以较好地去除随机噪音，结合反演过程，可以较好地压制串扰并恢复去除噪音过程中的有效信号，为了提高稳定性，对于目标函数(15-2)引入基于维纳滤波的多尺度策略(Boonyasiriwat et al.，1995)，在引入 L1 约束时(Yin et al 2008；Xue et al.，2017)，方程(15-2)其目标泛函可进一步修改为：

$$E(\boldsymbol{v},\omega_{\mathrm{tar}})=\left\|\boldsymbol{p}\left(\boldsymbol{v},\sum_{n=1}^{N_s}\boldsymbol{e}_n\otimes\boldsymbol{s}_n(\omega_{tar})\right)-\sum_{n=1}^{N_s}\boldsymbol{e}_n\otimes\boldsymbol{d}_n(\omega_{tar})\right\|^2+\lambda\|\boldsymbol{S}\boldsymbol{v}\|_1 \tag{15-3}$$

其中，λ 为正则化参数。

为了更好地说明交叉噪音在迭代的影响的，本文将梯度分为自相关项与交叉噪音项：

$$\boldsymbol{g}=\boldsymbol{g}_{\mathrm{tr}}+\boldsymbol{g}_{\mathrm{cro}}=\sum_{i}^{ns}\boldsymbol{e}_i\boldsymbol{e}_i\boldsymbol{g}_{ii}+\sum_{i}^{ns}\sum_{j,i\neq j}^{ns}\boldsymbol{e}_i\boldsymbol{e}_j\boldsymbol{g}_{ij} \tag{15-4}$$

通过公式(15-4)可以看出在多震源的反演过程中含有较强的交叉项，通过压制交叉项可以得到较好的反演模型，当 e 的元素均为 1 的时候则为不编码的多震源的情况。采用动态编码的迭代可以压制部分串扰噪音，则速度更新公式可以表示为：

$$\begin{aligned}\boldsymbol{v}_k&=\boldsymbol{v}_k+a_k\boldsymbol{g}_k=\boldsymbol{v}_{k-k0+1}+\sum_{n=k-k0+1}^{k0}a_n\Big(\sum_{i}^{ns}\boldsymbol{e}_{i,n}\boldsymbol{e}_{i,n}\boldsymbol{g}_{ii,n}+\sum_{i}^{ns}\sum_{j,i\neq j}^{ns}\boldsymbol{e}_{i,n}\boldsymbol{e}_{j,n}\boldsymbol{g}_{ij,n}\Big)\\&=\boldsymbol{v}_{k-k0+1}+\sum_{n=k-k0+1}^{k0}\sum_{i}^{ns}\alpha_n\boldsymbol{e}_{i,n}\boldsymbol{e}_{i,n}\boldsymbol{g}_{ii,n}+\sum_{n=k-k0+1}^{k0}\sum_{i}^{ns}\sum_{j,i\neq j}^{ns}\alpha_n\boldsymbol{e}_{i,n}\boldsymbol{e}_{j,n}\boldsymbol{g}_{ij,n}\end{aligned} \tag{15-5}$$

其中，α_k 表示利用抛物插值求取的最佳迭代步长(Vigh et al，2009)，$\boldsymbol{g}_k$ 表示编码多震源反演第 k 次迭代求取的梯度(Tarantola，1984)，则将速度可以分解为两部分，即准确反演项与交叉项的累加：

$$\boldsymbol{v}_k=\boldsymbol{v}_{tr,k}+\boldsymbol{v}_{cro,k} \tag{15-6}$$

其中：

$$\boldsymbol{v}_{tr}=\boldsymbol{v}_{k-k0+1}+\sum_{n=k-k0+1}^{k0}\sum_{i}^{ns}\alpha_n\boldsymbol{e}_{i,n}\boldsymbol{e}_{i,n}\boldsymbol{g}_{ii,n}$$

$$\boldsymbol{v}_{cro}=\sum_{n=k-k0+1}^{k0}\sum_{i}^{ns}\sum_{j,i\neq j}^{ns}\alpha_n\boldsymbol{e}_{i,n}\boldsymbol{e}_{j,n}\boldsymbol{g}_{ij,n}$$

式中，$\boldsymbol{v}_{tr}$，$\boldsymbol{v}_{cro}$ 分别为 k 次反演的准确速度场与交叉噪音项。采用动态编码技术，随着迭代次数增加，其可以一定程度的压制串扰噪音，提高反演的质量，但是依然存在与随机噪音相似交叉项 $\boldsymbol{v}_{cro}$。为了压制交叉项，本文将进行每隔 $k0$ 次迭代进行一次稀疏约束，进行速度更新，结合基于 Bregman 算法(Yin et al，2008)，可得迭代公式如下：

$$\boldsymbol{v}_{\mathrm{newk}}=\mathrm{sgn}_k\boldsymbol{S}^{-1}\boldsymbol{T}\boldsymbol{S}(\boldsymbol{v}_{k-1}-\alpha_k\boldsymbol{g})+(1-\mathrm{sgn}_k)\alpha_k\boldsymbol{v}_{k-1} \tag{15-7}$$

式中，$\boldsymbol{S}$ 与 $\boldsymbol{S}^{-1}$ 分别表示稀疏变换的正、逆变换，T 表示阈值函数。sgn_k 为第 k 次迭代的判定函数，取值为 1，0，分别表示进行稀疏约束与不约束。

由于 $\boldsymbol{v}_{cro,k}$ 迭代压制过程与 $k0$ 密切相关，如果每次迭代都进行稀疏约束($k0=1$)，则动态编码压制噪音的作用减弱且用于稀疏约束的计算量明显增大，为了更好压制噪音以及提高效率，本文每隔 k0 次迭代进行一次稀疏约束，在 $k-k0+1$ 到 k 次迭代中也可以反演恢复第 $k-k0+1$ 次迭代稀疏约束过程中去除的部分有效构造，$k0$ 选取与反演的构造尺度有关，尺度越大，则 k0 取值较大。

本文选取的稀疏变换 S 基与固定基（曲波基，DCT 基（Discrete Cosine Transform）等）不同，是通过 K-SVD 算法对反演结果进行训练获取的字典基。其可以根据不同尺度反演的速度场进行学习训练，获取相应的字典基，从而可以更好地进行稀疏约束去噪。实际反演中，当速度场较大时则训练字典的计算量以及训练的样本字典集都成近似平方增加，为了克服这一问题并且适应不同大小的速度场，本文将速度场进行分块 $\boldsymbol{V}_{\mathrm{iv}}$，总速度块数为 N_{iv}，每个速度场的大小为 50×50 的方格，并且充分考虑速度块重叠以减少速度块的边界效应，这样字典学习的计算量与反演速度场（深度不变）的大小成近似线性分布。对分块的速度场利用 K-SVD 算法进行字典训练与稀疏去噪，则结合速度场的稀疏约束去噪目标泛函（Elad and Aharon，2006；Aharon et al.，2006）：

$$\{\hat{\boldsymbol{V}}_{iv},\hat{\boldsymbol{S}}_{iv},\hat{\boldsymbol{x}},\}=\left\{arg\ min\lambda\|\boldsymbol{V}_{iv}-\boldsymbol{S}_{iv}\boldsymbol{x}\|_2^2+\sum_{ij}\tau_{ij}\|\boldsymbol{x}_{ij}\|+\sum_{ij}\|\boldsymbol{R}_{ij}\boldsymbol{V}_{iv}-\boldsymbol{S}_{iv}\boldsymbol{x}_{ij}\|_2^2\right\} \tag{15-8}$$

式中，τ_{ij}，$\boldsymbol{R}_{ij}$ 分别表示约束阈值与索引矩阵，$\wedge$ 为最优稀疏化算子，本文中 $\boldsymbol{R}$ 选取 $8*8$ 的矩阵。

K-SVD 算法的主要任务是在迭代过程中交替更新稀疏编码与字典。第 k 次迭代速度场反演的第 iv 块速度场初始化字典为 $\boldsymbol{S}_{0,iv,k}$，第一次进行稀疏约束的速度场迭代次数 k_s，则当 $k=k_s$ 时，$\boldsymbol{S}_{0,iv,k}$ 取 DCT 为初始化字典，当 $k>k_s$ 时，$S_{0,iv,k}$ 取 $k-k0$ 次速度场迭代所得到的字典集为 $\boldsymbol{S}_{iv,k-k0}$ 为初始化字典集。第一步稀疏编码的目标函数（Aharon et al.，2006）可表示为：

$$\mathrm{Min}\{\|\boldsymbol{v}_{iv,i}-\boldsymbol{S}_{iv}\boldsymbol{x}_{\mathrm{i}}\|_2^2\}\quad \mathrm{st.}\ \|\boldsymbol{x}_i\|_0\leqslant\xi \tag{15-9}$$

其中，ξ 为重建的允许误差上限，经过多次测试，一般选取速度场的 5%合适，在多尺度反演中可以从 10%到 2%进行选取，$\boldsymbol{S}_{iv,k}$ 为字典集。第二步，固定 $\boldsymbol{x}_i$，则字典集的目标泛函（Aharon et al 2006）可表示如下：

$$\|\boldsymbol{V}_{iv,k}-\boldsymbol{S}_{iv,k}\boldsymbol{X}\|^2=\left\|(\boldsymbol{V}_{iv,k}-\sum_{j\neq m}\boldsymbol{s}_{iv,k,j}\boldsymbol{x}_j)-\boldsymbol{s}_{iv,k,m}\boldsymbol{x}_m\right\|^2 \tag{15-10}$$

应用 SVD 分解，可以得到 $\boldsymbol{S}_{iv,k}$ 第 m 列向量 $\boldsymbol{s}_{iv,k,m}$，以最大奇异值所对应的正交单位向量，作为新的 $\boldsymbol{s}_{iv,k,m}$，同时需要把系数编码 $\boldsymbol{x}_m$ 中的非零元素进行更新。当 $k=k_s$ 时，交替更新字典与稀疏系数的次数为 10 次，当 $k>k_s$ 时，交替更新字典的次数为 3 次，这样可以大大降低字典训练的计算量。

通过稀疏编码与字典学习的不断迭代，训练得到与反演结果相对应的字典 $\boldsymbol{S}_{iv,k}$，利用正交匹配追踪算法（Orthogonal Matching Pursuit，OMP）（Patri et al，1993）求解稀疏分解系数可得以下去噪模型：

$$\hat{\boldsymbol{V}}_{iv,k}=(\lambda\boldsymbol{I}+\sum_{ij}\boldsymbol{R}_{ij}^T\boldsymbol{R}_{ij})^{-1}(\lambda\hat{\boldsymbol{V}}_{iv}+\sum_{ij}\boldsymbol{R}_{ij}^T\boldsymbol{R}_{ij}\boldsymbol{S}\hat{\boldsymbol{x}}_{ij}) \tag{15-11}$$

最后得到第 k 次迭代的更新速度场与字典集，其中更新速度场为：

$$v_{newk} = \mathrm{sgn}_{\ k} \sum_{iv}^{N_{iv}} \boldsymbol{w}_{iv} \overset{\wedge}{\boldsymbol{V}}_{iv} + (1 - \mathrm{sgn}_{\ k}) \alpha_k \boldsymbol{v}_{k-1} \tag{15-12}$$

其中，$\boldsymbol{w}_{iv}$ 为加权因子矩阵，一般为该点速度场包含的速度块 $\boldsymbol{V}_{iv}$ 数量的倒数，第 k 次速度场迭代中，总字典集 $\boldsymbol{S}_k$ 为：

$$\boldsymbol{S}_k = \{\boldsymbol{S}_{1,k}, \boldsymbol{S}_{2,k} \ldots \boldsymbol{S}_{iv,k} \ldots \boldsymbol{S}_{N_{iv},k}\} \tag{15-13}$$

得到的字典集可以作为下一次稀疏约束的字典训练的初始字典，从而减少字典训练的计算量。

第二节　基于字典学习的多尺度全波形反演流程

基于 K-SVD 字典约束的多震源编码全波形反演流程如图 15-1 所示，相比于传统的多震源波形反演方法其有以下不同：(1)对速度场进行更新得到速度模型，并且判断是否需要稀疏约束，如果是则要对速度场进行分块；(2)根据反演的速度场，利用 K-SVD 字典学习，得到与模型相匹配的字典，并存储字典集；(3)利用训练字典求取稀疏系数并进行阈值滤波得到新的速度场(公式(15-12))；(4)利用新的速度场进行迭代更新，直到迭代得到合适的速度场。

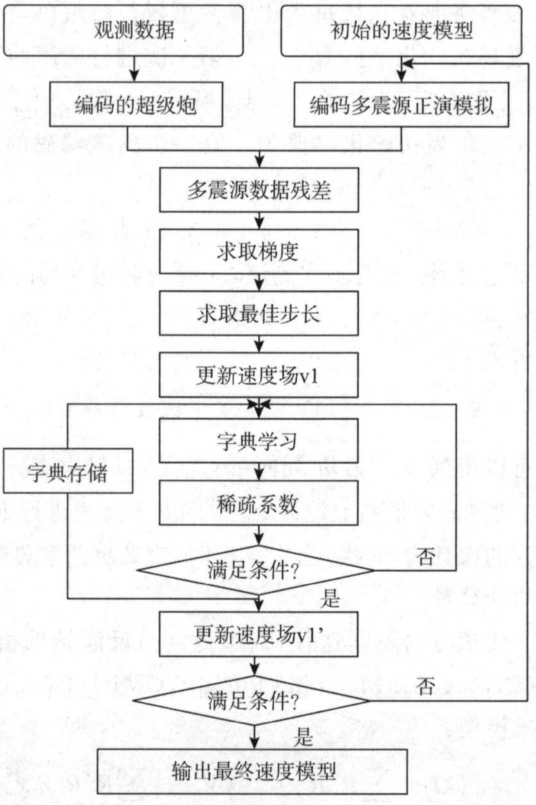

图 15-1　基于 K-SVD 字典约束的多震源编码全波形反演流程图

第三节　数值试算

全波形反演中如果初始速度模型与真实速度模型相差较大，而反演的速度模型又比较复杂，单尺度的全波形方法存在周波跳跃现象，采用多尺度的全波形反演方法是解决这一问题比较有效的方法(Bunks et al.，1995)。由于其采用分频的计算方法，所以多尺度全波形反演方法的计算量相比于单尺度方法显著增加，而采用多震源反演方法可以显著减少计算量，其具有重要的意义。为验证本文方法的适用性，本文将其应用到 Marmousi 模型，初始速度场为线性增加的梯度场(图 15-2)，可见初始模型与真实模型相差较大。本文反演过程中假定震源子波已知，水层速度已知(1500m/s)，观测系统与模拟参数的选取，与上文中初始背景场比较准确反演测试时相一致，采用基于维纳滤波的多尺度声波一阶方程时间域全波形反演方法。

图 15-2　反演采用初始模型

本文采用主频从 2Hz 到 12Hz 变化的多尺度反演方式，反演过程中采用的反演策略与上文中洼陷反演相一致，反演结果如图 15-3 所示。为了更好地比较反演效果，选取了反演剖面的三个典型区域进行对比分析：1 号区域为左侧黑框区域，主要为大块低速体构造；2 号区域为中间黑框，表示含有断层的复杂构造区域；3 号区域为右侧黑框部分，主要反映构造相对简单，与初始模型速度场相对差异较小。传统不编码多震源全波形反演方法的反演结果如图 15-3(a)，其中 1 号区域为大块低速体，与真实模型速度相差较大，在串扰噪音的影响下，反演陷入了局部极值；中间 2 号区域的大构造相对准确，但是由于串扰噪音较大的影响，一些层位的反演层位不连续；右侧 3 号区域初始模型与真实模型速度相差较小，大构造相对准确，但是存在较多的串扰噪音。加入稀疏约束后多震源不编码反演结果如图 15-3(b)所示，左侧 1 号区域，由于背景场差异太大，反演结果依然不准确，但是串扰噪音的影响明显降低，反演结果得到一定程度的改善，可以看出一些层位信息；中间复杂 2 号区域与右侧 3 号区域的层位构造连续性较好，但是由于串扰噪音影响仍然较为明显，一些较小的层位的反演不准确。编码的多震源反演结果如图 15-3(c)所示，引入极

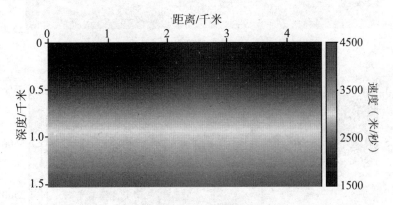

性动态编码方式，可以大大减少反演过程中串扰的影响，左侧 1 号区域的反演得到很大改善，2 号复杂区域的层位反演比较准确，断层也可以较好的刻画，3 号右侧区域也能够克服串扰造成的不稳定，同相轴比较连续，但是整个剖面依然存在大量的随机串扰噪音。采用稀疏约束编码多震源反演结果如图 15-3(d)，反演剖面中的随机串扰噪音得到较好的压制，1 号区域、2 号区域与 3 号区域的层位比较连续，层内的串扰比较少，断层的刻画比较清晰，界面连续性较好。

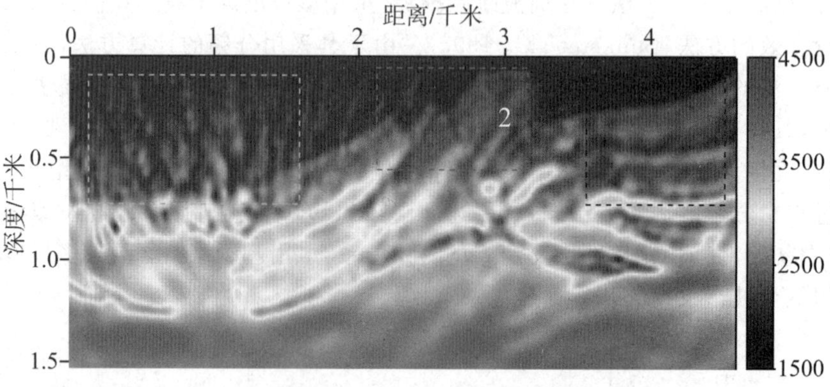

(a)不编码多炮

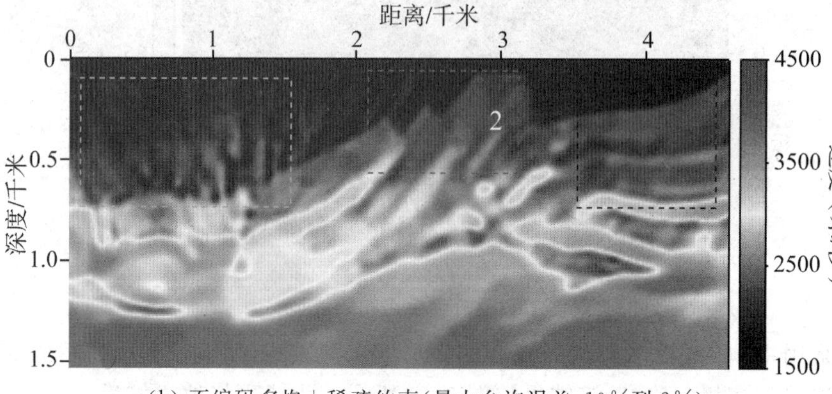

(b) 不编码多炮＋稀疏约束(最大允许误差:10％到 2％)

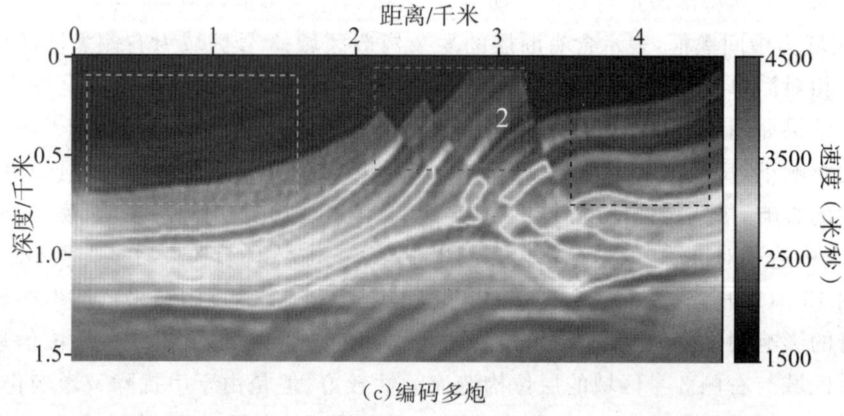

(c)编码多炮

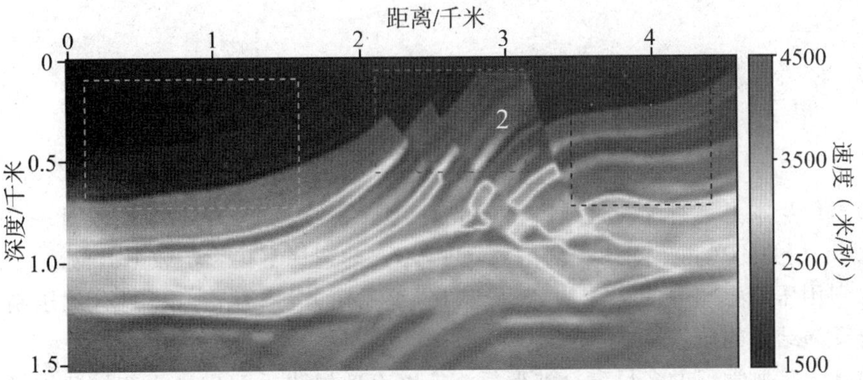

(d) 编码多炮＋稀疏约束(ξ:10%到 2%)

图 15-3　四种多尺度反演方法的反演结果比较

本文对 Marmous 模型进行多尺度编码反演过程中(图 15-3(d))训练得到字典集部分展示如图 15-4 所示，其中图 15-4(a)，(b)，(c)分别展示了在不同频率反演时训练的字典集，从图中可以看出前期的反演所用的频率较低，主要反演大的构造背景，其字典相对简单，主要反映的是背景场特征；后期随着反演尺度变小，字典上也对细小构造进行体现；另一方面从图 15-4 (d)，(e)，(f)可以看出对于不同的构造区域训练出的字典集不同，两侧速度场(图 15-3(d)中 1,3 区域)构造以层状为主，其训练的字典集也相对简单，中间速度场含有复杂断裂构造(图 15-3(d)中 2 区域)，其训练的字典集也相对复杂。

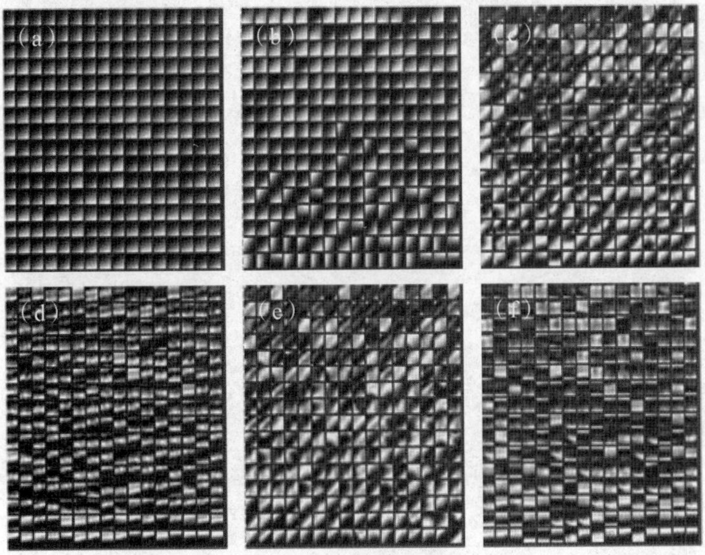

图 15-4　不同的字典集比较：

图注：(a)迭代 60 次反演的速度场训练的字典集(最大允许误差 ξ:10%；a,b,c 中心点位置：z＝0.7km，x＝2.55km)；(b)迭代 120 次的反演速度场训练的字典集(ξ:5%)；(c) 迭代 190 次的反演速度场训练的字典集(ξ:2%；)；(d)左侧速度场训练的字典集(中心点位置：z＝0.5km，x＝0.85km；d,e,f 反演迭代次数均为 190，最大允许误差 ξ 均为 2%)；(e)中间速度场训练的字典集(中心点位置：z＝0.5km，x＝2.75km)；(f)右侧速度场训练的字典集(中心点位置：z＝0.5km，x＝3.85 km)

本章小结

(1)当信号本身具有稀疏性或者可以被某字典系数表示时,可以通过设计一个与稀疏字典基本不相关的观测矩阵来观测信号,变换字典的选择直接影响数据的稀疏表示。

(2)利用压缩感知中的稀疏约束思想与传统反演方法相结合,可以有效压制各种噪声,改善反演结果的质量。

(3)基于字典学习的多尺度全波形反演能够有效解决反演中由于初始速度模型与真实速度模型有差异而产生的周波跳跃问题,并且在反演速度模型较复杂的情况下也能取得较好的效果。

参考文献

1. 李振春,张军华.地震数据处理方法[M].北京:中国石油大学出版社,2004.
2. 李振春.地震叠前成像理论与方法[M].北京:中国石油大学出版社,2011
3. 渥.伊尔马滋.地震数据处理[M].黄绪德、袁明德,等译北京:石油工业出版社,1993
4. 牟永光.地震勘探资料数字处理方法[M]北京:石油工业出版社,1980.
5. 马在田.地震成像技术—有限差分法偏移[M]北京:石油工业出版社,1989
6. 马在田.计算地球物理学概论[M].上海:同济大学出版社,1997.
7. 程乾生.信号数字处理的数学原理[M].北京:石油工业出版社,1993.
8. 长地,武地,成地.地震勘探原理和方法[M].北京:地质出版社,1981.
9. 周绪文.反射波地震勘探原理[M].北京:石油工业出版社,1989.
10. 陆基孟.地震勘探原理.[M].北京:石油大学出版社,1993
11. R.E 谢里夫.L.P 吉尔达特.勘探地震学[M].北京:石油工业出版社,1999.
12. 徐士良.C 常用算法程序集[M].北京:清华大学出版社,1993.
13. 徐士良.FORTRAN 常用算法程序集[M].北京:清华大学出版社,1991.
14. 黄绪德.反褶积与地震道反演[M].北京:石油工业出版社,1991.
15. 熊翥.地震数据数字处理应用技术[M].北京:石油工业出版社,1993.
16. 李庆忠.走向精确勘探的道路.[M].北京:石油工业出版社,1994.
17. 姜建国.信号分析与处理.[M].北京:清华大学出版社,1995.
18. 孙建国,蒋丽丽.用于起伏地表条件下地球物理场数值模拟的正交曲网格生成技术[J].石油地球物理勘探,2009(04):494-500.
19. Chun, J. H. Jacewitz, C., Fundamentals of frequency-domain migration[J]. Geophysics, 1981, 46: 717-732.
20. Clayton, R. Engquist, B., Absorbing side boundary conditions for wave-equation migration[J]. Geophysics, 1980, 45: 895-904.
21. Gardner, G. H. F., French, W. S., and Matzuk, T., Elements of migration and velocity analysis[J]. Geophysics, 1974, 39: 811-825.
22. Gardner, G. H. F., McDonald, J. A., Watson, T. H., and Kotcher, J. S., An innovative 3-D marine seismic survey[C]. Presented at the 40th Ann. Eur. Assoc. Explor. Geophys. Mtg., 1978.
23. Hubral, P., Time migration-some ray-theoretical aspect[J]. Geophys. Prosp., 1977, 25: 738-745.

24. Jakubowicz, H. Levin, S. , A simple exact method of 3-D migration-theory[J]. Geophys. Prosp. , 1983, 31: 34-56.
25. Jakubowicz, H. , Beasley, C. , and Chambers, R. , A comprehensive solution to problems in processing of 3-D data[C]. Paper presented at the 54th Ann. Int. Soc. Explor. Geophys. Mtg. , 1984.
26. Larner, K. L. , Hatton, L. , and Gibson, B. , Depth migration of imaged time sections[J]. Geophysics, 1981, 46: 734-750.
27. Levin, F. K. , Apparent velocity from dipping interface reflections[J]. Geophysics, 1971, 36: 510-516.
28. Schneider, W. A. , Integral formulation for migration in two and three dimensions [J]. Geophysics, 1978, 43: 49-76.
29. Schultz, P. S. , Sherwood, J. W. C. , Depth migration before stack [J]. Geophysics, 1980, 45: 361-375.
30. Sherwood, J. W. C. , Schultz, P. S. , and Judson, D. R. , Equalizing the stacking velocities of dipping events via Devilish[C]. Presented at the 48th Ann. Int. Soc. Explor. Geophys. Mtg. , 1978.
31. Stolt, R. H. , Migration by Fourier transform[J]. Geophysics, 1978, 43, 23-48.
32. Taner, M. T. Koehler, F. , Velocity spectra-digital computer derivation and applications of velocity functions[J]. Geophysics, 1969, 39: 859-881.
33. Hotton, L. , Laner, K. , Gibson, B. S. , Migration of Seismic data from inhomogeneous media[J]. Geophysics, 1981, 46: 751-767.
34. Myung W. Lee Sang Y. Suh, Optimization of one-way equations[J]. Geophysics, 1985, 50: 1634-1637.
35. Ho lberg, O. , Towards optimal one-way wave equation [J]. Geophysical prospecting, 1988, 36: 99-114.
36. Lowenthal, D. , Mufti, I. R. , Reverse-time migration in spatial frequency domain [J]. Geophysics, 1983, 48: 627-635.
37. Gazdag, J. , Wave equation with phase-shift method[J]. Geophysics, 1978, 43: 1342-1351.
38. Stolt, R. H. , Migration by Fourier transform[J]. Geophysics, 1978, 43:23-48.
39. Stoffa, P. L. , Split-step Fourier migration[J]. Geophysics, 1990, 55: 410-421.
40. Gazdag, J. Sguazzero, Migration of seismic data by phase shift plus interpolation [J]. Geophysics, 1984: 49.
41. Ristow, D. Rühl, T. , Fourier finite-difference migration[J]. Geophysics, 1994, 59: 1882-1893.
42. Wu R. S. , Huang L. J. , Scattered field calculation in heterogeneous media using the phase-screen propagator [C]. 62nd Ann. Internat. Mtg. , Soc. Expl. Geophys. , Expanded Abstracts, 1992: 1289-1292

43. Wu R. S. , Huang L. J. , Xie X. B. , Backscattered wave aclculation using the de Wolf approximation and a phase-screen propagator[C]. 65nd Ann. Internat. Mtg. , Soc. Expl. Geophys. , Expanded Abstracts, 1995: 1293-1296.
44. Huang L. J. , Wu R. S. , , Prestack depth migration with accoustic screen propagators [C]. 66nd Ann. Internat. Mtg. , Soc. Expl. Geophys. , Expanded Abstracts, 1996: 415-418.
45. Jin, S. W, Wu, R. S. , Prestack depth migration using a hybrid pseudo-screen propagato [C]. 68nd Ann. Internat. Mtg. , Soc. Expl. Geophys. , Expanded Abstracts, 1998.
46. Jin, S. W, Wu, R. S. , Experimenting with the hybrid pseudo-screen propagator [C]. 69nd Ann. Internat. Mtg. ,Soc. Expl. Geophys. , Expanded Abstracts,1999.
47. Huang L. J. , Michael C. F. , Wu R. S. , Extended local Born Fourier migration method[J]. Geophysics, 1999, 64: 1524-1534.
48. Huang L. J. , Michael C. F. , and Roberts P. M. , Extended local Rytov Fourier migration method[J]. Geophysics, 1999, 64: 1535-1545.
49. Jin, S. W, Wu, R. S. , Depth migration using the windowed generalized screen propagators [C]. 68nd Ann. Internat. Mtg. , Soc. Expl. Geophys. , Expanded Abstracts,1998.
50. Huang L. J. , Michael C. F. , Quasi-linear extended local Born Fourier migration method[C]. 69nd Ann. Internat. Mtg. , Soc. Expl. Geophys. , Expanded Abstracts, 1999.
51. Huang L. J. , Michael C. F. , Extended pseudo-screen migration with multiple reference velocities[C]. 69nd Ann. Internat. Mtg. , Soc. Expl. Geophys. , Expanded Abstracts, 1999.
52. Xie X. B. Wu R. S. , Improve the wide angle accuracy of screen method under contrast [C]. 68nd Ann. Internat. Mtg. , Soc. Expl. Geophys. , Expanded Abstracts, 1998.
53. Shengwen Jin , Ru-Shan Wu,Common offset pesudo-screen depth migration[C]. 69nd Ann. Internat. Mtg. , Soc. Expl. Geophys. , Expanded Abstracts, 1999.
54. Rühl,T. , Finite-difference migration derived from the Kirchhoff-Helmholtz integral [J]. Geophysics, 1996, 61: 1394-1399.
55. Ehinger, A. , Patrick, L. Marfurt K. J. , Green's function implementation of commom-offset wave equation migration[J]. Geophysics, 1996, 61: 1813-1821.
56. Biondi B. and Palacharla G. , 3-D prestack migration of common-azimuth data[J]. Geophysics, 1996, 61: 1822-1832.
57. Červeny, V. , Popov, M. M. , psencik, I. Computation of wave fields in inhomogeneous media[J]. Geophys. J. R. astr. Soc, 1982, 70: 109-128.
58. Hill, N. R. Gaussian beam migration[J]. Geophysics, 1990, 55(11):1416-1428.

59. Popov, M. M. A new method of computation of wave fields using Gaussian beams [J]. Wave Motion, 1982, 4:85-97.

60. Klimes, L. Expansion of a high-frequency time-harmonic wavefield given on an initial surface into Gaussian beams [J]. Geophys. J. R. astr. Soc, 1984, 79: 105-118.

61. Hill, N. R. Prestack Gaussian-beam depth migration[J]. Geophysics, 2001, 66(4): 1240-1250.

62. Clayton R. W., Stolt, R. H. A Born-WKBJ inversion method for acoustic reaction data[J]. Geophysics, 1981, 46(11):1559-1567.

63. Hildebrand, S. T., Carroll, R. J. Radon depth migration [J]. Geophysical Prospecting, 1993, 41(2):229-240.

64. Gray, S. H., Bleistein, N. True-amplitude Gaussian-beam migration [J]. Geophysics, 2009, 74(2):S11-S23.

65. Claerbout, J. F. Toward a unified theory of reflector mapping [J]. Geophysics, 1971, 36(3),467-481.

66. Whitmore, N. D. Iterative depth migration by backward time propagation[C]. 53th Annual International Meeting, SEG, Expanded Abstracts, 1983:382-385

67. Nemeth T., Wu C. J., Schuster G. T. Least-squares migration of incomplete reflection data. Geophysics, 1999, 64(1): 208-221.

68. Burt P., Adelson T. The Laplacian pyramid as a compact image code[J]. IEEE Trans. Communications, 1983, 9: 532-540.

69. Luo Y., Schuster G. T. Wave-equation traveltime inversion [J]. Geophysics, 1991, 56: 645-653.

70. Bey doun W. B., Mendes M. Elastic ray-born l2-migration/inversion [J]. Geophysical Journal International, 1989, 97: 151-160.

71. Plessix, R. E., Mulder W. A. Frequency-domain finite-difference amplitude preserving migration[J]. Geophysical Journal International, 2004, 157: 975-987.

72. Gray, S. H. Gaussian beam migration of common-shot records[J]. Geophysics, 2005, 70(4):S71-S77.

73. Reshef, M. Depth migration from irregular surface with the depth extrapolation methods [J]. Geophysics, 1991, 56(1):119-122.

74. Gazdag, J. Wave equation migration with the phase-shift method[J]. Geophysics, 1978, 43(7):1342-1351.

75. Sava, P., Biondi, B., Fomel, S. Amplitude-preserved common image gathers by wave-equation migration[C]. 71st Annual Internat. Mtg., Soc. Expl. Geophys., Expanded Abstracts, 2001:296-299.

76. Ristow D. Rühl, T. Fourier finite-difference migration[J]. Geophysics, 1994, 59

(12)：1882-1893.

77. Broto，K. P. Lailly，Towards the tomogtaphic inversion of prismatic reflections [C]. 71st Annual International Meeting，SEG，Expanded Abstracts，2001：726-729.

78. Bai J，Chen G，Yingst D，et al. Attenuation compensation in viscoacoustic reverse time migration[C]. SEG Technical Program Expanded Abstracts 2013. Society of Exploration Geophysicists，2013：3825-3830.

79. Carcione José M.. Wave Fields in Real Media：Wave Propagation in Anisotropic，Anelastic，and Porous Media[M]. Elsevier：Ebsco Publishing，2001：1-380.

80. Tsvankin I. P-wave signatures and notation for transversely isotropic media[J]. An overview. Geophysics，1996，61(2)：467-483.

81. Fowler P J. Practical VTI approximations：a systematic anatomy[J]. Journal of Applied Geophysics，2003，54(3-4)：347-367.

82. Alkhalifah T. Acoustic approximations for processing in transversely isotropic media [J]. Geophysics，1998，63(2) ：623-631.

83. Tal-Ezer H. Spectral methods in time for hyperbolic equations [J]. SIAM J. Numer. Anal.，1986，23(1)：11-26.

84. Etgen J. High order finite-difference reverse time migration with the two way nonreflecting wave equation[J]. Stanford Exploration Project report，1986，48：133-146.

85. So ubaras R，Zhang Y. Two-step explicit marching method for reverse time migration. [C] // 7SEG SEG Technical Program Expanded Abstracts. SEG，2008：2272-2276.

86. Fomel S，Ying L X，Song X L. Seismic wave extrapolation using lowrank symbol approximation[J]. Geophysical Prospecting，2013，61(3)：526-536.

87. Tara ntola A. Linearized inversion of seismic reflection data [J]. Geophysical prospecting，1984，32(6)：998-1015.

88. Vigh D. William E. Comparisons of shot-profile vs. plane-wave reverse time migration[C]. 76nd Annual International Meeting，SEG，Expanded Abstracts，2006：2358-2361

89. Tarantola A. Linearized inversion of seismic reflection data [J]. Geophysical prospecting，1984，32(6)：998-1015.

90. Pati Y C，Rezaiifar R，Krishnaprasad P S，et al. Orthogonal matching pursuit：recursive function approximation with applications to wavelet decomposition[C]. asilomar conference on signals，systems and computers，1993：40-44.

91. Alkhalifah，T.，Formel，S.，Biondi，B. The space-time domain：Theory and modeling for anisotropic media[J]. Geophysical Journal International，2001，144 (1)：105-113.

92. Ma, X. , Alkhalifah, T. Wavefield extrapolation in pseudo-depth domain[C]. 74rd EAGE Conference & Exhibition Extended Abstract, 2012: 212-216.

93. Zeng, C. , Dong, S. Q. , Wang, B. A guide to least-squares reverse time migration for subsalt imaging[J]. Challenges and solutions. Interpretation, 2017, 5(3): 1-11.

94. Schuster, G. T. Least-squares cross-well migration[C]. 63rd SEG Technical Program Expanded Abstracts, 1993, 110-113.

95. Erlangga, Y. , Kees, V. , Kees, O. , Plessix, R. E. , Mulder, W. A. A robust iterative solver for the two-way wave equation based on a complex shifted-Laplace preconditioner[C]. 74th SEG Technical Program Expanded Abstracts, 2004: 1897-1900.

96. Wong, M. , Ronen, S. , Biondi, B. Least-squares reverse time migration/inversion for ocean bottom data: A case study[C]. 81st SEG Technical Program Expanded Abstracts, 2011: 2369-2373.

97. Sun, J. Z. , Fomel, S. , Zhu, T. Y. , Hu, J. W. Q-compensated least-squares reverse time migration using low-rank one-step wave extrapolation[J]. Geophysics, 2016, 81(4): 271-279.

98. Dutta, G. , Schuster, G. T. Attenuation compensation for least-squares reverse time migration using the viscoacoustic-wave equation[J]. Geophysics, 2014, 79(6): 251-262.

99. Zhang, D. L. , Schuster, G. T. Least-squares reverse time migration of multiples [J]. Geophysics, 2014, 79(1): 11-21.

100. Dai, W. , Schuster, J. Least-squares migration of simultaneous sources data with a deblurring filter[C]. 79th SEG Technical Program Expanded Abstracts, 2009: 2990-2994.

101. Tang, Y. X. Target-oriented wave-equation least-squares migration/inversion with phase-encoded Hessian[J]. Geophysics, 2009, 74(6): 95-107.

102. Dai, W. , Boonyasiriwat, C. , Schuster, G. T. 3D Multi-source Least-squares Reverse Time Migration[C]. 80th SEG Technical Program Expanded Abstracts, 2010: 3120-3124.

103. Dai, W. , Huang, Y. S. , Schuster, G. T.. Least-squares reverse time migration of marine data with frequency-selection encoding[C]. 83rd SEG Technical Program Expanded Abstracts, 2013: 3231-3236.

104. Zhang, Y. , Duan, L. , Xie, Y.. A stable and practical implementation of least-squares reverse time migration[C]. 83rd SEG Technical Program Expanded Abstracts, 2013: 3716-3720.

105. Chen, Y. Q. , Dutta G. , Dai W. , Schuster, G. T. Q-least-squares reverse time migration with viscoacoustic deblurring filters[J]. Geophysics, 2017, 82(6): 425-438.

106. Li, G. H., Feng, J. G., Zhu, G. M. Quasi-P wave forward modeling in viscoelastic VTI media in frequency-space domain [J]. Chinese Journal of Geophysic, 2011, 54(1): 200-207.
107. Liu, H. W., Ding, R. W., Liu, L., Liu, H. Wavefield reconstruction methods for reverse time migration[J]. Journal of Geophysics and Engineering, 2013, 10 (1): 1-6.
108. Liu, L., Ding, R. W., Liu, H. W., Liu, H. 3D hybrid-domain full waveform inversion on GPU[J]. Computers & Geosciences, 2015, 83: 27-36.
109. Yang, S. T., Wei, J. C., Cheng, J. L., Shi, L. Q., Wen, Z. J. Numerical simulations of full-wave fields and analysis of channel wave characteristics in 3-D coal mine roadway models[J]. Applied Geophysics, 2016, 13(4): 621-630.